MINGUO JIANZHU GONGCHENG QIKAN HUIBIAN

民國建築工程期刊匯編

53

《民國建築工程期刊匯編》編寫組 編

广西师范大学出版社
GUANGXI NORMAL UNIVERSITY PRESS
·桂林·

第五十三册目録

土木

土木

第二三期合刊

中華民國三十一年十月出版

國立交通大學[illegible]

26558

26559

26560

貴州銀行周年紀念

增加存款利息

提倡國民儲蓄

定期存款週息（八月十五日起）

三個月以上六個月以下 八厘

六個月以上九個月以下 九厘

九個月以上一年以下 一分

一年以上一年半以下 一分二厘

一年半以上至二年 一分五厘

現有業務 存款 匯兌 貼現 押匯 代理金庫

代理保險及收付款項 代銷各種儲蓄券 買賣有價證券及辦理其他

銀行業務

通匯地點 貴州 雲南 江西 廣東 湖南等省通匯各縣

總行 四五六 四五七 號

電報掛號總行及分支行處通用六八七零（鈐）

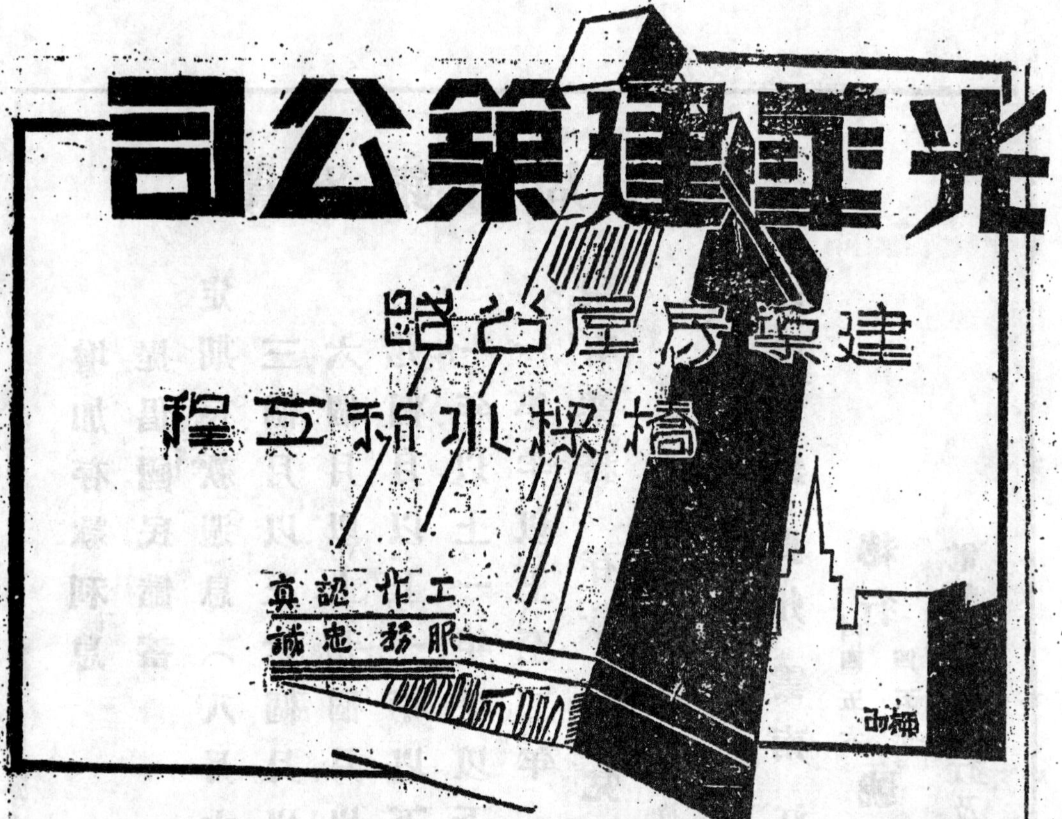

貴陽百華工程公司

KWEIYANG PAI HWA GENERAL ENGINEERING CONTRACTOR & CO.

══三十年貴州省建設廳甲種第一號營業登記══

營業項目

測量繪圖　設計監工　承包工程　代晒圖表

總公司
重慶公園路二十九號
電報掛號二二九九
電話一八三號

分公司
成都獅馬路北樂郵二號
電報掛號二二九九
電話五〇四號

宜賓
正氣巷十七號
電報掛號二二九九

貴陽
法院路八十二號
電報掛號五七七八號
電話九十五號

26562

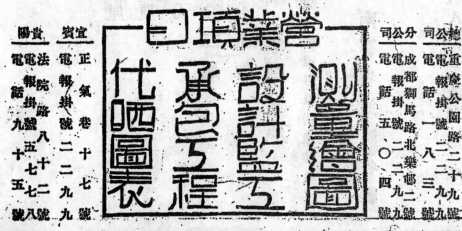

土壓新論

茅以昇講　邢芙初述

(一)引言

凡百工程建設，舍土莫爲功，蓋一切建築材料，類多由泥土直接製成，或則賴地土間接產生，至於水陸交通，房屋渠壩之類，更不能脫離土壤。我國將一切建設工程，統命名爲「土木工程」，以「土」列於「木」前，此亦可見土壤在工程上地位之重要矣。惜乎土壤學術，創始甚遲，古往學者，極少問津，縱有若干地質學家，從事考究，然亦僅以地質爲研究對象，至若以工程爲目標而研究土壤力學(Soil mechanics)者，則不過數十年歷史耳。時間既短，收獲自少，正待後學繼起研究，方可與其他科學，競相比美。良以土壤之性狀，殊爲複雜，千變萬化，無從捉摸，因而工程設計中，一切有關土壤計之算，迄無可恃之理論，作爲依據，此夙爲我工程界引爲遺憾者也。

土壤力學中最基本而研究最早之問題，當推擁壁土壓(Earth pressure on retaining wall)。蓋一旦擁壁土壓已有定論，則其他土壓問題均有解答途徑，此擁壁土壓之首先得結果者，爲意人古洛(Coulomb)氏，其後歷經演變，至蘭金(Rankine)氏出，另創新理，於是土壓理論，前後各成一派。後者純依力學立論，惜未計及擁壁之影響。前者則加入擁壁對於土壓之關係，但有背力學之原則，顧此失彼，議論紛紛，迄今猶莫衷一是。更可怪者，普通建築物之外加載重，均不因建築物自身性質而變，獨擁壁則不然，同一土壤，施於木壁之土壓，與施於石牆之土壓，相差甚遠，而上述兩派理論，均未注意及此，單憑土壤『磨阻力』(internal resistance)求土壓之最小及最大限界，且以最小土壓作爲設計之張本，實有悖工程設計之原則。晚近以來，各國學者，均感土壤力學應用之切要，研究不遺餘力，而奧人特查基(Terzaghi)氏爲斯學現代舉世之權威。我國工程學者，近今對於擁壁之論述，亦時有所聞，如孫寶墀、林同棪、趙國華、趙福靈四君，曾於『工程』季刊七卷三號及八卷四號，對上述二派學說，詳加討論，惜無具體結果爲憾耳。

本文爲糾正舊有理論之缺陷，首先說明土壓對於擁壁之作用，檢討古洛及蘭金兩氏理論之異同，孰是孰非，亦一一加以評判。蓋古洛及蘭金兩氏理論及公式，原無軒輊，所不同者，祇在擁壁之影響耳。其次介紹土壓之新理論，名爲「剪阻鼎力論」(Theory of Balancing Shear)，乃因擁壁填土中之小三稜體上，蘭金派僅計一面之「剪阻力」(Shearing resistance)，古洛氏則顧及二面之剪阻力，實則三面之剪阻力，均應算入，方能均衡。此第三面之剪阻力具有平衡作用，故特稱爲「平衡剪力」(Balancing Shear)。如是既包括擁壁之影響，而與力學原理，亦完全相符。不僅如此，此理論之公式及圖解，無論土壤有無黏性，最小最大土壓之計算，均能適用，此新理論之特點，前人猶未鑒及也。篇末根據土壤與擁壁彈性之關係，建議擁壁土壓之分佈圖，作爲設計擁壁之依據。

(二)土壓舊理論之研討

歷來土壓之理論，可大別爲蘭金及古洛兩派，既如上述。在蘭金一派，乃利用一土壤細塊由其與壁面同形之平面上應力，以計算擁壁土壓，惟所得結果，與擁壁本身之性質，不生任何關係。在古洛一派，則用壁面及崩裂平面(Rectilinear plane of rupture)間之土楔(Earth prism or Earth wedge)算出，因其已顧及沿壁面之剪阻力，擁壁土壓之作用方向，即受其影響。然其計算公式時所用土楔上之外力系，有背力學平衡原理，此早爲莫爾(Mohr)教授所指摘，並在史溫(Swain)教授所著之結構學上提及。上述蘭金及古洛兩派理論，雖根據不同之假設，利用不同之分析法，然在力學理論上言，實完全一致。例如一鉛直壁面，略去壁面上之剪阻力，則蘭金各細塊上「共存應力」(Conjugate Stresses)與最大傾斜面(Plane of maximum obliquity)之反力即可合成古洛氏土楔上之平衡外力系，反之將古洛氏之土楔分成無數細塊，各細塊之共存應力，即與崩裂面(Plane of Rupture)上反力適成平衡。且兩派理論中之土壤作用，均假想在彈性限度內，並假定此彈性之連續，直至產生崩裂面(即蘭金理論之最大傾斜面)時才告終斷。故欲評判兩派理論之真確性，祇須研究彼等所根據之假設是否合理即可。今者已將兩派理論之曲直鑑別清楚，因知壁面剪阻力之算入與否，爲區別兩派理論之唯一要點，下節特將壁面之剪阻力加以研究，俾知此剪阻力在擁壁土壓問題中之重要性也。

(三)擁壁土壓之性質

作用於擁壁之土壓，亦係一種靜載重(Static load)，所奇特者，此載重能隨擁壁之彈性而變其數量而已。如擁壁之剛性愈大，則其靜載重亦因之增大，此在其他工程結構上所稀有者也。以是計算土壓之精確公式，應包括擁壁與土壤兩者之彈性及其他物理性係數，才合邏輯。此在數學解析上，固繁複異常，即應用於工程計算，亦不勝其煩，按此求得之土壓，常稱爲「靜止土壓」(Pressure at Rest)是爲適應擁壁實際變形時之真實土壓也。今若擁壁之變形之變化可以定出，則土壓之變化，亦可隨之確定。(參閱第一圖)，再如擁壁變形有一定限界，則其相當之土壓，當亦有一定限界。此等所定限界，倘與彈性無關，則土壓限界數值，可單按靜力學條件計算之。於是土壓公式中無須加入彈性係數。較上述靜止土壓之公式，當簡單多矣。此爲解析擁壁問題之唯一線索，亦即蘭金及古洛公式共同之基源也。上述靜力學條件，全賴土壤之剪阻力而得，又按蘭金及古洛兩氏理論，均假定土壤中發生崩裂面(或最大傾斜面)時，即認爲變形已至限界。變形之數量，既可正可負，其相應之土壓，因是有最小值及最大值。前者稱爲『液性土壓』(active pressure)，後者稱爲『固性土壓』(Passive pressure)。〔按 active and Passive pressure，迄無適當譯名，茲鑒於液體祇有 active pressure，固體祇有 Passive pressure，姑譯爲液性土壓與固性土壓〕通常古洛與蘭金公式所算出之結果，即係液性或固性兩種土壓限界，並非靜止土壓，此吾人所應加注意者也。

欲使土壓到達上述限界，則擁壁非先有變形，以至使壁後填土有走動之傾向，或向下塌(到達液性限界時)，或向上走(到達固性限界時)。此種走動之傾向不僅使土壤間產生剪

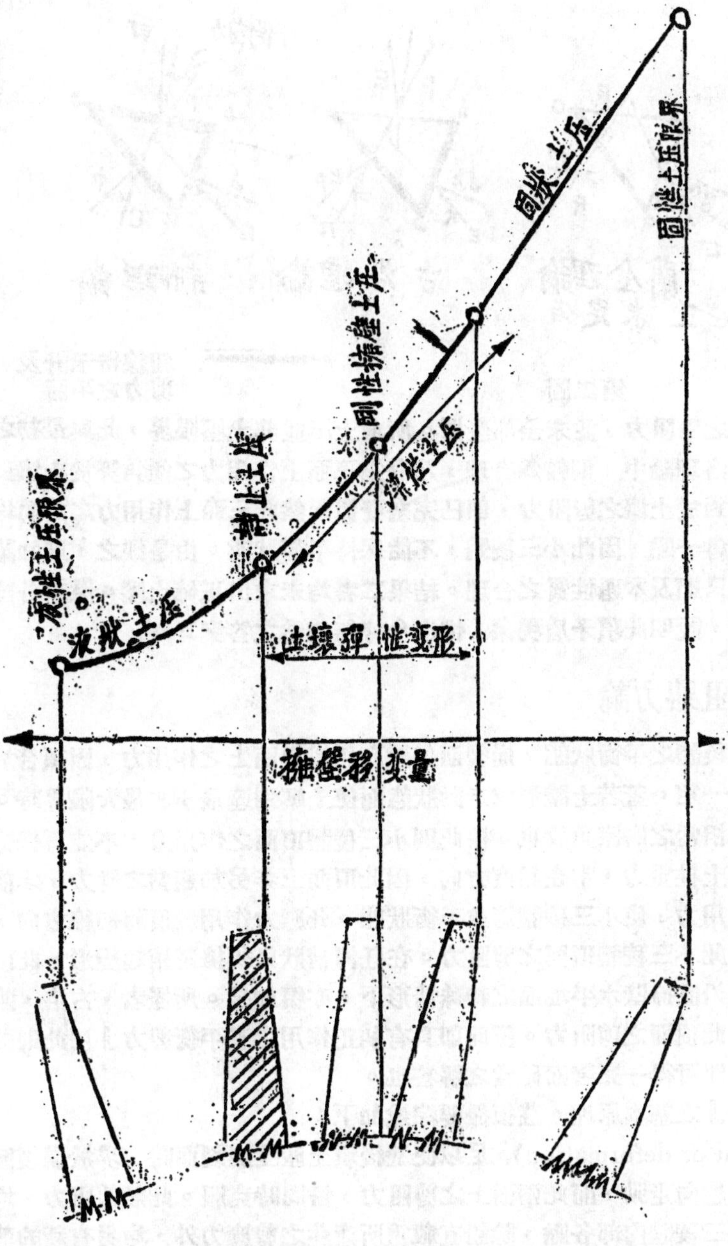

第一圖

力，即土壤與擁壁間，亦同樣發生。此剪力之數值，固隨塡土走動之傾向而增大，但一面爲土壤之剪力強度所限，同時又受擁壁之剪阻力所控制。通常土面之剪力強度已增加至產生崩裂面程度，同時擁壁對於塡土之剪阻力亦被克服之際，擁壁之變形尙未到達限界。因此壁面與崩裂面兩境界面間之土體，此時卽開始走動，卽在此變形到達限界時，作用於擁壁之土壓才到達液性或固性限界。反之在土體未傾向走動以前，作用於擁壁之土壓，決不可能到達其限界，而兩境界面之剪阻力未被同時克服以前，土體決無走動之傾向。由是可知擁壁作用於土體之剪阻力，在土壓問題中，確佔有重要地位，在實際計算土壓時，更不可忽視此項作用之影響。通常謂古洛公式較閩金公式爲逃，卽因閩金忽略壁面之剪阻力所致。而古洛公式求得土壓，何以較閩金者切近實驗數值，至此亦可恍然矣。

所不幸者，古洛公式不合力學原理。今取壁面上任一土壤小三稜塊爲例，按閩金及古洛理論，分別研究，此小三稜塊上之作用力（參閱第二圖）。在小三稜體之頂面，受上方土柱之重力，其作用方向當爲鉛直。在崩裂面上，爲他側土壤之反力，其傾角等於土壤之摩擦角，此閩金及古洛兩氏均如是假定者。但在第三面壁面上，兩理論中所設想之作用力，完全不同。按照閩金理論，此作用力之大小方向，均爲其他二面上作用力之函數，自可按靜力學平

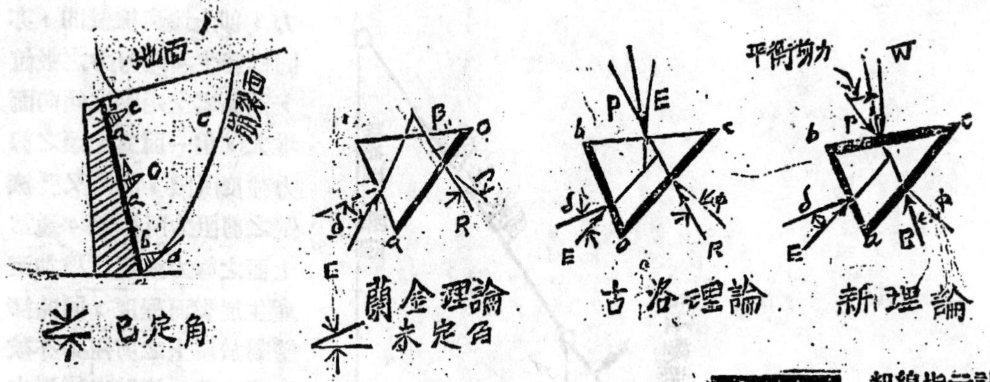

第二圖

衡原理求出。如是則壁面上之剪阻力，並未全部發揮。所求土壓並非土壓限界，此與最初之假設，前後自相牴觸。在古洛理論中，則較爲合理，乃令第三面上作用力之傾角等於土壤與壁面間之磨擦角，於是壁面對於土壤之剪阻力，即已完全發揮。然此三面上作用力之方向均已指定，則三力不一定能交會一點，因此小三稜體，不能保持平衡狀態。由是觀之，則知蘭金祇求符合力學原理，古洛只顧及本題性質之合理。結果二者均未求出正確土壓。歷來各國學者不知提出若干新進理論，說明此項矛盾現象，惜迄今終無切當之答案耳。

(四)剪阻鼎力論

按前節所論，土壤小三稜體之平衡狀態，崩裂面與壁面兩境界面上之作用力，因須合於本問題之性質，其方向已爲一定。蓋若土體形成走動狀態而使土壓到達最小或最大限界時。上述二作用力之傾角各等於相當之磨擦角故也。按此則小三稜體頂面之作用力，不能再保持鉛直方向，然作用於頂面之土柱重力，常在鉛直方向，因此頂面上非另加適當之應力，才能與他二面上已定方向之二作用力，使小三稜體適成平衡狀態。此應力作用於頂面切線方向，顯爲上方另一小三稜體作用此小三稜體頂面之剪阻力。在任何情狀只須擁壁稍起變形，此頂面上之剪阻力均存在，即在鉛直擁壁水平地面之特殊情形下，亦復如是。所怪者，古洛，蘭金及其他學者何以獨未留意此頂面之剪阻力。蓋此即具有糾正作用之『平衡剪力』用此則計算土壓之液性及固性限界，即可得一完善而確當之解答也。

以上即係『剪阻鼎力論』之基本原理。茲復撮要綜述如下：

當一擁壁之移變 (Yield or deformation)，足以使壁後填土產生崩裂面時，界於崩裂面與壁面間之土壤三稜體，即趨向走動，而此兩面上之剪阻力，恰同時克服。此類剪阻力，均可視爲外來作用力，而土壤三稜體內部各點，除鉛直載重所產生之剪應力外，均另有新的剪應力。在三稜體之頂面上，因此產生之剪阻力，亦猶外加作用力。其作用乃對抗上述二面上已有之剪阻力，使土壤三稜體保持平衡狀態，而土壤作用於擁壁之土壓，遂達到液性或固性限界。

(五)三種理論之比較

以壁面，崩裂面及地面平行面所圍成之土壤小三稜體，蘭金僅考慮崩裂面上之剪阻力，

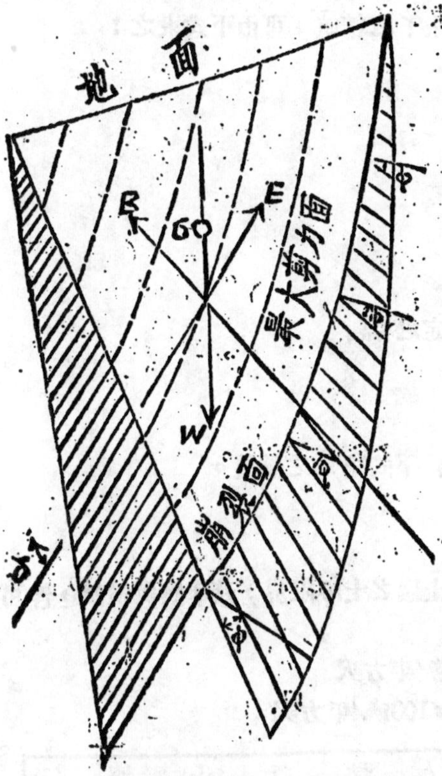

第　三　圖

古洛則除崩裂面上之剪阻力而外，復顧及壁面之剪阻力，至本文所介紹之新理論，則三面上之剪阻力已兼顧並論矣（參閱第二圖）。

更可注意者，在新理論中，土壤三稜體在傾向走動之際，其崩裂面非爲平面而爲一種曲面。蓋離壁面愈遠，土壓力之傾角漸次減小故也。此曲面之形式，迄今尙未確定，大概係對數螺旋曲線（Logarithmic Spiral）尙待繼續研究，才能明悉。在土壤三稜體中，另有一羣最大剪力曲線，各與崩裂面相平行。茲將新理論分析土楔之平衡力系圖示於第三圖。

(六)新理論之圖解法及解析法

根據第四節之剪阻爲力論，土壓之液性及固性限界，無論黏性土壤，或非黏性土壤，均可用圖解法及解析法分別求出，其結果統詳載於第四，第五圖中。

(a)圖解法　由0點作$\overline{0Q}$垂直於地面，並沿地面平行方向量取$\pm C\phi$及$\pm C\delta$（如係黏性土壤，$C\phi = C\delta = 0$）。在$C\phi$及$C\delta$線段之端點各作$\pm\phi$及$\pm\delta$線，與$\overline{0Q}$成$\pm\phi$及$\pm\delta$非角。再作鉛直線$\overline{0W} = \omega h\cos\delta$，及地面之平行線$\overline{WP}$。其次試作一圓，須滿足下列三條件：(1)圓心須在$\overline{0Q}$上，(2)須與$+\phi$或$-\phi$線相切於R，(3)設所作圓與$\overline{WP}$交於P，與$+\phi$或$-\delta$線相交於E，則$\overline{EP}$線須與壁面平行。此圓作成後，$\overline{0E}$即表深度爲h之壁面上一點之單位土壓，其傾角爲$\delta$或$\delta_c$，又$\overline{0R}$表該處崩裂面上單位反力，其傾角爲$\phi$或$\phi_c$；而$\overline{0P}$表該處土壤三稜體頂面上載重及剪阻力之單位合力，其傾角爲ρ。$\overline{WP}$爲$\overline{0P}$之分力，與地面平行，即上述『平衡剪力』是也，其另一分力$\overline{0W}$，即表頂面上之載重。再可注意者，P與H之聯線爲平面應力之長主軸方向，$\overline{0K}$及$\overline{0H}$表最大及最小主應力。P與圓上$-\phi$或$+\phi$線切點R之聯線表崩裂面。上述作圖方法，液性與固性土壓限界均能適用，所須注意者，液性圓之半徑爲最小容許半徑，固性圓之半徑爲最大容許半徑。而液性土壓限界作圖中之用$-\phi$及$+\delta$線者，在固體土壓限界作圖中應改用$+\phi$及$-\delta$線。

(b)解析法　按新理論計算黏性及非黏性土壤之土壓公式，已詳列於第四，第五圖附註中，惟因篇幅有限，此等公式之誘導及說明，統已略去。此間値得一提者，即在誘導此等公式時，曾充分利用應力圓（Circle of stress, or Mohr circle）之各項性質，因此在演算手續上，簡單不少。較之通常用總土壓式微分而定崩裂面之傾斜角之法則，其繁簡不可同日而語（蓋利用上述試作之圓，可省微分之繁複故也）。

計算黏性土壤之土壓時，求γ之數值，用試算法較爲方便。即先假定$\frac{r_1}{r_2}=1$，求$r_1\frac{\overline{0Q}}{\overline{BQ}}$之第一次估算値，再由$r_1$定出$\frac{r_1}{r_2}$之第二次估算値，以複算$\gamma$及$\omega$，此第二次之近似値，

26567

但相當精確，在一般實際問題，均可適用，倘欲直接求Υ之精值，可由下式求之：

$$\cos\Upsilon=\frac{B\times C\pm\cos A\sqrt{B^2-C^2+\cos^2 A}}{B^2+\cos^2 A}$$

上式中 $A=2\theta-2\beta+\delta$

$$B=\sin A+\frac{n}{n-1}\times\frac{1}{\sin\phi}(m\tan\phi+1)$$

$$C=\frac{n}{n-1}\left(\frac{m}{\cos\phi}+\frac{1}{n\sin\phi}\right)$$

前式分子上根號前之正負號應用時由下列法則決定之：

液性土壓——$n>1$時用一號，$n<1$時用十號。

固性土壓——$n>1$時用十號。$n<1$時用一號。

當$n=1$則$\frac{r_1}{r_2}=1$，而$\cos\Upsilon=\frac{\sin\delta}{\sin\phi}$，由是則可自下式求$r_1$之確值。

$$r_1=\frac{n\sin\phi\cos\Upsilon-\sin\delta}{(n-1)\sin\delta}$$

按新理論用圖解法及解析法分別求黏性及非黏性土壤之土壓限界，茲舉實例於後，俾可彼此對照比較：

與件：$h=15'-0''$，$\beta=25°$，$\theta=45°$，$C\phi=15°$磅/平方呎

$\omega=96$磅/立方呎，$\phi=35°$，$\delta=30°$，$C_5=100$磅/平方呎

結果：

項目	非黏性土壤				黏性土壤			
	液性土壓		固性土壓		液性土壓		固性土壓	
	解析法	圖解法	解析法	圖解法	解析法	圖壓法	解解法	圖解法
Υ	29°20′	29°20′	29°20′	29°30′	33°43′	33°40′	31°10′	30°40′
ω	99°20′	99°30′	39°20′	39°20′	103°43′	104°00′	41°10′	41°10′
δc	—	—	—	—	45°50′	45°40′	−32°04′	−32°10′
ϕc	—	—	—	—	47°24′	47°20′	−39°16′	−39°10′
ρ	−3°24′	−3°30′	−34°33′	−34°50′	−5°53′	−5°50′	−39°22′	−39°20′
χ	42°50′	42°50′	107°50′	107°50′	40°38′	40°40′	106°55′	107°00′
$\overline{OE}$	442	443	2130	2130	318	318	2431	2422
$\overline{OR}$	619	619	1524	1525	572	573	1667	1668
$\overline{OP}$	1185	1187	1443	1445	1189	1190	1528	1530
$P\underline{W}$	622	621	1376	1377	674	675	1522	1521

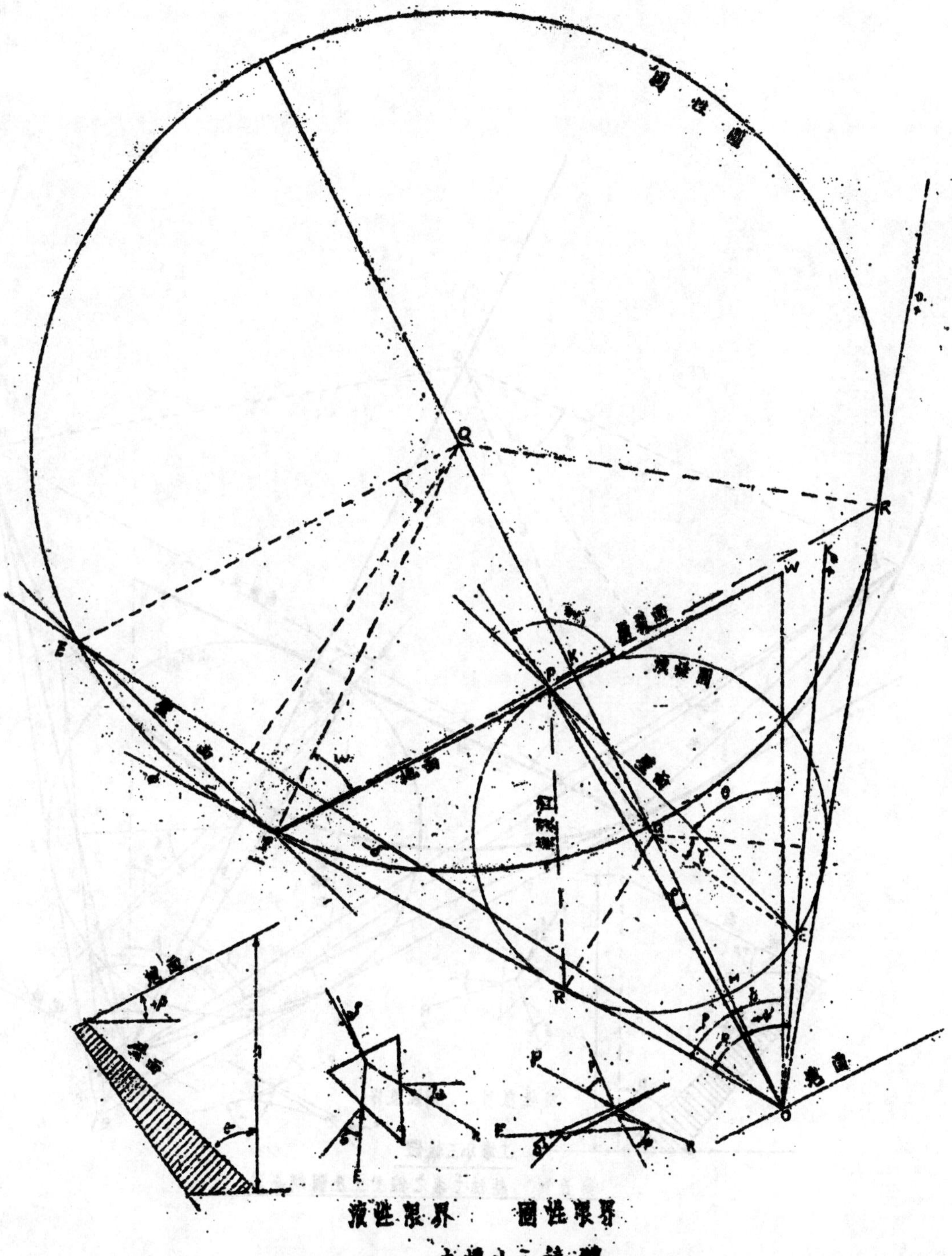

液性限界 ： 固性限界

土壤小三稜體

第四圖 非粘性土壤之擁壁土圧圖解新法

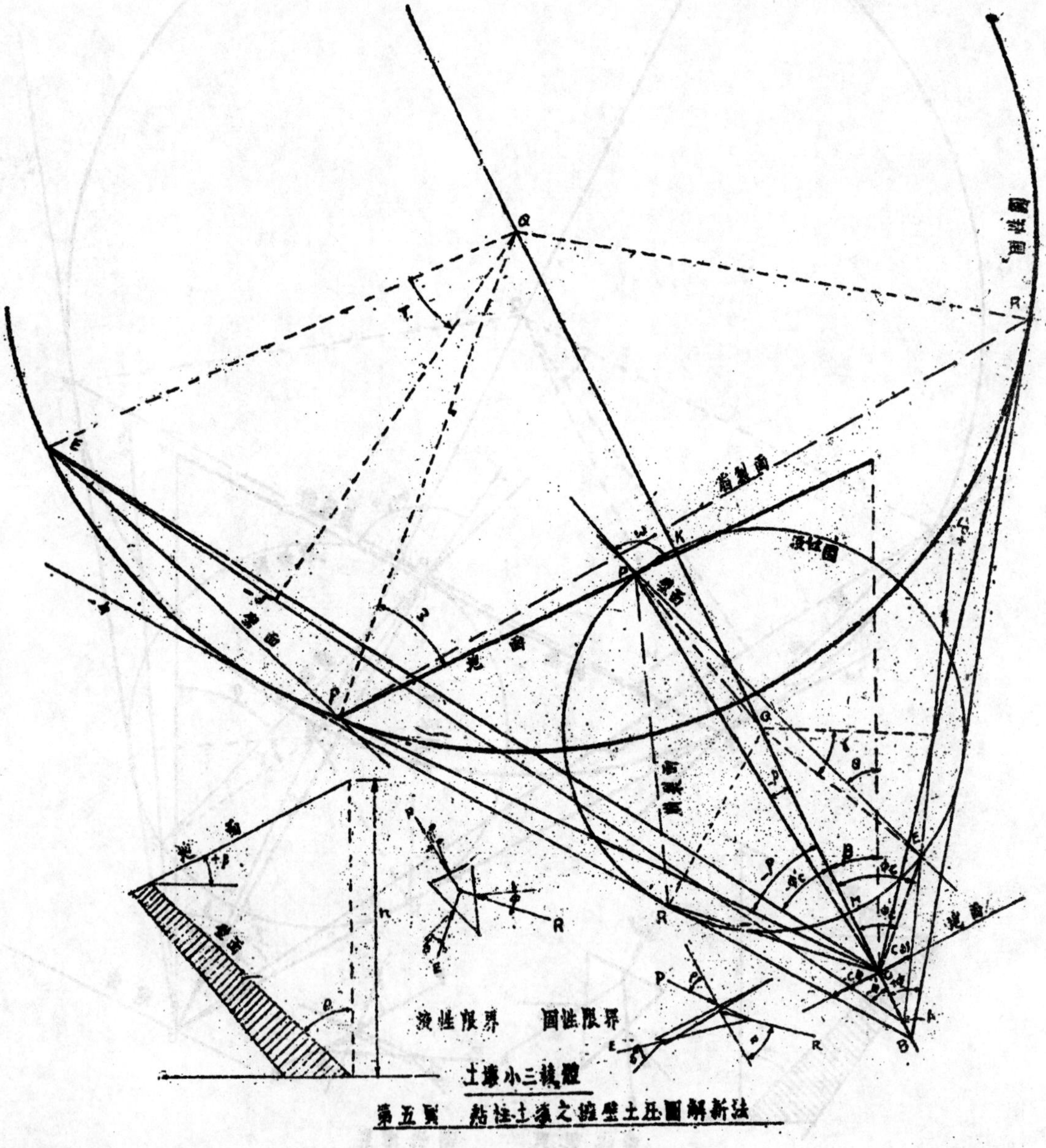

土壤小三軸體

第五圖　粘性土壤之擋壁土压圖解新法

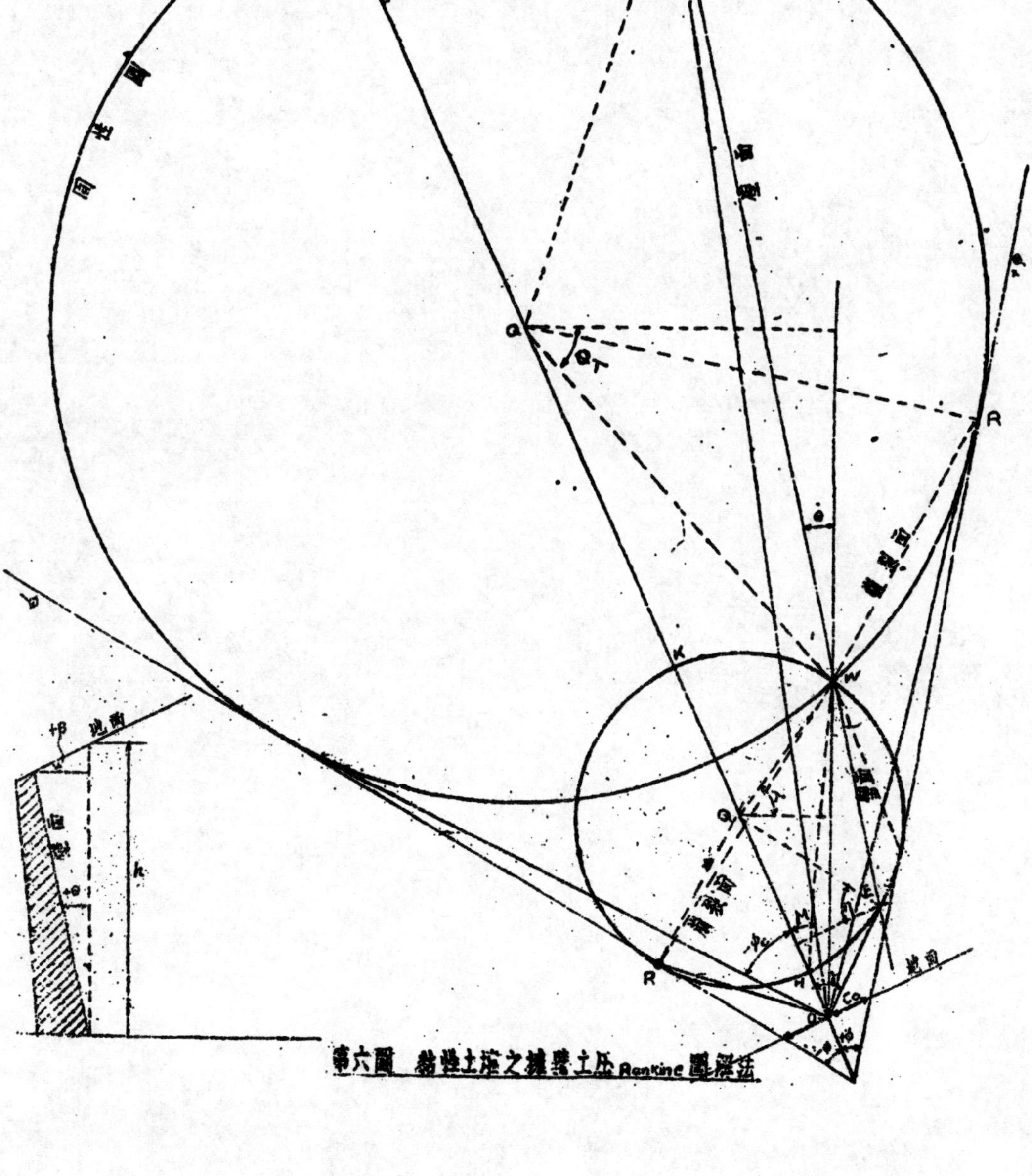

第六圖　粘性土壤之擁壁土压 Rankine 圖解法

26571

第四圖附註——非黏性土壤擁壁土壓公式：

ω＝土壤單位重量

ϕ＝土壤內磨擦角

δ＝土壤與擁壁間之磨擦角（$\delta<\phi$）

$$\mathrm{Cos}\,\gamma=\frac{\mathrm{Sin}\,\delta}{\mathrm{Sin}\,\phi}$$

$$\omega=2\theta-2\beta+\delta+\gamma$$

$$\mathrm{Cot}\,\rho=\mathrm{Csc.}\,\phi\,\mathrm{Sec}\,\omega+\tan\omega \qquad (\rho\leq\phi)$$

壁脚單位土壓 $\overline{OE}=\dfrac{wh\,\mathrm{Cos}^2\beta}{\mathrm{Cos}\,\rho}\cdot\dfrac{\mathrm{Cos}\,\delta\mp\sqrt{\mathrm{Cos}^2\delta-\mathrm{Cos}^2\phi}}{\mathrm{Cos}\,\rho\pm\sqrt{\mathrm{Cos}^2\rho-\mathrm{Cos}^2\phi}}$

上式中上層符號用以計算被性土壓，下層符號用以計算固性土壓。

單位平衡剪力 $\overline{PW}=wh\dfrac{\mathrm{Cos}\,\beta}{\mathrm{Cos}\,\rho}\cdot\mathrm{Sin}(\beta-\rho)$

壁脚處壁面與崩裂面夾角（接近壁面處）$=\frac{1}{2}[\pi-(\phi+\delta+\gamma)]$

壁脚之土壤小三稜體見第四圖

第五圖附註——黏性土壤擁壁土壓公式：

ω＝　土壤單位重量

$C\phi$＝　土壤內單位黏着力

$C\delta$＝　土壤作用於壁面之單位黏着力

ϕ＝　土壤磨擦角

δ＝　土壤與擁壁間之磨擦角

$$m=\frac{Wh}{C\phi}\mathrm{Cos}^2\beta$$

$$n=\frac{C\phi\;\mathrm{Cot}\,\phi}{C\delta\;\mathrm{Cot}\,\delta}$$

$$\omega=2\theta-2\beta+\delta+\gamma$$

$$r_1=\frac{\overline{OQ}}{\overline{BQ}}=\frac{m-\mathrm{Cos}\,\phi\,\mathrm{Sin}\,\omega}{m+\mathrm{Cot}\,\phi}$$

$$\frac{r_1}{r_2}=\frac{1+r_1(n-1)}{n},$$

$$\mathrm{Cos}\,\gamma=\frac{r_1}{r_2}\cdot\frac{\mathrm{Sin}\,\delta}{\mathrm{Sin}\,\phi}$$

$$\mathrm{Cos}\,\delta c=r_1\mathrm{Csc}\,\phi\;\mathrm{Sec}(\delta+\gamma)-\mathrm{ton}(\delta+\gamma)$$

$$\mathrm{Cot}\,\phi c=r_1\,\mathrm{Csc}\,\phi\;\mathrm{Sec}\,\phi+\tan\phi$$

$$\mathrm{Cot}\,\rho=r_1\,\mathrm{Csc}\,\phi\;\mathrm{Sec}\,\omega+\tan\omega \qquad \left[\mathrm{Sin}\,\delta c,\ \mathrm{Sin}\,\rho<\frac{\mathrm{Sin}\,\phi}{r_1}\right]$$

壁脚單位土壓 $\overline{OE}=\dfrac{Wh\,\mathrm{Cos}^2\beta}{\mathrm{Cos}\,\rho}\cdot\dfrac{\mathrm{Cos}\,\delta c\mp\sqrt{\mathrm{Sin}^2\phi/r_1^2-\mathrm{Sin}^2\delta c}}{\mathrm{Cos}\,\rho\pm\sqrt{\mathrm{Sin}^2\phi/r_1^2-\mathrm{Sin}^2\rho}}$

上式中上層符號用以計算液性土壓，下層符號用以計算固性土壓。

單位平衡剪力 $\overline{PW} = wh\ \frac{\mathrm{Cos}\beta}{\mathrm{Cos}\rho}\mathrm{Sin}(\beta-\rho)$

壁脚處壁面與崩裂面交角 $= {}^1\!/_2\,[\pi-(\phi+\delta+\gamma)]$

壁脚之土壤小三角稜見第五圖

第六圖附註——黏性土壤之 Rankine 理論普遍公式：

$W =$ 土壤單位土壓

$C\phi =$ 土壤內單位黏着力

$\phi =$ 土壤磨擦角

$$m=\frac{Wh}{C\phi}$$

$$\mathrm{Cos}\lambda = \gamma_1\frac{\mathrm{Sin}\beta}{\mathrm{Sin}\phi}$$

$$\gamma_1=\frac{\overline{OQ}}{\overline{BQ}}=\frac{m}{m+\mathrm{Cot}\phi\,(1-\tan\beta\tan\lambda)}$$

$$\mathcal{H}=\beta-2\theta+\lambda$$

$$\mathrm{Cot}\phi c=\gamma_1\,\mathrm{Csc}\phi\,\mathrm{Sec}\phi-\tan\phi$$

$$\mathrm{Cot}\mu=\gamma_1\,\mathrm{Csc}\phi\cdot\mathrm{Sec}\mathcal{H}=\tan\mathcal{H}\qquad\left[\mathrm{Sin}\mu<\frac{\mathrm{Sin}\phi}{r_0}\right]$$

壁脚單位土壓 $\overline{OE} = Wh\,\mathrm{Cos}\beta\cdot\frac{\mathrm{CosM}\mp\sqrt{\mathrm{Sin}^2\phi/r_1^2-\mathrm{Sin}^2\mu}}{\mathrm{Cos}\beta\pm\sqrt{\mathrm{Sin}^2\phi/r_1^2-\mathrm{Sin}^2\beta}}$

上式中上層符號用以計算液性土壓，下層符號用以計算固性土壓。

壁面與崩裂面之交角 $= {}^1\!/_2\,[\pi-2\theta+\beta+\lambda]$

非黏性土壤之 $r_1=1$，以上各式計算固性土壓時 σ 及 $C\phi$ 均用負值。

（七）蘭金理論之普遍公式

仿照新理論之解析法及圖解法，可得 Rankine 普遍公式及類似之圖解法。第六圖及該圖之附註卽應用於黏性土壤者，但並不限於鉛直壁面。此普遍公式，亦較歷來相似之公式爲簡單（試與 Howe's 著作中所舉之非黏性土壤土壓公式對照，卽知繁簡相差懸殊）。在蘭金理論之作圖中，與新理論顯然不同者，圖中P點與W點相重合，卽平衡剪力 $\overline{WP}=0$，且土壓 $\overline{OE}$ 之傾角非爲指定之 δ 角，而爲一不定角 μ。

決定公式中之 r 值時，亦採用新理論解析法中所述之試算法，求液性土壓，先假定 $r_1=0.8$ 求固性土壓，先假定 $r_1=1.0$，至於 r 之確值，可由下式求之：

$$r_1=\frac{(1-m\tan\phi)\mp\frac{1}{\mathrm{Cos}\beta}\sqrt{(\mathrm{Sin}^2\phi-\mathrm{Sin}^2\beta)+\frac{\mathrm{Sin}\phi\,\mathrm{Cos}\phi}{m}\left(2+\frac{\mathrm{Cot}\phi}{m\,\mathrm{Cos}^2\beta}\right)}}{m\tan\phi+\left(2+\frac{\mathrm{Cot}\phi}{m\,\mathrm{Cos}^2\beta}\right)}$$

上式分子中根號前，「－」號用於求液性土壓時，「＋」號用於求固性土壓時。

此處對於閙金理論尚可附加評判者，即閙金不幸採用「卍字應力」(Conjugate Stresses)，徒令分析與理解發生不必需之枝節，且使所得公式祇適用於鉛直壁面。蓋祇有鉛直壁面平行於重力方向才使應力成爲卍字應力，而事實上閙金祇須不提卍字應力，則彼之理論卽可適用於一般形式之擁壁，此僅爲力學上之簡單問題耳。

對閙金理論尙有可指摘者，第一，鉛直壁面上之土壓旣假定與地面平行，然則液性與固性限界，其方向豈有相同之理。第二，如地面之傾斜角等於土壤之磨擦角，則液性土壓將常等於固性土壓限界。第三，壁面之傾斜度有一定限度，至此限度以外，其理論卽不能適用。凡此種種缺陷，祇須加入平衡剪力立可全部糾正矣。

(八)擁壁設計之土壓分佈圖

以往一般擁壁常按液性土壓限界設計，皆則液性土壓限界爲擁壁上承受之最小負載。此在設計其他建築物時，決無如此公然違反安全原則之理。茲爲矯正上述之謬誤，特建議一種新式之土壓分佈圖，作爲設計擁壁之準繩。如第七圖所示，$\overline{OB}$ 爲壁面，$\overline{OA}$ 表單位液性土壓，$\overline{OP}$ 表單位固性土壓，作 $\overline{AC}$ 平行於壁面 $\overline{OB}$，與 $\overline{BP}$ 線相交於 C。OACB 卽表適用於擁壁設計之土壓分佈圖，此圖固不能指示與實之靜止土壓，然亦非單純之土壓限界。蓋實際上並未有崩裂面發生也。總土壓之作用方向，可假定與壁面成垂直，俾使安全率 (Factor of Safety) 增大。此圖之特點，卽在擁壁及其基礎之彈性作用情況下，與實際土壓分佈情形極爲近似。

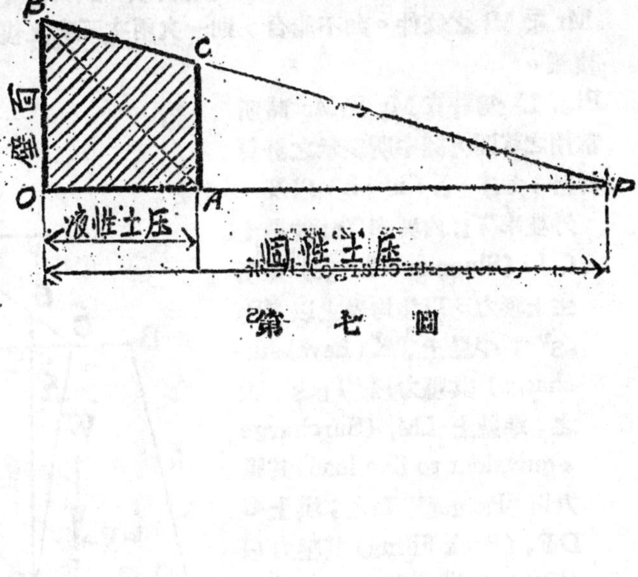

第七圖

擁壁工程設計新法

張志成

第一章　緒論

(1)擁壁工程設計，其計算最須重者，為計算用何種大小之斷面，則擁壁不致傾覆；(即 Test for Stability of retaining wall是也)。本篇即專為此作，不能論及如何使擁壁不為上壓力所剪裂；(Fail by Shear) 及如何使擁壁不為壓力推動滑動 (Fail by Sliding)，等問題，緣此等問題無需乎煩重艱難之算計也。

(2)本篇以新法為名，自應異於舊法，茲先將舊法概要言之，俾閱者於閱及以後各章時，可校核新舊間之異同，對擁壁設計之原理，更可得切實之瞭解也。

擁壁設計舊法，常先假定一斷面形，算出其抗覆動率 Mr，(Resisting moment of retaining wall section) 更算出其傾覆動率Mt (Overturning moment due to earth pressure) 或則先算 Mt 後算 Mr；但不問先算何項，其目標不外乎考察 Mr 與 Mt 之能否合於 Mr ≒ Mt 之條件。如不能合，則一次兩次三次之複算，終必使合於該條件為止，果常複雜。

Fig. 1. 為計算 Mt 及 Mr 時所常用之草圖，圖中所表示之計算材料；如 ϕ，δ，h'，h，以及外坡率 γ_1；內坡率 γ_2；坡壘土 CJ，(Slope surcharge) 其所生土壓力，以後均表之以"P_{S-S}"；平壘土 JK (Level surcharge) 其壓力以"P_{L-S}"表之；準壘土 LM, (Surcharge equivalent to live load) 其壓力以"P_{S-E-L}"表之；填土 CDF，(Back filling) 其壓力以"P_F"表之；ΣP，為填土與各種壘土所生壓力之總和，簡表以式，則為 $\Sigma P = P_F + P_{S-S} + P_{L-S} + P_{S-E-L}$；W為擁壁ABCD與壁背附土CDE之總重；Y為 ΣP 之繞動距；$\overline{x}$ 為W之繞動距；更有土之單位重量 ω_1；石料之單位重量 ω_2；土壓力常數 $K' = \frac{1-\sin\phi}{1+\sin\phi}$ 等尚未列入圖中。

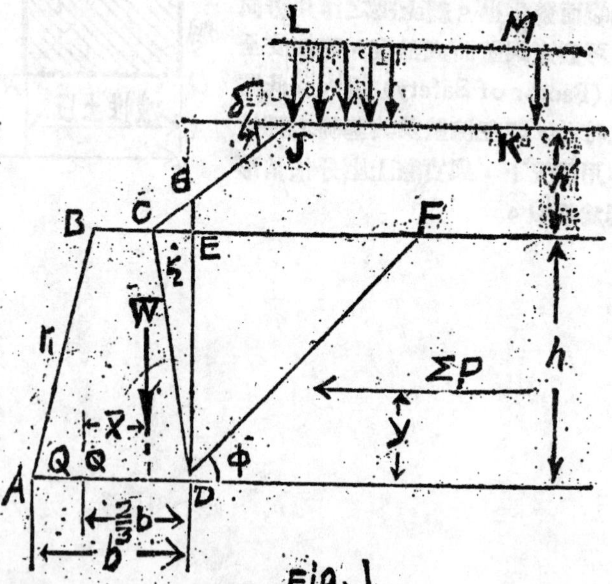

Fig. 1

以如許多材料，以計算 M_r 是否 ≮ M_t，工作自極艱煩，而尤困難之問題有二：(1)各種壘土壓力迄無可靠之計算方法；如 Fig.1 所示之擁壁載重情形，乃事實上最普通常見者，然歷來工程載籍，對此竟不列式；(2)如 Fig.1 之情形，通常視ABCGD為一組合牆 (Composite retaining wall)，ΣP 則作用於此組合牆上，Y值則為 $\frac{\overline{DG}}{3}$ 此組合牆之假定，未必妥適，故不若以本文新法計算之。

(3)本文計算方法，係由土壓力強度直接算出，然結果並不用 M_t 式，而祇用 M_t 中之一因素，且算過一次之後，可不需再算，故較舊法為節時省力也。

第二章　土壓力強度形與擁壁

(4)土壓力強度形，即 "Pressure diagram of intensity of pressure due to earth filling and surcharges." Fig. 3.(a)示擁壁及其載重情形；(b)示由各種載重所生之壓力強度形。(b)圖中橫坐標 Op 量壓力強度；如 Oa 之值，即表示在壁頂處之土壓力強度，bc即表示在壁底處之土壓力強度

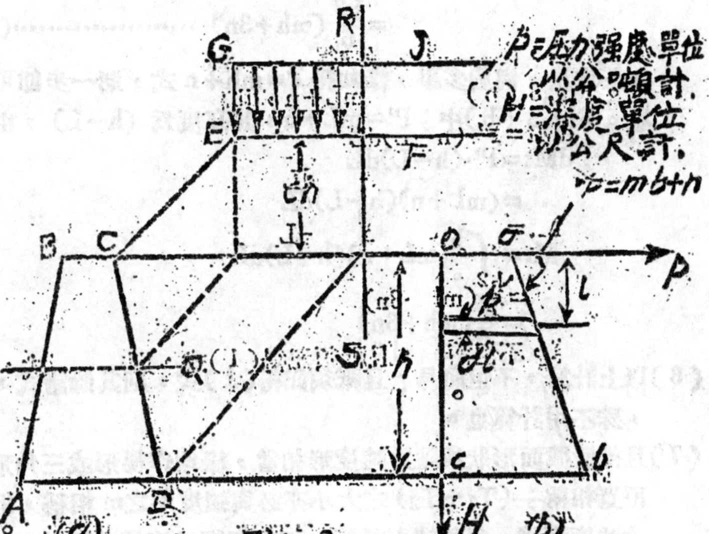

Fig. 2

，P'即表示在深度L處之土壓力強度；縱坐標 OH 量深度，深度與高度之不同在量法，深度自壁頂算起，高度自壁底算起。

表示土壓力強度變化之線，常為一直線，其計算式為：

$$P=mh+n \quad \cdots\cdots\cdots\cdots(1)$$

(b)圖中之ab線，即用此式計算並繪出；式中之n即此線交橫坐標之值，亦即圖中Oa之長度也；m為ab線之坡率。壓力強度形 Oabc 中任何深度處之壓力強度，均可以(1)式計算，例如欲知深度L處之P'值，則祇須將L代h，得 $P'=mL+n$，即可算出P'值矣。

(5)公式(1)及壓力強度形，乃擁壁計算之唯一合理基礎。

壓力強度形之面積，即壁背所受單位壓力之總和，即ΣP也。在繪出壓力強度形以後，吾人立可從以算ΣP：

$$\Sigma P=\frac{h}{2}(Oa+bc)$$

$$=\frac{h}{2}(n+mh+n)$$

$$=\frac{h}{2}(mh+2n)\cdots\cdots\cdots\cdots(2)$$

ΣP 之動向高度Y，即強度形之重心高度，亦可用簡單公式算出：

$$Y=\frac{h}{3}\cdot\frac{2Oa+bc}{Oa+bc}$$

$$=\frac{h}{3}\cdot\frac{mh+3n}{mh+2n}\cdots\cdots\cdots\cdots(3)$$

旣得ΣP 與Y式，即得 Mt 式：

$$Mt=\Sigma P\times Y=\frac{h}{2}(mh+2n)\times\frac{h}{3}\cdot\frac{mh+3n}{mh+2n}$$

$$=\frac{h^2}{6}(mh+3n)\cdots\cdots\cdots\cdots(4)$$

如上算法，尙屬多事，絲如得 P=mh+n 式，則一步即可算出 Mt，不必計算ΣP與Y也。Fig. 3 (b)中；P'=mL+n，其高度爲 (h−L)，由此得

$$dMt=P'\cdot(h-L)dL$$

$$=(mL+n)(h-L)dL$$

$$Mt=\int_0^h(mL+n)(h-L)dL$$

$$=\frac{h^2}{6}(mh+3n)$$

(6)以上計算，不但簡易，且祗須記得(1)式，則其餘諸式，祗須閱過本篇；即可一寫而得，殊不用計算也。

(7)且擁壁截面形狀與壓力強度形相當，絲均作梯形或三角形；擁壁之頂寬，必與強度形之頂寬相稱；$(\Upsilon_1+\Upsilon_2)$之大小亦必與強度形之m相稱，但係相稱而非相等，故於繪出壓力強度形後，仍須略事計算，不能即謂已完擁壁設計也。

Mt 中之$\frac{h^2}{6}$項，以後殊用不到，絲均可與 Mr 中之$\frac{h^2}{6}$項相消也。Mt與Mr中，各有一重要因數 (important factor)，Mt 中之因數，即 (mh+3n) 也，以後用ftm代之。

(8) m, n, 値之確定，爲全盤問題中之最重要部份，作者思之數年，所耗草稿紙當逾萬頁，迄今始獲算出，亦可謂艱苦矣。m, n 之算式均詳下章。(未完)

捐 款 啓 事

本會經費，至爲拮据；每期刊費，輒多方籌湊，竭蹶力竭，困頓異常。在校會員，有鑒于斯，曾於去歲發起募集會刊基金；乃期集腋成裘，以奠久遠之基，當蒙各地校友不棄謭陋，惠然贊助，不數月而得數千金（捐款校友台銜列入鳴謝啓事）。兹恐尙有若干校友以行蹤不定，未曾接到上次捐募函件，特此再懇慷慨捐助，鼎力玉成，本刊幸甚。

公路曲線視距新論

胡樹楫

(一)緒言

車輪在灣道上以一定速度行駛時，駕駛人目光所及之前面路段須相當長，以免與迎面來車有相碰之虞。故若灣道內邊有山坡、坎坡、樹林、房屋等存在，使駕車人目光控制下之前面路段長度不足，應予相當「開闊」(註一)，其標準普通爲灣道內邊任一點之切線，在與行車線(普通可代以路中線)相交之兩點間須在一定長度——所謂「視距」，又稱「直視線長度」(註二)——以上。

前此道路工程書籍，對於視距與曲線半徑及兩邊開闊尺寸之關係，討論尚欠詳備，尤以視距以直線長度爲準之一點，筆者認爲於理無據，而在實地應用上使開闊尺寸，亦即工程費用或補償費用無謂增大。

蓋規定一定至少視距之用意，無非使對駛之兩車，於交會前，得及時互相望見，以免萬一發生衝碰，而一般所主張之長度——180 公尺(600呎)或200公尺——約與兩車以每小時80公里(50哩)之速度對駛，而同時制動以免相碰時，所需相對路距相當(註三)，亦即與一定時距相當。車輛在直線上或曲線上以同一速度行駛，或於同一度速開始制動時，經行同一路距所需時間應無二致。故灣道上所需視距，當以目光控制下之路距爲準，而非直線長度。

筆者嘗就以直線長度爲準之視距(s)與曲線半徑 r，路線曲折角β(或曲線中心角α)及路寬B之關係(圖1及2)，闡爲論文(註四)。茲爲比較起見，稍加綴述，而錄其結果如次：

令 s = 灣道中線上之最短視距，以直線(圖1，2中PQ)長度爲準「公尺」；

r = 灣道中線之半徑「公尺」，

α = 曲線之中心角(以代切線曲折角β)；

d = 灣道內邊(阻礙物界線)對灣道中線之距離「公尺」，

= 路寬之半$\frac{W}{2}$ + 灣道加寬ΔW(可爲零)+開闊尺寸k(可爲零)。

由規定 s 及已知 α 及 d，可計算所需 r：

$$\text{Sin}\frac{\alpha}{2} < \frac{2\left(\frac{2d}{s}\right)}{1+\left(\frac{2d}{s}\right)^2}\text{時：}\quad r=\frac{\frac{s}{2}\text{Sin}\frac{\alpha}{2}-d\cos\frac{\alpha}{2}}{1-\cos\frac{\alpha}{2}}\text{〔公尺〕} \cdots\cdots\cdots\cdots(1)$$

$$\text{Sin}\frac{\alpha}{2} \geqq \frac{2\left(\frac{2d}{s}\right)}{1+\left(\frac{2d}{s}\right)^2}\text{時：}\quad r=\frac{\left(\frac{s}{2}\right)^2+d^2}{2d}\text{〔公尺〕} \cdots\cdots\cdots\cdots(2)$$

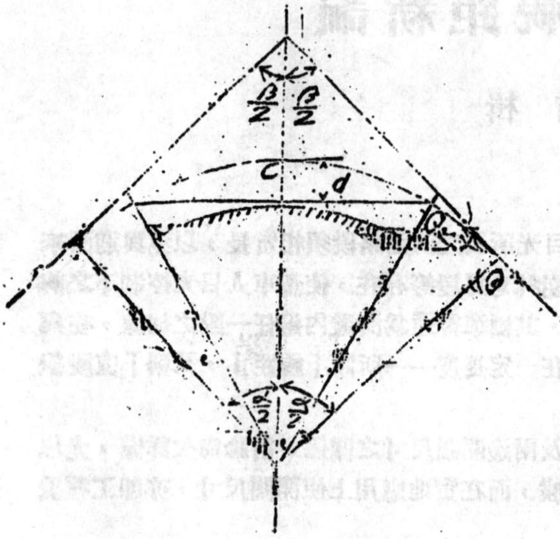

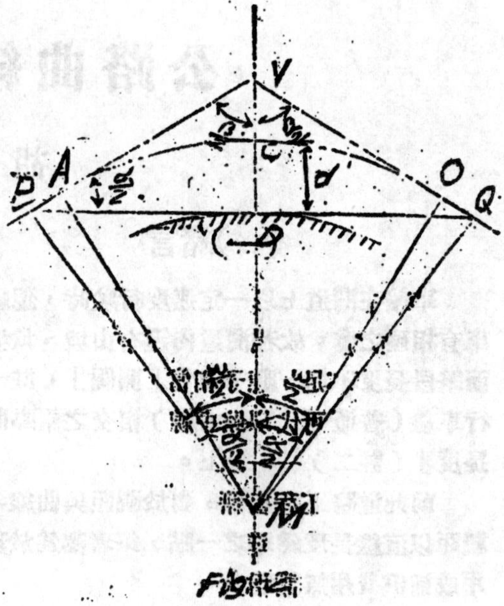

$\mathrm{Sin}\frac{\alpha}{2} = \sqrt{2\left(\frac{d}{r}\right) - \left(\frac{d}{r}\right)^2}$ 時：

$\mathrm{Sin}\frac{\alpha}{2} < \sqrt{2\left(\frac{d}{r}\right) - \left(\frac{d}{r}\right)^2}$ 時：$S = \frac{2}{\mathrm{Sin}\frac{\alpha}{2}}\left[r\left(1 - \mathrm{Cos}\frac{\alpha}{2}\right) + d\,\mathrm{Cos}\frac{\alpha}{2}\right]$〔公尺〕

由規定S及已知r與α，求所需之d：

$\mathrm{Sin}\frac{\alpha}{2} < \frac{S}{2r}$ 時：$d = \frac{S}{2}\tan\frac{\alpha}{2} - r\,\frac{1-\mathrm{Cos}\frac{\alpha}{2}}{\mathrm{Cos}\frac{\alpha}{2}}$〔公尺〕

$\mathrm{Sin}\frac{\alpha}{2} > \frac{S}{2r}$ 時：$d = r - \sqrt{r^2 - \left(\frac{S}{2}\right)^2}$〔公尺〕……………………………(6)

在前此一般道路工程書籍中，僅列(6)式，或略作 $d = \frac{0.125S^2}{r}$〔公尺〕……(6a)

下文以灣道上視線所及之最短路距為規定視距，求其與r、d、α之關係。

(三)由規定視距等求所需曲線半徑

令S＝灣道中線上目光所及之最短路距「公尺」，相當於規定視距「公尺」，其餘符號同前。

則若S＝規定視距，由已知之α及d，可計算所需曲線半徑r如次：

(甲)如圖(1)，灣道內邊中點D之切線與路中線之交點P，Q在曲線上時，曲線$\widehat{PQ}$應等於規定視距S，因$\widehat{PQ} = \frac{\omega\pi}{180}r = S$，

故 $r = \frac{180S}{\omega\pi}$ ……………………………………………………(a)

又在△PMD中：

$$\frac{r-d}{r}=\mathrm{Cos}\,\frac{\omega}{2}\quad 故\quad r=\frac{d}{1-\mathrm{Cos}\,\frac{\omega}{2}}\cdots\cdots\cdots\cdots(b)$$

如以兩直弦之長度和 $\overline{PC}+\overline{QC}$ 代曲線長度PCQ，即可以 $4\,\mathrm{Sin}\frac{\omega}{4}$ 代(a)式中之 $\frac{\omega\pi}{180}$，$\frac{\omega}{2}$ 用 $\omega \leqq \alpha$，而 α 普通在90°以下，以直弦代曲線所致誤差至多為2.55%($\omega=90°$時，$\frac{\omega\pi}{180}=1.57080$，$4\,\mathrm{Sin}\frac{\omega}{2}=4\times0.38268=1.53072$)，

故(a)式可寫作：

$$r=\frac{S}{4\,\mathrm{Sin}\frac{\omega}{4}}\cdots\cdots\cdots\cdots(c)$$

由(b)，(c)二式得

$$\frac{S}{4\,\mathrm{Sin}\frac{\omega}{4}}=\frac{d}{1-\mathrm{Cos}\frac{\omega}{2}}$$

即

$$\frac{1-\mathrm{Cos}\frac{\omega}{2}}{4\,\mathrm{Sin}\frac{\omega}{4}}=\frac{1-\left(\mathrm{Cos}^2\frac{\omega}{4}-\mathrm{Sin}^2\frac{\omega}{4}\right)}{4\,\mathrm{Sin}\frac{\omega}{4}}=\frac{2\,\mathrm{Sin}^2\left(\frac{\omega}{4}\right)}{4\,\mathrm{Sin}\frac{\omega}{4}}=\frac{1}{2}\mathrm{Sin}\frac{\omega}{4}=\frac{d}{S},$$

以 $\mathrm{Sin}\frac{\omega}{4}=\frac{2d}{S}$ 代入(c)式，得：

$$r=\frac{S^2}{8d}\ [公尺]\cdots\cdots\cdots\cdots(7)$$

適用此式之條件為 $\alpha\geqq\omega$，即 $\frac{\alpha}{2}\geqq\frac{\omega}{2}$，亦即 $\mathrm{Sin}\frac{\alpha}{2}\geqq\mathrm{Sin}\frac{\omega}{2}$。因

$$\mathrm{Sin}\frac{\omega}{2}=2\,\mathrm{Sin}\frac{\omega}{4}\mathrm{Cos}\frac{\omega}{4}=2\,\mathrm{Sin}\frac{\omega}{4}\sqrt{1-\mathrm{Sin}^2\frac{\omega}{4}}=2\cdot\frac{2d}{S}\sqrt{1-\left(\frac{4d}{S}\right)^2}$$

$$=\sqrt{\left(\frac{4d}{S}\right)^2-\frac{1}{4}\left(\frac{4d}{S}\right)^4}$$

又因 $\frac{4d}{S}$ 普通為小數值，$\frac{1}{4}\left(\frac{4d}{S}\right)^4$ 對 $\left(\frac{4d}{S}\right)^2$ 可略去，即 $\mathrm{Sin}\frac{\alpha}{2}\geqq\frac{4d}{S}$ 為適用(7)式之條件。

(2)(乙)如圖(2)，灣道內邊中點D之切線與路中線之交點P，Q在切線上時，曲折線PACOQ應等於視距S。因PACOQ=2PV−2AV+$\widehat{AO}$，而

$$PV=\frac{VD}{\mathrm{Sin}\frac{\alpha}{2}}=\frac{\overline{MV}-\overline{MD}}{\mathrm{Sin}\frac{\alpha}{2}}=\frac{\frac{r}{\mathrm{Cos}\frac{\alpha}{2}}-(r-d)}{\mathrm{Sin}\frac{\alpha}{2}},$$

$$AV=r\tan\frac{\alpha}{2},\quad \widehat{AO}=\frac{\alpha\pi}{180}r$$

故得

$$2\,\frac{\frac{r}{\mathrm{Cos}\frac{\alpha}{2}}-r+d}{\mathrm{Sin}\frac{\alpha}{2}}-2r\tan\frac{\alpha}{2}+r\frac{\alpha\pi}{180}=S$$

由上式得

$$r=\frac{\frac{S}{2}\mathrm{Sin}\frac{\alpha}{2}-d}{\frac{1}{2}\mathrm{Sin}\frac{\alpha}{2}\cdot\frac{\pi\alpha}{180}-\left(1-\mathrm{Cos}\frac{\alpha}{2}\right)}\ [公尺]\cdots\cdots\cdots\cdots(8)$$

適用(8)式之條件，與關於(7)式者相反，即 $\mathrm{Sin}\frac{\alpha}{2}<\frac{4d}{S}$。

「例一」$\alpha=60°$，S=200公尺，d=10公尺，求r。

$\frac{4d}{S}=\frac{4\times10}{200}=0.2$，$\sin\frac{\alpha}{2}=\sin30°=0.5$，依

$\sin\frac{\alpha}{2}>\frac{4d}{S}$，r之計算適用(7)式，即：

$r=\frac{200^2}{8\times10}=500$公尺。

「例二」如例一，惟d=30公尺，求r。

$\frac{4d}{S}=\frac{4\times30}{200}=0.6>\sin\frac{\alpha}{2}$，故依(8)式：

$$r=\frac{100\times0.5-30}{\frac{1}{2}\times0.5\times1.0472-0.1340}=156\text{ 公尺。}$$

「例三」$\alpha=60°$，S=200公尺時，若$\frac{4d}{S}=\sin\frac{\alpha}{2}=0.5$，

即d=25公尺時，r無論依(7)式抑依(8)式計算，其值應等。依(7)式：$r=\frac{200^2}{8\times25}=200$公尺，依(8)式：$r=\frac{100\times0.5-2.5}{\frac{1}{2}\times0.5\times1.0472-0.1340}=195$公尺，

兩項數值稍異，以(7)式本含有少許誤差，所供r之值稍大，且$\sin\frac{\alpha}{2}=\frac{4d}{S}$亦非準確數值故。惟此種小誤差，在工程上並無妨礙。

(三)由已知曲線半徑等求實際視距

如已知r，d，α，求實際視距S，可依下法：

(甲)如圖(1)，灣道內邊中點D之切線與路中線之交點P，Q在曲線上時，由(7)式：

$$S=\sqrt{8rd}\text{ [公尺]}\cdots\cdots(9)$$

適用上式之條件為$\sin\frac{\alpha}{2}\geqq\sin\frac{\omega}{2}$。

因$\sin\frac{\omega}{2}=2\sin\frac{\omega}{4}\sqrt{1-\sin^2\frac{\omega}{4}}$及$\sin\frac{\omega}{4}=\frac{2d}{S}=\frac{2d}{\sqrt{8rd}}=\sqrt{\frac{d}{2r}}$，

即$\sin\frac{\omega}{2}=\sqrt{2\left(\frac{d}{r}\right)-\left(\frac{d}{r}\right)^2}\simeq\sqrt{\frac{2d}{r}}$，

故$\sin\frac{\alpha}{2}\geqq\sqrt{\frac{2d}{r}}$，

(乙)如圖(2)，灣道內邊中點D之切線PQ與路中線在直線上相交時，由(8)式得：

$$S=r\left(\frac{\alpha\pi}{180}-\frac{1-\cos\frac{\alpha}{2}}{\frac{1}{2}\sin\frac{\alpha}{2}}\right)+\frac{d}{\frac{1}{2}\sin\frac{\alpha}{2}}\text{ [公尺]}\cdots\cdots(10)$$

適用上式之條件為$\sin\frac{\alpha}{2}<\sqrt{\frac{2d}{R}}$。

「例四」$\alpha=60°$，r=100公尺，d=20公尺，求S。

26582

因 $\sin\frac{\alpha}{2}=0.5<\sqrt{\frac{2d}{r}}=\sqrt{\frac{40}{100}}=0.632>\sin\frac{\alpha}{2}$，

故依(10)式： $S=100\times\left(1.0472-\frac{0.1340}{0.25}\right)+\frac{20}{0.25}=131$ 公尺。

「例五」$\alpha=60^\circ$，$r=300$公尺，$d=20$公尺，求S。

$\sqrt{\frac{2d}{r}}=\sqrt{\frac{40}{300}}=0.364>\sin\frac{\alpha}{2}$

故依(9)式：$S=\sqrt{8\times300\times20}=219$ 公尺。

「例六」 $\sqrt{\frac{2d}{r}}=\sin\frac{\alpha}{2}$時，S應可隨意依(9)式或(10)式計算。設$\alpha=60^\circ$，$r=200$公尺，則$\sqrt{\frac{2d}{200}}=0.5$，即$d=25$公尺時，依(9)式：

$S=\sqrt{8\times200\times25}=200$ 公尺，

依(10)式： $S=200\times\left(1.0472-\frac{0.1340}{0.25}\right)+\frac{25}{0.25}=202.0$公尺，相差僅1%許。

(四)由規定視距及已知曲線半徑求內邊至路中線應有淨寬

(甲)如圖(1)，灣道內邊中點D之切線PQ與路中線相交於曲線上時，由(7)式得內邊對路中線應有淨空距離為 $d=\frac{S^2}{8r}$〔公尺〕……………………………………(11)

適用上式之條件為 $\sin\frac{\alpha}{2}\geqq\sin\frac{\omega}{2}$，

因 $\sin\frac{\omega}{2}=2\sin\frac{\omega}{4}\sqrt{1-\sin^2\frac{\omega}{4}}$，$\sin\frac{\omega}{4}=\frac{2d}{S}=\frac{2}{S}\cdot\frac{S^2}{8r}=\frac{S}{4r}$，

$\sin\frac{\omega}{2}=2\sqrt{\left(\frac{S}{4r}\right)^2-\frac{1}{4}\left(\frac{S}{4r}\right)^4}\fallingdotseq\frac{S}{2r}$，

故 $\sin\frac{\alpha}{2}\geqq\frac{S}{2r}$。

(乙)如圖(2)，灣道內邊中點D之切線PQ與路中線相交於直線上時，由(8)式得內邊對路中線應有淨空距離：

$d=\frac{S}{2}\sin\frac{\alpha}{2}-r\left[\frac{1}{2}\sin\frac{\alpha}{3}\cdot\frac{\alpha\pi}{180}-\left(1-\cos\frac{\alpha}{2}\right)\right]$〔公尺〕……………………………(12)

適用上式之條件為 $\sin\frac{\alpha}{2}<\frac{S}{2r}$。

「例七」$\alpha=60^\circ$，$r=200$公尺，$S=200$公尺，求d。$\frac{S}{2r}=\frac{200}{2\times200}=0.5=\left(\sin\frac{\alpha}{2}\right)$，

依(11)式：　$d=\frac{200^2}{8\times200}=25$公尺。

若以直線視距$S=200$公尺為準，則因$\frac{S}{2r}=0.5=\sin\frac{\alpha}{2}$，依(6)式：

$d'=200-\sqrt{200^2-\left(\frac{200}{2}\right)^2}=26.79$ 公尺。

即灣道內邊有阻礙物時，須多開闊26.79−25.00=1.79公尺。

〔例八〕$\alpha=60^\circ$，$r=100$公尺，$S=200$公尺，求 d。$\frac{S}{2r}=\frac{200}{200}=1>\text{Sin}\frac{\alpha}{2}$，故依(12)式：

$$d=100\times0.5-100\times\left(\frac{1}{2}\times0.5\times1.0472-0.1340\right)=37.22\text{ 公尺}，$$

若以直線視距 $\overline{S}=200$ 公尺為準，則因 $\frac{\overline{S}}{2r}>\text{Sin}\frac{\alpha}{2}$，依(5)式：

$$d'=100\times0.5774-\frac{0.1340}{0.8660}\times100=42.24\text{公尺。}$$

即灣道內邊有阻礙物時，須多開闢5公尺許。

〔例九〕若例（八）中之 α 改為 70°，則 $\text{Sin}\frac{\alpha}{2}=0.5736$ 小於 $\frac{S}{2r}$，依(12)式：

$$d=100\times0.5736-100\times\left(\frac{1}{2}\times0.5736\times1.2217-0.1809\right)=40.41\text{ 公尺。}$$

若以直線視距 $\overline{S}=200$ 公尺為準，則因 $\frac{\overline{S}}{2r}>\text{Sin}\frac{\alpha}{2}$，依(5)式：

$$d'=100\times0.7002-\frac{0.1809}{0.8192}\times100=47.94\text{公尺，}$$

即灣道內邊有阻礙物時，須多開闢約7.5公尺。

〔例一〇〕$\frac{S}{2r}=\text{Sin}\frac{\alpha}{2}$，即 $r=\frac{S}{2\,\text{Sin}\frac{\alpha}{2}}$ 時，依(11)式(12)式計算之 d 值應相等。設 $\alpha=60^\circ$，$S=200$公尺，則 $r=\frac{200}{2\times0.5}=200$ 公尺時，依(11)式

$$d=\frac{200^2}{8\times200}=25\text{公尺，}$$

依(12)式：　$d=100\times0.5-200\times\left(\frac{1}{2}\times1.0472-0.5-0.1340\right)=24.42$公尺，相差約2%。

(四)結論

據上所論，以曲線視距代直線視距，在計算上並不較繁，而於理則較順，且可減省開闢工事，而以 r 愈小，α 愈大時為尤然（參閱例七，八，九）。又視距（無論在曲線上量計，抑在直線上量計）與曲線之中心角 α（或兩切線之曲折角 $\theta=180-\alpha$）有密切關係，前此道路工程書籍多忽視此點，其所舉公式僅適用於大半徑或長曲線，亦為有待於補充者。

曲線彎勢之緩急及超高之度，則足以影響行車速度，故筆者曾主張按路線曲折角之大小及超高情形以定視距尺寸（註四），以免不必要之開闢。如更應用本文之理論，則工程費用上所節省者當尤多矣。

（註一）英文：Daylighting；德文：Lichtfreilegung；

（註二）英文：Sight distance；德文：Lehstrec.

（註三）參閱 Neumann, "Neuzeitliecrer Ltrassenba."

（註四）「城市道路曲線半徑之標準法」，中國工程師學會第十屆年會論文。

（註五）Wiley, "Principles of Highway Engineering," 2nd Ed. p. 377.

工業建設與防空

徐　慈

(一)引言

自這次世界大戰揭示了空軍威力的驚人發展和日寇的濫施轟炸我國各大城市以來，國人對於工業的防空問題已漸加注意，我們知希望這正在萌芽中的工業建設能夠滋長，第一個先決條件就應竭力設法避免空襲的損害，但關於怎樣去避免空襲，其方面甚多不勝枚舉，本文只就我國在建築技術上的問題加以研究。

(二)飛機炸彈破壞力和各種材料的關係

首先我們要研究的，是飛機投下的炸彈的破壞力，因為各國所製的炸彈的種類不同，大小炸藥重量質料各異，所以這個問題的答案就難免有出入，而敵人現在投擲的炸彈中，除三島的產物外，間有德義等國的製造品，簡炸彈爆炸的情形也不能如理想那麼簡單，現在我們祇好按照普通的情形來論，為節省篇幅起見，讓我把H.S. Luke氏所擬的關於飛機炸彈破壞力所引用的公式與各種材料的關係以及計算出來的表格，介紹給讀者，以供參考。

(a)炸彈侵徹深度(Penetration of bomb due to weight only)

公式 $h=\frac{E}{\frac{\pi D^2}{4}}\cdot K$ ………… D＝炸彈的最大直徑(見表1)

K＝各種材料的係數(見表2)

$E=\frac{Mv^2}{2}=\frac{Wv^2}{2g}$ ………… E＝碰擊的能力(Energy of force of impact)

$v=\sqrt{2gs}$ ………… W＝炸彈之重量

$v=\sqrt{2gs}+v_1$ ………… v＝炸彈落地時速率

v_1＝炸彈投下時速率100至170公尺/秒

g＝加速率(地心吸力)9.81公尺/秒²

S＝炸彈投落高度4000至5000公尺

(b)炸彈破壞的半徑(Radius of explosion)

公式 $r=\sqrt{\frac{W_1 f}{C}}$ ………… W_1＝炸藥的重量(見表1)

f＝抵抗力的係數(見表3)(Factor of resistance)

C＝各種材料的係數

(c)炸彈破壞的總厚度

公式 $H=h+\frac{L}{2}+r$ ………… H＝炸毀洞的深度(在地面上)

$H_1=h+\frac{D}{2}+r$ ………… H_1＝炸毀洞的深度(在混凝土)

L＝炸彈的長(見表1)

以下各表，係按各種炸彈平均數字計算，可有百分之五至百分之十五的伸縮

26585

炸彈重量		炸藥重量		炸彈尺寸(公尺)		侵徹深度(公尺)						威力半徑(公尺)					
公斤	英磅	公斤	英磅	直徑	長度	Steel	R. C.	P. C.	Mas.	Stone	Earth	Steel	R. C.	P. C.	Mas.	Stone	Earth
50	110	25	55	0.13	0.55	0.27	0.33	0.50	0.90	1.85	2.90	0.35	0.44	0.66	1.19	1.89	3.06
100	220	50	110	0.25	1.00	0.33	0.41	0.62	1.12	2.30	3.60	0.44	0.55	0.83	1.50	3.07	4.80
200	440	100	220	0.33	1.25	0.37	0.46	0.70	1.26	2.60	4.05	0.59	0.74	1.12	2.00	4.15	6.50
300	660	150	330	0.40	1.45	0.40	0.50	0.76	1.36	2.81	4.40	0.69	0.85	1.29	2.32	4.80	7.50
500	1100	250	550	0.43	[illegible]	0.45	0.56	0.85	1.53	3.15	4.95	0.80	0.99	1.53	2.70	5.55	8.70
800	1760	400	880	0.45	2.20	0.53	0.65	0.99	1.78	3.66	4.75	0.95	1.19	1.80	3.24	6.65	10.40
1000	2200	500	1100	0.47	2.40	0.57	0.71	1.08	1.94	4.00	6.25	1.06	1.32	2.00	3.60	7.40	11.60
2000	4400	1000	2200	0.55	3.10	0.83	1.01	1.54	2.76	5.70	8.90	1.62	2.00	3.05	5.50	11.30	17.70

破壞的直徑(公尺)						破壞牆的厚度(公尺)						保護層所需的厚度(公尺)						震動範圍
Steel	R. C.	P. C.	Mas.	Stone	Earth	Steel	R. C.	P. C.	Mas.	Stone	Earth	Steel	R. C.	P. C.	Mas.	Stone	Earth	距離
0.70	0.88	1.32	2.38	3.78	6.42	0.44	0.54	0.82	1.47	3.01	4.75	0.56	0.70	1.00	1.50	3.70	5.00	10
0.88	1.10	1.66	3.00	6.14	9.60	0.55	0.64	0.97	1.74	3.50	5.61	0.80	1.00	1.70	2.50	5.70	8.00	25
1.18	1.48	2.24	4.00	8.30	13.00	0.68	0.85	1.28	2.30	4.75	7.42	0.96	1.20	1.90	3.30	6.90	10.60	50
1.38	1.70	2.58	4.64	9.60	15.00	0.79	0.98	1.49	2.68	5.50	8.65	1.12	1.40	2.10	4.00	7.60	12.00	70
1.60	1.98	3.00	5.40	11.10	17.42	0.90	1.12	1.70	3.06	6.30	9.90	1.28	1.60	2.40	4.40	9.10	14.20	115
1.90	2.38	3.60	6.48	13.30	20.80	1.09	1.35	2.05	3.70	7.60	11.70	1.46	1.83	2.80	5.00	10.40	16.20	167
2.12	2.64	4.00	7.20	14.30	23.20	1.20	1.50	2.27	4.10	8.40	13.20	1.60	2.00	3.00	6.00	11.50	20.00	200
3.24	4.00	6.10	11.00	22.60	35.40	1.80	2.25	3.40	6.10	12.60	19.40	2.46	3.00	4.50	8.25	17.00	26.50	376

表 I

26586

表 II 各種材料之係數

符號	材料種類	K	C.
St.	鋼(Mild Steel)	1/150,000	12
R.C.	鋼筋混凝土	1/2,500	6
P.C.	混凝土	1/1,200	3
Mas.	砌疊之磚石	1/750	2
S.	礫或黏土	1/450	1
E.	土	1/150	[illegible]

表 III f的價值

距離(呎)＼材料	St.	R.C.	P.C.	Mas.	S.	E.
50	0.019	0.022	0.035	0.135	0.27	0.80
100	0.022	0.021	0.034	0.135	0.58	1.50
200	0.025	0.025	0.042	0.160	0.71	1.92
300	0.026	0.025	0.043	0.166	0.74	1.97
500	0.025	0.023	0.041	0.157	0.51	1.85
800	0.026	0.026	0.044	0.170	0.73	1.97
1000	0.028	0.028	0.048	0.186	0.81	2.19
2000	0.048	0.048	0.085	[illegible]	[illegible]	[illegible]88

(三)利用自然的隱蔽

利用自然的掩蔽有兩種目的：一是使我們的工廠變成「工園」，使敵機找不到目標；二是使我們的建築物及其所保護的機器受地勢的掩蔽，以減少炸彈的效果。至於怎樣才能達到以上兩個目的，却沒有一定的規則，總之設計的人先要把工廠全盤計劃詳算過，然後選擇一個適當的地點，再考慮地勢佈置方法。現在讓我分項討論如下：

「工園」中的建築要視工作情形，機器的狀況大小而定，要因地制宜，隨形勢而應各種需要的條件變化，設法與自然的地勢配合，或挖或填，務使地基有個適當的位置，易於用樹木竹林遮隱，同時兩旁或前後的石山土邱能掩蔽牠而減少炸彈爆炸的效果，故依山坡半挖半填，使石壁高與屋齊（如圖1）最為合適，因為彈除擊中房屋本身以外，牠的碎片絕不能予此建築以巨大的損害，至於建築所用的材料，應視其性質及所置之機器而定，如重要而有關全部工作的建築機器就須用鋼筋混凝土防護之，依石崖築室，上覆土石草皮或他種小樹使與自然融合成一體。

（2）路

路在工廠裏佔很重要的地位，一個大的工廠裏沒有好的交通系統，工作效率一定要大受影響，因而出品也會減少，尤其現在所談的防空的工廠，建築物多分散在各處，於是路更重要了，可是路，尤其是寬闊的大路最難掩蔽，最易招偵察機的注意，而被轟炸機作為目標，所以對於路的修築應特別注意，最好避免很深的挖土，過高的填土，普通在工廠裏，行駛的小軌手推車車軌的坡度不得超過2%，若在山地裏修築這種填土挖土的現象自所難免，然而也應設法順適地勢逶遠以趨，或將挖土的地方加以偽裝，種樹或搭葡萄架等，路的寬度也要能減到最低限度和當地田野裏官道情形一般才好。

（3）籬牆

工廠的籬牆最容易把目標暴露，所以工廠最好是不要圍牆和籬笆，即使竹籬，在月光底下的目標也很大，所以如是籬笆，必須漆上綠的保護色或用東青樹，綠竹林，或用土牆，綠色的竹籬，按各段地勢土色樹木的情形參雜編製之，這種間斷不同的圍籬可以使偵察的敵機辨不出牠的範圍而被引入迷途，在中國這樣寬闊廣袤的田野山林裏，我們的「工園」若是這樣沒有範圍地建築起來，就是敵人有再多的飛機也無從施其技倆。

（4）特種建築物

工廠常有許多特別的建築物，如蓄水池，水塔及其他龐大的設備是，此種建築物平常比較難於隱蔽，然而在山地裏也不是絕對沒辦法遮掩的，水塔可以設在最高的地勢或山峯上，水池可用茅蓬遮蔽，以免水和混凝土反光

因為交通運輸的關係，許多重工業不得不沿大河設立，這是一條給敵機尋索的線路，最好廠基能設在離河岸較遠之處，或引小河溝到「工園」內部用駁船運料運貨（當然這是指戰時而言）。

（四）疏散的方法

利用自然隱蔽可使敵機難於尋到目標，並增加牠轟炸的錯誤，但設若炸彈落在「工園」範圍之內，我們的建築物如愈疏散則命中的機會愈減少，而所受的損失亦愈有限，然而為工作聯絡起見，為設備（如水管電線等）與土地的經濟使用計，我們自應將此等建築物作一合理的規律以作建造的標準，使各項建築物不至相距太遠。

可是用什麼來做這規律的根據呢？我以為應有下列兩原則：

（1）疏散應使炸彈的威力減少至最低限度或使一個炸彈[illegible]

（2）因為我們不能希望炸彈絕不炸中，所以我們祇能希望一個炸彈不能同時炸燬兩處廠屋或燒燬一片房屋。

26588

現在根據以上原則，我得出以下幾條規律來供讀者商討：

（一）建築和建築間的最短距離不得小過炸彈破壞半徑的[illegible]倍（參觀附圖2）。

（二）建築的高須在爆炸角度線和地平線之間（參觀附圖3）。

（三）建築的面積在10,000平方公尺中，不得超過 $A=1/2(10000-4\times[illegible])$ 平方公尺。

[illegible]炸彈破壞半徑，此條係假設飛機飛行時相隔約一百公尺，這樣在一萬平方公尺中有兩個炸彈同時落下的可能，故建築的安全面積A僅有上列公式所給的數[illegible]

以上諸條不過給建設的人一個概括的觀念和大約的數目而已，如因地勢等關係[illegible]在山脊的兩面也可不照這樣的規定，但與全體沒有什麼關係或沒有危險性的部份[illegible]格外分開[illegible]

（五）鋼筋混凝土防護建築的構造法

[illegible]利用自然隱蔽和疏散，僅是避免炸彈損害的方法[illegible]抵禦炸彈的方法[illegible]可分為下面幾種：

（一）[illegible]炸彈的[illegible]提前爆炸。

（二）增加炸彈爆炸的錯誤性。

[illegible]用堅厚[illegible]或間隔的方法，以減少炸彈的效果。

想實現以上諸條而達到我們防禦的目的，[illegible]鋼筋混凝土要算是最合式的建築材料[illegible]我們的建築樣式，原理法則都隨着要引起改革[illegible]以前的經濟美觀[illegible]適等原則必要[illegible]堅實合用與自然融合為一體將變為新建築的趨勢。

充分利用自然，在鋼筋混凝土防空建築學中仍是開宗明義第一章，這裏有兩個例子，如[illegible]所示的鋼筋混凝土防空室的設計[illegible]第二個是[illegible]以鋼筋混凝土[illegible]結構[illegible]保護[illegible]頂[illegible]屋頂[illegible]

[illegible]頂及傾斜建築[illegible]（圖4）[illegible]一個[illegible]以防炸彈[illegible]硬[illegible]炸彈[illegible]建築物受到損害[illegible]則以加[illegible]炸彈[illegible]可增加爆炸的錯誤[illegible]而減少損害[illegible]小則威力亦隨之而減，牠的碎片對於堅厚的鋼筋混凝土拱自亦不能有若何損害，而下藏之機器當可[illegible]

大[illegible]鋼筋混凝土[illegible]柱拱梁及屋架[illegible]樓板[illegible]除[illegible]外[illegible]可照普通方法設計[illegible]加[illegible]其他[illegible]或[illegible]岩[illegible]相當[illegible]之法

[illegible]的設計[illegible]兩個[illegible]位[illegible]高低不同[illegible]易於流通[illegible]上面的[illegible]出口[illegible]。

炸彈爆炸後即發生真空和高氣壓的對流作用，故對於出入口的設計須特別加以注意，最好有兩個以上的出入口，距離要有相當的遠，不要朝着一個方向，若限於地勢也須將牠的位置高低錯置以免發生意外。

有許多防護室就是這樣做的，因為鋼筋混凝土的缺乏，牠們不能全部使用這種材料，祇好用鋼筋構架築成，有的大一點的防護室僅將拱頂的混凝土做，而下面圍牆則用較厚的堅石砌成，再將露出部份圍以碎石，也可抵禦普通中小型炸彈。

以上面所講的都是指小型防護室而言，若是規模較大的建築，牠的設計自又不同，然而我們首先要討論的是，為防空着想，是否宜於築那高大的建築呢？照我們在前面的討論[illegible]已找到一個結論，防空的建築愈小愈矮愈相宜，而且易於達到疏散掩蔽的目的，不過在特殊情形之下，我們的建築須很大，才能容得下那些機器，或便於工作，那麼這樣龐大的東西也應有牠的特殊設計，據我所知的國內已有過這樣的嘗試，大都照普通三四層鋼筋混凝土建築設計，拿上面幾層預備做抵禦爆炸之用，故將重要機器設在最下層而將該層上之樓板加強，上面幾層樓則作辦公或儲藏不易燃不怕炸的東西，在歐洲，尤其是倫敦市的建築規則，就規定房屋不得過高而向地下伸展，現在很多類似這樣的建築，他的目的未始不是預備在轟炸時地下層可供避難之用。

故用這種高架鋼筋混凝土建築來作工業防空之用也是很好的，不過最頂上層的設計須略加強而採用防空的重頂厚牆，以抵禦炸彈並設法使信管提前爆發而不能在頂上[illegible]層間爆炸，因此頂上兩層距離最好大些，以減少炸彈的威力，而柱子最好用圓的，[illegible]設計抵禦中小型的爆炸彈，鋼筋也須照普通設計增加50%而且鋼筋也可以選用[illegible]，至於門窗可以用[illegible]，就是普通設計的一個理想的防空建築了。

(六)山洞或地下工廠的設計和施工的研究

[illegible]缺乏鋼筋混凝土的中國，我們現在祇好利用山嶽地層以抵禦炸彈，因為[illegible]不外[illegible]用磚拱，[illegible]或混凝土磚(Concrete Block)拱，施工雖略費時間並較困難，但成功後則較混凝土建築安全而且經濟[illegible]，因此工業的防空方法要儘量利用山中或地下，[illegible]理想的了，現在的問題是如何能使這個理想實現，[illegible]機或水力發電機放到山洞裏，似乎是駭人聽聞，然而這種困難並不是無法克服的，因為人類[illegible]，祇要我們有[illegible]方法，[illegible]的工廠也有成立的可能，現在讓我們來[illegible]研究。

(1)怎樣去處置那些生產機器呢？自然山峒不能像普通房屋那樣大小高低[illegible]，[illegible]大[illegible]工程[illegible]危險[illegible]，使他們所需要的地位愈狹愈好，不妨向長度發展，可以將機件放到普通隧道型的山峒裏去，[illegible]開單獨成為一個峒，以免牽連其他部份，而使施工簡單化，[illegible]

備形狀；(2)機器裝置所需的空間；(3)施工的方法；(4)工程是否緊急需要；(5)地質；(6)通風管；(7)防水；(8)制音等問題，然後再決定峒的大小與形狀。

有些機件可以拆開分裝的，就分裝在兩個峒裏以減少峒的寬度，如能夠把那機器的軸或氣管加長，更改形狀，這樣將兩個大峒隔開相當距離而以小峒聯絡其間使氣管軸或牽帶在小峒中通過，俾減少工程的困難和危險，但這並沒有一定的法則，要工作者審度情形而去確定牠的設計方法。

(2)大山峒的開鑿法，在前一節我們已提出，峒的寬度愈大則施工就愈困難危險，然而現在有許多機器都是需要大山峒的，有的正峒就比雙軌隧道寬，支峒還不在此，而支峒本身也不狹，如果我們不想出特別的方法來做是很難成功的，因此大峒的設計務必顧慮到施工的方法，就是說那峒應如何開鑿方好，在下面我舉出幾個幫助開大峒的方法和讀者商討，希望能拋磚引玉。

(a)採用聯拱(Continuous-arches)來減少峒寬。

(b)增設狹橋以支撐聯拱石岩並減少工作困難。

(c)用X或Y型鋼筋混凝土拱架來加強兩個等高的交叉峒在接頭處的承載力。

(d)用鋼筋混凝土把門空心拱來承托支峒和正峒接頭處的大拱和拱上的岩石。

(e)用鋼筋混凝土柱，梁，石板(Column，Girder，Slab)幫助大峒施工進行。

(f)其他。

用上述的幾個方法，我們可以把山峒開鑿到相當大的程度，如果能選擇到很好的石質，困難更可迎刃而解，附圖7是一個九公尺淨寬山峒的設計，採用三個聯拱和兩架狹橋(拱橋由混凝土磚拱和鋼筋混凝土柱所構成)，使峒寬無形減到三分之一，這樣施工可以先將中部挖去，把兩個狹橋築好，然後將上面的石岩鑿去而將聯拱砌好，其餘部份挖清再築牆，而柱子可以支在不妨礙工作和機件的地方，那麼築成也不會礙事，而施工却減少不少困難。

附圖8原是一個需要13公尺寬的大峒，然而因為不是全部都需要這種寬度，照普通的房屋自可不計較這點地位，惟在山峒工程，就不得不設法節省鑿石和減小峒寬，於是我們就採用了聯拱的辦法把不需挖的自然石岩留做墩，因恐石質不佳，所以要留得相當的寬，而以另一個五公尺寬的拱垂直貫通全峒，這樣全部工程就等於挖五公尺寬的橫直山峒，但在橫峒接頭的地方用X和Y型的鋼筋混凝土拱架來加強接頭處的夾壁。

關於通風，防水制音問題：

(a)通風——地下或峒裏的通風問題，除用風扇或空氣調節器(Ventilator)來解決外，我們還有經濟電力的辦法，譬如把峒兩端的標高做些微的差度，或在峒旁挖設通風井，自然可以增加空氣的流通，這種通風井(即暗通式的深井)有幾個優點：(1)易於施工，井底無坍墜的危險；(2)可省減鋼筋混凝土；(3)安全，即使炸彈落中也不影響正峒；(4)經濟，可以使兩三個正峒都能利用到牠；(5)並且可作煙囪用。

(b)防水——地下或峒裏的防水問題在平時自可用瀝青油牛毛氈防護拱，免被水侵入，可是目前這種材料非常貴缺乏，所以我們祇好將拱頂刷一吋厚的混凝土漿，使水流到兩旁，由卵石砌的水道引至暗溝排去，在地下之峒，則用抽水機抽去，使牠常保持乾燥的狀況。

(c)制音機器工作時發出的吵鬧聲音，已使人頭昏腦脹，而至峒裏四壁的回響更是利害

26591

，所以關於控制聲音的問題較難解決，然而我們也要設法減少牠的回聲，我們曉得物體愈光滑硬實，其回聲愈大，而多孔（毛細孔）粗糙的東西，回聲則較少。因此為了控制聲音有幾種公共建築物多採用：

（1）甘蔗板（Celotex）或普通的音蔽料（Universal Insulite），

（2）人造石，

（3）毛毡

（4）花柵（Grill）

然而上列幾種東西都不是我們現在容易得到的，並且放在工廠裏也不相宜，除了人造石一項，此外都不行，因此我們可以把混凝土牆做得粗糙一點，或用稻草，乾茅草編的蓆遮住簷頂。

在發聲特別大的機器，工作的人可以戴上一種特製的耳罩。

（七）結論

我們所討論的工業防空問題，已在上面找出一個答案（關於防護工程方面），雖然這個答案還不能令我們十分滿意，不過大約還能夠應付目前的環境。對於建築學的改革和建樹以適應我們的時代和環境，還希望讀者看了此文以後，能將研究或經驗所得的技術貢獻出來，使我們民族工業能輝煌地向前進展。

鳴謝啟事一

謹啟者：本會成立以還，瞬將二載；幸賴諸工程先進校友師長熱忱愛護，或親臨指導，或捐斥鉅款，或遺贈圖書，或惠賜鴻文，或襄助會務，提攜照拂，情意優渥；隆情厚愛，雲天同高。本會銘感之餘，敬聘為名譽會員，俾揚盛德永誌高誼。

（名譽會員名單列會員錄，茲謹將捐助會刊基金諸校友台銜列后：）

李國偉（壹仟元）

吳北思　李□　李扶賓　盧子玉　劉興和　□□　（以上六位各壹百元）

王節堯　曾昌鈞　梁信瑚　張永貞　蔣君博　楊學詠　查良鉁　陳運璽　章炳柱　汪廷鑾

王之鎬　錢頤格　（以上十二位各伍拾元）

陳家魁　（肆拾元）

勞雲祥　程世通　趙鴻佐　陳彥章　宋汝明　劉錫綬　王志強　（以上七位各叁拾元）

黃文棟　沈汝楠　孫　鵑　吳必治　李鴻鑫　陳錫華　凌鴻烈　鄭榮堯　楊　濤　黎兆鑾

張聲強　盧乃鑾　吳鴻開　王棉民　曹大鵬　鄭作鎬　孫書田　劉宏智　高挂鈞　何鼎民

王樹仇　崔鵬升　高世輔　陳宗寶　范聰生　（以上二十五位各貳拾元）

楊士文　（拾伍元）

王洵才　馬汝邠　陳星煥　齊植槃　郭勝磐　林文蓉　于克濬　林仁榮　毛煥武　孟慶宏

孫濟民　孫源裕　王知勵　胡汝棟　索奎光　張思讓　王秉森　李懷忠　蘇金桂　王紹綱

梁樹潘　宋　揮　謝恭壽　（以上二十三位各拾元）

錢淑華　錢淑芳　（以上二位各伍元）

此外尚有戴根法校友經手捐款貳百陸拾伍元以捐冊尚未寄回，不克列入。

附圖 5

鋼筋混凝土防護室

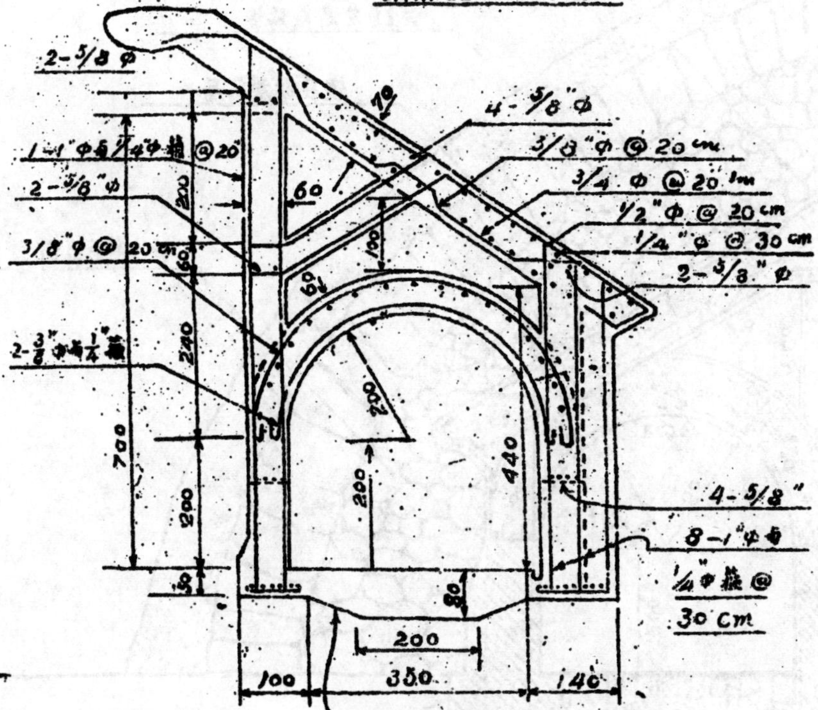

除汎器基脚用 1：3：6 混凝土
其餘部份悉用 1：2：4 混凝土

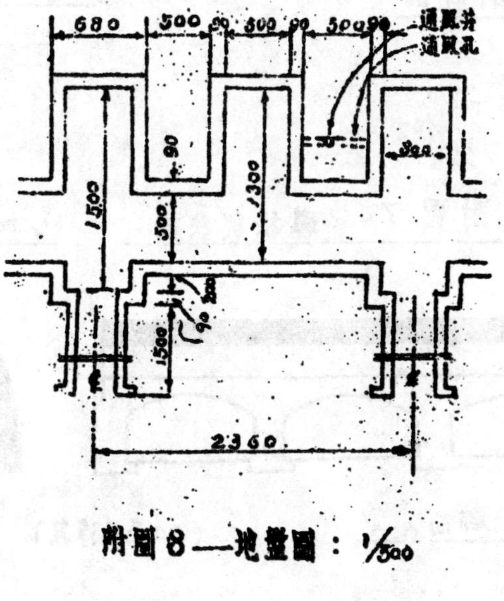

附圖 8——地盤圖：1/500

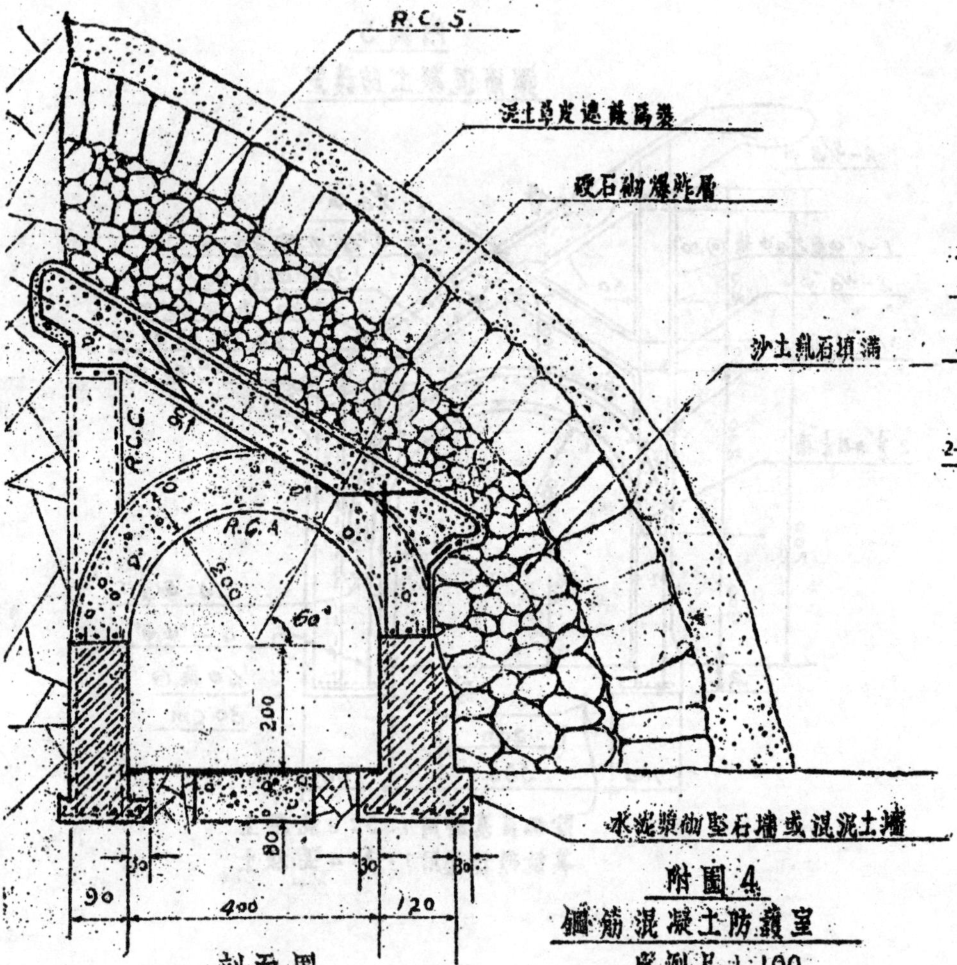

剖面圖

附圖 4
鋼筋混凝土防護室
比例尺 1:100

附圖 7　聯拱與狹橋　1/200

部面 A-A　(90公尺淨寬)

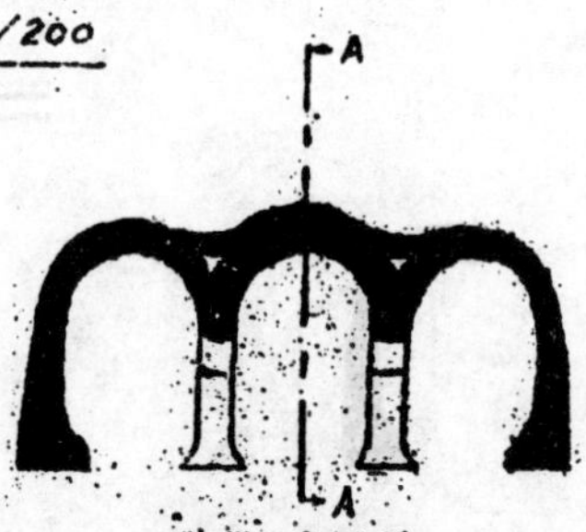

聯拱胴剖面

附圖1

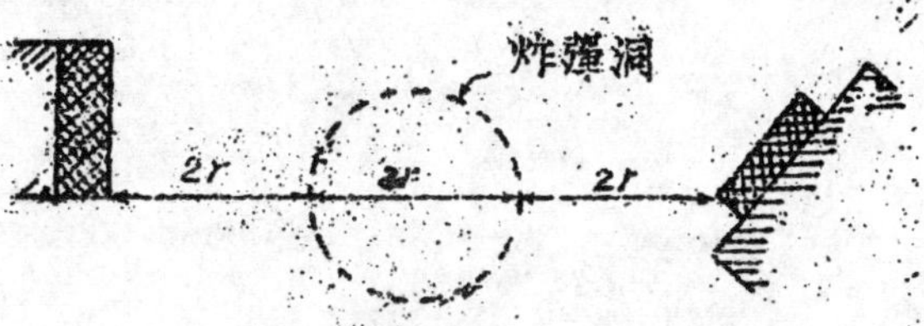

附圖2

附圖3

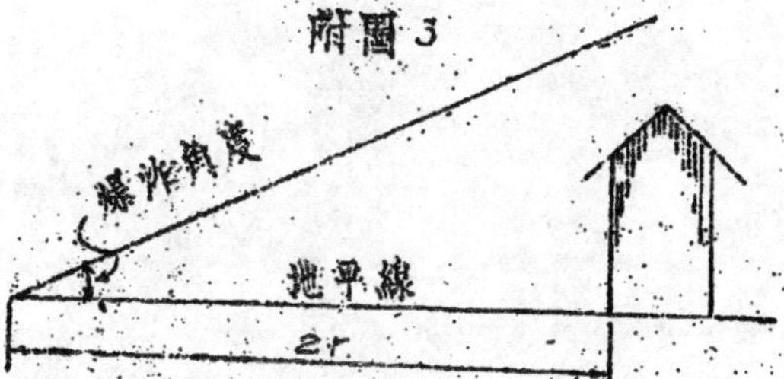

附圖6

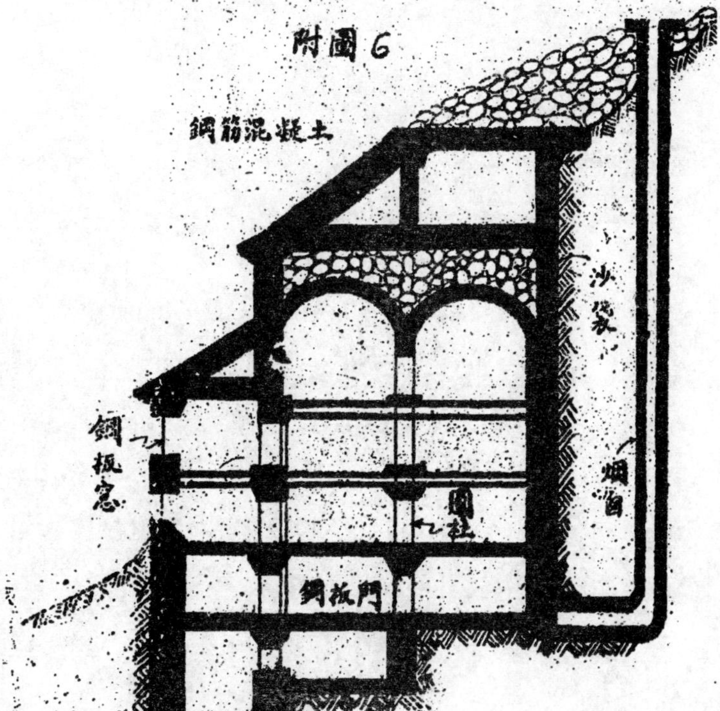

電構比論

王朝偉

一　引言

吾人計算電學繁複之電路中之電流量，恆用 Kirchhoff 氏定律而求出聯立方程式以解之。構造學中之問題，如連續樑上各節點處之力矩，多交構架中多餘構條中之應力，以及交應力中之變位角 (Deflection angle) τ 等，亦皆需自聯立方程式求得之。電學中之聯立方程式，吾人可不必解之而得其答案，蓋方程式中之未知量，皆有儀器以直接量之也。（電流計量電流，電壓計量電勢。）構造學中之聯立方程式，則無此便利，然吾人可將構造學中之聯立方程式，使其與電學中之聯立方程式，同其形式，如是可藉電學之未知量得以儀器測量之法，而求出吾人構造學中之未知量矣。此種理論，著者名之曰電構比論 (Electrical analogy)，本文詳焉。

二　三元對稱電路網

設一電路網之形如第一圖，根據 Kirchhoff 氏定律：（1）通過電路中任何一點之電流 $\Sigma C=0$；（2）在任何完閉電路中之電動勢 $\Sigma E=\Sigma CR$，吾人可得出聯立方程式一組如下：

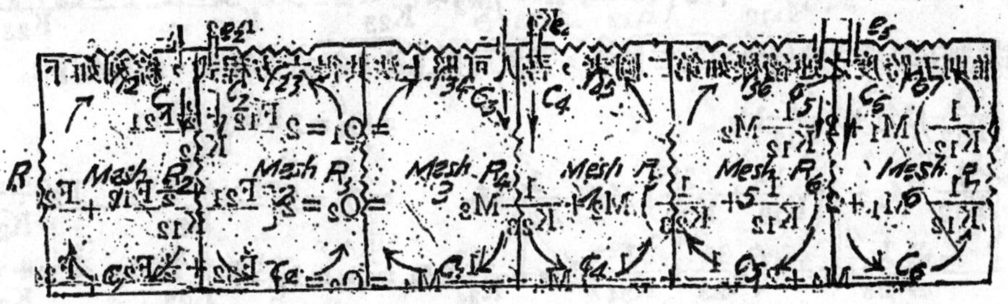

自網路 1 吾人得 $(R_1+R_2+r_{12})C_1+R_2C_2 \cdots\cdots\cdots\cdots\cdots\cdots = e_1$　(1)

自網路 2 吾人得 $R_2C_1+(R_2+R_3+r_{23})C_2+R_3C_3 \cdots\cdots\cdots = e_2$　(2)

自網路 3 吾人得 $R_3C_2+(R_3+R_4+r_{34})C_3+R_4C_4 = e_3$　(3)

自網路 4 吾人得 $R_4C_3+(R_4+R_5+r_{45})C_4+R_5C_5 = e_4$　(4)

自網路 5 吾人得 $R_5C_4+(R_5+R_6+r_{56})+R_6C_6 = e_5$　(5)

自網路 6 吾人得 $R_6C_5+(R_6+R_7+r_{67})C_6 = e_6$　(6)

上式俱有以下之特性：

（一）形如階梯而各式除首末二項外皆爲三項。

（二）各項係數以斜角線爲中央的對稱且相等，如（1）式之 R_2C_2 與（2）式之 R_2C_1 相對稱而係數相等，餘類推。

26597

三　等"I"值之連續樑

設一連續樑如第二圖

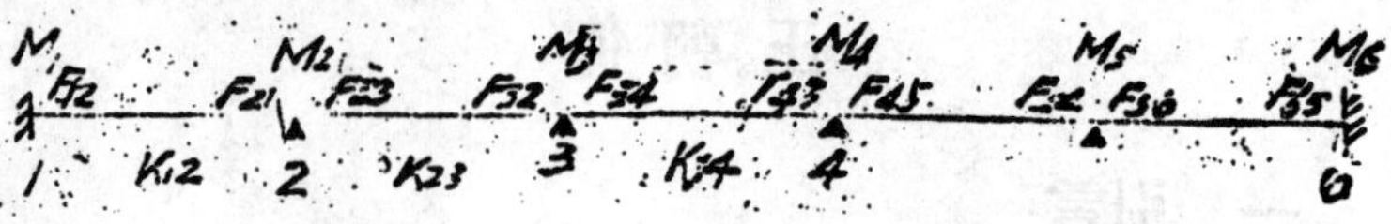

F 為固定端力矩

M 為負力矩

K 為樑之強度（Stiffness）

力矩分配法中之複核公式為：

$$\frac{(M_a-F_{ab})+\frac{1}{2}(M_b-F_{ba})}{K_{ab}}=\frac{(M_b-F_{bc})+\frac{1}{2}(M_c-F_{cb})}{K_{bc}}$$

以此公式吾人得以下之聯立方程式：

自跨度1—2得 $\frac{(M_1-F_{12})+\frac{1}{2}(M_2-F_{21})}{K_{12}}=-\frac{1}{\infty}$

或 $\frac{2M_1}{K_{12}}+\frac{M_2}{K_{12}}=2\left(F_{12}+\frac{1}{2}F_{21}\right)\left(\frac{1}{K_{12}}\right)$

自跨度1—2及2—3得 $\frac{(M_2-F_{21})+\frac{1}{2}(M_1-F_{12})}{K_{12}}=-\frac{(M_2-F_{23})+\frac{1}{2}(M_3-F_{32})}{K_{23}}$

或 $\frac{M_1}{K_{12}}+2\left(\frac{1}{K_{12}}+\frac{1}{K_{23}}\right)M_2+\frac{M_3}{K_{23}}=\frac{F_{21}+\frac{1}{2}F_{12}}{K_{12}}+\frac{F_{23}+\frac{1}{2}F_{32}}{K_{23}}$

其餘類推則五跨度之連續樑如第二圖者，吾人可照上法共得六方程式，録列如下：

$$2\left(\frac{1}{K_{12}}\right)M_1+\frac{1}{K_{12}}M_2=Q_1=2\frac{F_{12}+\frac{1}{2}F_{21}}{K_{12}}$$

$$\frac{1}{K_{12}}M_1+2\left(\frac{1}{K_{12}}+\frac{1}{K_{23}}\right)M_2+\frac{1}{K_{23}}M_3=Q_2=2\left[\frac{F_{21}+\frac{1}{2}F_{12}}{K_{12}}+\frac{F_{23}+\frac{1}{2}F_{32}}{K_{23}}\right]$$

$$\frac{1}{K_{23}}M_2+2\left(\frac{1}{K_{23}}+\frac{1}{K_{34}}\right)M_3+\frac{1}{K_{34}}M_4=Q_3=2\left[\frac{F_{32}+\frac{1}{2}F_{23}}{K_{23}}+\frac{F_{34}+\frac{1}{2}F_{43}}{K_{34}}\right]$$

$$=\cdots\cdots\cdots\cdots$$

$$=\cdots\cdots\cdots\cdots$$

$$\frac{1}{K_{56}}M_5+2\left(\frac{1}{K_{56}}\right)M_6=Q_6=2\frac{F_{65}+\frac{1}{2}F_{56}}{K_{56}}$$

此式與三元對稱電路網之聯立方程式形式及特性完全相同，如

$M_1=C_1$　$M_2=C_2$……$M_6=C_6$　必要之條件為

（1）$\frac{1}{K_{12}}=R_2$　$\frac{1}{K_{23}}=R_3$……$\frac{1}{K_{56}}=R_6$

（2）$K_1=K_7=0$

（3）$e_{12}=R_1+R_2$　$e_{23}=R_2+R_3$……$e_{56}=R_5+R_6$　$e_{67}=R_6+R_7$

（4）$e_1=Q_1$　　$e_2=Q_2$……$e_6=Q_6$

吾人所作結論如次：

(n)跨度之等"I"值連續樑相當於(n+1)網路之三元對稱電路網。網中之電阻當為：

$$R_1=\frac{1}{K_{01}},\ R_2=\frac{1}{K_{12}},\ R_3=\frac{1}{K_{23}},\ \cdots\cdots\cdots\ R_n=\frac{1}{K_{(n-1)n}},\ R_{(n+1)}=\frac{1}{K_{n(n+1)}};$$

$$r_{12}=(R_1+R_2),\ r_{23}=R_2+R_3,\ r_{34}=R_3+R_4\cdots\cdots\cdots r_{n(n+1)}=R_n+R_{n+1}。$$

網中電流之電勢當為：

$$e_1=Q_1=2\ \frac{F_{12}+\frac{1}{2}F_{21}}{K_{12}},\ e_2=Q_2=2\left[\frac{F_{21}+\frac{1}{2}F_{12}}{K_{12}}+\frac{F_{23}+\frac{1}{2}F_{32}}{K_{23}}\right]$$

$$e_n=Q_n=2\left[\frac{F_{n(n-1)}+\frac{1}{2}F_{(n-1)n}}{K_{n(n-1)}}+\frac{F_{n(n+1)}+\frac{1}{2}F_{(n+1)n}}{K_{n(n+1)}}\right]。$$

四　多交構架(Multiple intersection truss)

此種構架吾人可列出其多餘構條上之應力為未知量之聯立方程式如下：

$$S_1\left(\Sigma\frac{u_1{}^2 l}{EA}\right)+S_2\left(\frac{\Sigma u_2u_1 l}{EA}\right)+S_3\left(\frac{\Sigma u_3u_1 l}{EA}\right)+\cdots\cdots\cdots=-\Sigma\frac{S'u_1 l}{EA}$$

$$S_1\left(\Sigma\frac{u_1u_2 l}{EA}\right)+S_2\left(\Sigma\frac{u_2{}^2 l}{EA}\right)+S_3\left(\frac{\Sigma u_3u_2 l}{EA}\right)+\cdots\cdots\cdots=-\Sigma\frac{S'u_2 l}{EA}\quad (A)$$

$$S_1\left(\Sigma\frac{u_1u_3 l}{EA}\right)+S_2\left(\Sigma\frac{u_2u_3 l}{EA}\right)+S_3\left(\frac{\Sigma u_3{}^2 l}{EA}\right)+\cdots\cdots\cdots=-\Sigma\frac{S'u_3 l}{EA}$$

$$\cdots\cdots\qquad\cdots\cdots\qquad\cdots\cdots\qquad\qquad\cdots\cdots$$

S_1 S_2 …… S_n 為多餘構條上之應力。

S' 為各必需構條上於各多餘構條除去後之應力。

u_1為各多餘構條除其中第一根存在具有一磅拉力時各必需構條中之應力。

u_2為第二根存在而具有一磅拉力時各必需構條中之應力，其餘u_3，u_4，類推。

E, A, l 為各構條中之彈性係數，截面面積及長度。

設第三圖為構架之一部，(6)為多餘構條。

如一磅之拉力施於此構條之上，吾人可見因此拉力而生有應力者，祇限於 MmnN 樓內之各構條。設第一多餘構條於第一格內，

第二多餘構條於第二格內，

第三多餘構條於第三格內，

餘類推之。

故祇有第一格內之各構條有u_1之值，

祇有第二格內之各構條有u_2之值，

祇有屬於第一及第二兩格內之構條有u_1及u_2之值，

祇有第三格內之構條有u_3之值，

并無任何構條兼屬於第一及第三兩格之內。

因此并無任何構條兼有u_1及u_3之值，

同理并無任何構條兼有u_1及u_4之值，

并無任何構條兼有u_2及u_4之值，

餘類推。

故 $\Sigma\frac{u_1u_3l}{EA}=\Sigma\frac{u_1u_4l}{EA}=\cdots\cdots\cdots\cdots\cdots=0$

$\Sigma\frac{u_2u_4l}{EA}=\Sigma\frac{u_2u_5l}{EA}=\cdots\cdots\cdots\cdots\cdots=0$

$\Sigma\frac{u_3u_1l}{EA}=\Sigma\frac{u_3u_5l}{EA}=\cdots\cdots\cdots\cdots\cdots=0$

餘類推。

故(A)式可重列如下：

$$
\begin{aligned}
&S_1\left(\Sigma\frac{u_1^2l}{EA}\right)+S_2\left(\Sigma\frac{u_1u_2l}{EA}\right) &&=-\Sigma\frac{S'u_1l}{EA}\\
&S_1\left(\Sigma\frac{u_2u_1l}{EA}\right)+S_2\left(\Sigma\frac{u_2^2l}{EA}\right)+S_3\left(\Sigma\frac{u_2u_3l}{EA}\right) &&=-\Sigma\frac{S'u_2l}{EA}\qquad\text{(B)}\\
&\qquad S_2\left(\Sigma\frac{u_3u_2l}{EA}\right)+S_4\left(\Sigma\frac{u_3^2l}{EA}\right)+S_4\left(\Sigma\frac{u_3u_4l}{EA}\right) &&=-\Sigma\frac{S'u_3l}{EA}\\
&\cdots\cdots\cdots\cdots\cdots\cdots\cdots\cdots\cdots\cdots &&\cdots\cdots
\end{aligned}
$$

式中 $\Sigma\frac{u_1u_2l}{EA}=\Sigma\frac{u_2u_1l}{EA}$，餘類推。

此式亦與三元對稱電路網之聯立方程式同形式。如 $S_1=C_1$，$S_2=C_2$，……$S_n=C_n$。必要之條件為：$R_1=0$　$R_2=\Sigma\frac{u_1u_2l}{EA}$，$R_3=\Sigma\frac{u_2u_3l}{EA}$，……$R_n=\Sigma\frac{u_{n-1}u_nl}{EA}$，$R_{n+1}=0$

$\gamma_{12}=\Sigma\frac{u_1^2l}{EA}-\Sigma\frac{u_1u_2l}{EA}$，$\gamma_{23}=\Sigma\frac{u_2^2l}{EA}-\left(\Sigma\frac{u_1u_2l}{EA}+\Sigma\frac{u_2u_3l}{EA}\right)$，……

$e_1=-\Sigma\frac{S'u_1l}{EA}$，$e_2=-\Sigma\frac{S'u_2^2l}{EA}$，……………

五　電路網中之e及c

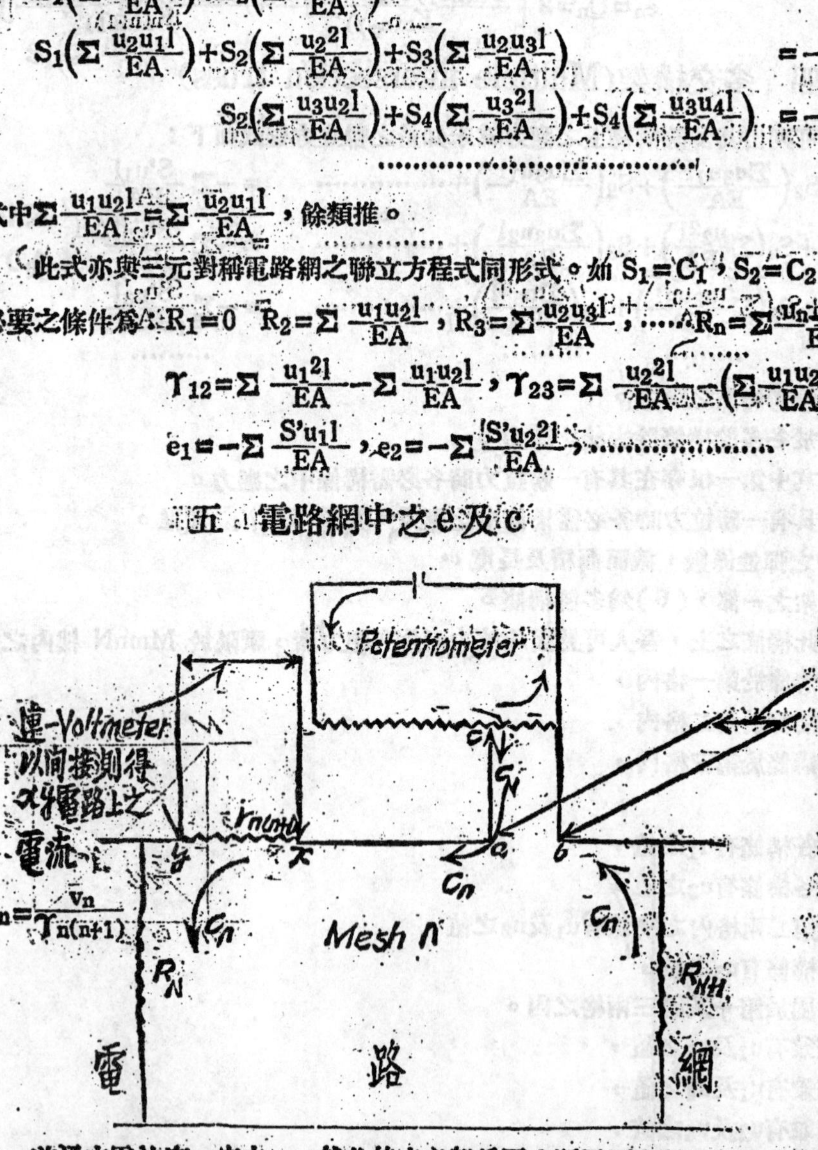

連一Voltmeter以測a b二點之e_n

C點為一可移動之接觸點a b二點間之e_n可因C點之移動而更改因此任何數值之e皆可得之。

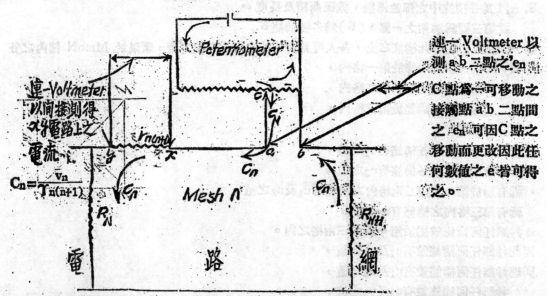

普通之電池有一定之e，然此值未必即為吾人所需要之數；即或其能等於甲題所需要者

，亦未必適宜於乙題。是故吾人必用電位計(Potentiometer)以校正e值，其聯法如第四圖。( ) 吾人仍用電壓計以測量 C_n，因電壓計之電阻大，不致有多量之電流自 C_n 分流也。法可將電壓計連接x,y 兩點，r_{n+1} 旣爲已知，如測出之電勢差爲 V_n，則C_n必等於$V_n/r_{n(n+1)}$，至易計得也。

六　五元對稱電路網

以 Kirchhoff 氏定律計算電路網所列出之梯狀對稱方程式其爲每式三項者，吾人名之爲三元對稱電路網。如爲每式五項者，此網即稱爲五元對稱電路網。吾人固可求出一種聯接方法而滿足所謂五元之需要，然其線路之繁雜，乃勢所必然之事。凡一種方法一種工具，繁雜即失其實用之價值，故吾人採用漸近校正法如下：

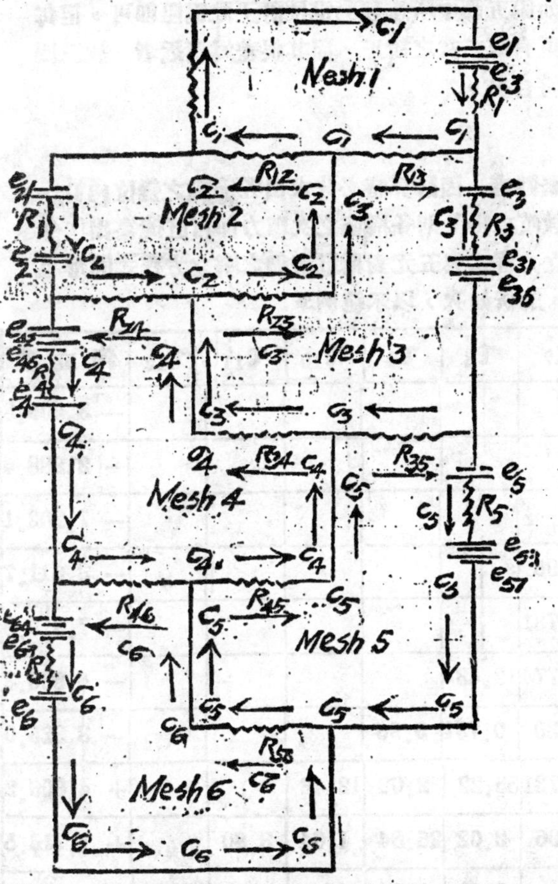

如第五圖所示，

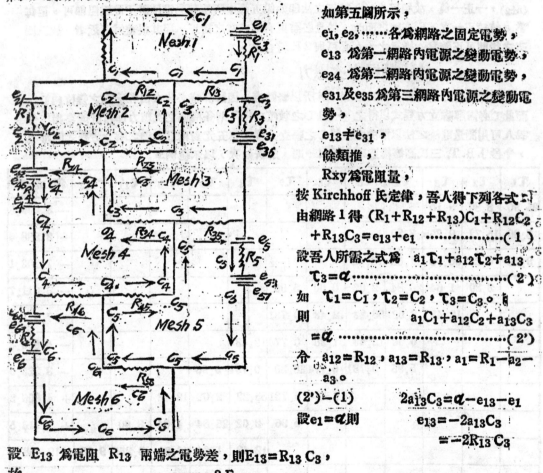

$e_1, e_2, \cdots\cdots$ 各爲網路之固定電勢，

e_{13} 爲第一網路內電源之變動電勢，

e_{24} 爲第二網路內電源之變動電勢，

e_{31} 及 e_{35} 爲第三網路內電源之變動電勢，

$e_{13} \neq e_{31}$，

餘類推，

R_{xy} 爲電阻量，

按 Kirchhoff 氏定律，吾人得下列各式：

由網路 1 得 $(R_1+R_{12}+R_{13})C_1+R_{12}C_2+R_{13}C_3=e_{13}+e_1$ ……………(1)

設吾人所需之式爲 $a_1\tau_1+a_{12}\tau_2+a_{13}\tau_3=\alpha$ ……………(2)

如 $\tau_1=C_1$，$\tau_2=C_2$，$\tau_3=C_3$。

則 $a_1C_1+a_{12}C_2+a_{13}C_3=\alpha$ ……………(2')

令 $a_{12}=R_{12}$，$a_{13}=R_{13}$，$a_1=R_1-a_2-a_3$。

(2')－(1)　$2a_{13}C_3=\alpha-e_{13}-e_1$

設 $e_1=\alpha$ 則　$e_{13}=-2a_{13}C_3$

$=-2R_{13}C_3$

設 E_{13} 爲電阻 R_{13} 兩端之電勢差，則 $E_{13}=R_{13}C_3$，

故

$$e_{13}=-2E_{13}$$

$$e_1=\alpha$$

由網路 n，得

$$-R_{(n-2)n}C_{(n-2)}+R_{(n-1)n}C_{(n-1)}+[R_{(n-2)n}+R_{(n-1)n}+R_n+R_{n(n+1)}+R_{n(n+2)}]C_n+R_{n(n+1)}C_{(n+1)}-R_{n(n+2)}C_{(n+2)}=e_{n(n+2)}+e_{n(n-2)}+e_n \quad \cdots\cdots(3)$$

設吾人所需之式為

又　$m_{n(n-2)}\tau_{(n-2)}+m_{(n-1)n}\tau_{(n-1)}+m_{n}\tau_{n}+m_{n(n+1)}\tau_{(n+1)}+m_{n(n+2)}\tau_{(n+2)}=\phi$ ……（4）

如 $\tau'_s=C'_s$，$R'_s=m'_s$

（4）－（3）得　$2[R_{n(n-2)}C_{(n-2)}+R_{n(n+2)}C_{n+2}]=\phi-[e_{n(n+2)}+e_{n(n-2)}-e_n]$

故　$e_{n(n+2)}+e_{n(n-2)}=\phi-2[E_{n(n+2)}+E_{n(n-2)}]-e_n$

吾人可令　$e_{n(n+2)}=-2E_{n(n+2)}$，

$e_{n(n-2)}=-2E_{n(n-2)}$

$e_n=\phi$

ϕ為常數故 e_n 不變，故$e_{n(n+2)}$因 $E_{n(n+2)}$ 而變，$e_{n(n-2)}$ 因 $E_{n(n-2)}$ 而變。吾人可得時校正$e_{n(n+2)}$之值使等於 $2E_{n(n\pm2)}$，而令其方向與固定電勢相反。（因 $e_n=+\phi$，$e_{n(n\pm2)}=-2E_{n(n\pm2)}$，一正一負，故相反也。）校正之法即如第五節中所述移動電位計上之電阻即可，但每當 e 值校正一次，E 亦隨之而改，於是必需更有第二次之校正，因其誤差為漸近者，故三四次之後即可正確矣。換言之，e 必可與 2 E 符合矣。

七　橋樑之次應力

橋樑次應力之計算，至爲繁難，其所以繁難者，因計算時必先求出各節點之變位角τ，而此τ必需解聯立方程式以得之。一旦τ之數值求得，則各構條之次應力即可直捷寫出。今我人可用測量電流之法以解決之。緣τ之聯立方程式與五元對稱電路網之聯立方程式同形也，今抄 J. B. T. 三氏高等構造學中題目一則，解析如次，以示範例。

τ_1	τ_2	τ_3	τ_4	τ_5	τ_6	τ_7	τ_8	τ_9	τ_{10}	τ_{11}	τ_{12}	獨立項
25.90	3.80	9.15										− 3,505.8
3.80	15.72	0.255	3.80									− 2,288.4
9.15	0.255	46.96	1.64	12.43								− 7,202.1
	3.80	1.64	26.84	2.02	0.00	5.96						− 3,611.7
		12.43	2.02	55.22	12.43	0.731						− 7,915.8
			0.00	12.43	51.26	0.774	12.43					− 4,836.3
			5.96	0.731	0.774	28.30	0.731	5.96				− 3,225.0
					12.43	0.731	55.22	2.02	12.43			+ 4,306.2
						5.96	2.02	26.84	1.64	3.80		+ 1,714.5
							12.43	1.64	46.96	0.255	9.15	+10,458.9
								3.80	0.255	15.72	3.80	+ 4,077.9
									9.15	3.80	25.90	+ 6,189.9

如上式中之τ各各等五元對稱電路網方程中諸C之值，必要之各電阻如下：

$R_{12}=3.80$ $R_{13}=9.15$ （以上二數自第一方程中直接讀出）

$R_{23}=0.255$ $R_{24}=3.80$ （以上二數自第二方程中直接讀出）

$R_{34}=1.64$ $R_{35}=12.43$ （以上二數自第三方程中直接讀出）

（第四方程中 τ_6 之係數等於零，故 $R_{16}=0$ ，但 τ_7 之係數不等於零而等於5.96，吾人可將 R_{46} 處裝以此值之電阻，惟不令其與網路6相連，而令其與網路7相連。如是電阻導線於網路7內亦於網路6內，而有 C_4 及 C_7 通過，自網路4而導出第四方程式時，其中必含有一項為 $R_{47}C_4$，恰與本題式之第七式相吻合，如是一切皆迎刃而解矣。）

自網路1與第一式 $R_1=25.9-(3.80+9.15)$

自網路2與第二式 $R_2=15.72-(3.80+0.255+3.80)$

餘類推。

各網路之固定電勢，皆等於獨立項。如獨立項為負時，則使電池之正負極與原假設者相反。如最後之結果，測出C之方向與假設者適相反時，該C及與其相當之τ必為負值。

$e_1=-3505.8$

$e_2=-2288.4$

餘類推。

各網路之變動電勢之數值，不能預知其方向，則當注意以下二點。（一）如各式獨立項為負值，則固定電勢必與假定之方向相反，當此情形則與變動電勢之方向相同矣，因變動電勢亦為負反也。（二）如C為負時，則變動電勢必為正值，而與正值之固定電勢同其方向。

八 變"I"值連續樑之力矩及樓架風壓應力

吾人皆可用漸校數之法以計算此類之問題，其法一如上節，茲不贅。

徵求圖書啟事

本會純為研究學術而設，成立以還，深荷各方愛護，始得粗具規模。惟工程學術，浩如煙海，日新月異；本會無似，何敢坐井觀天，閉門造車；以是甚望與國內外諸工程學術團體，取得聯絡，時通聲氣，交換刊物，俾資觀摩，而勵進步。至於各工程機關圖表章則，尤祈各地校友多多收集賜寄為感。

國立交通大學唐山土木工程學會謹啓

26603

螺旋曲線之研究

劉瀛洲

一、緒言

在引用弧綫時必需有超高之配備，以抵消因曲度而產生之離心力。但配備此超高於弧綫之起端時，必需引入一種介曲綫，使超高與離心力同時逐漸增加，當車輛達于圓曲綫時，超高與離心力均適達所需之數量。

此種介曲綫若加以下述條件，即超高之增加與介曲綫之長度成正比，則此介曲綫即稱爲螺旋曲綫。

二、螺旋曲線之基本公式及其討論

$$e=\frac{gv^2}{9.8\,R}\cdots\cdots\cdots\cdots(1)$$

$$\frac{e}{l}=\frac{gv^2}{9.8\,Rl}=\text{常數}$$

$$\therefore\ Rl=\text{常數}\cdots\cdots\cdots\cdots(2)$$

$$RdS=dl$$

$$S=\int\frac{dl}{R}=\int\frac{l\,dl}{R_c l_c}=\frac{l^2}{2R_c l_c}\cdots\cdots\cdots\cdots(3)$$

$$S_c=\frac{l_c}{2R_c}\cdots\cdots\cdots\cdots(3a)$$

$$dx=dl\cdot\mathrm{Sin}\,S$$

利用(2)式及級數積分：

$$x=\frac{l^3}{6R_c l_c}-\frac{l^7}{336R_c^3 l_c^3}\cdots\cdots\cdots\cdots(4)$$

$$x_c=\frac{l_c^2}{6R_c}-\frac{l_c^4}{336R_c^3}\cdots\cdots\cdots\cdots(4_a)$$

$$dy=dl\ \mathrm{Cos}\,S$$

$$y=l-\frac{l^5}{40R_c^2 l_c^2}\cdots\cdots\cdots\cdots(5)$$

$$y_c=l_c-\frac{l_c^3}{40R_c^2}\cdots\cdots\cdots\cdots(5_a)$$

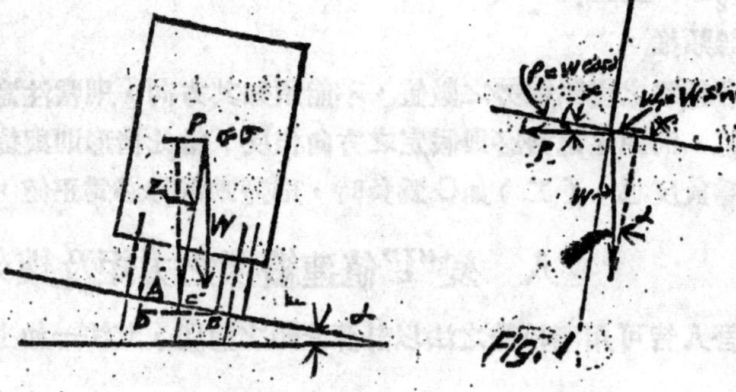

Fig. 1

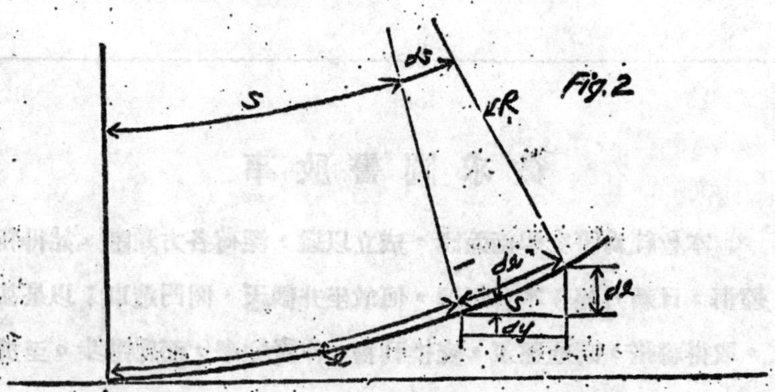

Fig. 2

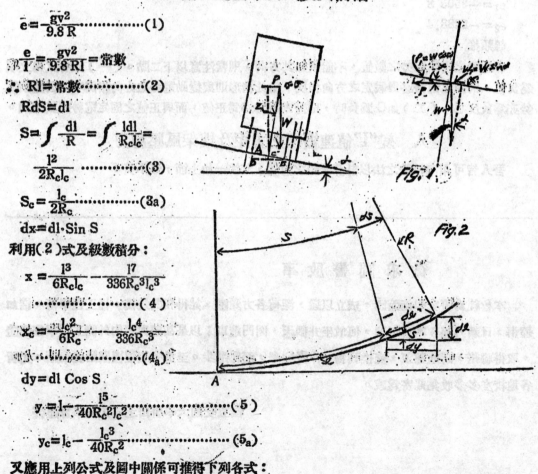

又應用上列公式及圖中關係可推得下列各式：

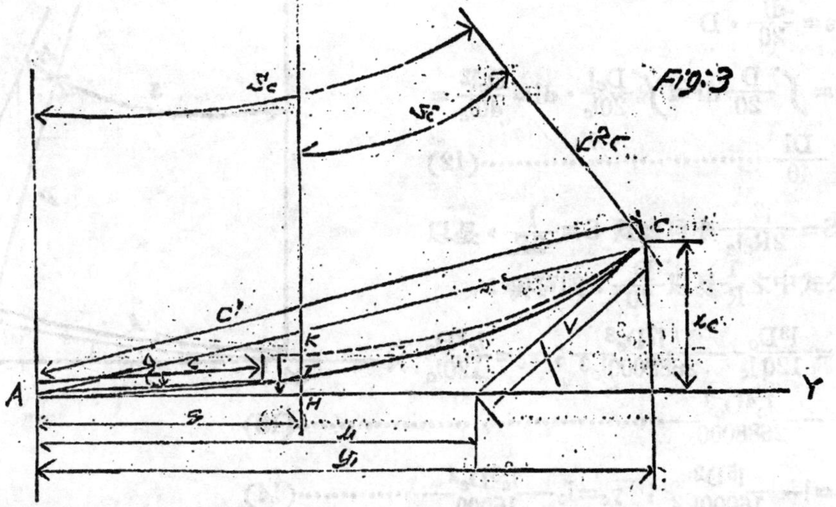

$$p=x_c-R_c\ \text{Vers}\ S_c=\frac{l_c^2}{24R_c}-\frac{l_c^4}{2688R_c^3}\cdots\cdots(6)$$

$$g=y_c-R_c\sin S_c=\frac{l_c}{2}-\frac{l_c^3}{240R_c^2}\cdots\cdots(7)$$

$$v=\frac{x_c}{\text{Sin}\ S_c}=\frac{l_c}{3}+\frac{l_c^3}{126R_c^2}\cdots\cdots(8)$$

$$u=y_c-V\text{Cos}\ S_c=\frac{2}{3}l_c+\frac{11l_c^3}{1260R_c^2}\cdots\cdots(9)$$

$$c=\sqrt{x^2+y^2}=l-\frac{l^5}{90R_c^2l_c^2}\cdots\cdots(10)$$

$$c'=\sqrt{x_c^2+y_c^2}=l_c-\frac{l_c^3}{90R_c^2}\cdots\cdots(10a)$$

由(2)式知 $\frac{l}{l_c}=\frac{R_c}{R}$ 但 $R\ \text{Sin}\frac{D}{2}=\frac{C}{2}=10$ 故

$$R=\frac{10}{\text{Sin}\frac{D}{2}}=10\left(\frac{D}{2}-\frac{D^3}{48}+\frac{D^5}{3840}\cdots\cdots\right)^{-1}=\frac{20}{D}\left(1+\frac{D^2}{24}+\frac{D^4}{240}\cdots\right)$$

$$\frac{l}{l_c}=\frac{R_c}{R}=\frac{\frac{20}{D_c}\left(1+\frac{D_c^2}{24}+\frac{D_c^4}{240}\right)}{\frac{20}{D}\left(1+\frac{D^2}{24}+\frac{D^4}{240}\right)}$$

$$\frac{l}{l_c}=\frac{D}{D_c}\left[1+\frac{1}{24}\left(D_c^2-D^2\right)+\cdots\cdots\right]$$

惟美國鉄路工程師學會所採用之螺旋曲綫其長度與曲綫度數成正比，即

$$\frac{l}{l_c}=\frac{D}{D_c}\cdots\cdots(11)$$

實際上此二式相差極微，爲實際之需要及計算之便利，(11)式較佳。但宜注意者，並非假定$\frac{l}{l_c}=\frac{D}{D_c}$而略去其高次項，實乃變更曲綫之定義也。故以上所推各式略有更動。

26605

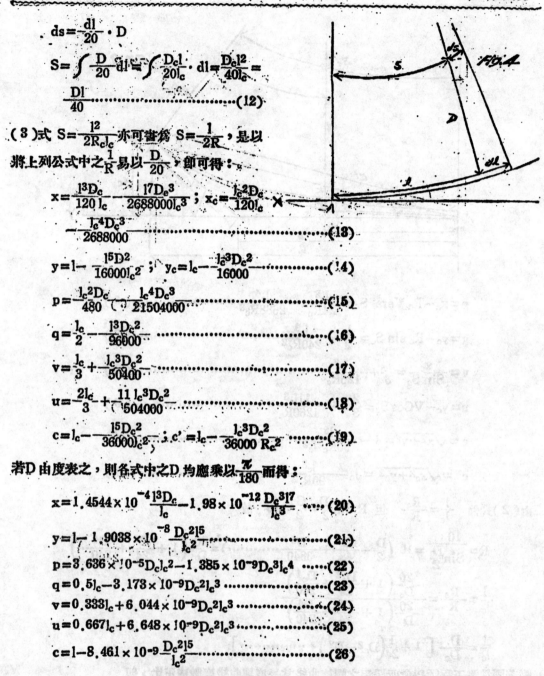

$ds=\frac{dl}{20}\cdot D$

$S=\int\frac{D}{20}dl=\int\frac{D_c l}{20 l_c}\cdot dl=\frac{D_c l^2}{40 l_c}=$

$\frac{Dl}{40}$ ……………………………………(12)

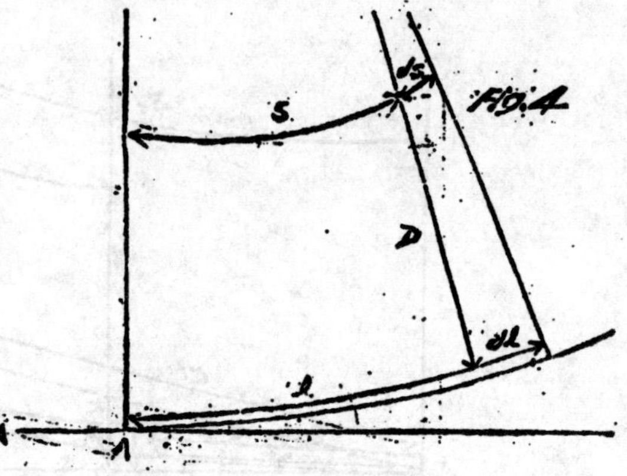

(3)式 $S=\frac{l^2}{2R_c l_c}$ 亦可書爲 $S=\frac{l}{2R}$，是以將上列公式中之 $\frac{1}{R}$ 易以 $\frac{D}{20}$，卽可得：

$x=\frac{l^3 D_c}{120 l_c}-\frac{l^7 D_c^3}{2688000 l_c^3}$；$x_c=\frac{l_c^2 D_c}{120 l_c}$

$-\frac{l_c^4 D_c^3}{2688000}$ ……………………………………(13)

$y=l-\frac{l^5 D^2}{16000 l_c^2}$；$y_c=l_c-\frac{l_c^3 D_c^2}{16000}$ ……………………(14)

$p=\frac{l_c^2 D_c}{480}-\frac{l_c^4 D_c^3}{21504000}$ ……………………………(15)

$q=\frac{l_c}{2}-\frac{l^3 D_c^2}{96000}$ ……………………………………(16)

$v=\frac{l_c}{3}+\frac{l_c^3 D_c^2}{50400}$ ……………………………………(17)

$u=\frac{2l_c}{3}+\frac{11\, l_c^3 D_c^2}{504000}$ ……………………………(18)

$c=l_c-\frac{l^5 D_c^2}{36000 l_c^2}$；$c'=l_c-\frac{l_c^3 D_c^2}{36000\, R_c^2}$ ………(19)

若D由度表之，則各式中之D均應乘以 $\frac{\pi}{180}$ 而得：

$x=1.4544\times10^{-4}\frac{l^3 D_c}{l_c}-1.98\times10^{-12}\frac{D_c^3 l^7}{l_c^3}$ ……(20)

$y=l-1.9038\times10^{-8}\frac{D_c^2 l^5}{l_c^2}$ ……………………………(21)

$p=3.636\times10^{-5}D_c l_c^2-1.385\times10^{-9}D_c^3 l_c^4$ ……(22)

$q=0.5 l_c-3.173\times10^{-9}D_c^2 l_c^3$ ……………………………(23)

$v=0.333 l_c+6.044\times10^{-9}D_c^2 l_c^3$ ……………………………(24)

$u=0.667 l_c+6.648\times10^{-9}D_c^2 l_c^3$ ……………………………(25)

$c=l-8.461\times10^{-9}\frac{D_c^2 l^5}{l_c^2}$ ……………………………(26)

三、螺旋曲線之偏角

(1)偏角

由圖三知　$\sin i=\frac{x}{c}$，$i=\sin^{-1}\left(\frac{x}{c}\right)$

26606

由(4)(10)二式得：

$$\frac{x}{c}=\frac{l^3}{6R_cl_c}\left(1-\frac{l^4}{36R_c^2l_c^2}\right)\times\frac{1}{l}\left(1-\frac{l^4}{90R_c^2l_c^2}\right)^{-1}$$

$$=\frac{l^2}{6R_cl_c}\left(1-\frac{17l^4}{2520R_c^2l_c^2}\right)$$

$$i=\mathrm{Sin}^{-1}\left(\frac{x}{C}\right)=\left(\frac{x}{C}\right)+\frac{1}{2}\cdot\frac{1}{3}\left(\frac{x}{C}\right)^3+\cdots\cdots$$

$$=\frac{l^2}{6R_cl_c}\left(1-\frac{2}{945}\frac{l^4}{R_c^2l_c^2}\right)$$

$$=\frac{S}{3}\left(1-\frac{8}{945}S^2\right)$$

$$i=\frac{S}{3}-\frac{8}{2835}S^3\cdots\cdots\cdots\cdots(27)$$

若'i''S'由度表示，而改正項$\frac{8}{2835}S^3$之結果使以秒表之。則$\frac{8}{2835}S^3\times\left(\frac{\pi}{180}\right)^2\times 60^2=0.0030945S^3$秒

$$i=\frac{S}{3}-0.0030945\ S^3\cdots\cdots\cdots\cdots(28)$$

美國鐵路工程學會，採用下列經驗公式：

$$i=\frac{S}{3}-0.00297\ S^3\cdots\cdots\cdots\cdots(29)$$

二者相差極微。

(2)偏角公式

我國所用者，乃將螺旋曲綫全長分成十等分。設每分之長爲l_1，則

$l_n=nl_1$，　$l_c=10l_1$

$$\frac{D_n}{D_c}=\frac{nl_1}{10l_1}=\frac{n}{10}$$

$$S_n=\frac{D_nl_n}{40}=\frac{n}{10}D_c\cdot\frac{n}{10}l_c\cdot\frac{1}{40}=\left(\frac{n}{10}\right)^2\frac{D_cl_c}{40}=\left(\frac{n}{10}\right)^2S_c$$

若$n=1$　$S_1=\frac{1}{100}S_c$

$$S_n=n^2\frac{S_c}{100}=n^2S_1$$

因　$i=\frac{S}{3}$，$i_n=n^2\frac{S_1}{3}=n^2i_1\cdots\cdots\cdots\cdots(30)$

(3)螺旋曲綫上一點對于螺旋曲綫上其他一點之偏角

欲求得此種偏角，必需先證明下述定理。

『螺旋曲綫上距P點爲"a"之點Q與由P點半徑所作之圓弧上距P點亦爲"a"之點Q'對於P點所夾之角應等於螺旋曲綫上距起點爲"a"處一點之偏角』。即$\angle BAY=\angle QPQ'$

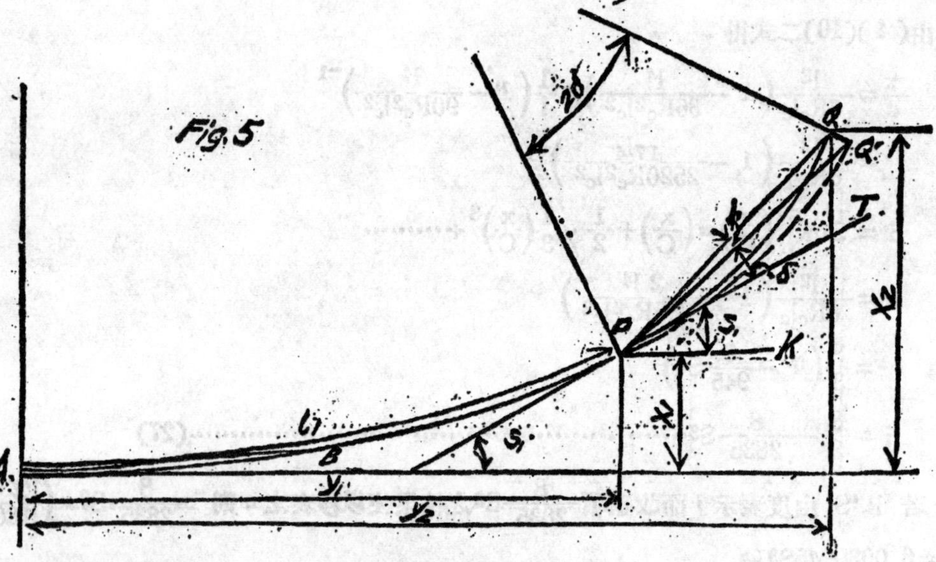

$$x=x_2-x_1=\frac{(l_1+a)^3}{6R_cl_c}-\frac{l_1^3}{6R_cl_c}=\frac{3l_1^2a+3l_1a^2+a^3}{6R_cl_c}$$ （近似）

$$y=y_2-y_1=l_1+a-l_1=a$$ （近似）

$$\angle QPK=\tan^{-1}\left(\frac{x}{y}\right)=\left(\frac{x}{y}\right)$$ （近似）

$$\angle QPK=\frac{l_1^2}{2R_cl_c}+\frac{l_1a}{2R_cl_c}+\frac{a^2}{6R_cl_c}$$

但 $$\angle TPK=S_1=\frac{l_1^2}{2R_cl_c}$$

$$\angle QPT=\angle QPK-\angle TPK=\frac{l_1a}{2R_cl_c}+\frac{a^2}{6R_cl_c}$$

$$\angle Q'PT=\frac{a}{2R_1}=\frac{l_1a}{2R_cl_c}$$

$$\angle QPT=\angle QPQ'+\angle Q'PT=\frac{l_1a}{2R_cl_c}+\frac{a^2}{6R_cl_c}$$

$$\angle QPQ'=\frac{a^2}{6R_cl_c}$$

$$\angle BAY=\frac{1}{3}\cdot\frac{a^2}{2R_cl_c}=\frac{a^2}{6R_cl_c}$$

$$\angle QPQ'=\angle BAY.$$

同理可證得在第二種情形時亦然。

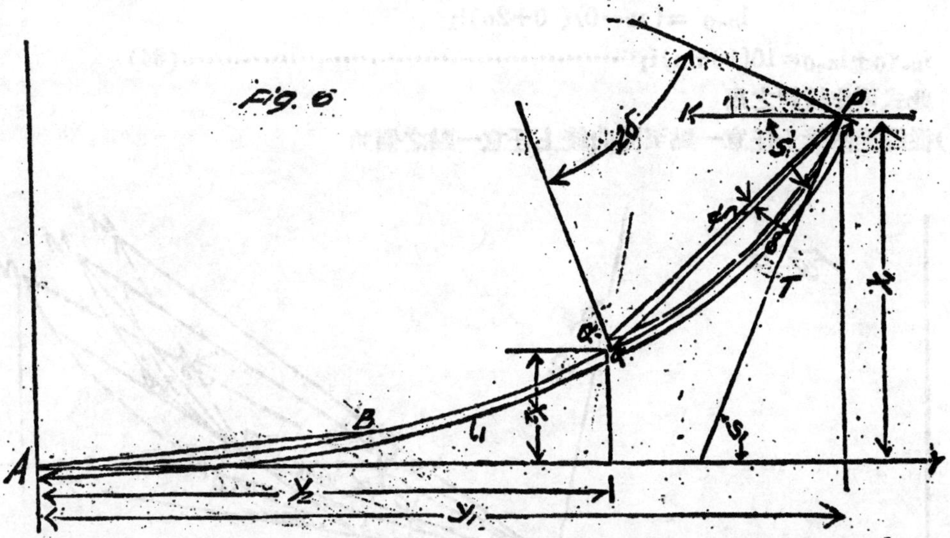

既得上述之關係，即可推得下列之公式。設N及M之樁號爲n及m，（曲綫長度NM爲a）N爲置儀器點，M爲所求偏角之點。

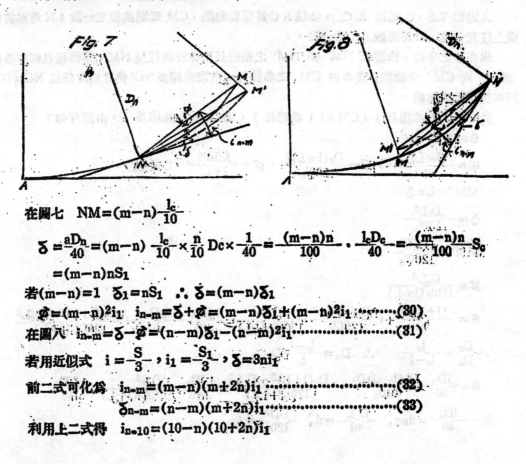

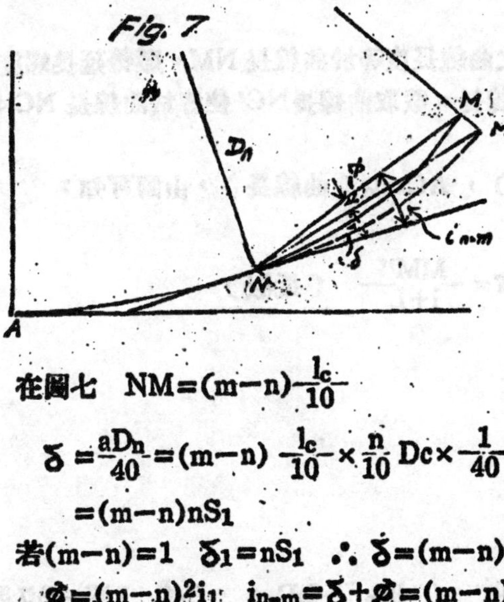

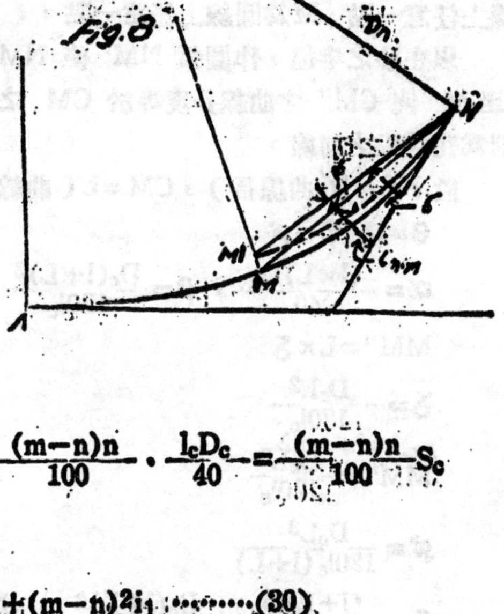

在圖七　$NM=(m-n)\frac{l_c}{10}$

$$\delta=\frac{aD_n}{40}=(m-n)\frac{l_c}{10}\times\frac{n}{10}Dc\times\frac{1}{40}=\frac{(m-n)n}{100}\cdot\frac{l_cD_c}{40}=\frac{(m-n)n}{100}S_c$$

$$=(m-n)nS_1$$

若$(m-n)=1$　$\delta_1=nS_1$　$\therefore\ \delta=(m-n)\delta_1$

$\phi=(m-n)^2i_1$　$i_{n-m}=\delta+\phi=(m-n)\delta_1+(m-n)^2i_1$ ………(30)

在圖八　$i_{n-m}=\delta-\phi=(n-m)\delta_1-(n-m)^2i_1$ ………(31)

若用近似式　$i=\frac{S}{3}$，$i_1=\frac{S_1}{3}$，$\delta=3ni_1$

前二式可化爲　$i_{n-m}=(m-n)(m\pm2n)i_1$ ………(32)

$\delta_{n-m}=(n-m)(m+2n)i_1$ ………(33)

利用上二式得　$i_{n-10}=(10-n)(10+2n)i_1$

$$i_{n-0}=(n-0)(0+2n)i_1$$

$$i_{n-10}+i_{n-0}=10(10+n)i_1 \cdots\cdots\cdots\cdots (34)$$

此式可作核對之用

(3)從螺旋曲綫上任意一點至圓曲綫上任意一點之偏角

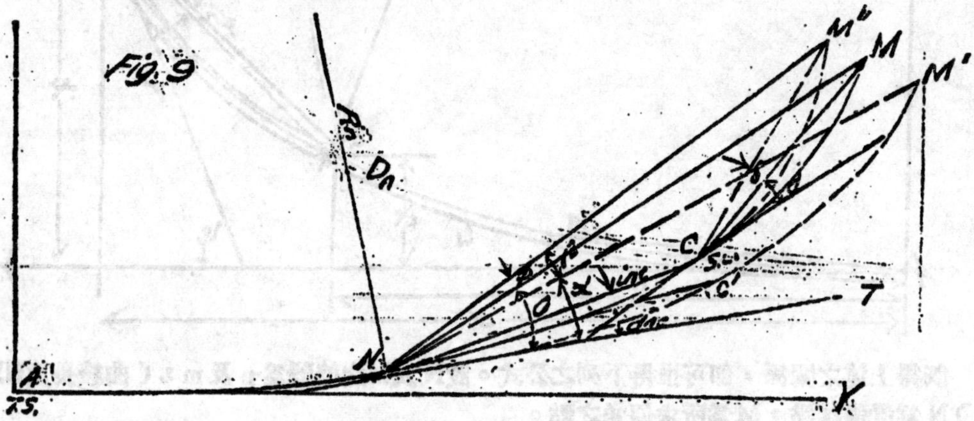

A點卽 T.S，C點卽 S.C. ，曲綫AC爲螺旋曲線，CM爲圓曲線之一段，N爲螺旋曲線上任意一點，M爲圓線上任意一點。

以在N之半徑，作圓弧 NM' 使 NM' 之曲線長度等於曲線長 NM。順勢延長螺旋曲線至M" 使 CM" 之曲線長度等於 CM 之曲線長。截取曲線長NC' 使等於曲線長 NC。NT則爲在N點之切線。

設 NC=l(曲線長)，CM=L(曲線長)，AC=l_c(曲線長)，由圖可知：

$$\theta=\alpha+\beta-\phi$$

$$\alpha=\frac{(l\times L)D_n}{40},\quad \beta=\frac{D_c(l+L)^2}{120l_c},\quad \phi=\frac{MM''}{l+L}\quad (\text{近似})$$

$$MM''=L\times\delta$$

$$\delta=\frac{D_cL^2}{120l_c}$$

$$MM''=\frac{D_cL^3}{120l_c}$$

$$\phi=\frac{D_cL^3}{120l_c(l+L)}$$

$$\theta=\frac{(l+L)D_n}{40}+\frac{D_c(l+L)^2}{120l_c}-\frac{D_cL^3}{120l_c(l+L)}=\frac{lD_n}{40}+\frac{LD_n}{40}+\frac{D_c(l+L)^3-D_cL^3}{120l_c(l+L)}$$

$$\because \frac{D_c}{D_n}=\frac{l_c}{l_c-l}\qquad \therefore D_n=\frac{l_c-l}{l_c}D_c$$

$$\theta=\frac{lD_n}{40}+\frac{L(l_c-l)D_c}{40l_c}+\frac{D_c(l+L)^3-D_cL^3}{120l_c(l+L)}=\frac{lD_n}{40}+\frac{D_cl^3}{120l_c(l+L)}+\frac{LD_c}{40}$$

但 $\frac{lD_n}{40}=dnc$，$\frac{D_cL}{40}=d$，$\frac{D_cl^2}{120l_c}=i_{nc}$

26610

$$\therefore\ \theta = d + dnc + \frac{i_{nc}\times l}{(l+L)} \cdots\cdots\cdots (35)$$

此式適用於 S. C. 發生障礙而不能設置儀器時。此題亦可以下法解之。

$$\theta = \tan^{-1}\frac{MM''}{NM''}$$

$$MM'' = MM' + M'M'' = MM' + CC' = CM\ \mathrm{Sin}(d+S_c) + NC\ \mathrm{Sin}(S_n+I_n)$$

$$NM'' = NC' + C'M'' = NC\ \mathrm{Cos}(S_n+I_n) + CM\ \mathrm{Cos}(d+S_c)$$

$$\theta = \tan^{-1}\frac{NC\ \mathrm{Sin}(S_n+I_n) + CM\ \mathrm{Sin}(d+S_c)}{NC\ \mathrm{Cos}(S_n+I_n) + CM\ \mathrm{Cos}(d+S_c)} \cdots\cdots\cdots (36)$$

CM 為弦長，NC 應為弦長，但如用曲線長亦已充分精確。此法計算極繁，自以前法為佳。

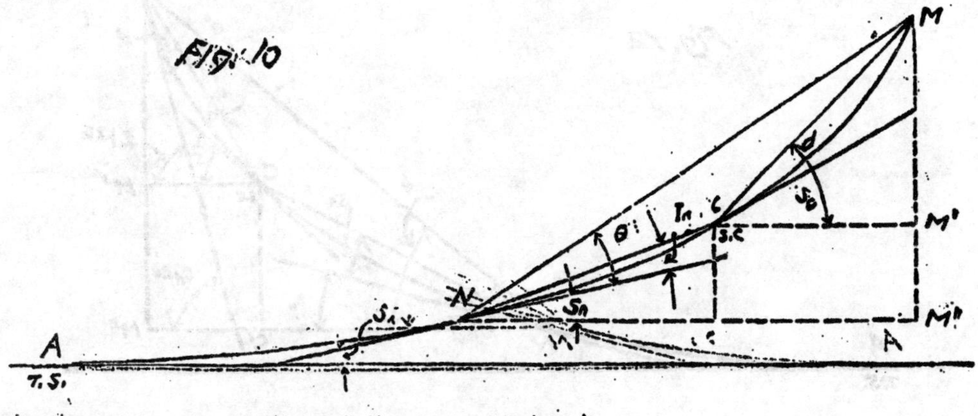

(4)從圓曲線上任意一點至螺旋曲線上任意一點之偏角。

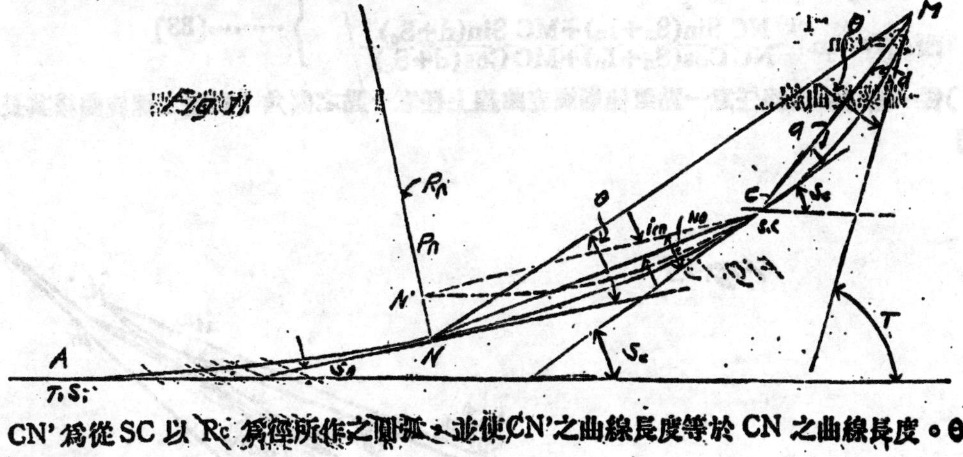

CN' 為從 SC 以 R_c 為徑所作之圓弧，並使 CN' 之曲線長度等於 CN 之曲線長度。θ' 為所求之偏角。

$$\theta' = \lambda - S_n - \theta$$

但 $\lambda = S_c + 2d$，　$\theta = d + d_{nc} + \frac{i_{nc}l}{(l+L)}$

$$\therefore\ \theta' = S_c + 2d - S_n - d - d_{nc} - \frac{i_{nc}l}{l+L}$$

又 $S_c-S_n-d_{nc}=\frac{l_cD_c}{40}-\frac{(l_c-l)D_n}{40}-\frac{D_nl}{40}=\frac{l_c(D_c-D_n)}{40}$

$\frac{l_c-l}{l_c}=\frac{D_n}{D_c}$　$\therefore\frac{l}{l_c}=\frac{D_c-D_n}{D_c}$

$\therefore S_c-S_n-d_{nc}=l_c\cdot\frac{lD_c}{40l_c}=\frac{lD_c}{40}=d_{cn}$

又 $inc=\frac{D_c l^2}{120l_c}=i_{cn}$

$\therefore\theta'=d+d_{cn}-\frac{i_{cn}\,l}{(l+L)}$ ……………………〔37〕

此式用於 C.S. 發生障碍而不能設置儀器時。此題亦可由下法解之，但殊繁複耳。

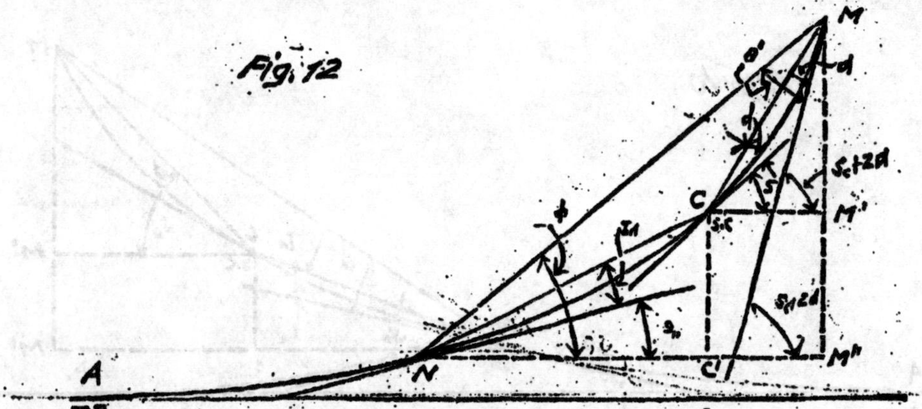

$\theta=S_c+2d-\phi$

而 $\phi=\tan^{-1}\frac{NC\,Sin(S_n+I_n)+MC\,Sin(d+S_c)}{NC\,Cos(S_n+I_n)+MC\,Cos(d+S_c)}$ ……〔38〕

(5)從一端螺旋曲線任意一點至他端螺旋曲線上任意一點之偏角〔兩端之螺旋曲綫其長度相等〕

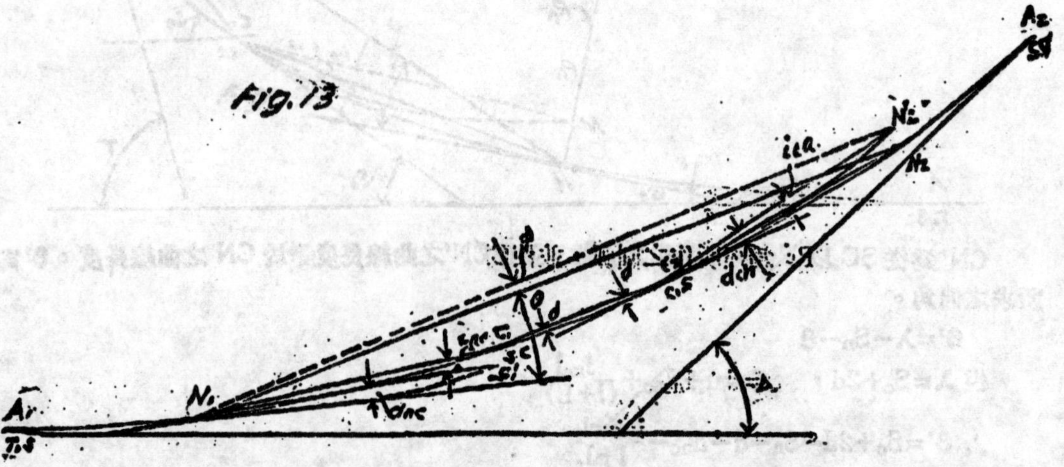

設 $N_1C_1=l$（曲線長），$N_2C_2=l'$（曲線長），$C_1C_2=L_c$（曲線長）。

從 N_1 以 N_1 之半徑作圓 N_1C_1' 使等於 N_1C_1，（N 點之曲線度數爲 D_n）從 C_2 以 R_c 爲半徑作圓 C_2N_2' 使等於 C_2N_2

由（35）式得　$\theta=d+d_{cn}+\frac{i_{cn}\,l}{(l+L)}$

今以 $\frac{L_c+l'}{40}D_c$ 代 d，以 (L_c+l') 代 L，及以 $(\theta+\phi)$ 代 θ，故得

$$\theta+\phi=\left(\frac{L_c+l'}{40}\right)D_c+d_{nc}+\frac{i_{nc}\,l}{l+l_c+l'}$$

但　$\phi=\frac{N_2N_2'}{L_c+l'+l}$

而　$N_2N_2'=i_{cn}\,l'$

∴　$\phi=\frac{i_{cn}\,l'}{l+L_c+l'}$

又　$\frac{L_c+l'}{40}D_c=\frac{L_c D_c}{40}+\frac{l'D_c}{40}=\left(\frac{\triangle}{2}-S_c\right)+d_{cn}$

設　$\frac{\triangle}{2}-S_c=\frac{L_c D_c}{40}=d$

及　$D=d+d_{cn}+d_{cn}$

∴　$\theta=D+\frac{l\,i_{nc}-l'i_{cn}}{l+L_c+l'}$ ……………………………(39)

此式用於 S. C. 及 C. S 俱發生障礙時。

（6）特殊情形

當第三節中之 N 點爲 T S 時，則 $d_{nc}=0$，$i_{nc}=i_c$。

$\theta=d+\frac{i_c\,l_c}{l_c+L}$ ……………………………(35_a)

當N點爲S. C時 $d_{nc}=0$，$i_{nc}=0$

$\theta=d$ ……………………………(35_b)

當第四節中N點在 T. S 時，則 $d_{cn}=S_c$，$i_{cn}=i_c$，及 $l=l_c$，

$\theta'=d+S_c-\frac{(l_c i_c)}{l_c+L}$ ……………………………(37_a)

當第五節中之 N_1 在 T. S 時則 $d_{nc}=0$，$i_{nc}=i_c$，及 $l=l_c$，

∴　$D=d+d_{cn}$

$\theta=d+d_{cn}+\frac{l_c\,i_c-l'i_{cn}}{l_c+L_c+l'}$ ……………………………(39_a)

當 N_1 在 S. C 時，則 $d_{nc}=0$，$i_{nc}=0$，$l=0$

∴　$D=d+d_{cn}$

$\theta=d+d_{cn}-\frac{l'i_{cn}}{L_c+l'}$ ……………………………(39_b)

與(37)式完全相同。

當 N_2 在 C. S 時，則 $d_{cn}=0$，$i_{cn}=0$，$l'=0$

26613

∴　$D=d+d_{nc}$

$$\theta=d+d_{nc}+\frac{l\,i_{nc}}{l+l_c}\cdots\cdots(39_c)$$

與(35)式完全相同。

當 N_2 在 S. T. 時，則 $d_{cn}=S_c$，$i_{nc}=i_c$，$l'=l_c$，

∴　$D=d+d_{nc}+S_c=\frac{\triangle}{2}-S_c+d_{nc}+S_c=\frac{\triangle}{2}+d_{nc}$

$$\theta=\frac{\triangle}{2}+d_{nc}+\frac{l\,i_{nc}-l_c\,i_c}{l+L_c+l_c}\cdots\cdots(39_d)$$

當 N_1 在 S. C. 及 N_2 在 S. T. 時，則 $d_{nc}=0$，$i_{nc}=0$，$l=0$，及 $d_{cn}=S_c$，$i_{cn}=i_c$，$l'=l_c$。

∴　$D=d+S_c=\frac{\triangle}{2}-S_c+S_c=\frac{\triangle}{2}$

$$\theta=d+S_c-\frac{l_c\,i_c}{l_c+L_c}=\frac{\triangle}{2}-\frac{l_c\,i_c}{l_c+L_c}\cdots\cdots(39_e)$$

此式與 (37_a) 式完全相同。

當 N_1 在 S. C 及 N_2 在 C. S 時，則 $d_{nc}=0$，$i_{nc}=0$，$l=0$，$l'=0$，$d_{cn}=0$，$i_{cn}=0$。

∴　$D=d=\frac{\triangle}{2}-S_c$

$$\theta=d=\frac{\triangle}{2}-S_c\cdots\cdots(39_f)$$

當 N_1 在 T. S 及 N_2 在 S. C. 時則 $d_{nc}=0$，$i_{nc}=i_c$，$l=l_c$，及 $d_{cn}=0$，$i_{cn}=0$，$l'=0$。

∴　$D=d=\frac{\triangle}{2}-S_c$

$$\theta=d+\frac{l_c\,i_c}{l_c+L_c}\cdots\cdots(39_g)$$

與 (35_a) 式完全相同。

當 N_1 在 T. S. 及 N_2 在 S. T. 時，則 $d_{nc}=0$，$i_{nc}=i_c$，$l=l_c$，$d_{cn}=S_c$，$i_{cn}=i_c$，$l'=l_c$。

∴　$D=d+S_c=\frac{\triangle}{2}-S_c+S_c=\frac{\triangle}{2}$

$$\theta=\frac{\triangle}{2}\cdots\cdots(39_h)$$

（未完）

徵稿啓事

吾院自七七抗戰以後，院址淪陷，以往刊物，即無形停頓；而一再播遷，經費拮据，人事紛紜，迄無復刊之機會，本會深感學校刊物，不蓋有交換智識研究學術之功能，且能使各校友與母校互通聲息，沆瀣一氣。乃創刊「土木」，闡揚土木工程學術，報道校友行蹤，學校近況，以期發揚我炎黃揚華之精神。預計每學期出刊一期，內容材料，力求充實新穎。今第四期會刊業印在即，至祈　校友諸公多多惠賜宏著，以及工程珍聞，校友行蹤，藉光篇幅，是爲至禱。

平越葛鏡橋與吳家橋之研究

本文係取本院民卅九級校友吳明德、尹莘氓、俞炳良、許協慶四君論文「葛鏡橋之研究」及民卅級校友路蔭閬、李宗元、謝燮華、索奎光四君論文「吳家橋之研究」二文合成，而由潘佑麒集編。

一　引言

吾國科學素不發達，蓋以數千年來士大夫階級習尚麗文，不務實際，侈談性理形上之學，賤視勤勞體膚之事，於是農也，工也，商也，賈也，舉不足以與人競爭，及至國力日臻削弱，民生日趨凋敝，遂又重為貶黜，致失自信，不知吾華立國垂五千年，亦自有其獨特之造詣，發揚蹈厲之責，今日國人所不容辭者也。

試以工程一事言之，長城橫立于朔漠，運河流貫于南北，或資國防，或供漕運，世界工程先進之邦且不能不贊佩其偉蹟，至若北平故宮之綺麗，川陝棧道之奇險，令人低徊流連，驚心駭目者，非具慧心巧思殊能絕技者，安能為之？

以橋梁言，吾國昔日橋梁遺留至今者，其材，或木，或石，其式，或樑，或浮，或飛，或懸，或拱；分佈全國多足稱述，尤其石料就地取材能垂久遠，拱式幽雅閑適，克任重荷，經以科學理論，石拱橋梁實為良構，此在吾國發明使用于千百年前，遠出泰西列邦之先，誠吾國在世界工程史上無上之光榮，惜乎鮮經公開論列，科學研討，但憑經驗閱歷，師徒口承，而無文字紀述，以資流傳，乃致奇技湮沒，永無進展，誠至堪惋惜之事也。

夫不知而行，乃人類在蒙昧野蠻時期中之事，文明發展之後，必經行而後知之途，以抵于知而後行之域，此一定不易之理也。石拱橋梁優點極多，即以歐美諸國鋼料洋灰之產出，不虞缺乏，尚日加講求，以期應用於公路鐵路諸途，吾國富源未開，工業落後，今於抗戰期中，外受敵人之封鎖，物資來源，至為艱困，不獨應充分利用本國之原料，抑且應充分使用已存之建造，則無論在闡明學術或致力建設之立場，為工程師者之事，察核已有建築物，評定其價值，以致其利用，與夫設計一新建築物，其重要正自相同，未可偏廢也。

平越近郊有著名石拱橋二：一名葛鏡橋，一名吳家橋，後者建於百餘年前，前者則經三百載矣，橫越深流，工程頗大，今當西南交通突飛猛進，山城形勢，日趨衝要，二橋之視重於將來不難斷言，吾院卒業校友多人，曾就此兩橋，用最新學理，自工程觀點細加剖析，評核各拱橋之穩定程度，和以判其能否適於公路橋梁之標準，末復就其原有結構，設計改善其拱圈與鋪材，撰述成帙，各一厚册，本文係摘述其要點，其中細部之計算，圖表之繪製，則從略焉。

二　二橋之現況與將來可能之發展

平越東南距城三公里許，沅江之上源麻哈江蜿流過焉，附近林木森鬱，青山邱巒橫，道出其間，蜿蜒如蛇，及臨河上，則滚水橋石，以利徒涉，若蒼龍横陳江上者，葛鏡橋也，蓋通公葛鏡橋，疊石爲之，長可五十公尺，寬約八公尺，橋面下距水面十餘公尺，其工程殊爲不小，昔日黔東通貴陽之通道經此，車馬行旅之盛，可以想見，然自淸季雲貴督撫鄂爾泰發見新徑，取道爐山馬場坪貴定以通貴陽，新路既較平夷徑直，行旅都樂趨之，而此道逐漸見廢棄，今時情形，每日經行橋上者不過七八十人，間有少數馬匹而已，其活重負荷，較之靜重，直可略去，而葛鏡橋年代既深，附近風景又極雅靜，夕陽古道，衰草黃昏，行者歌于途，負者休於樹，令人油然緬懷千百年前之往跡，故該橋昔日之爲交通利器者，今反以名勝古蹟著矣！

吳家橋位於平越縣城與馬場坪二地間，離馬場坪可二公里，至平越約七公里，橋亦石構，其廣袤高度約與葛鏡橋同，自馬場坪發達，平越甕安一帶貨物之出入，均須經越此橋，故日呈發達之狀，現每日通過者，人可數百，馬亦不少，且馬場坪至遵義間大道，本爲川桂往來一捷徑，曾一度于民國廿七年試改爲汽車道，後雖未能通車，亦足知其已引起國人之注意，抗戰軍興，運輸孔急，當湘桂等省緊急時，軍旅由川南馳，此捷徑之應用尤爲需要，於是吳家橋之重要性，更爲不用表揚之事矣。

總之，平越昔日固僅一偏僻小縣，建城萬山叢中，似爲無足輕重，且距貴陽甚近，商務難期繁盛，然　國父所著實業計劃中，平越實爲西南鉄路系統之中心地，抗戰以還，西南倚重，雖鉄路建築一時未能施建，而公路興築則常依軍事經濟之需要而發，平越一地尙未可斷言其無繁榮可能，夫利用舊物，既爲事勢所必然，即葛鏡橋亦有恢復舊觀之可能，至若吳家橋據馬遵要點，其將來之發展，尙用多言乎？

三　二橋略史及記載

中華最新形勢圖表解中有曰：『平越城濱沅江上游，爲湘黔通道所必經，東有七級之險，西有倒馬之阻，山徑崎嶇，行路歌難，南城外之麻哈江，兩岸山崖挺立，峭壁千仞，約束江水，霧籠山眼！谷深水黑，鮮見天日，渡多溺焉。明嘉靖時，葛鏡獨資建橋，築而圮者再，鏡毀家破產屢建之，卒底於成，至今巍然環江上，鄉人德之，名葛鏡橋誌不忘也。』又平越直隸州誌載：『橋在城東南六里，跨麻哈河兩岸，水黝如膠，寡見曦景，明萬歷間里人葛鏡建橋其上，屢爲水決，至三建時，鏡慷慨矢曰：『吾當罄家竭產以成此橋，如功再隳敗，將以身殉之耳』。乃於斗狹峭崿處鑿岩壘石，石皆如塹，方不及尺，累層上乃施大石，橫空懸構離水者其高百尺，有如神工，橋上行者，俯見源淵流迅，目眩神搖，匪唯大德亦偉觀也，時總督張鶴鳴泐碑，署曰葛鏡橋並刻文記之』。

現圖籍所載，於橋址附近地形之艱險，施工時之困難，記述頗詳，雖稍嫌言過其實，然當日技術既卑，又無機械之力足資利用，架橋深谷，正非易易，且比時此道爲黔東通筑惟一道途，即當時貴州尙未十分發達，來往行人，亦必不少，似此要津，其橋梁之架置，乃出於一二慈善家之毀家從事，則地方行政者之失職可知，而葛鏡者可謂勇矣，此橋因年代久遠，工程亦本非容易，俚俗傳說謂係神工，今或呼豆腐橋云。

吳家橋之修建，遠在葛鏡橋後，其工程之大，圮而復建，則情形略與葛鏡橋同，詢之父老，觀其碑誌，得其簡史如次：自平越之馬場坪須跨越麻哈江流，河上原有木橋以過行人，及通貴陽之新道覓得，商旅南移，平越馬場坪間交通為之增盛，원有木橋漸不適用，而人衆

損害時見發生，當地人士患之，乃建石拱橋以代之，此前清嘉慶年間事也，惜成未期年，旋爲山洪所壞，此橋廢址，在今橋下游約三百公尺，遺址所在，尚可求得，石橋既毀，仍樹木梁，溺斃事端，頻出如故。

吳東陽者，當日平越慈善家也，慷慨好義，時以修橋補路爲務，憫行道之苦厄，因爲之計劃修復，然天不假年，遽爾辭世，猶未得覩該橋之興工也，其後東陽之妻繼乃夫之志，費時三載，卒底於成，穩固廣闊，行人稱便，名其橋曰「繼善」以資紀念，今呼吳家橋者乃追崇吳氏夫婦之德云。

民國二十七年，因平遵汽車道之修築，曾將此橋橋面充填物加深約一公尺有半，備供公路之用，故今日之吳家橋已非復舊觀矣！

四　結構學上之分析

甲、測算

凡與建築，必賴測量，所以察當地之實況，以爲設計施工之張本也，舊有建造之察核亦然，須先量取各部分之尺寸大小，始足以估計其載荷，計算其受力之強弱，測量之精準與否，於察核之結果，關係極大。

房屋橋梁尺寸之量取，直接尺量，頗非易易，通常以經緯儀用視距法作野外測量，取其必要之度量，至室內作精細之計算，所得結果，已甚可靠。

據施用視距法測算之結果，二橋之情形各如下述：

葛鏡橋：

橋長51.44公尺　　　　橋寬7.90公尺

第一拱　純跨度19.62公尺，拱高9.61公尺，頂厚1.21公尺，跟厚1.89公尺。

第二拱　純跨度12.30公尺，純拱高7.90公尺，頂厚0.88公尺，跟厚1.14公尺。

第三拱　純跨度6.26公尺，純拱高5.02公尺，頂厚0.70公尺，跟厚0.80公尺。

第一墩　墩高8.50公尺，墩厚5.62公尺，墩長1.762公尺。

第二墩　墩高7.50公尺，墩厚3.37公尺，墩長13.74公尺。

吳家橋

橋長52.45公尺　　　　橋寬7.40公尺

第一拱　純跨度15.55公尺，純拱高6.48公尺，頂厚0.64公尺，跟厚0.68公尺。

第二拱　純跨度9.47公尺，純拱高5.52公尺，頂厚0.62公尺，跟厚0.56公尺。

第三拱　純跨度6.65公尺，純拱高4.24公尺，頂厚0.58公尺，跟厚0.65公尺。

第一墩　墩高9.46公尺，墩厚4.65公尺，墩長16.43公尺。

第二墩　墩高8.50公尺，墩厚4.32公尺，墩長16.80公尺。

兩橋橋墩上下流各銳成尖角以分水勢，二橋附近地質爲石灰岩，河底河岸均爲堅固岩石，最適拱橋之建造，且橋座不須另建，可鑿切岸壁以支橋拱，故頗爲省事，二橋除橋身橋墩外，各有護欄，所用材料，自本身以及填料，均用石灰石爲之，二橋情形殆無二致。

自兩橋跨越之河流截面察之，河道深流均傍左岸經過，而有特大之橋孔及拱橋，其他橋孔以次改小，水位低時則第二第三橋孔均無水流。

26617

乙、拱構理論闡述

拱構爲靜力不定構造之一型，於其應力荷重兩者之分析，學理臆說頗爲衆多，其最普遍者，於固塊拱構爲彈性變形理論，於叠塊拱構則有刺壓線理論，後者爲本文用以察核及復規二橋之工具，特略述之。

考叠塊拱構之崩壞，常型有三，一爲拱塊本身之被壓碎，二爲相鄰拱塊之相對滑動，三爲拱塊對于某接合面尖端之旋轉，設計及核察者應就學理詳爲推定每一拱塊對此三種崩壞類型之可能性與定度，俾無招致意外之虞。

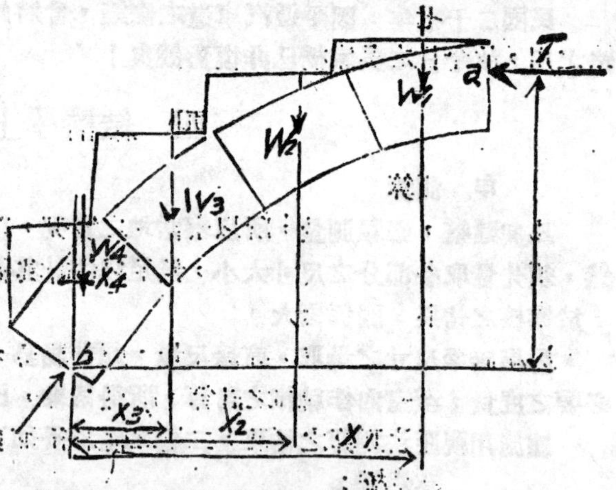

⑴刺壓線理論，基於最小拱頂橫壓之臆說，藉圖解方法以求得半拱之抵抗力線而爲察究之資，在靜重及全跨負荷均等活重（對稱荷重）時用最小拱頂水平壓力，此最小拱頂橫壓常藉 $T=\frac{\Sigma W_x}{y}$ 之公式以求之，式中W爲拱塊自重及施於其上載重之合力，須先行求得之，T之大小方向，作用點，既經算得及假定，則可逐步繪其抵抗力線以資應用矣，至非對稱之荷重僅跨度之半，負荷活重時，則拱頂橫壓不能爲水平，須於全拱各塊之W求出後，作力多邊形經過拱頂截面中心及左右兩拱跟線之內三等分點，以求其抵抗力線。

關於壓碎之穩定，須各拱塊間之最大壓力不超過拱塊材料之安全抗壓應力，此最大壓力之求得，當接合面間之灰泥能抗張力之時，恆用 $P=\frac{W}{l}+\frac{6Wd}{l^2}$ 求之，若接合面間之灰泥不能抵抗張力，而抵抗力線出於接合面三等分點以外時，須用 $P=\frac{2W}{3\left(\frac{l}{2}-d\right)}$ 此二式中P爲最大單位面積壓力，W爲接合面單位寬度上所受垂直壓力之總和，l爲接合面之長度，d爲壓力中心至接合面中點之距離，普通之設計，其安全率應在10至40之間。

關於滑溜之穩定，應令抵抗力線與接合面法線間夾角小於拱塊接觸面之摩擦角，而其安全率等於摩擦力對滑動力之比值即 $F.S.=\frac{\mu N}{T}$ 式中 μ 爲摩擦係數，N爲法線面分力，T爲切線面分力，由此所得之安全率應在 $1\frac{1}{3}$ 與2之間。

至關於旋轉之穩定，傾旋之矩須小於扶正之矩，而 $F.S.=\frac{N'Ag}{T\ Gg}=\frac{Ag}{\gamma g}$ 若用近似法可假定G在AB中垂線之上而 $F.S.=\frac{Am}{\gamma m}$ 普通設計時，此安全率應等於3或略小於3。

丙、拱圈核案之結果

兩橋所有各拱對其本身靜重之負荷，頗能勝任愉快，蓋所得之抵抗力圖線，大體能適於

26618

要求，在三等分線之內，其對於壓碎，滑溜，旋轉三者之安全率亦能大部合於所期。若以十公噸載重之標準繩之，而加以考察，則知當全跨度負對稱荷重時尚無問題，但至跨度之半任受荷重時，則各拱之底抗力線均溢出拱圈曲線之外，實爲不勝任之表示也。

就吳家橋察之，靜重所生之底抗力線除第三拱圈外，皆已溢出拱圈曲線之外，可知此二拱圈，自理論上言，本當因其自身靜重而頹敗，不能複任活重，蓋可不言而喻矣，至其第三拱圈則雖能任受靜重及十公噸對稱活重，而當跨度之半任受活重時，其抵抗力線即出拱圈曲線之外，足見其也不足担負十公噸之活重也。

丁、橋墩之核察

核察橋墩之穩定與安全，須計橋墩所受之外力，通常包括鄰近拱跟壓力，橋墩本身之重量，水之浮力，水流衝擊力，橋身及橋墩所受之風力等，核察時並須自兩橋孔同時作用及一橋孔單獨作用時，各行計算其縱向及横向之傾倒，滑溜，壓碎三者穩定率而判斷之。

葛鏡橋及吳家橋之橋墩，底床均爲甚佳之石灰岩，可作極優良之基礎，其本身亦爲上等大塊石灰石壘切而成，據測算考核之結果，各方面均有甚大之安全率，不獨足以勝任靜重及目前此微量之活重，即將來增加其活重至十公噸，公路載重亦毫無問題，故知二橋橋墩之強度，遠較其拱圈爲勝而可據爲異日改善設計之張本也。

五、兩橋改善之設計

平越昔爲貴州名府，土地不脊，物產亦富，今應抗戰局勢，西南隨之發達，平越東出鎮遠，北走甕安，以地位言，實湘黔川桂往來捷徑上之一控制點，新建公路之經過本縣者，自必不少，故此二橋均有設計改善之必要云。

考通常拱橋之改善，恆用下列諸法：一爲增加補助拱圈，二爲加用混凝土平板，三爲增厚橋墩及拱圈，此三者須用鋼筋及水泥，頗爲費事，況據核察所得，原知二橋橋墩均甚良好，僅須改良其拱構即足達其所期目的，至拱構之病，乃在過於尖直，只宜房屋建築，不適橋樑之用，此係以前拱橋理論未能闡明所至，爲今之計欲得經濟而簡便之改良方法，莫若就原有橋墩之純跨度，改造拱圈，俾較坦平，橋墩可全部利用，必要時削爲增減其高度，其他拆得石料亦可應用不致廢棄，若有不足再自近處取之，殊便利也。

改良之設計一爲核察，須詳考每拱每石之各項穩定安全率，是否在負荷靜重及對稱與不對稱活重時一一適合所求，然後乃決定拱頂拱跟及各接合面厚度，與內外拱圈曲線，由圖解及計算之結果，各拱尺寸如下：

葛鏡橋——均用弓形拱式

第一拱：純跨度 21.26公尺，純拱高5.5公尺，內圈半徑 12.91公尺，拱頂厚1.20公尺，拱跟厚2.40公尺。

第二拱：純跨度 12.30公尺，純拱高4.45公尺，內圈半徑6.15公尺，拱頂厚1.04公尺，拱跟厚1.80公尺。

第三拱：純跨度6.26公尺，純拱高2.13公尺，內圈半徑3.13公尺，拱頂厚0.75公尺，拱跟厚1.25公尺。

吳家橋——均用半圓弓形拱式

第一拱：純跨度17.00公尺，純拱高及內圈半徑8.50公尺，拱頂厚1.20公尺，拱趾厚2.40公尺。

第二拱：純跨度9.47公尺，純拱高及內圈半徑4.735公尺，拱頂厚1.00公尺，拱趾厚2.50公尺。

第三拱：純跨度7.00公尺，純拱高及內圈半徑3.50公尺，拱頂厚0.70公尺，拱趾厚1.50公尺。

改善設計中之活重標準，在吳家橋係用10公噸載重，萬鋒橋則用20公噸之載重，覆考各拱各墩之安全率，均能適於所求，其各坑之抵抗力線，雖於負荷活重時，稍有溢出三等分線外之情形，倘能應用水泥漿以充膠結料，即可任受所生之張力，故不爲害。

吳家橋之改良，曾試從改用充填物料及減低其厚度着手，而結果失敗，終不得不改爲升高墩座，以令積填物不致過厚而利設計。

六 後言

萬鋒吳家兩橋建立迄今，多者越三百年，少者也逾百載，仍各巍然獨立，未致崩坍，而其爲成功之建築物可知，雖考核之結果，吾人判定二橋均未能負担活重以符公路橋樑，然殊不足怪異，蓋首則建橋之際原無學理依據，以資計算，且當然交通量低微，無任受公路活重之必要也，至核察吳家橋之結論謂吳家橋應毀於其本身之靜重，與事實相矛盾，則吾人可以解說明之，未能即指爲學理不完整之病，蓋第一，最大壓力雖逾拱石之安全應力而去最後強度之單位應力尚遠，可無壓壞之出現，第二拱石接觸密運，翻旋之矩被相接之各拱石發生之矩抵消，不致實際翻轉，第三，測算及圖解引入不可免之誤差，而學理本身亦僅爲近似也。

新式木材建築

楊燦芳　徐躬耦

譯自 A. S. M. E. Mechanical Engineering, Vol. 62, No. 10 Oct. 1941

值茲全面戰爭期中，資源供給，最為重要，工業建設之材料，尤宜求其自給自足；對於房屋建築，亦需創求新法，以補剩不足之材料，而避免工程之停滯。下述數種，為歐洲之新式木材建築。其主要目的，在利用小型木料，以謀代替鋼鐵混凝土及大型之木料等。其結果雖須增加一部之工資，然多能節省多量之木料。按小型木料，易於取得，便於運輸，故成本較廉；且小型木材，缺點較少，故能得較大之力量。然此等方法，猶未發達，自不免有一部分之缺點，尚需研究與改善，以謀應用於我國，此則猶須吾人之努力者也。

一　G樑

G樑為一種具有鋼骨之組合木樑。G樑或 Golders 樑之稱，乃紀念德國木匠 Anton Golders 而命名。此樑包括三木板，一扁平滾軋鋼片，兩硬木填充板，四硬木合板釘而成。此三木板與扁平鋼片担負樑上所受之載重，而扁平鋼片乃由此拋物線形或三角形之中間木板產生應力。彎曲木板倘與三角形木板相較，則能增加樑之負重能力，蓋因此彎曲木板可使應力均勻分配於樑內。此種G樑乃用冷膠或綜合樹膠以及釘等組合而成，釘子之用處，在於使膠之連接力增強，而同時更能達到緊緊在一起之目的。

製造G樑並不需求任何特別之機械，一般為機巧之木匠即能為之。欲計算木板與鋼片之適當尺寸，吾人須根據鋼與木等折同樑大小之事實而設計之，即 $d_s = d = d$，且鋼與木所担負之載重亦須相等，故知 $P_s = Pl = P$。

依照三簡單樑與三G樑之試驗結果，吾人發現G樑乃較強於簡單樑，蓋此種扁平鋼片能夠撑持彎曲力矩幾達50%之多。2 $\frac{1}{2}$"×8"樑，跨度為13呎，在樑未受水平切力損壞前，其所能担負之載重，臚列如下：

試驗次數	最大試驗載重（磅）簡單樑	最大試驗載重（磅）G樑
1	3960	11660
2	6000	11880
3	8470	12210

從此試驗中，吾人可知一簡單樑之最大載重有115%之變化，而G樑則僅4%而已。此類由三木板緊合成一整體樑之建造法，較之於一簡單樑（非由薄板構成之簡單樑），能使應力產生一種均勻之分布。然而如用一塊扁平鋼片，則彎曲木材內之張應力必定減少，殆無疑處。

靜彎力試驗，告訴吾人此種組合樑（G樑）在撓度方面，其反抗載重之情況，與一簡單樑甚爲相似。然而因缺少一種動力之試驗，故當動載重加施時，則須要相當之考慮始可。同時溫度之變化，對於此樑強度之影響，亦未能予以審考，吾人亦須隨時注意及之。

倘此G樑與一同樣負重能力之簡單樑相較，則所用之木材數量，可儉省60%之多。不過尙需要少量之鋼而已。同時，每方呎地板建築中，如與簡單木樑相較，其另加之勞力，僅爲0.011小時。而此類樑所用之木板亦極易購得，更因主要木材數量之減少，而運價亦較爲低廉也。

二　L.K.房架

Ludwig Kroher (L. K.) 房架乃由一組堅強之連續構架樑組成。此連續構架樑，位置於二不同之平面中，順屋頂兩邊之方向，而於中點相互支持，一若小風琴然。此等連續構架樑直接位於屋蓋及包鞘（Roof covering & sheather）之下方，在此構架樑之下方則留有頗大之空間，毫無構架、柱、桁條、（Purlin）支架（Brace）等之阻礙。此等構架樑共包括二組椽子位於樑之上下二平行平面中及壓縮構條張力構條三者。

此種建築適用於深度在三十呎以上之房屋，尤宜於倉庫工廠等較大之建築，由此種 L.K.建築實較他種建築爲經濟故也。如將一起重機直接裝置於屋脊下方，則可延此屋中線來往移動，而屋內空間遂得充分利用。

此 L. K. 式建築之優點，可總述之如下：

（一）此種建築爲連續的堅強的三鉸釘式結構。

（二）因爲三鉸式建築，故爲靜力可解結構。

（三）此式結構之荷載均勻分配於牆或牆構之上，故可免除強大之柱與基脚。

（四）因此式建築中已有一種支架結構，故無需另外之縱向支架。

（五）此連續構架樑中之構條，或受張力，或受壓力，均爲承受軸向應力之構條。

（六）此連續構架樑中，含有多種支架系統，對於此連續樑產生一種加強作用，故木料之缺點，對於樑之力量，並無多大影響。

（七）此式建築與普通建築相較，可儉省40——70%之木料。

（八）此式建築中採用較小截面面積之木料，因此能利用較小之樹木。

（九）架豎（Erection）方便，大部工作能在工場中完成。

（十）連接點可利用釘子。

（十一）若內部加以包鞘及鑲板（Sheathing and paneling），卽成一完善之屋頂。

（十二）屋頂下方，有大量空間地位足資利用。

三　Vollmar 房架

Vollmar 房架中，其構條及椽木，均利用一組單楔式或雙楔式之側面支架，因此可免除大型木材之使用，而代以一組之木板。此組木板在節點處用釘子釘合，而在兩側則利用側向支架，以避免可能之彎曲；此種側向支架係由二1"×3"之木條組成，此等木條在椽木上則尙有屋蓋之功能。利用側向支架之結果，除因不用大型木材而得以減少一部分之架豎工作外，

26622

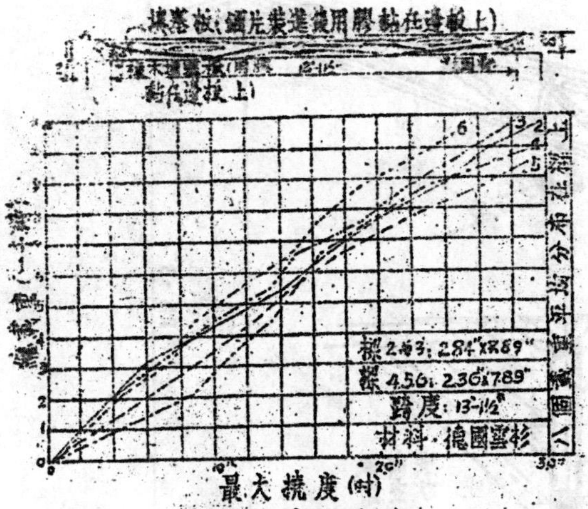

載重—撓度曲線

圖一: G.樑一具備鋼骨之組合木樑

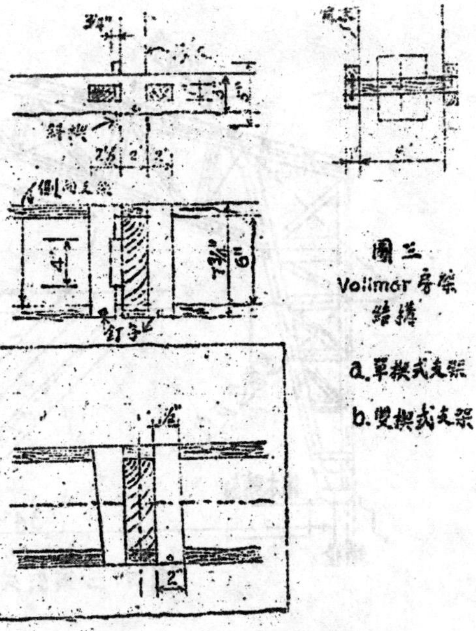

圖三 Vollmar 房架結構

a. 單楔式支架

b. 雙楔式支架

圖二. L.K.房架建築

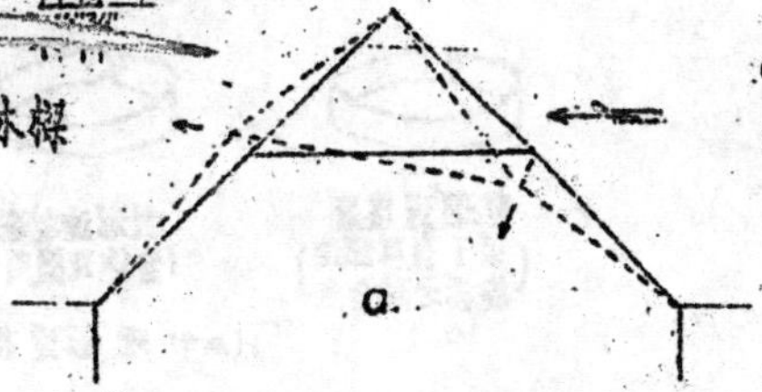

a. 普通房架

b. 代替此房架之L.K.房架

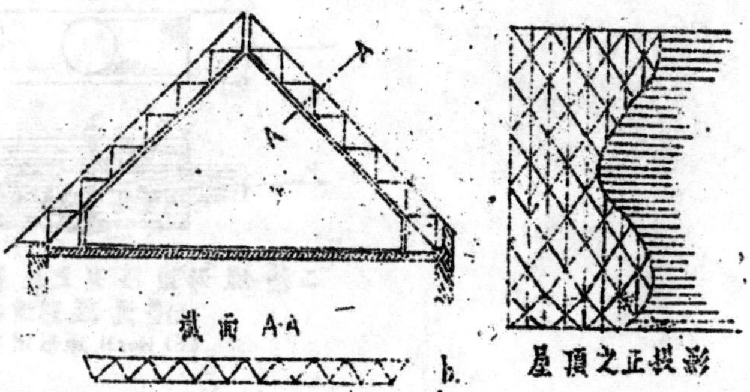

d. 經濟比較圖

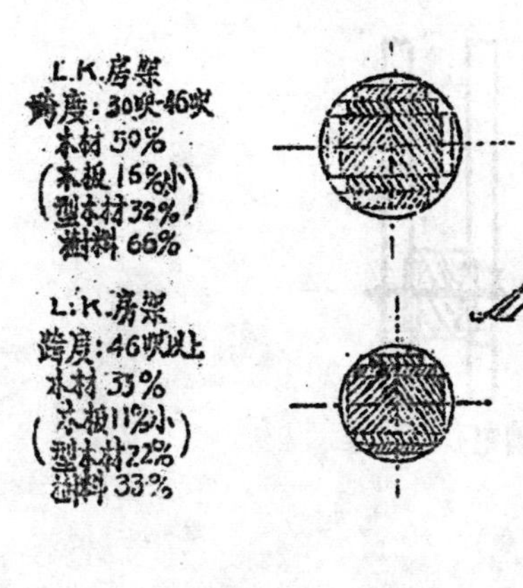

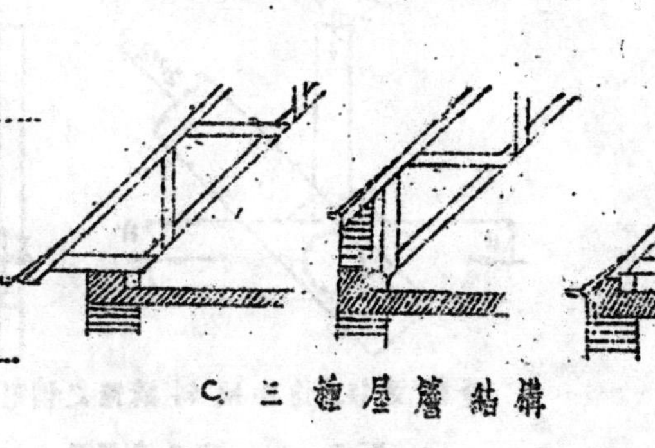

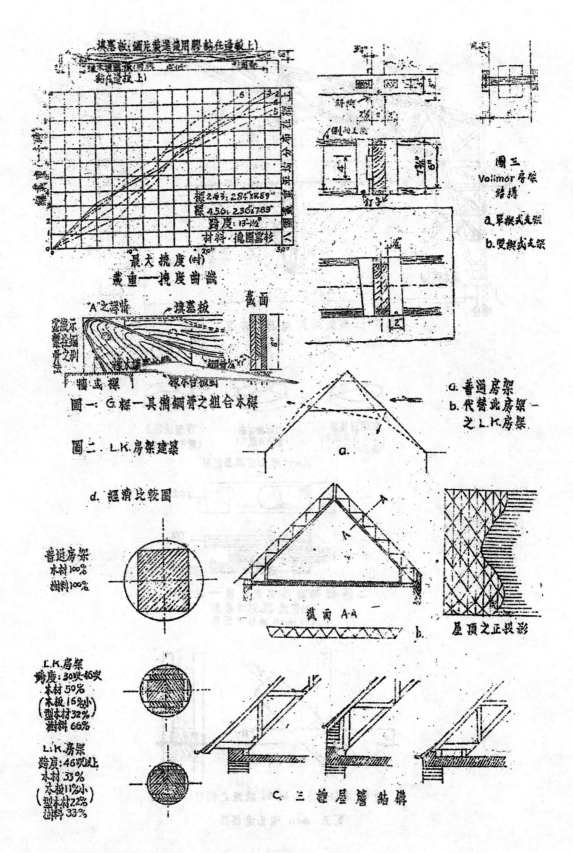

C. 三種屋簷結構

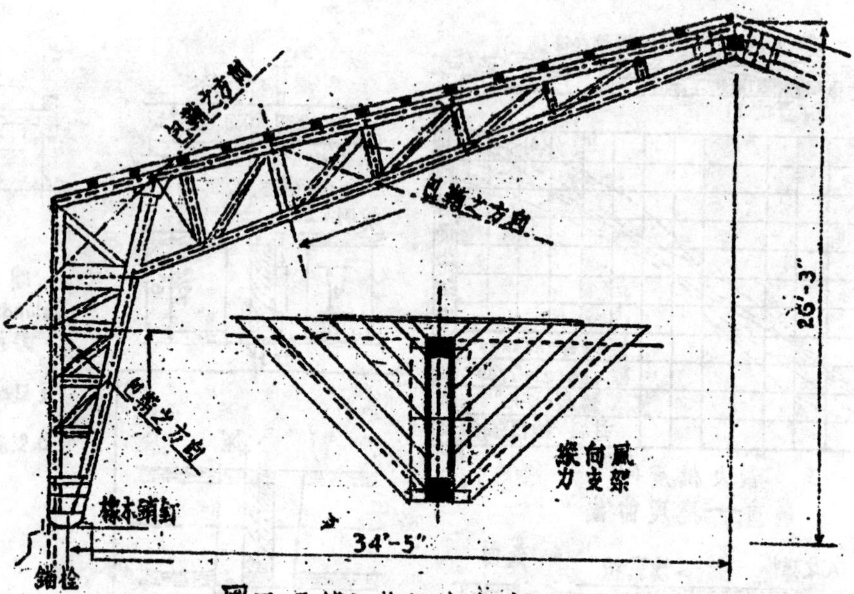

圖四. 三鉸釘式釘結箱形房架

Hartl 環形連接器詳圖

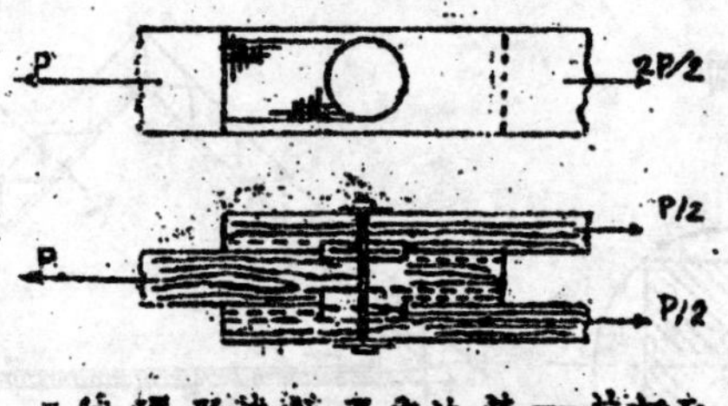

二種環形連接器之比較—抗剪面
(上)普通環形連接器
(下) Hartl 環形連接器

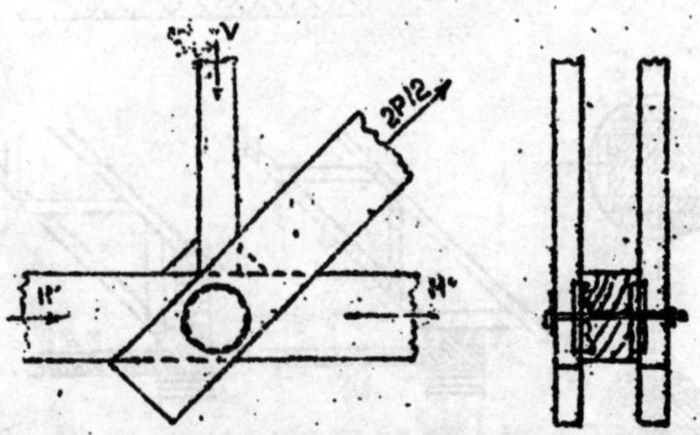

雙環連接器連接桿斜構件之情形

圖五. Hartl 環形連接器

倘能儉省43%之木料。

Vollmar 氏曾設計二種側面支架：一為單楔式，一為雙楔式。此等斜楔當架豎時卽裝入椽木或支架條之間，以防止其鬆動；日後更能敲緊，以調節木材可能之收縮與鬆動；最後則用釘釘合之。

此種房架之架豎，一若普通之房架。椽木釘合後，房架卽開始架豎，而房架間則暫以臨時支架支撑之，而後將支架條釘於椽木上之預定地位，最後則釘入斜楔以固定之。

四、三銷釘式箱形房架

W. Stoy, Hildesheim 氏爲德國 Bernburg 地之騎馬會設計一三銷釘式之箱形房架，該屋跨度約爲七十呎，但彼利用木構條承受壓力，而由包箍承受張力，故房架構條中最大之截面面積僅爲8"×8"。每一房架，乃由 927 方呎一吋厚之木板，110 磅之釘子及若干其他之鐵器組合而成。

按三銷釘式房架，最宜於大廳廣場等較大跨度之建築，惜因抗張構條關係，很少由木材組成。Heldesheim 氏對此點加以改善，由木材構條承受壓力，而由包箍承受張力，至於包箍之方向，則由抵抗力線承受張力之關係及其與主軸所成之角度而定。

五、Hartl 環形連接器

環形連接器往往在較大之木材建築中用之；因其在節點之應用，較適合於力學中應力分析之假定，是以應力計算，可較準確；且因可繞節點轉動之關係，次應力（Secondary stress）亦可避免。

Hartl 環形連接器上，有四分之一配有鋸齒。其應用於接合點時，先將此連接器置入預行設置之環槽中，再將鋸齒釘入環槽以下之木材，以增加該處抗切面之深度，而造成不同之抗切面；因抗切面係沿鋸齒者，故抗切面之面積亦大爲增加；且鋸齒相互傾斜，故剪切方向亦不平行於木材之紋路；以上數端，均足以增強其抗切之力量。

據 Vienna 工業大學之壓力試驗，（該試驗應用普通之雲杉（Sprule），所含濕度爲乾重之18.5與21%，平行木材紋路之抗壓強度爲4750與 4130 Psi，垂直木材紋路之抗壓強度爲380與 410 Psi。）應用一對此種環形連接器時，其荷載量能達 99000 磅之鉅。

因此種環形連接器能容許構條之轉動，故宜應用於構條需有轉動之建築中，如鐵路公路橋樑等。若在露天建築中，則二構接縫間，宜配入一防水板，以防雨水之滲入環槽，而避免木材之腐蝕，如此卽成爲一永久性之木材建築矣。

附註：本文 G 楔一節爲楊燦芳所譯，其他則由徐郭耕譯成。

26625

唐院近況

唐院遷黔將近五載，經在外校友熱心維護，并前院長及諸師長苦心經營，漸復唐山舊觀。物質方面之充實固不可與戰前比，然吾唐山「樸實揚華」之精神則始終如一，本此精神，吾院得以復興，得以綿續悠久光榮之歷史，而求發揚光大。

回憶吾唐山舊址，處境優良，交通方便，工廠林立，為一至理想之工程學府所在地，吾唐院師生未敢亦未能一日或忘者也。戰時新址在黔省平越，位近公路，山明水秀，蔽以黎峨，繞以犀水，工業雖落後，文風甚盛，為黔中多士之區，無都市之喧囂，無空襲之威脅，誠一讀書佳境也。

自於湘潭復校後，設有土木、礦冶、鐵道管理三系，卅一年初奉令改稱，合北平鐵道管理學院為國立交通大學貴州分校。分校校長胡博淵氏係唐院前輩校友，返長校務，對交大新發展必將有所努力，惟尚須在外校友與在校師生同舟共濟破浪前進，方期安達彼岸也。

際此師資缺乏之時，吾院在此仍無缺課之弊，莫不歸功於諸老教授能本愛護「唐山」之熱忱，忍苦服務，如羅忠忱教授，伍鏡湖教授等均雖年逾六旬而精神矍鑠，授課時間有增無減，顧宜孫博士則時抱恙授課，如是誨人不倦之精神，甚值吾後輩效法者也，朱泰信教授因在渝休養，暫不能返校，另請胡樹楫教授担任，其他教授均無甚更動。

同學方面計土木系四百餘人，礦冶系二百餘人，宿舍教室均稱齊備，非他校可比。平越物價似較他處便宜，然教授與同學生活之艱苦亦為各校所不及，教授負担甚重，薪金則較其他機關為低，生活極其困難。同學多籍戰區，經濟來源缺乏，除領貸金外，多採半工半讀方式，在功課繁重之餘，尚須抽暇他顧，實非得已也。

校中設備自屬簡陋，然數年來各方面之努力，粗具規模，測量儀器尚足應用，近又新購儀器多種，急求充實。圖書方面因來路不易，較感缺乏；機廠亦由陳許二教授之努力，馬達之聲亦可時聞於耳，即將與資源委員會合作，開辦大規模之電廠，此固賴在校師生之努力，尚望各地校友多予協助，以求早日實現也。

因交通之困難，新生之招取自客歲始，已開始分區招生與申請兩種辦法，去年報考新生共一千五百餘人，錄取二百餘人，本年報考者達一千五百人以上，錄取亦不過百分之二十，故抗戰雖減低學生之程度，本校以尚未遭此影響也。

同學之課外活動，關於研究性者有唐山土木工程學會、礦冶工程學會，其他歌團劇社亦有相當活躍，惜因功課甚忙，未能達理想境地。

目下校內一切雖難如各地校友之期望，然全校師生能在艱難困苦境況之下，和衷共濟，共謀發展，此則足堪告慰各校友者也。尚望各地校友予以更有效之協助，以期發揚我唐山三十餘年之隆譽而永垂於不朽。

國立交通大學唐山土木工程學會章程

第一條　定名　本會定名爲國立交通大學唐山土木工程學會。

第二條　宗旨　（甲）研究土木工程學術。

（乙）交換土木工程智識。

（丙）調查土木工程事業。

第三條　會務　本會會務暫定下列各項：

（甲）搜集各種土木工程報告及圖表。

（乙）參觀各種土木工程建設。

（丙）舉行學術討論會。

（丁）敦請土木工程專家講演並整理其講演稿。

（戊）繙譯國外工程名著。

（己）舉行各項工程實驗。

（庚）出版刊物。

（辛）與校外各土木團體取得聯絡。

第四條　會員　（甲）普通會員：凡國立交通大學唐山工程學院土木系在校同學皆得爲普通會員。

（乙）特別會員：凡國立交通大學唐山工程學院土木系離校生或畢業生皆得爲本會特別會員。

（丙）名譽會員：凡具下列資格之一者得由本會聘請爲名譽會員：

（一）本院現任或前任教職員。

（二）富有土木工程學識經驗及熱心贊助本會者。

第五條　組織　本會組織系統如次：

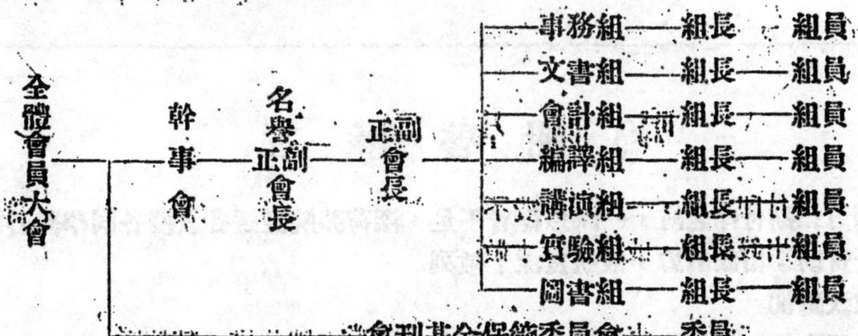

附註（一）本院院長及土木系主任爲本會當然名譽正副會長。

（二）本會正副會長各組組長及會刊基金保管委員會委員均由大會投票選舉之任期爲一學期，連選得連任。

（三）各組組員各由組長酌量聘定之。

第六條　權限　（甲）正副會長總理一切會務。

（乙）事務組長綜理採辦用品及其他各組範圍以外諸會務。

（丙）文書組長掌理一切來往文件及會議紀錄等事宜。

（丁）會計組長掌理收支賬目及出納銀款等事宜。

（戊）編譯組長掌理編輯刊物及繙譯等事宜。

（己）講演組長掌理專家講演及學術討論會等事宜。

（庚）實驗組長掌理各項工程實驗工作。

（辛）圖書組長保管書籍圖表模型儀器等。

（壬）會刊基金保管委員負責會刊基金保管事宜。

第七條　集會　（甲）常會於每學期開始後兩星期內舉行之以全體會員三分之一爲法定人數由會長召集之。

（乙）臨時會遇必要時由幹事會決議後由會長召集之。

（丙）幹事會由正副會長及各組組長組成之。

（丁）學術討論會由講演組長召集之。

（戊）會刊基金保管委員會由主任委員召集之。

第八條　經費　（甲）會費　普通會員每學期納會費國幣二元，名譽會員特別會員不納會費。

（乙）特別收入　會員及非會員之捐助及本校之津貼。

（丙）臨時會費　遇必要時經全體大會議決後徵收之。

第九條　附則　（甲）本會章由成立大會通過施行於必要時由全體大會議決修改之。

（乙）各組細則及規章由各該組訂定施行之。

（丙）會刊基金保管委員會暫行細則另行訂定由全體會員大會通過施行於必要時由全體大會議決修改之。

鳴謝啓事二

本刊第三期付印之前，一時以經費不足，深荷茅院長暨各教授各同學熱心籌劃並出現金資助，出錢出力，感紉良深！敬列台銜，並致謝忱

茅唐臣　羅建侯　伍澄波　李偉章　顧晴洲　黃鏡堂　陳茂康　林炳賢　朱皆平
范立之　許啓民　羅潤九　李吾之　楊耀乾　汪允遜　劉炳魁　許協慶　謝祚禎
邱訓謙　周孟義　左交耀　吳廷華　那西湜　劉更新　吳錦文

國立交通大學唐山土木工程學會謹啓

會務報告

自三十年十月至卅一年九月

卅年十月五日　下午二時假第九教室舉行第二次全體會員大會，計出席名譽會員羅建侯教授朱皆平教授王允遜先生許協慶先生及普通會員五十四人；當由邢芙初君任主席吳運平君任紀錄，先由主席報告過去力行土木工程學會會務概況及今後發展計劃，繼請羅朱二教授王許二先生致詞後，即修改會章並決議改會名爲「國立交通大學唐山土木工程學會」，擴展會務，以圖恢復過去唐山舊觀；最後改選幹事其結果如下：

正會長　邢芙初　　副會長　左文權
事務組長　傅嘉祺　　文書組長　章志松
會計組長　劉更新　　編譯組長　楊渭汶
講演組長　吳運平　　實驗組長　原曙陽
圖書組長　潘佑麒

十月十三日　下午三時假天佑齋二號舉行第六次幹事會。文書組長章志松因故提出辭職，當決定由候補人丁紹祥繼任並決議由事務組進行徵求本會徽章圖樣。

十月卅日　下午七時舉行第七次幹事會。

十月卅一日　函各地校友報告本會成立經過，並請捐助土木會刊基金。

十一月二日　上午九時敦請本會名譽會長茅院長唐臣名譽會員朱教授皆平報告中國工程師學會第十屆年會學術消息。

十一月五日　下午三時舉行第四次學術講演敦請本院校友黔桂鐵路局裘副局長季浩講演「黔桂鐵路側嶺牛欄關兩處路線之複勘」。

十一月十五日　上午九時舉行第五次學術講演，由茅院長講演，講題爲「滇緬鐵路工程概況」。

十一月二十五日　下午六時假天佑齋二號舉行第八次幹事會；議決組織「土木會刊編輯委員會」；聘請楊渭汶，周孟義，章志松，胡春農，徐朔耦，宗少彧，林暄，熊固盈，孫增祿，勞乃文，鄭華謙等十一人爲會員。

十一月二十七日　下午七時編輯委員會舉行第一次會議，討論委員會組織及會務進行事宜。

主任委員　楊渭汶
總務組長　勞乃文　　組員　章志松　孫增祿
編輯組長　周孟義　　組員　胡春農　徐朔耦　宗少彧
校對組長　熊固盈　　組員　林暄　鄭華謙

十一月二十八日至十二月一日　每日上午十時至十二時請羅潤九教授講演「列線圖」(Nomogram)；是爲本會第六次學術講演。

十二月十五日　本會在平越水西門外建立之水文測量流量站水尺石基安置竣事。

卅一年一月五日　會員李希平同學赴渝訂鑄本會徽章一百卅五枚。

一月十一日至一月二十日　實驗組舉行新街平越間二等精密水準測量；自新街經馬場坪施測至平越文廟後平頂山本會建立之平越永久水準基點。全程二十公里，測量隊組織及名單如次：

總隊長　邢美初　　　副總隊長　左文耀

第一隊　原瑞臨　李長彬　唐濟民　武珏

第二隊　歐陽鑾元　涂序澧　楊裕球　林暉

第三隊　朱育萬　徐錫棚　丁紹祥　高衛

二月一日　下午二時舉行第九次幹事會，決議贈獻茅院長紀念品，以誌敬意，並組織土木會刊基金保管委員會。

二月十四日至二月十六日　每日下午二時至四時半舉行第七次學術講演，敦請茅院長講演「擋壁土壓論」。(Earth Pressure on Retaining Wall)十四日講概念(Physical Conception)，十五日講理論(Mathematical Treatment)，十六日講應用(Engineering Application)。

二月十六日　下午四時半由邢美初君代表本會向名譽會長茅唐臣博士贈獻紀念石章一顆。

二月十七日　下午三時舉行第八次學術講演，敦請桂穗公路處羅處長英伯講演桂穗公路工程概況及抗戰期內建造橋樑之經驗。

二月十八日至二月二十日　茅院長在橋工處召集對土壤力學有興趣之會員，繼續講演擋壁土壓論。

三月二十五日　本會會刊土木第六期稿件寄贛付梓。

四月五日　上午九時假第九教室舉行第三次全體會員大會；計出席羅建侯教授顧宜孫教授暨會員五十人。當通過『國立交通大學唐山土木工程學會基金保管委員會暫行細則』並改選幹事，其結果如下：

正會長　戴國熊　　　副會長　原瑞臨

事務組長　楊裕球　　　文書組長　丁紹祥

會計組長　歐陽鑾元　　　編譯組長　徐錫棚

講演組長　唐濟民　　　實驗組長　武珏

圖書組長　朱育萬

會刊基金保管委員　高埒(主任委員)　林賢　王作聖　金卿亮　顧家鴻

四月十五日　下午七時假鴻哲齋三十二號舉行第十次幹事會。

四月十八日　下午二時基金保管委員會舉行會議。

四月廿六日　平越縣政府委託本會測繪平越城區平面圖(比例尺：五千分之一)，由實驗組組成三隊開始測量；測量隊名單如次：

第一隊　牛清江　羅孝師　石福星　黎明龍

第二隊　蔣啓鋒　張廷繼　倪末農　王舜中

第三隊　田盛育　武珏　原瑞臨　朱育萬。

四月廿八　下午七時舉行第十一次幹事會。編譯組提請林暄，孫增祿，李長彬，勞乃文，王德豐，鄭華謙，倪志鏘，張廷鑣，葛啓銓，宋少璇，徐聖模等十一人為會刊第三期編輯委員會委員；決議通過。

五月五日　會刊編輯委員會舉行會議。

五月十日　平越城區平面圖測繪工作全部竣事。

五月十七日　下午二時假第四教室與本院礦冶工程學會聯合舉行建事工程座談會，由回校參加卅七週年院慶之校友參加。計出席胡博淵主任，伍濬波教授，顧晴洲教授，黃鏡堂教授，王鈞豪教授，王叔海教授，許路民教授，李庸泌教授，王允延先生，及兩會會員五十人，歷三小時始散。

六月八日　下午七時舉行第十二次幹事會，討論會刊經費問題。

六月十八日至八月二十日　每日上午八時起敦請交通部橋樑設計處處長茅以昇博士講授「土壓新論」，是為本會第六次學術講演。

九月三日　本會寄贛付梓之第二期會刊，因吉安廠方發生工潮，復以戰局關係未能印出，全部稿件，於今日退回。

九月七日　下午七時假天佑齋九號舉行第十三次幹事會，決議發行第二，三兩期會刊合刊，在最短期內趕編完畢，寄筑付梓。

26631

會員錄

甲 名譽會員：

(1)茅以昇 (2)羅忠忱 (3)伍鏡湖 (4)李㜷英 (5)顧宜孫 (6)黃壽恆
(7)陳茂康 (8)林炳賢 (9)朱泰信 (10)范治綸 (11)許元啓 (12)羅 河
(13)李 汶 (14)楊耀乾 (15)王 謙 (16)劉炳魁 (17)許協慶 (18)謝祚兆
(143)于大脖 (144)劉澄武 (145)邱訓謙 (156)夏元慄 (157)何東昇 (158)吳士恩
(159)李 儼 (160)胡樹楫 (161)李鏡美 (162)裴益祥 (163)侯家源 (164)羅 英
(165)杜鎮遠 (166)王節堯 (167)鈕澤全 (168)王南原 (169)曾昌碚 (170)李扶賚
(171)張永貞 (172)藍 田 (173)劉興和 (174)李國偉 (175)葛君博 (176)楊學羔
(177)勞雲祥 (178)黃文棟 (179)沈文泗 (180)泰 鵠 (181)吳必治 (182)鄭惠莊
(183)姜承吾 (184)梁信翊 (185)王洵才 (186)馬汝鄴 (187)王偉民 (188)吳鴻開
(189)金士蓍 (190)張聲亞 (191)陳星煥 (192)齊植棨 (193)黎先蔭 (194)郭勝魯
(195)楊 濤 (196)鄭榮堯 (197)凌鴻烈 (198)陳錫華 (199)林文容 (200)李為駿
(201)于克濬 (202)沐仁榮 (203)劉瀛洲 (204)龔良鑄 (205)陳遐平 (206)章臣梓
(207)毛煥武 (208)孟慶宏 (209)岳翠民 (210)廖家魁 (211)汪庭霈 (212)孫源裕
(213)程世通 (214)王知勵 (215)雷大勛 (216)楊士文 (217)王之鎬 (218)趙鴻佐
(219)鄧作鎬 (220)胡汝棣 (221)索奎光 (222)蘇金詵 (223)劉克智 (224)高仕吟
(225)閻賜民 (226)張思讓 (227)王秉森 (228)陳彥章 (229)宋汝舟 (230)崔瞻斗
(231)李懷忠 (232)蘇金詵 (233)王紹綱 (234)梁樹潞 (235)高世輔 (236)劉錫纓
(237)陳宗實 (238)王志強 (239)范煦生 (240)朱 揮 (241)錢頤格 (242)王樹忱
(306)胡博淵 (309)謝恭壽 (310)龔根法 (340)惲冶夫 (341)吳德門 (342)王朝偉
(343)張志成 (344)徐 愈 (346)郭可詹 (347)路蔭蘭 (348)俞炳良 (349)吳明德
(350)尹幸泯 (351)李宗元 (352)謝愛寧 (355)劉宗耀 (356)劉克遠 (357)郝賜焱
(358)胡家駿 (359)唐昌宗 (360)劉永懋 (361)馮思賢 (362)麥保曾 (363)陳培基
(364)唐君鉑 (365)杜建初

乙 普通會員

(19)李幼銘 (20)張治平 (21)秦篤言 (22)金傳炳 (23)張 翼 (24)涂允經
(25)謝國政 (26)李希平 (27)楊壽奎 (28)楊燦芳 (29)左文耀 (30)周孟義
(31)張馥葵 (32)劉作之 (33)彭兆方 (34)潘佑麟 (35)胡春農 (36)廖美基
(37)尹 昌 (38)王滋生 (39)章志松 (40)孟 鈿 (41)潘美陸 (42)盧啓衡
(43)繆進漸 (44)謝文淦 (45)汪翕曾 (46)吳運平 (47)陳廣明 (48)林秉南
(49)袁修齊 (50)陳金濤 (51)范 鎏 (52)羅 雝 (53)李於棨 (54)邢美初
(55)楊渭汶 (56)伍崇勛 (57)劉更新 (58)杜秉淵 (59)閻世儒 (60)勞乃文

26632

(61)謝家烋	(62)鄭大坤	(63)吳世祥	(64)羅博梅	(65)傅嘉祺	(66)彭祖壽
(67)成　濟	(68)陳繼道	(69)涂序澧	(70)劉開誠	(71)戴恆誠	(72)唐士福
(73)丁紹祥	(74)耿世魁	(75)陶洪遠	(76)王作聖	(77)吳肇之	(78)唐濟民
(79)高　琤	(80)武　珏	(81)李長彬	(82)宗少彧	(83)原瑞臨	(84)許天錫
(85)譚英俊	(86)盧孝棣	(87)朱育萬	(88)郭瑞恆	(89)徐躬耦	(90)戚希穎
(91)金明亮	(92)陳鮀生	(93)熊固盈	(95)董滋卿	(96)林　喧	(97)歐陽燮元
(98)韓麟舉	(99)屠守鏐	(100)楊德純	(101)孔憲倬	(102)王德豐	(104)孫金生
(105)黃國燾	(106)汪錫民	(107)楊裕球	(108)聶增祿	(109)田盛育	(110)薛振東
(112)徐振文	(113)尹宗祥	(114)楊紹明	(115)鄒述召	(116)黃鑾模	(117)宋品梵
(118)賀振華	(119)潘　熖	(120)孫宗濂	(121)熊暢華	(122)李星會	(123)鄭華謙
(124)顧家鶴	(125)胡　定	(126)倪天農	(127)謝承亮	(128)張德正	(129)石懷謨
(130)王建申	(131)楊子長	(132)陳銘棟	(133)路啓潞	(134)周　澤	(135)王寶震
(136)朱和瑩	(137)谷文銓	(138)陸恂如	(139)鄢振東	(140)王仲富	(141)張克讓
(142)裴尚同	(146)鄭祖驥	(147)方子雲	(148)張濤鈞	(149)馮大宗	(150)何楃台
(151)吳桂榮	(152)李謨榮	(153)劉匯海	(154)彭福久	(155)謝慶生	(243)丁懋昭
(244)朱協均	(245)陳和平	(246)鄧偉才	(247)楊永賢	(238)張國光	(249)汪菊澄
(250)路洪沁	(251)羅孝師	(252)倪志鏘	(253)謝　萍	(254)張遵垚	(255)蕭開明
(256)鄭兆毅	(257)黎賢達	(258)陳堯卿	(259)夏蔚盈	(260)張以楨	(261)石福星
(262)牛清江	(263)蕭詞宗	(264)過瑞南	(265)吳啓盛	(266)張廷鏘	(267)王章清
(268)唐維綸	(269)郭遇昌	(270)彭以賓	(271)王傳賢	(272)張濟衆	(273)姚宗義
(274)姚憲源	(275)岑芝芬	(276)潘子華	(277)葛啓銓	(278)廖旺甫	(279)文紀可
(280)李昭灝	(281)王能遠	(282)及鳳書	(283)趙廣昕	(284)朱鴻英	(285)曲士廉
(286)葛福煦	(287)聶維華	(288)俞孔棣	(289)林邦鎬	(290)陳梓西	(291)戴世倩
(292)喻家驤	(293)經廣洮	(294)胡廉義	(295)傅文斗	(296)涂長榮	(297)林　冑
(298)汪樹洲	(299)陳學甫	(300)鄭葆瑩	(301)王良卿	(302)李振鏞	(303)汪咸賀
(304)李運閎	(305)陳闞蓀	(307)陳世欽	(308)曹吳淳	(312)胡興燮	(313)王季儀
(314)陳秉倫	(315)馬　謙	(316)金志杰	(317)顧克培	(318)葛正德	(319)周俊傑
(320)言良士	(323)曹祖恩	(324)徐稼蓀	(325)成文淑	(326)沈愼修	(327)王朝輔
(328)翁大厚	(329)李道晳	(330)王炳秋	(331)曹紹志	(332)詹顯驊	(333)陳宗載
(334)宋文炳	(335)汪泰沖	(336)易元滔	(337)陳新民	(338)張景韶	(345)蔣昌期

編後

本刊第二期原定於本年四月出版，詎意吉安印刷廠中發生工潮，復以贛中告警，印刷事遂一再停頓，遷延至今，迄未出刊，最後始決定發行二、三兩期合刊，事非得已，幸讀者諸君及惠登廣告諸公司諒之。

本合刊中第三期稿件共四篇，尚有吳士恩，李樂知二校友之「抗戰期內湘黔鐵路新工工作概況」論文，盛子玉校友之「川康公路改善工程處通訊」以及「黔桂鐵路側嶺牛欄關兩處路線之複測」「桂穗公路工程概況」二工程消息，以有關國防交通，為江西省圖書審查處裁扣，未能登載，本會對賜稿諸先生，特此深致歉意。

茅唐臣博士為吾國土壤力學權威，「土壓新論」一文乃茅博士最近對擁壁土壓之理論之新發明，其對工程學術界貢獻之大，自不待言。此文蒙茅博士儘先在本刊發表，本會實深榮幸。「擁壁工程設計新法」，乃本院校友張志成先生積數年苦心研究而得之傑構。擁壁工程之設計，實為土木工程中一極繁複之問題，本刊此次發表之二文，一於理論上作極重大之貢獻，一在設計上作新穎之改進，實不啻為擁壁工程學闢一新途徑也。

「公路曲線視距新論」一文指出普通直線視距之不當，而倡以曲線視距，對於公路之設計，貢獻極大，胡樹揖先生現任本院土木系市政公路教授。

王朝偉校友之「電橋比論」一文，利用電學原理以解決構造學之問題。

徐慈校友之「工業建設與防空」對抗戰期中工業建設所最感嚴重之空襲問題，貢獻良多。劉瀛洲校友「螺旋曲線之研究」一文，對螺旋曲線之偏角計算，複曲線之增設螺旋曲線等均有獨到之研究。

葛鏡橋造於三百年前，吳家橋造於一百年前，均以險稱，為卓越之著名工程。「葛鏡橋與吳家橋之研究」一文係集吳明德，謝愛華等八校友之畢業論文而成。「新式木材建築」為歐美最新之工程設施，甚有供吾人參考之價值。

本刊付梓倉猝，原定登載茅以昇博士所講「地球物理學之應用」，郭可詹校友所著「房屋構架風壓應力之分析」，張維淮揚高建寅校友所著「近代超速公路之實例」，及校友行蹤錄，因限於篇幅及時間，未能編入，擬於下期登載，幸校友諸公諒之。

本刊此次付印，先後承鄭惠泉，吳德門，張義貞，戴根法，劉宗耀，邢美初諸先生代為接洽，校對，謹此致謝。

編者限於學力，囿於時間，掛漏之處，在所難免，倘祈工程先進，校友諸公，惠而教之，則本刊幸甚。

九月二十六日於交大天佑齋。

新書介紹

鐵道曲線表　李儼編譯

民國三十年十二月商務印書館出版　[illegible]　實價[illegible]元

近年本國鐵路公路多用公尺制，但四百度制尚未經普遍採用，而此項參考書表亦甚感缺乏，本校校友現任隴海鐵路寶天成同工程處副總工程師兼副處長李儼君爲應此需要，編譯『鐵道曲線表』一書已由商務印書館出版，其中：

第一表爲曲線函數表
第二表爲曲線偏角表
第三表爲切線支距表
第四表爲內外曲長度表
——譯自德文 Tofelm zum Kurven-Abstecken in neuer Teilung von J. Gysin 一書。

附錄 1　爲一視距簡表——譯自法文 Tables Tacheometrigues Resumees Par E. A. Slosse 一書。

附錄 2　爲四百度制正弦餘弦表——譯自意文 Tables Taguimetricas Par Don J. J. Cuartero 附表

從此採用公尺制，四百度制之鐵路公路水利市政各工程司，手此一册，甚便檢查。此書曾於第二表後附有三百六十度制與四百度制度分秒互換表，即採用三百六十度制表亦可應用，全書各表編製極其精巧，又經李儼君詳加說明內容甚爲美滿。聞李君又採用公尺制與四百度制編有「鐵路介曲線」一文於民國三十年中國工程師學會年會席上宣讀，出版之日可與「鐵道曲線表」相參用云。

26635

地址：貴陽市南明區清鎮路
電報：〇一二〇 電話：七七八・七七九
營業處：貴陽市大十字、 電話：四七
貴州企業股份有限公司
主要出品
木炭代油爐
汽車零件
統煤焦煤
理化儀器
國產香煙
精鍊白糖
耐火磚瓦
油布雨衣
各種肥皂
煤氣發生爐
電池水泥木材
玻璃器皿
彝龍火柴
機製麵粉
陶瓷器皿
油漆油墨
絲綢絲棉
文具用品

江西省圖書雜誌審查處審查證處雜字第五四號

軍政部戰時衛生人員訓練所印刷室代印

土木

侯家源

第四五期合刊

中華民國三十三年二月出版

唐山土木工程學會編

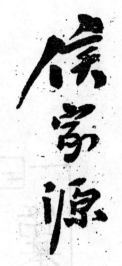

貴州平越　國立交通大學唐山工程學院

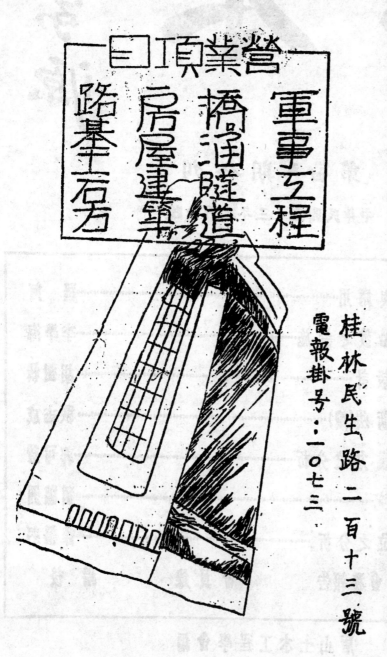

26641

26642

26643

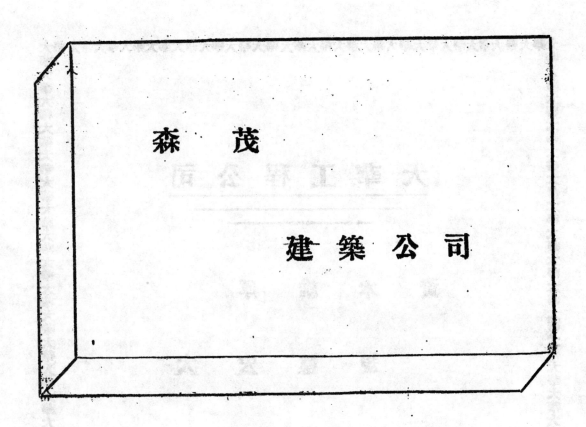

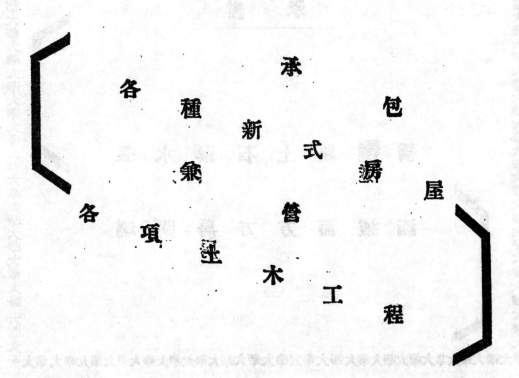

26644

26645

26646

合成

建築公司

專營

各種廠房

承包

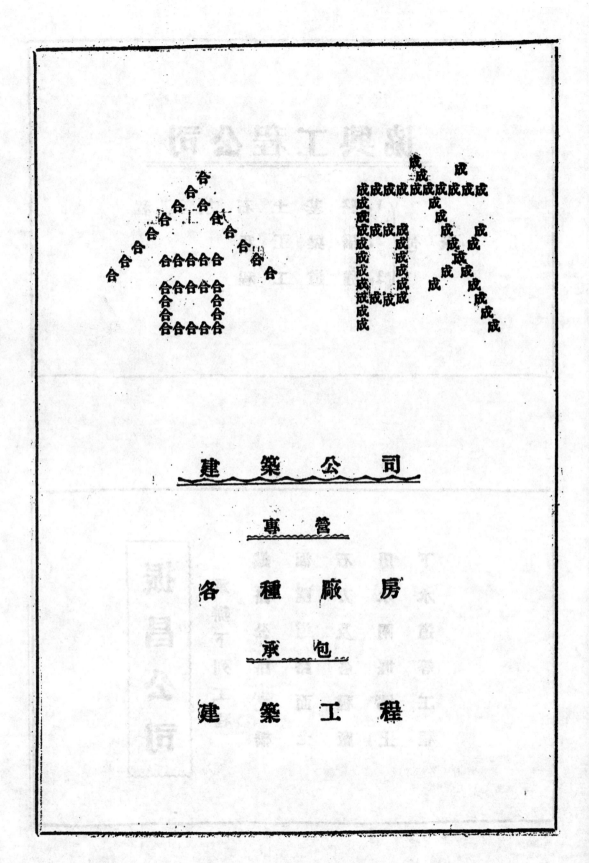

建築工程

共線圖之理論與應用

羅　河

目　次

甲、共線圖之現狀

乙、近數年之進展

丙、附　註

甲、共線圖之現狀

1.何謂共線圖

簡單共線圖是表示三元算式的圖形，其主要部份爲三條軌迹，分別表明各變數之值。若以直線與軌迹相交則三交點上所記變數之值卽爲滿足原算式之一組數值。此種特性在應用方面產生一個奇蹟；就是有很多算式經作成共綫圖後可以極簡單手續解算之。如附圖一卽爲算式

$$y=x^n$$

的共綫圖，利用此圖，不管x,y,n中那兩變數之值爲已知數，其他一量之值可立刻求得。當然這裏所謂求得是有精粗之差、凡設計得當，而圖形尺寸寬長約一尺者，其所決定之數值卽可準確至三位實數。

共綫圖在英文稱爲 Alignment chart，也有稱爲 Nomogram 的。其實 Nomogram 是比較廣義的名辭，牠包括共線圖以及其他很多別的圖形。所以有人把後者譯爲列綫圖而以共線圖專代表 Alignment chart。共線圖爲列線圖中之最主要者，本文所論以此爲限。

十八世紀末葉已有採用圖表以助計算者，但共線圖觀念之具體形成則始於 Soreau 與 D'

Ocagne 等氏。此二氏均本世紀初對於共線圖之理論有所發表；而阿肯氏 (d'Ocagne) 之列線圖解法通論 (Traite de Nomographie) 尤爲膾炙人口。隨後英美人氏雖有論述，但多以阿肯氏著作爲藍本。其中比較完善者當推1932年出版英人 H.J.Allcock與J.Reginald Jones合著之列線圖論 (The Nomogram)。近聞有日人取混凝土學中各種公式歷時十餘載作成列線圖以應工程師之需要，亦可見共線圖之應用將日見推廣也。

2. 共線行列式

共線圖之軌迹可依幾何關係或座標距作之，近代趨勢漸以座標制爲主。在座標制中任一軌迹均由兩個參變方程式決定其上各點之座標距；概括言之，軌迹 t 之參變方程式可以

$$x=f_1(t),\qquad y=f_2(t)$$

代表之，其中 $f_1(t)$ 與 $f_2(t)$ 各爲 t 之某種函數；同樣圖 A 中其他兩軌迹亦各有表示座標距之參變方程式

$$x=f_1(u),\qquad y=f_2(u);$$

$$x=f_1(v),\qquad y=f_2(v);$$

這裏所用記號 $f_1(u)$, $f_2(v)$ 僅僅表示函數而無其他附帶意義，故 $f_1(t)$, $f_1(u)$, $f_1(v)$ 毫無形狀相同的含義。

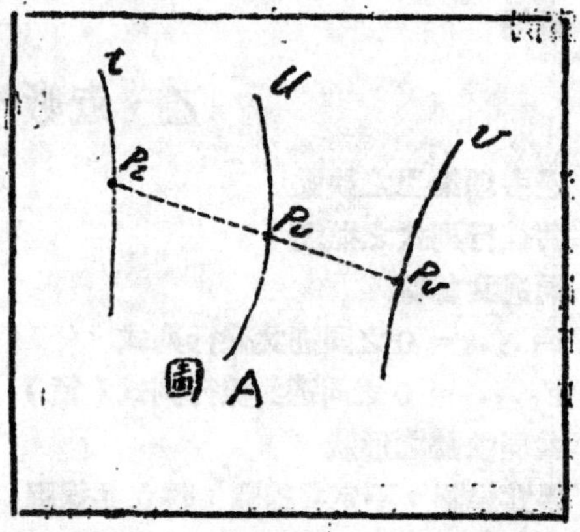

圖 A

Pt, Pu, Pv 三點共線時，其座標距之關系可以算式

$$\frac{X_t-X_u}{Y_t-Y_u}=\frac{X_t-X_v}{Y_t-Y_v}$$

表示之；亦可以行列式

$$\begin{vmatrix} X_t & Y_t & 1 \\ Y_u & Y_u & 1 \\ X_v & Y_v & 1 \end{vmatrix}=0$$

表示之；但 Xt, Yt, ..., Yv 各有其等量 $f_1(t)$, $f_2(t)$, ..., $f_2(v)$, 故得

$$\begin{vmatrix} f_1(t) & f_2(t) & 1 \\ f_1(u) & f_2(u) & 1 \\ f_1(v) & f_2(v) & 1 \end{vmatrix}=0 \qquad (1)$$

(1)式名曰共線行列式。作算式

$$f(t,u,v)=0 \qquad (2)$$

之共線圖時，必需先求得其共線行列式，共線行列式中可參入若干常數而不改其性質，如(1)式可寫爲下列形狀，

$$\begin{vmatrix} L_1f_1(t) & L_2f_2(t) & 1 \\ L_1f_1(u) & L_2f_2(u) & 1 \\ L_1f_1(v) & L_2f_2(v) & 1 \end{vmatrix}=0 \qquad (1\cdot1)$$

共線圖之大小，由常數L_1與L_2決定；擇定此兩常數，乃可作成合於預定尺寸之共線圖，故(1·1)名曰作圖行列式。

經上分析可得作共線圖之過程如下：

算式 ⟶ 共線行列式 ⟶ 作圖行列式 ⟶ 共線圖

3. 簡單算式之共線圖

前人論共線圖多由想像中可能之共線圖以推求其相當算式，其所得結果可歸納如下：

(3.1)

$$f(t)+f(u)+f(v)=0 \longrightarrow \begin{vmatrix} -1 & f(t) & 1 \\ 0 & -\frac{1}{2}f(u) & 1 \\ -1 & f(v) & 1 \end{vmatrix} = 0 \longrightarrow$$

$$\begin{vmatrix} -a_1 & a_2 f(t) & 1 \\ 0 & \frac{a_2 b_2}{a_2+b_2} f(u) & 1 \\ \frac{a_1 b_2}{a_2} & b_2 f(v) & 1 \end{vmatrix} = 0 \longrightarrow$$

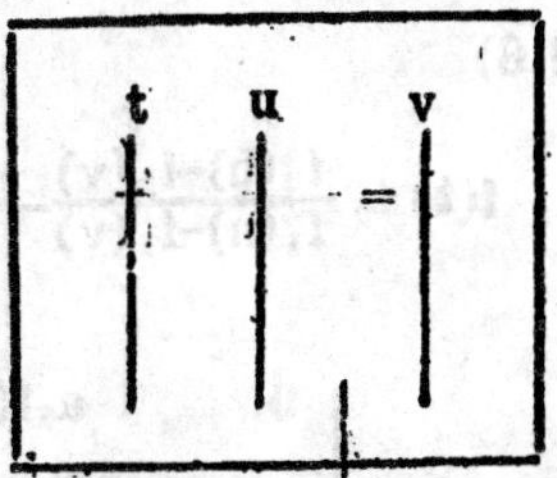

(3.2)

$$f(t)=f(u)\,f(v) \longrightarrow \begin{vmatrix} 1 & f(t) & 1 \\ \frac{1}{1+f(u)} & 0 & 1 \\ 0 & -f(v) & 1 \end{vmatrix} = 0 \longrightarrow$$

$$\begin{vmatrix} a_1 & a_2 f(t) & 1 \\ \frac{a_1 b_2}{a_2 f(u)+b_2} & 0 & 1 \\ 0 & b_2 f(v) & 1 \end{vmatrix} = 0 \longrightarrow$$

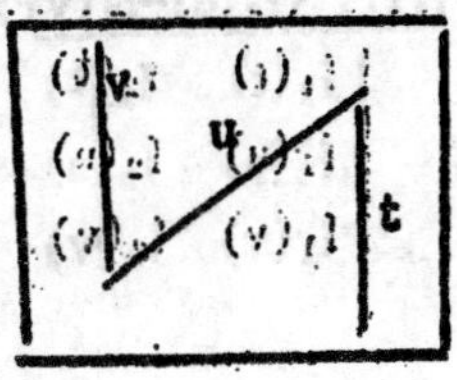

(3.3)

$$f(t)=k+f(u)f(v) \longrightarrow \begin{vmatrix} 1 & f(t) & 1 \\ \frac{1}{f(u)+1} & \frac{k}{f(u)+1} & 1 \\ 0 & -f(v) & 1 \end{vmatrix} = 0 \longrightarrow$$

$$\begin{vmatrix} a_1 & a_2 f(t) & 1 \\ \frac{a_1 b_2}{a_2 f(u)+b_2} & \frac{a_2 b_2 k}{a_2 f(u)+b_2} & 1 \\ 0 & -b_2 f(v) & 1 \end{vmatrix} = 0 \longrightarrow$$

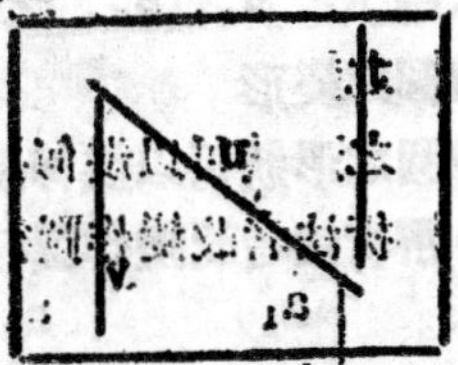

(3.4)

$$f(t)=f_1(u)f(v)+f_2(u) \longrightarrow \begin{vmatrix} 1 & f(t) & 1 \\ \frac{1}{f_1(u)+1} & \frac{f_2(u)}{f_1(u)+1} & 1 \\ 0 & -f(v) & 1 \end{vmatrix} = 0 \longrightarrow$$

$$\begin{vmatrix} a_1 & a_2 f(t) & 1 \\ \frac{a_1 b_2}{a_2 f_1(u)+b_2} & \frac{a_2 b_2 f_2(u)}{a_2 f_1(u)+b_2} & 1 \\ 0 & -b_2 f(v) & 1 \end{vmatrix} = 0 \longrightarrow$$

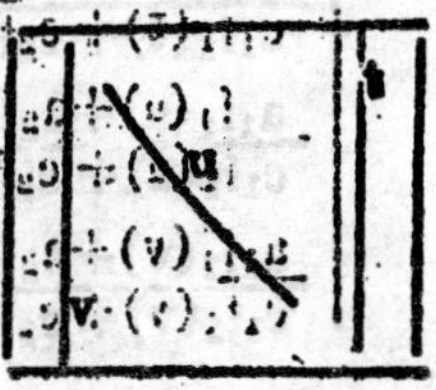

(3.5)

$$f(t)=\frac{f_1(u)f(v)}{f(v)-f_2(u)} \rightarrow \begin{vmatrix} f(t) & 0 & 1 \\ f_1(u) & f_2(u) & 1 \\ 0 & f(v) & 1 \end{vmatrix}=0 \rightarrow$$

$$\begin{vmatrix} a_1f(t) & 0 & 1 \\ a_1f_1(u) & a_2f_2(u) & 1 \\ 0 & a_2f(v) & 1 \end{vmatrix}=0 \rightarrow$$

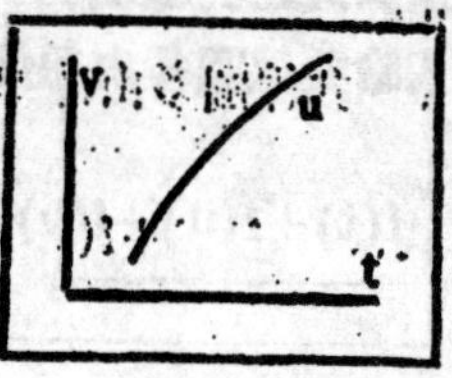

(3.6)

$$f(t)=\frac{f_2(u)-f_2(v)}{f_1(u)-f_1(v)} \rightarrow \begin{vmatrix} 0 & f(t) & 1 \\ \frac{1}{f_1(u)} & \frac{f_2(u)}{f_1(u)} & 1 \\ \frac{1}{f_1(v)} & \frac{f_2(v)}{f_1(v)} & 1 \end{vmatrix}=0 \rightarrow$$

$$\begin{vmatrix} 0 & a_2f(t) & 1 \\ \frac{a_1}{f_1(u)} & \frac{a_2f_2(u)}{f_1(u)} & 1 \\ \frac{a_1}{f_1(v)} & \frac{a_2f_2(v)}{f_1(v)} & 1 \end{vmatrix}=0 \rightarrow$$

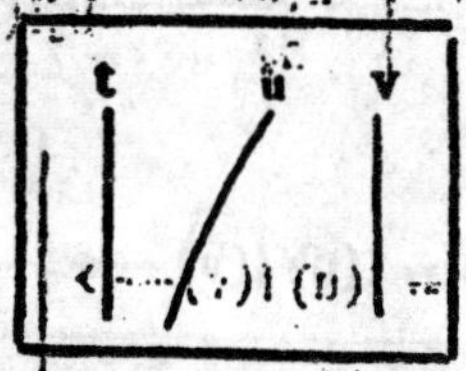

(3.7) $f_1(t)\{f_2(u)-f_2(v)\}+f_1(u)\{f_2(v)-f_2(t)\}+f_1(v)\{f_2(t)-f_2(u)\}=0 \rightarrow$

$$\begin{vmatrix} f_1(t) & f_2(t) & 1 \\ f_1(u) & f_2(u) & 1 \\ f_1(v) & f_2(v) & 1 \end{vmatrix}=0 \rightarrow \begin{vmatrix} a_1f_1(t) & a_2f_2(t) & 1 \\ a_1f_1(u) & a_2f_2(u) & 1 \\ a_1f_1(v) & a_2f_2(v) & 1 \end{vmatrix}=0 \rightarrow$$

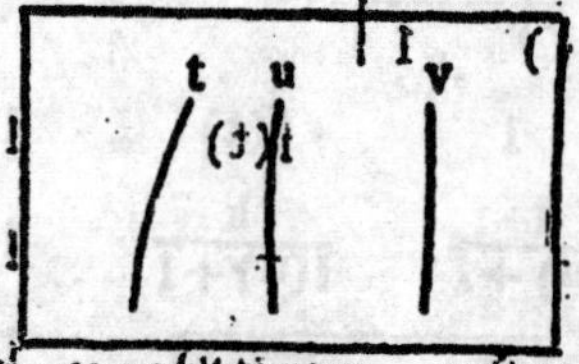

上列各式中 a_1，a_2，b_2，之值，均可自由擇定，以使全圖得有預定之形狀與尺寸。

4·共線圖之變形

共線圖之形狀可以幾何投影法改變之；亦可以解析計算法改變之，就結果精確言，解析法較優。解析法者改變作圖行列式之法也；（1）式可以另一三級行列式

$$\begin{vmatrix} a_1 & a_2 & a \\ b_1 & b_2 & b \\ c_1 & c_2 & c \end{vmatrix} \neq 0$$

乘之則依行列式原理，其結果可寫爲下列形狀

$$\begin{vmatrix} \frac{a_1f_1(t)+a_2f_2(t)+a}{c_1f_1(t)+c_2f_2(t)+c} & \frac{b_1f_1(t)+b_2f_2(t)+b}{c_1f_1(t)+c_2f_2(t)+c} & 1 \\ \frac{a_1f_1(u)+a_2f_2(u)+a}{c_1f_1(u)+c_2f_2(u)+c} & \frac{b_1f_1(u)+b_2f_2(u)+b}{c_1f_1(u)+c_2f_2(u)+c} & 1 \\ \frac{a_2f_1(v)+a_2f_2(v)+a}{c_1f_2(v)+c_2f_2(v)+c} & \frac{b_1f_1(v)+b_2f_2(v)+b}{c_1f_1(v)+c_2f_2(v)+c} & 1 \end{vmatrix}=0 \cdots\cdots(1.2)$$

其中 a，b，c，a_1，………c_2，等為數值代決之常數。(1.2) 之共線圖仍代表原算式，但其形狀則隨常數 a，b，c，a_1，………c_2 等而改變。

設(1)之共線圖形狀畸遍，如圖B所示，並設其輪廓 ABCD 係由 $t=t_1$，$t=t_n$，$V=V_1$，$V=V_n$ 所決定，欲求其形狀整齊，可先令 (1.2) 之共線圖之輪廓 A'B'C'D' 爲單位正方形，卽令其四頂點有下列座標距：

A' $(t=t_1)$，　$x=0$，　$y=0$；

B' $(t=t_n)$，　$x=0$，　$y=l$；

C' $(v=v_1)$，　$x=l$，　$y=l$；

D' $(v=v_n)$，　$x=l$，　$y=0$。

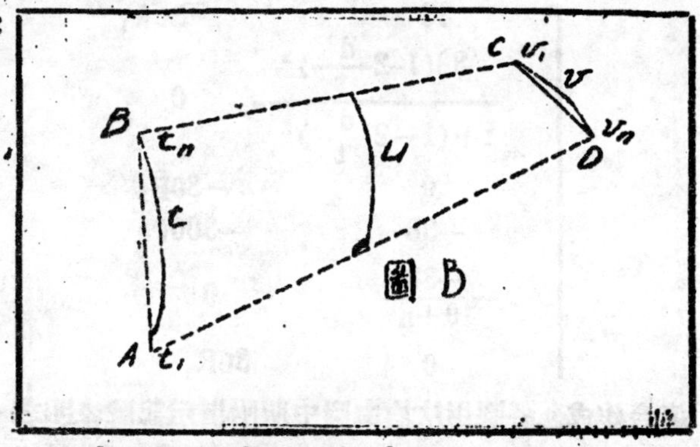

圖 B

亦卽

$$
\left.
\begin{array}{ll}
\dfrac{a_1f_1(t_1)+a_2f_2(t_1)+a}{c_1f_1(t_1)+c_2f_2(t_1)+c}=0, & \dfrac{b_1f_1(t_1)+b_2f_2(t_1)+b}{c_1f_1(t_1)+c_2f_2(t_1)+c}=0 \\[2ex]
\dfrac{a_1f_1(t_n)+a_2f_2(t_n)+a}{c_1f_1(t_n)+c_2f_2(t_n)+c}=0 & \dfrac{b_1f_1(t_n)+c_2f_2(t_1)+b}{c_1f_1(t_n)+c_2f_2(t_n)+c}=1 \\[2ex]
\dfrac{a_1f_1(v_1)+a_2f_2(v_1)+a}{c_1f_1(v_1)+c_2f_2(v_1)+c}=1, & \dfrac{b_1f_1(v_1)+b_2f_2(v_1)+b}{c_1f_1(v_1)+c_2f_2(v_1)+c}=1 \\[2ex]
\dfrac{a_1f_1(v_n)+a_2f_2(v_n)+a}{c_1f_1(v_n)+c_2f_2(v_n)+c}=1, & \dfrac{b_1f_1(v_n)+b_2f_2(v_n)+b}{c_1f_1(v_n)+c_2f_2(v_n)+c}=0
\end{array}
\right\}\quad(1.3)
$$

上八式中計有九個數值待決之常數 a，b，c，………c_2。令任一常數爲合宜之數值，卽可推算其他八量之值。所以得各量之值代入(1.2)式並以合宜之常數 L_1，L_2，乘其一二兩縱行，則其共線圖卽可狀如預定尺寸之長方形。

5. 實例

目前各家所論關於共線圖者約如上述，現有實例可以圖1，圖2，圖9概括之。圖1之作圖行列式爲(公分爲單位長度)

$$
\begin{vmatrix}
36.055 & -7.5\ \mathrm{Log_{10}}y & 1 \\
\dfrac{36.055}{1+n} & 0 & 1 \\
0 & 7.5\ \mathrm{Log_{10}}x & 1
\end{vmatrix}=0
$$

圖2係依 E. T. Whittaker 之設計所作成，其作圖行列式爲

$$
\begin{vmatrix}
\dfrac{10}{1-b} & 0 & 1 \\
\dfrac{10}{1+X^2} & \dfrac{10X}{1+X^2} & 1 \\
0 & \dfrac{10}{-a} & 1
\end{vmatrix}=0
$$

圖9係有下列三個作圖行列式

$$\begin{vmatrix} 38 & 3R_1 & 1 \\ \frac{38k}{0.3+k} & \frac{3k^2(3-2k)}{0.3+k} & 1 \\ 0 & -30R_2 & 1 \end{vmatrix} = 0$$

$$\begin{vmatrix} 38 & 30R_1 & 1 \\ \frac{38(1-2\frac{d'}{t})^2}{1+(1-2\frac{d'}{t})^2} & 0 & 1 \\ 0 & -30R_2 & 1 \end{vmatrix} = 0 ,$$

$$\begin{vmatrix} -38 & -300Po & 1 \\ \frac{-38n}{10+n} & 0 & 1 \\ 0 & 30R_1 & 1 \end{vmatrix} = 0 ,$$

連合作成。各圖用法均由圖中所附指示記號表明之。

乙、近數年之進展

6.過去理論上之缺點

共線圖以表示算式而利解算爲目的，故問題之主體爲待解之算式。由共線行列式而至作圖行列式而至共線圖以及共線圖之如何運用等均不成爲問題。求作某一算式之共線圖時，吾人之問題集中於如何歸化該式至共線行列式之形狀，欲求此問題之合理解決，必須詳究共線圖之理論以決定：

(a)共線圖所能表示者以何種算式爲限，

(b)共線圖所能表示之算式之最普通形狀

(c)如何歸化具有該普通形狀之算式至共線行列式。

上三問題未經前人加以注意，但一經指出，其重要性卽不可忽視；若置此不論而言共線圖，是乃舍本求末之類也。

7.共線關係式之普通形狀

共線關係式如(1)式係由t,u,v之單獨函數$f_1(t)$,$f_2(t)$,$f_1(u)$,$f_2(u)$,$f_1(v)$,$f_2(v)$所組合而成。經加減乘三手續展開後，行列式乃化爲普通三元算式 $f(t,u,v)=0$ 故凡算式之可化爲共線行列式者，其外表形狀必具有下列三特點：

(a)其構成分子爲各變數之單獨函數，

(b)各單獨函數間僅有加減乘除四種關係，

(c)式中僅含有三個變數。

算式之是否合於上述三條件，可一望而知。其形式之繁簡，卽視其中分子(各變數之單獨函數)數目之多寡，其最普通之形式爲：

$$f(t)f(u)f(v)+C_v f(t)f(u)+C_u f(t)f(v)+C_t f(u)f(v)+L_t f(t)+L_u f(u)+L_v f(v)+C=0 \;\cdots\cdots\cdots\cdots F_{1,1,1}$$

或　$A+A_1f(u)+A_2f(v)+A_3f(u)f(v)+$

$$f(t)\{B+B_1f(u)+B_2f(v)+B_3f(u)f(v)\}=0 \cdots\cdots F_{1\cdot1\cdot1}$$

$$A+A_1f(u)+A_2f(v)+A_3f(u)+f(v)+$$
$$f_1(t)\{B+B_1f(u)+B_2f(v)+B_3f(u)f(v)\}+$$
$$f_2(t)\{C+C_1f(u)+C_2f(v)+C_3f(u)f(v)\}=0 \cdots\cdots F_{2\cdot1\cdot1}$$

$$A+A_1f(u)+A_2f(v)+A_3f(u)f(v)+$$
$$f_1(t)\{B+B_1f(u)+B_2f(v)+B_3f(u)f(v)\}+$$
$$f_2(t)\{C+C_1f(u)+C_2f(v)+C_3f(u)f(v)\}+$$
$$f_3(t)\{D+D_1f(u)+D_2f(v)+D_3f(u)f(v)\}=0 \cdots\cdots F_{3\cdot1\cdot1}$$

等，其中各A，各B，各C，各D，各K均代表常數。記號$F_{1\cdot1\cdot1}$表示三變數各有一種單獨函數之算式，$F_{2\cdot1\cdot1}$則表示某變數有二種單獨函數，其他兩變數均各有一種。其他$F_{2\cdot2\cdot1}$，$F_{2\cdot2\cdot2}$，…………$F_{a,b,c}$等之形式可由配合原理類推之。

8. 共線行列式之推求

設$F_{1\cdot1\cdot1}=0$可化為共線行列式之形狀，即

$$F_{1\cdot1\cdot1}=0 \rightleftarrows \begin{vmatrix} f_1(t) & f_2(t) & 1 \\ f_1(u) & f_2(u) & 1 \\ f_1(v) & f_2(v) & 1 \end{vmatrix}=0$$

則行列式中某函數如$f_1(t)$必係由$F_{1\cdot1\cdot1}=0$中之$f(t)$及其他常數依加減乘除等關係組合而成。故設

$$f_1(t)=\frac{x'+x_1'f(t)}{x+x_1f(t)}, \qquad f_2(t)=\frac{x''+x_1''f(t)}{x+x_1f(t)};$$

$$f_1(u)=\frac{y'+y_1'f(u)}{y+y_1f(u)}, \qquad f_2(u)=\frac{y''+y_1''f(u)}{y+y_1f(u)};$$

$$f_1(v)=\frac{z'+z_1'f(v)}{z+z_1f(v)}, \qquad f_2(v)=\frac{z''+z_1''f(v)}{z+z_1f(v)};$$

其中各x，各y，及各z，均為數值待決之常數。將上列各等量代入共線行列式，並消去分母得，

$$\begin{vmatrix} x'+x_1'f(t) & x''+x_1''f(t) & y+x_1f(t) \\ y'+y_1'f(u) & y''+y_1''f(u) & y+y_1f(t) \\ z'+z_1'f(v) & z''+z_1''f(v) & z+z_1f(t) \end{vmatrix}=0 \cdots\cdots(1.4)$$

但利用行列式之性質，可取上式中任一縱行乘以合宜之數值，然後分別加入其他縱行，依此，可逐漸消去其中常數，而至下列形狀：（註一）

$$\begin{vmatrix} 0 & 1 & f(t) \\ Y'+f(u) & Y'' & 1 \\ Z'+Z_1'f(v) & Z''+Z_1''f(v) & Z+Z_1f(v) \end{vmatrix}=0 \cdots\cdots(1.5)$$

其中各Y各Z雖為(1.4)式中各X各Y及各Z之函數，但可視為單獨未知量。

展開(1.5)而令其結果與$F_{1\cdot1\cdot1}=0$完全相同，則由同項係數相等關係得，

$$Z_1''=1, \qquad Z''=Cv, \qquad Z=-Ku, \qquad Z_1=-Ct$$

$$Y'Z_1''-Y''Z_1'=Cu; \qquad Y'Z''-Y''Z'=Kt$$

$$Z_1'-Y'Z=Kv; \qquad Z'-Y'Z=C;$$

解後四式得

$$Y' = \frac{C_t K_t + C_v K_v - C_u K_u - C \pm \triangle}{2(C_t C_v - k_u)}, \qquad \text{(註二)}$$

$$Y'' = \frac{K_t - C_v Y'}{K_u Y' - C},$$

$$Z' = C - K_u Y'$$

$$Z_1' = K_v - C_t Y',$$

$$\triangle = [\{C_t K_t + C_u K_u + C_v K_v - C\}^2 + 4\{C C_t C_u C_v + K_t K_u K_v - C_t C_u K_v K_u - C_t C_v K_t K_v - C_u C_v K_u K_v\}]^{\frac{1}{2}}$$

依上分析 $F_{1\cdot1\cdot1}=0$ 恆可化爲共線行列式。

9.共線行列式之推求(續)

應用上法於 $F_{2\cdot1\cdot1}=0$ 時，設 $F_{2\cdot1\cdot1}=0$ 中v有二種單獨函數，則相當於(1.5)之理想行列式爲，

$$\begin{vmatrix} 0 & 1 & f(t) \\ Y' + f(u) & Y'' & 1 \\ z' + z_1' f_1(v) + Z_2' f_2(v) & Z'' + Z_1'' f_1(v) + Z_2'' f_2(v) & Z + Z_1 f_1(v) + Z_2 f_2(v) \end{vmatrix} = 0$$

此時 $F_{2\cdot1\cdot1}=0$ 中計有十二項，故由同項係數相等以求方程式，共得十二個聯立式；但十二個聯立式非 $Y', Y'', z, z_1, z_2, \cdots\cdots Z_2''$ 等十一個未知數所能滿足；故一般情形下之 $F_{2\cdot1\cdot1}=0$ 不能直接化爲共線行列式。

10.同迹共線圖

共線圖中之軌迹不必單獨存在，可相互合併，但各保持其表示數值之記號，圖3,圖4,圖5,所示者即此類共線圖也。設u，v兩迹道合併爲一如圖c所示，則其共線行列式

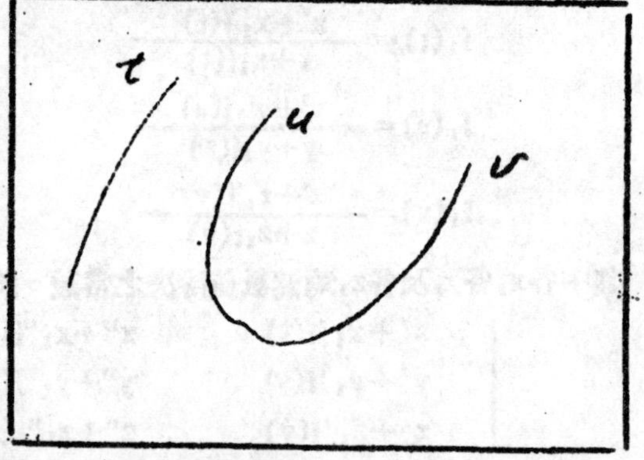

$$\begin{vmatrix} f_1(t) & f_2(t) & 1 \\ f_1(u) & f_2(u) & 1 \\ f_1(v) & f_2(v) & 1 \end{vmatrix} = 0$$

中u與v之單獨函數必兩兩相似，即改寫v爲u時，$f_1(v), f_2(v)$ 分別化爲 $f_1(u), f_2(u)$。若三軌迹合而爲一則 $f_1(t), f_1(u), f_1(v)$ 之形狀相同；而其他三者亦相同。

11.同迹共線圖之關係式

共線行列式之合于上述條件可隨手寫出；但其可以利用表示 $F_{1\cdot1\cdot1}=0$ 及 $F_{2\cdot1\cdot1}=0$ 者則有下列三種：

$$\begin{vmatrix} f_1(t) & -f_2(t) & 1 \\ \dfrac{x' + x_1' f(u) + x_2' \{f(u)\}^2}{x + x_1 f(u) + x_2 \{f(u)\}^2} & \dfrac{x'' + x_1'' f(u) + x_2'' \{f(u)\}^2}{x + x_1 f(u) + x_2 \{f(u)\}^2} & 1 \\ \dfrac{x' + x_1' f(v) + x_2' \{f(v)\}^2}{x + x_1 f(v) + x_2 \{f(v)\}^2} & \dfrac{x'' + x_1'' f(v) + x_2'' \{f(v)\}^2}{x + x_1 f(v) + x_2 \{f(v)\}^2} & 1 \end{vmatrix} = 0 \quad \cdots\cdots(4)$$

$$\begin{vmatrix} \dfrac{x'+x_1'f(t)+x_2'\{f(t)\}^2+x_3'\{f(t)\}^3}{x+x_1 f(t)+x_2\{f(t)\}^2+x_3\{f(t)\}^3} & \dfrac{x''+x_1''f(t)+x_2''\{f(t)\}^2+x_3''\{f(t)\}^3}{x+x_1 f(t)+x_2\{f(t)\}^2+x_3\{f(t)\}^3} & 1 \\ \dfrac{x'+x_1'f(u)+x_2'\{f(u)\}^2+x_3'\{f(u)\}^3}{x+x_1 f(u)+x_2\{f(u)\}^2+x_3\{f(u)\}^3} & \dfrac{x''+x_1''f(u)+x_2''\{f(u)\}^2+x_3''\{f(u)\}^3}{x+x_1 f(u)+x_2\{f(u)\}^2+x_3\{f(u)\}^3} & 1 \\ \dfrac{x'+x_1'f(v)+x_2'\{f(v)\}^2+x_3'\{f(v)\}^3}{x+x_1 f(v)+x_2\{f(v)\}^2+x_3\{f(v)\}^3} & \dfrac{x''+x_1''f(v)+x_2''\{f(v)\}^2+x_3''\{f(v)\}^3}{x+x_1 f(v)+x_2\{f(v)\}^2+x_3\{f(v)\}^3} & 1 \end{vmatrix} = 0 \cdots(5)$$

$$\begin{vmatrix} \dfrac{f_1(t)}{f(t)} & \dfrac{f_2(t)}{f(t)} & 1 \\ \dfrac{f_2(u)}{f_1(u)} & \dfrac{f_1(u)}{f_2(u)} & 1 \\ \dfrac{f_2(v)}{f_1(v)} & \dfrac{f_1(v)}{f_2(v)} & 1 \end{vmatrix} = 0 \cdots\cdots\cdots(6)$$

因 $[x'+x_1'f(v)+x_2'\{f(v)\}^2]-[x+x_1'f(v)+x_2'\{f(v)\}^2]$

$=x_1'\{f(u)-f(v)\}+x_2'][\{f(u)\}^2-\{f(v)\}^2]$

$=\{f(u)-f(u)\}[x_1'+x_2'\{f(u)+f(v)\}$

故(4)式中含有因子 $\{f(u)-f(v)\}$，同樣(5)式中含有 $\{f(t)-f(u)\}$，$\{f(t)-f(v)\}$ 及 $\{f(u)-f(v)\}$ 等三因子；而(6)式則含有因子 $\{f_1(u)f_2(v)-f_2(u)f_1(v)\}$。展開各式，並消去其因子得？

$$[(x_1'x''-x'x_1'')+(x_2'x''-x'x_2'')\{f(u)+f(v)\}+(x_2'x_1''-x_1'x_2'')f(u)f(v)]+$$
$$f_1(t)(x\,x_1''-x_1x'')+(x\,x_2''-x_2x'')\{f(u)+f(v)\}+(x_1\,x_2''-x_2\,x_1'')f(u)f(v)]+$$
$$f_2(t)[x\,x_1'-x_1x')+(x\,x_2'-x_2x')\{f(u)+f(v)\}+(x_1\,x_2'-x_2\,x_1')f(u)f(v)]=0$$
$$\cdots\cdots\cdots\cdots(4.1)\quad(\text{註三})$$

$$\begin{vmatrix} x_3 & x_3' & x_3'' \\ x_2 & x_2' & x_2'' \\ x_1 & x_1' & x_1'' \end{vmatrix} f(t)f(u)f(v)+\begin{vmatrix} x_3 & x_3' & x_3'' \\ x_2 & x_2' & x_2'' \\ x & x' & x'' \end{vmatrix}\{f(t)f(u)+f(t)f(v)+f(u)f(v)\}+$$
$$\begin{vmatrix} x_3 & x_3' & x_3'' \\ x_1 & x_1' & x_1'' \\ x & x' & x'' \end{vmatrix}\{f(t)+f(u)+f(v)\}+\begin{vmatrix} x_2 & x_2' & x_2'' \\ x_1 & x_1' & x_1'' \\ x & x' & x'' \end{vmatrix}=0\cdots\cdots(5.1)(\text{註四})$$

$$f_1(t)f_1(u)f_1(v)+f_2(t)f_2(u)f_2(v)-f(t)\{f_1(u)f_2(v)+f_2(u)f_1(v)\}=0\cdots(6.1)(\text{註五})$$

$F_{1\cdot1\cdot1}=0$ 及 $F_{2\cdot1\cdot1}=0$ 之可否化爲同述共線行列式，視其可否化至 (4.1) 或 (5.1) 或 (6.1) 之形狀而定。

12. $F_{1\cdot1\cdot1}=0$ 之同述共線行列式

(5.1)與 $F_{1\cdot1\cdot1}=0$ 之形狀相似。化 $F_{1\cdot1\cdot1}=0$ 至 (5.1) 之形狀時，須採用兩次變形手續：第一以

$$f(v)=\frac{kf_1(v)}{k_1f_1(v)+1}$$

代入 $F_{1\cdot1\cdot1}=0$，消去分母；並令其結果中 f(u) 與 $f_1(v)$ 之係數相同，f(t)f(u) 與 $f(t)f_1(v)$ 之係數相同，因此得下列兩式，

$$AK_1+A_2K=A_1,\qquad\qquad BK_1+B_2K=B_1;$$

解此兩式得，

$$K=\frac{A_1B-AB_1}{A_2B-AB_2}, \qquad K_1=\frac{A_2B_1-A_1B_2}{A_2B-AB_2}$$

且 $$f_1(v)=\frac{f(v)}{k-k_1f(v)}$$

故 $F_{1\cdot1\cdot1}=0$ 可化為下列形狀，

$$A+A_1\{f(u)+{}_1f(v)\}+A_2f(u)f_1(v)+f(t)[B+B_1\{f(u)+{}_1f(v)\}+B_2f(u)f_1(v)]=0 \cdots\cdots F_{1\cdot1\cdot1}$$

第二以

$$f(t)=\frac{Lf_1(t)}{L_1f_1(t)+1}$$

代入 $F_{1\cdot1\cdot1}=0$，消去分母；而令其結果中 $f_1(t)$ 與 $f(u)$ 之係數相同，$f_1(t)f(u)$ 與 $f_1(t)f_1(v)$ 之係數相同，由此得

$$AL_1+BL=A_1, \qquad A_1L_1+B_1L=A_2,$$

解此兩式得

$$L=\frac{AA_2-A_1^2}{AB_1-A_1B}, \qquad L_1=\frac{A_1B-A_2B}{AB_1-A_1B},$$

至此，原有之 $F_{1\cdot1\cdot1}=0$ 已逐漸化至下列形狀，

$$k_3f_1(t)f(u)f_1(v)+k_2\{f_1(t)f(u)+f_1(t)f_1(v)+f(u)f_1(v)\}+k_1\{f_1(t)+f(u)+f_1(v)\}+k=0 \cdots\cdots(5.2)$$

(5.2) 與 (5.1) 之形狀完全相同；其共線行列式為：

$$\begin{vmatrix} \dfrac{k_2+k_3f_1(t)}{k+k_3\{f_1(t)\}^3} & \dfrac{k_1-k_3\{f_1(t)\}^2}{k+k_3\{f_1(t)\}^3} & 1 \\ \dfrac{k_2+k_3f(u)}{k+k_3\{f(u)\}^3} & \dfrac{k_1-k_3\{f(u)\}^2}{k+k_3\{f(u)\}^3} & 1 \\ \dfrac{k_2+k_3f_1(v)}{k+k_3\{f_1(v)\}^3} & \dfrac{k_1-k_3\{f_1(v)\}^2}{k+k_3\{f_1(v)\}^3} & 1 \end{vmatrix}=0 \cdots\cdots(5.3)$$

由上列分析乃得結論如此：

任何 $F_{1\cdot1\cdot1}=0$ 可以單獨三次曲線所形成之共線圖表示之。

13、$F_{2\cdot1\cdot1}=0$ 之同述共線行列式。

$F_{2\cdot1\cdot1}=0$ 與(4.1)同類，而 (4.1) 之特點為；其中 $f(u)$ 與 $f(v)$ 之係數相等，$f_1(t)f(u)$ 與 $f_1(t)f(v)$ 之係數相等，$f_2(t)f(u)$ 與 $f_2(t)f(v)$ 之係數相等。故求 $F_{2\cdot1\cdot1}=0$ 之同述共線行列式時，吾人之初步工作仍為改變其形狀。其法乃以

$$f(u)=f_1(u)+m, \qquad f(v)=\frac{nf_1(v)}{n_1f_1(v)+1}$$

代入 $F_{2\cdot1\cdot1}=0$，消去分母；然後令其結果中有關係之數相等。因此得三式如下：

$$n(A_2+A_3m)+n_1(A+A_1m)=A_1$$
$$n(B_2+B_3m)+n_1(B+B_1m)=B_1$$
$$n(C_2+C_3m)+n_1(C+C_1m)=C_1$$

若以n與n_1為未知量，則上三式同時成立之條件為

26658

$$\begin{vmatrix} A_2+A_3m & A+A_1m & A_1 \\ B_2+B_3m & B+B_1m & B_1 \\ C_2+C_3m & C+C_1m & C_1 \end{vmatrix}=0$$

由此得

$$m=-\frac{\begin{vmatrix} A & A_1 & A_2 \\ B & B_1 & B_2 \\ C & C_1 & C_2 \end{vmatrix}}{\begin{vmatrix} A & A_1 & A_3 \\ B & B_1 & B_3 \\ C & C_1 & C_3 \end{vmatrix}}$$

然後取原三式中任二式卽可求得 n 與 n_1 之值。故 $F_{2\cdot1\cdot1}=0$ 可化至下列形狀

$$A+A_1\{f(u)+f(v)\}+A_2f(u)f(v)+f_1(t)[B+B_1\{f(u)+f(v)\}+B_2f(u)f(v)]+$$
$$f_1(t)[C+C_1\{f(u)+f(v)\}+C_2f(u)f(v)]=0\cdots\cdots\cdots F_{2'\cdot1\cdot1}$$

次一問題爲如何將 $F_{2'\cdot1\cdot1}=0$ 化至(4)式之形狀。(4)式可寫爲

$$\begin{vmatrix} f_1(t) & -f_2(t) & 1 \\ \frac{x_2'}{x_2}\,\dfrac{\frac{x'}{x_2'}+\frac{x_1'}{x_2'}f(u)+\{f(u)\}^2}{\frac{x}{x_2}+\frac{x_1}{x_2}f(u)+\{f(u)\}^2} & \frac{x_2''}{x_2}\,\dfrac{\frac{x''}{x_2''}+\frac{x_1''}{x_2''}f(u)+\{f(u)\}^2}{\frac{x}{x_2}+\frac{x_1}{x_2}f(u)+\{f(u)\}^2} & 1 \\ \frac{x_2'}{x_2}\,\dfrac{\frac{x'}{x_2'}+\frac{x_1'}{x_2'}f(v)+\{f(v)\}^2}{\frac{x}{x_2}+\frac{x_1}{x_2}f(v)+\{f(v)\}^2} & \frac{x_2''}{x_2}\,\dfrac{\frac{x''}{x_2''}+\frac{x_1''}{x_2''}f(v)+\{f(v)\}^2}{\frac{x}{x_2}+\frac{x_1}{x_2}f(v)+\{f(v)\}^2} & 1 \end{vmatrix}=0\cdots(4).$$

故其中有待決定者爲 $\frac{x_2'}{x_2}$，$\frac{x_2''}{x_2}$，$\frac{x}{x_2}$，$\frac{x_1}{x_2}$，$\frac{x'}{x_2}$，$\frac{x_1'}{x_2}$，$\frac{x''}{x_2}$，$\frac{x_1''}{x_2}$ 等八數之值。

令 (4.1) 與 $F_{2'\cdot1\cdot1}=0$ 完全相同，則得下列九式：

$$x_1'x''-x'x_1''=A,\qquad x_2'x''-x'x_2''=A_1,\qquad x_2'x_1''-x_1'x_2''=A_2$$
$$x\,x_1''-x_1x''=B,\qquad x\,x_2''-x_2x''=B_1,\qquad x_1x_2''-x_2x_1''=B_2$$
$$x\,x_1'-x_1x'=C,\qquad x\,x_2'-x_2x'=B_1,\qquad x_1x_2'-x_2x_1'=C_2$$

解此九式得(註六)

$$\frac{x_2'}{x_2}=\frac{A_2}{B_2}\;\frac{\dfrac{BC_2-B_2C}{B_1C_2-B_2C_1}-\dfrac{AB_2-A_2B}{A_1B_2-A_2B_1}}{\dfrac{AB_2-A_2B}{A_1B_2-A_2B_1}-\dfrac{AC_2-A_2C}{A_1C_2-A_2C_1}},$$

$$\frac{x_2''}{x_2}=\frac{A_2}{C_2}\;\frac{\dfrac{BC_2-B_2C}{B_1C_2-B_2C_1}-\dfrac{AC_2-A_2C}{A_1C_2-A_2C_1}}{\dfrac{AB_2-A_2B}{A_1B_2-A_2B_1}-\dfrac{AC_2-A_2C}{A_1C_2-A_2C_1}},$$

$$\frac{x}{x_2}=\frac{BC_1-B_1C}{B_1C_2-B_2C_1},\qquad \frac{x_1}{x_2}=\frac{BC_2-B_2C}{B_1C_2-B_2C_1}$$

$$\frac{x_1'}{x_2'}=\frac{AC_1-A_1C}{A_1C_2-A_2C_1},\qquad \frac{x_1'}{x_3'}=\frac{AC_2-A_2C}{A_1C_2-A_2C_1},$$

$$\frac{x''}{x_2''}=\frac{AB_1-A_1B}{A_1B_2-A_2B_1},\qquad \frac{x_1''}{x_3''}=\frac{AB_2-A_2B}{A_1B_2-A_2B_1},$$

故$F_{2\cdot1\cdot1}=0$ 可逐漸化至(4)式之形狀。

14. $F_{2\cdot1\cdot1}=0$ 之同迹共線行列式(續)

由(6.1)亦可求得$F_{2\cdot1\cdot1}$之同迹共線行列式。其法乃以

$$f(t)=-\{k+k_1f_1'(t)+k_2f_2'(t)\},$$

$$f_1(t)=k'+k_1'f_1'(t)+k_2'f_2'(t),$$

$$f_2(t)=k''+k_1''f_1'(t)+k_2''f_2'(t),$$

$$f_1(u)=l+l_1f(u),$$

$$f_2(u)=l'+l_1'f(v),$$

$$f_1(v)=m+m_1f(v),$$

$$f_2(v)=m'+m_1'f(v);$$

代入(6.1);展開;而令其結果與已得之

$$A+A_1f(u)+A_2f(v)+A_3f(u)f(v)$$

$$+f_1'(t)[B+B_1f(u)+B_2f(v)+B_3f(u)f(v)]$$

$$+f_2'(t)[C+C_1f(u)+C_2f(v)+C_3f(u)f(v)]=0 \cdots\cdots F_{2\cdot1\cdot1}$$

完全相同,因此得下列十二式:

$$l(k'm+km')+l'(k''m'+km)=A$$

$$l_1(k'm+km')+l_1'(k''m'+km)=A_1$$

$$l(k'm_1+km_1')+l'(k''m_1'+km_1)=A_2$$

$$l_1(k'm_1+km_1')+l_1'(k''m_1'+km_1)=A_3$$

$$l(k_1'm+k_1m')+l'(k_1''m'+k_1m)=B$$

$$l_1(k_1'm+k_1m')+l_1'(k_1''m'+k_1m)=B_1$$

$$l(k_1'm_1+k_1m_1')+l_1'(k_1''m_1'+k_1m_1)=B_2$$

$$l_1(k_1'm_1+k_1m_1')+l_1'(k_1''m_1'+k_1m_1)=B_3$$

$$l(k_2'm+k_2m')+l'(k_2'm'+k_2m)=C$$

$$l_1(k_2'm+k_2m')+l_1'(k_2''m'+k_2m)=C_1$$

$$l(k_2'm_1+k_2m_1')+l'(k_2''m_1'+k_2m_1)=C_2$$

$$l_1(k_2'm_1+k_2m_1')+l_1'(k_2''m_1'+k_2m_1)=C_3$$

分上十二式爲六組解之得

$$k'm+km'=\frac{Al_1'-A_1l'}{ll_1'-l_1l'},\qquad k''m'+km=\frac{A_1l-Al_1}{ll_1'-l_1l'},$$

$$k_1'm_1+km_1'=\frac{A_2l_1'-A_3l'}{ll_1'-l_1l'},\qquad k''m_1+km_1=\frac{A_3l-A_2l_1}{ll_1'-l_1l'},$$

$$k_1'm+km'=\frac{Bl_1'-B_1l'}{ll_1'-l_1l'},\qquad k''_1m'+k_1m=\frac{B_1l-Bl_1}{ll_1'-l_1l'},$$

$k_1'm_1'+k_1m_1''=\frac{B_2l_1'-B_3l'}{ll_1'-l_1l'}$，　$k''_1m_1'+k_1m_1=\frac{B_3l-B_2l_1}{ll_1'-l_1l'}$，

$k_2'm+k_2m'=\frac{c_2l_1'-c_1l'}{ll_1'-l_1l'}$，　$k_2''m'+k_2m=\frac{c_1l-cl_1}{ll_1'-l_1l'}$，

$k_2'm_1+k_2m_1'=\frac{c_2l_1'-c_3l'}{ll_1'-l_1l'}$，　$k_2''m_1'+k_2m=\frac{c_3l-cl_2}{ll_1'-l_1l'}$；

等十二式。此十二式每四式自成一聯立系統。如前四式卽可視為k,k',k''之一次聯立式，因此其同時成立之條件為

$$0=\begin{vmatrix} 0 & m & -m' & \frac{Al_1'-A_1l'}{ll_1'-l_1l'} \\ m' & 0 & -m & \frac{A_1l-Al_1}{ll_1'+l_1l'} \\ 0 & m_1 & m_1' & \frac{A_2l'_1-A_3l'}{ll_1'-l_1l'} \\ m'_1 & 0 & m_1 & \frac{A_3l-A_2l_1}{ll_1'-l_1l'} \end{vmatrix}=0$$

由此得

$$m(A_2l_1'-A_3l')-m_1(Al_1'-A_1l')+m'(A_3l_1-A_2l_1)-m_1'(A_1l-Al_1)=0$$

同樣得

$$m(B_2l_1'-B_3l_1')-m_1(Bl_1'-B_1l')+m'(B_3l-B_2l_1)-m_1'(B_1l-Bl_1)=0$$

$$m(C_2l_1'-C_3l')-m_1(Cl_1'-C_1l')+m'(C_3l-C_2l_1)-m_1'(C_1l-Cl_1)=0$$

至此乃可以適宜之數値代入l,l',l₁,l'₁，及某一m與m₁'；然後由此三式決定其他三m之値。至k,k'k'',k₁,k₁',k₁'',k₂,k₂',k₂''等九量之値則可分組由其有關之聯立式決定之。

由上分析可知$F_{3\cdot1\cdot1}=0$可化為同迹共線行列式之形狀如(6)式者。

15. $F_{3\cdot1\cdot1}$之同迹共線行列式

依(14)節進行，吾人更得一聯立式

$$m(D_2l_1'-D_3l')-m_1(Dl_1'-D_1l')+m'(D_3l-D_2l_1)-m_1'(D_1l-Dl_1)=0$$

故關於m,m₁,m',m₁'共有四個一次齊次聯立式。此四式同時成立之條件為

$$\begin{vmatrix} A_2l_1'-A_3l' & Al_1'-A_1l' & A_3l-A_2l_1 & A_1l-Al_1 \\ B_2l_1'-B_3l' & Bl_1'-B_1l' & B_3l-B_2l_1 & B_1l-Bl_1 \\ C_2l_1'-C_3l' & Cl_1'-C_1l' & C_3l-C_2l_1 & C_1l-Cl_1 \\ D_2l_1'-D_3l' & Dl_1'-D_1l' & D_3l-D_2l_1 & D_1l-Dl_1 \end{vmatrix}=0$$

由此得(註七)

$$\begin{vmatrix} A & A_1 & A_2 & A_3 \\ B & B_1 & B_2 & B_3 \\ C & C_1 & C_2 & C_3 \\ D & D_1 & D_2 & D_3 \end{vmatrix}=0$$

此爲 $F_{3,1,1}=0$ 可化爲同述共線行列式之條件。故在一般情形下 $F_{3,1,1}$ 不可以共線圖表示之

16　共同軌迹之形狀

同述共線圖中之共同軌迹，恆爲代數曲線；其次數與其參變方程式之方數同。故有爲二次曲線即圓椎曲線，亦有爲三次曲線。圓椎曲線計有圓，橢圓，雙曲線與拋物線四種。共同軌迹之爲何種曲線可隨作者之意決定之。如（4）式即恆可化至下列形狀。

$$\begin{vmatrix} f_1'(t) & f_2'(t) & 1 \\ \dfrac{k'}{1+k_2\{f(u)\}^2} & \dfrac{k_1''f(u)}{1+k_2\{f(u)\}^2} & 1 \\ \dfrac{k'}{1+k_2\{f(v)\}^2} & \dfrac{k_1''f(v)}{1+k_2\{f(v)\}^2} & 1 \end{vmatrix}=0$$

則 u 與 v 之共同軌迹可爲橢圓亦可爲圓。

三次曲線之形狀亦隨其參變方程式而異，有如 n 字形如圖 5 所示者，亦有如 l 字形如圖 4 所示者。惟以一般情形論，（5）式恆可化至下列形狀

$$\begin{vmatrix} \dfrac{k'+k_3'\{f(t)\}^2}{k+k_1f(t)+k_2\{f(t)\}^2} & \dfrac{k''+k_3''\{f(t)\}^3}{k+k_1f(t)+k_2\{f(t)\}^2} & 1 \\ \dfrac{k'+k_2'\{f(u)\}^2}{k+k_1f(u)+k_2\{f(u)\}^2} & \dfrac{k''+k_3''\{f(u)\}^3}{k+k_1f(u)+k_2\{f(u)\}^2} & 1 \\ \dfrac{k'+k_2'\{f(v)\}^2}{k+k_1f(v)+k_2\{f(v)\}^2} & \dfrac{k''+k_3''\{f(v)\}^3}{k+k_1f(v)+k_2\{f(v)\}^2} & 1 \end{vmatrix}=0$$

且　$k+k_1f(t)+k_2\{f(t)\}^2=0$　　（註八）

不得有實根。則其軌迹之形狀將如字母 n。

17、同述共線圖之實例

同述共線圖未經前人注意與討論。其成例之可考者僅爲

$$h^2(HL)+hL(Hp)+\frac{1}{3}(1-L)(1+2p)=0$$

之共線圖，散見於 d'Ocagne 及隨後作者之著作中而爲三曲共線圖（共線之三軌迹均爲曲線者）之稀有特例。至其同述性及其共線行列式之如何推求，則無有論之者。惟由其形狀，吾人可一望而知其與 $F_{2,1,1}=0$ 爲同類，故其共線行列式人人可得依法求之。

他種同述共線圖之實例，經筆者作成者有圖 3，圖 4，圖 5，圖 6 等。圖 3 與圖 4 均爲

$$d=d_1d_2$$

之同述共線圖。此式可寫爲

$$\frac{d}{25}=\frac{\dfrac{d_1}{25}-\left(-\dfrac{d_2}{25}\right)}{\dfrac{1}{d_1}-\dfrac{1}{d_2}}$$

故與（3.6）之形狀相同。圖 3. 之作圖行列式爲

$$
\begin{vmatrix}
\dfrac{20}{-1+\dfrac{d}{25}} & 0 & 1 \\[2ex]
\dfrac{20}{1+\dfrac{d_1^2}{25}} & \dfrac{Al_1}{1+\dfrac{d_1^2}{25}} & 1 \\[2ex]
\dfrac{20}{1+\dfrac{d_2^2}{25}} & \dfrac{-Al_2}{1+\dfrac{d_1^2}{25}} & 1
\end{vmatrix} = 0
$$

該式又可寫為

$$\frac{1}{d}\,d_1 d_2 - 1 = 0$$

及

$$\left(\frac{200\sqrt[3]{2}}{d}\right)\left(\frac{d_1\sqrt[3]{2}}{20}\right)\left(\frac{d_2\sqrt[3]{2}}{20}\right) - 1 = 0$$

故與（5.3）之形狀相同，因得圖4之共線行列式

$$
\begin{vmatrix}
\dfrac{\dfrac{200\sqrt[3]{2}}{d}}{-1-\left\{\dfrac{200\sqrt[3]{2}}{d}\right\}^3} & \dfrac{\left\{\dfrac{200\sqrt[3]{2}}{d}\right\}^2}{-1-\left\{\dfrac{200\sqrt[3]{2}}{d}\right\}^3} & 1 \\[4ex]
\dfrac{\dfrac{\sqrt[3]{2}}{20}d_1}{-1+\left\{\dfrac{\sqrt[3]{2}}{20}d_1\right\}^3} & \dfrac{\left\{\dfrac{\sqrt[3]{2}}{20}d_1\right\}^2}{-1+\left\{\dfrac{\sqrt[3]{2}}{20}d_1\right\}^3} & 1 \\[4ex]
\dfrac{-\dfrac{\sqrt[3]{2}}{20}d_2}{-1-\left\{\dfrac{\sqrt[3]{2}}{20}d_2\right\}^3} & \dfrac{\left\{-\dfrac{\sqrt[3]{2}}{20}d_2\right\}^2}{-1-\left\{\dfrac{\sqrt[3]{2}}{20}d2\right\}^3} & 1
\end{vmatrix} = 0
$$

$d=d_1 d_2$ 乃簡單算式，作其圖表無取用同述共線圖之必要。但於此可見同述共線圖之應用不限於複雜算式，並且同一算式亦可以多種不同之圖形表示之。

圖5為

$$m(r_1-r_2-2r_1r_2)+(r_1+r_2-2)=0$$

之同述共線圖。此式經化為下形狀：

$$3\left(\frac{2}{m+3}\right)r_1 r_2+(-2)\left\{r_1 r_2+r_1\left(\frac{2}{m+3}\right)+r_2\left(\frac{2}{m+3}\right)\right\}+\frac{2}{m+3}$$

$+r_1+r_2=0$

後，其共線行列式

$$\begin{vmatrix} \dfrac{1-3\left(\dfrac{2}{m+3}\right)^2}{1-3\left(\dfrac{2}{m+3}\right)+3\left(\dfrac{2}{m+3}\right)^2} & \dfrac{\left(\dfrac{2}{m+3}\right)^2}{1-3\left(\dfrac{2}{m+3}\right)+3\left(\dfrac{2}{m+3}\right)^2} & 1 \\ \dfrac{1-3r_1^2}{1-3r_1+3r_1^2} & \dfrac{r_1^3}{1-3r_1+3r_1^2} & 1 \\ \dfrac{1-3r_2^2}{1-3r_2+3r_2^2} & \dfrac{r_2^3}{1-3r_2+3r_2^2} & 1 \end{vmatrix}=0$$

乃可求得。經計算變形後，其同述共線圖如圖5所示者方始求得。

圖6為

$$3L_1+\frac{L_1^2}{L_1-d_1}=\frac{L_2^2}{L_2-d_2}-3L_2$$

之累同述共線圖，此式經分解為分子式

$$R=3L_1+\frac{L_1^2}{L_1-d_1},\quad R=\frac{L_2^2}{L_2-d_2}-3L_2,$$

乃可依法推求其作圖行列式，

$$\begin{vmatrix} \dfrac{20\times30^2}{30^2+\frac{2}{3}(3L_1)^2} & \dfrac{24\times30(3L_1)}{30^2\times\frac{2}{3}(3L_1)^2} & 1 \\ \dfrac{20\times30^2}{30^2+R^2} & \dfrac{24\times30R}{30^2+R^2} & 1 \\ \dfrac{20\times30^2}{30^2+(3d_1)^2} & \dfrac{24\times30(3d_1)}{30^2+(3d_1)^2} & 1 \end{vmatrix}=0$$

$$\begin{vmatrix} \dfrac{20\times30^2}{30^2+\frac{2}{3}(3L_2)^2} & \dfrac{24\times30(-3L_2)}{30^2+\frac{2}{3}(3L_2)^2} & 1 \\ \dfrac{20\times30^2}{30^2+R^2} & \dfrac{24\times30R}{30^2+R^2} & 1 \\ \dfrac{20\times30^2}{30^2+(3d_2)^2} & \dfrac{24\times30(3d_2)}{30^2+(3d_2)^2} & 1 \end{vmatrix}=0$$

故全圖由兩共軸橢圓所形成。

(18)累共線圖，不定共線圖，聯立共線圖。

複雜算式之不得以單純共線圖表示者，經分解為若干參變方程式後，有時可以若干聯合共線圖表示之。此類共線圖如圖6，圖8圖9圖10所示者謂之累共線圖。

算式中某一種變數之單獨函數衆多時，雖經分解為參變方程式，該變數猶不免分處數式中，則其累共線圖雖可作成，若以之定該變數之値仍有困難，此類共線圖如圖7所示者，謂之不定共線圖。

聯立算式之共線圖，謂之聯立共線圖，圖8，圖9即為聯立共線圖。

26664

19.不定共線圖與聯立共線圖之用法。

單純共線圖與普通累共線圖之用法，不須解說；而不定共線圖與聯立共線圖之功用，則有待闡明。論共線圖之應用時，當知其應用之背景；背景之要點爲：

a.普通共線圖（寬長約一英尺者），精確性在$\frac{1}{500}$與$\frac{1}{100}$之間。

b.共線圖之主要功用，爲解算應用公式。

c.應用問題中未知量之約數，可由別種慣用數量估計之。

d.在實在情形下，應用公式中未知量之變化具有連續性，即別種數量逐漸改變時，所求之未知量，亦逐漸改變。

明乎上列要點，吾人乃可進而推求不定共綫圖與聯立共線圖之用法。

設已知 v 與 w之値，而欲由

$$f(t,u,v)=0 \text{ ———— (a)}$$

$$f(t,u,w)=0 \text{ ———— (b)}$$

兩式決定 t, u 之值。因 v 與 w 爲已知數，由此兩

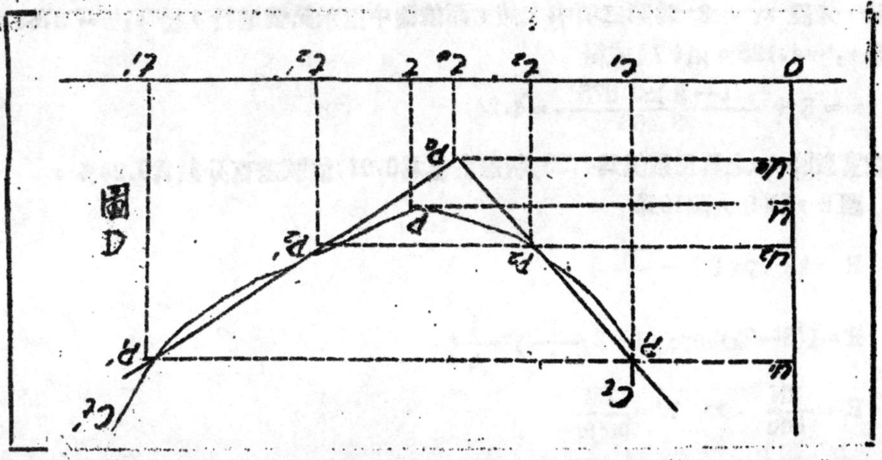

式可作成軌迹Ct，Ct'如D圖所示。其交點P之座標距卽爲所求之t與u之値。若P點未曾作出，可于其接近處作兩平行橫線以與二軌迹相交於P_1，P_1'，P_2P_2'四點；則P_1P_2，$P_1'P_2'$之交點Pa必去P甚近，故Pa之座標距ta，ua卽爲t，u之值。設P_1P_1'之橫座標爲t_1，t_1'；其縱座標爲u_1，P_2P_2'之橫座標爲t_2，t_2'；其縱座標爲u_2。則由相似三角形PaP_2P_1；$P_2P_2'Pa$得

$$\frac{ta-t_1}{ta-t_2}=\frac{ta-t_1'}{ta-t_2'}$$

由此得

$$ta=t_2+\frac{(t_2-t_1)(t_2-t_2')}{(t_1-t_1')-(t_2-t_2')} \text{ ———— (7)}$$

同樣得

$$ua=u_2+\frac{(u_2-u_1)(t_2-t_2')}{(t_1-t_1')-(t_2-t_2')} \text{ ———— (8)}$$

(a)(b)兩式之共線圖可利用以代圖D而依上述關係，推求t與u之類值。其法則爲：

26665

(1)由問題之性質，估計u之數值得u_1

(2)由u_1及已知v與w之值，以兩共線圖決定t之值，得t_1及t_1'。

(3)由u_1，t_1，t_1'三數之值及其他有關之性質，進而修改u_1，而得u_2。

(4)依規則2求t，得t_2及t_2'。或

(3')由u_1，t_1，t_1'三數之值及其他有關之性質，估計t之數值，得t_2。

(4')由t_2及已知v之值，以一圖決定u得u_2，次由u_2與已知w之值，以他圖決定t得t_2'。

(5)以(7)(8)兩式決定t_a與u_a。

(6)設所得t_a與u_a之值似有未當，可以之為近似值，更依規則(1)—(5)另求之。

20. 實例

圖7為

$$x^3+ax^2+bx+c=0$$

之不定共線圖。以此求

$$x^3+15x^2+25x-450=0$$

之實根時，先設 $x_1=8$ 為第三項中之值，而依圖中指示記號進行，得 $x_1'=3.66$。次設 $x_2=5$ 得 $x_2'=4.125$。由(7)式得

$$x=5+\frac{(-3)\times 0.875}{3.465}=4.24$$

詳至三位實數時，x之真正數值為4.23，所差者僅為0.01；故誤差百分數為0.24%。

圖8，圖9，圖10為

$$R=k+np_0\left(2-\frac{1}{k}\right)$$

$$R'=k(3-2k)3np_0\left(1-2\frac{d'}{t}\right)^2\frac{1}{k}$$

$$R=\frac{2N}{btf_c},\quad R'=\frac{12M}{bt^2f_c}$$

之聯立共線圖。核算鋼筋混凝土柱時，須由下兩式 $\frac{2N}{btf_c}=k+np_0\left(2-\frac{1}{k}\right)$

$$\frac{12M}{bt^2f_c}=k(3-2k)+3np_0\left(1-2\frac{d'}{t}\right)^2\frac{1}{k}$$

決定k與f_c之值。但工程師每可由建築物之尺寸，外力之大小，與着力之位置以推斷k之約數。設欲求

b=24 吋，t=24 吋，$\frac{d'}{t}=0.125$，n=5，$p_0=0.040$，N=45000磅，

M=2,240,000吋磅

時之f_c。先設

k=0.5

而由圖8求R得0.5；由是以圖10求f_c得310。此數以記號f_{c1}記之，即

$f_{c1}=310$.

另由圖9求 R' 得 R' =1.67，轉由圖 10 求 fc 得 1160。此數以記號 fc_1' 記之，即

$$fc_1'=1160$$

另設 k=0,35 而復依上法推求，得

$$fc_2=880,\qquad fc_2'=1090$$

依(7)式計算得

$$fc=880+\frac{(570)\ (-210)}{-640}=1067\ 磅/平方吋$$

惟此數是否確當尚不可知；以此由圖10反求R得R=0.145，轉由圖8得k=0.337，轉由圖9得 R'=1.78，由圖10得 fc=1080。以

$$fc_1=1067,\qquad fc_1'=1080$$

與 fc_2 與 fc_2' 合併求 fc 得

$$fc=1079\ 磅/平方吋$$

此與 fc 之正確數 1085 相差為6。本題演算經過可圖表如下：

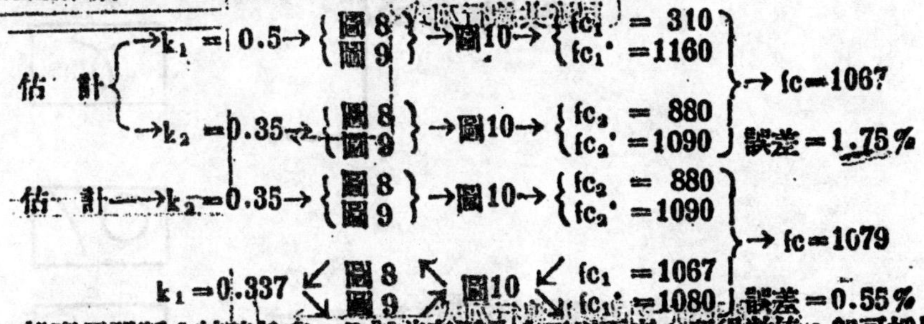

就一般應用問題之精確性言，凡誤差在百分之五以下者，所得數值，即可採用。

21. 結論：

綜合上列各節所得結論如下：

(a)過去各家所論關於共線圖不免片斷而無系統。

(b)本文增廣共線圖之種類，介紹同述共線圖。

(c)本文充實共線圖之理論，並擴充其領域至全部 $F_{1\cdot1\cdot1}=0$ 與 $F_{2\cdot1\cdot1}=0$：

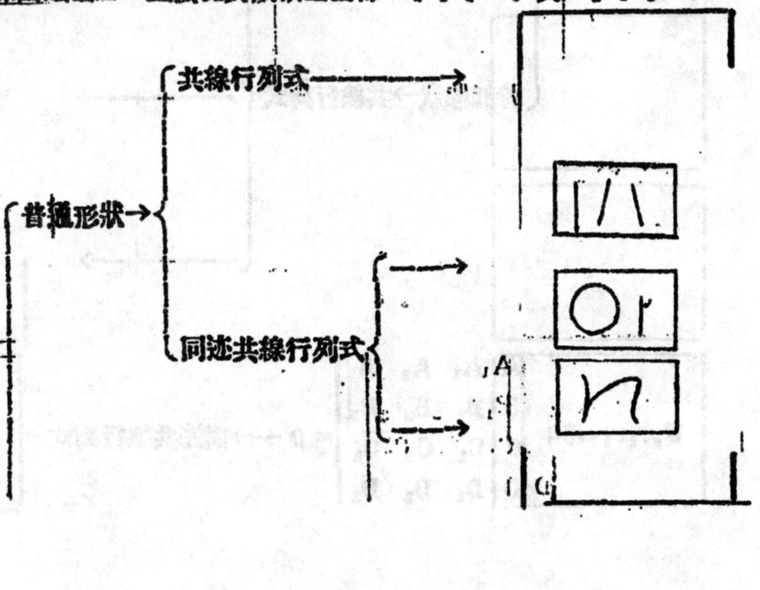

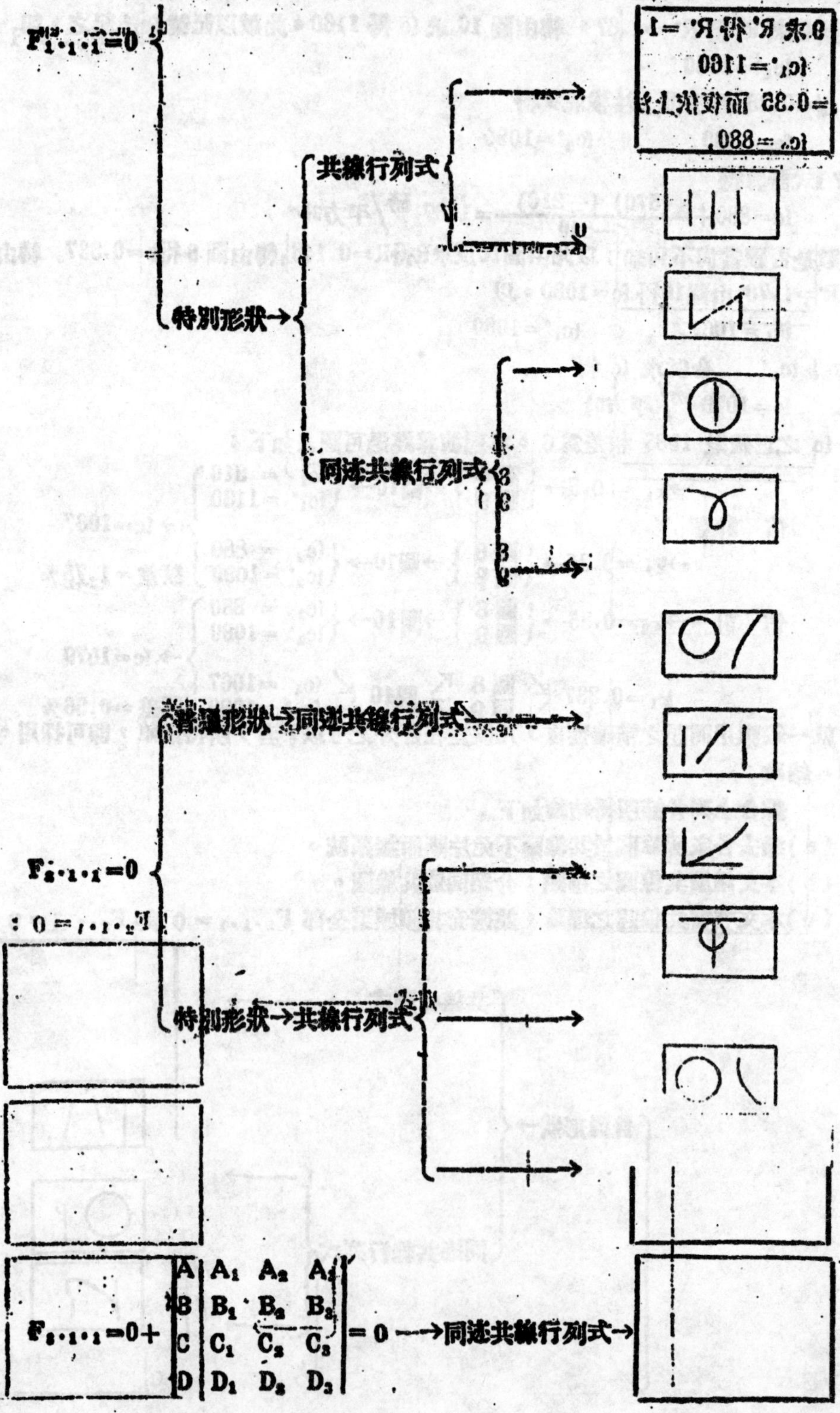
$F_{1\cdot1\cdot1}=0$
共線行列式
特別形狀→
同述共線行列式
普通形狀→同述共線行列式
$F_{2\cdot1\cdot1}=0$
特別形狀→共線行列式
$F_{2\cdot1\cdot2}=0+\begin{vmatrix} A & A_1 & A_2 & A_3 \\ B & B_1 & B_2 & B_3 \\ C & C_1 & C_2 & C_3 \\ D & D_1 & D_2 & D_3 \end{vmatrix}=0$ →同述共線行列式→

26668

(d)本文推廣共線圖之應用：複雜算式，聯立算式可利用共線圖解算之。

丙　附註

註1.：自

$$\begin{vmatrix} x'+x_1'f(t) & x''+x_1''f(t) & x+x_1f(t) \\ y'+y_1'f(u) & y''+y_1''f(u) & y+y_1f(u) \\ z'+z_1'f(v) & z''+z_1''f(v) & z+z_1f(v) \end{vmatrix}$$

逐步推算如下：

$$\begin{vmatrix} x'+x_1'f(t)-\frac{x_1'}{x_1}\{x+x_1f(t)\} & x''+x_1''f(t)-\frac{x_1''}{x_1}\{x+x_1f(t)\} & x+x_1f(t) \\ y'+y_1'f(u)-\frac{x_1'}{x_1}\{y+y_1f(u)\} & y''+y_1''f(u)-\frac{x_1''}{x_1}\{y+y_1f(u)\} & y+y_1f(u) \\ z'+z_1'f(v)-\frac{x_1'}{x_1}\{z+z_1f(v)\} & z''+z_1''f(v)-\frac{x_1''}{x_1}\{z+z_1f(v)\} & z+z_1f(v) \end{vmatrix}=0$$

$$\begin{vmatrix} x' & x'' & \frac{x+x_1f(t)}{x_1} \\ y'+y_1'f(u) & y''+y_1''f(u) & y+y_1f(u) \\ z'+z_1'f(v) & z''+z_1''f(v) & z+z_1f(v) \end{vmatrix}=0$$ （記號未改，意義有別）

$$\begin{vmatrix} x'-\frac{x'}{x''}(x'') & 1 & x+x_1f(t)-\frac{x}{x''}(x'') \\ y'+y_1'f(u)-\frac{x'}{x''}(y''+y_1''f(u)) & \frac{1}{x''}(y''+y_1''f(u)) & y+y_1f(u)-\frac{x}{x''}(y''+y_1''f(u)) \\ z'+z_1'f(v)-\frac{x'}{x''}(z''+z_1''f(v)) & \frac{1}{x''}(z''+z_1''f(v)) & z+z_1f(v)-\frac{x}{x''}(z''+z_1''f(v)) \end{vmatrix}=0$$

$$\begin{vmatrix} 0 & 1 & 0 \\ y'+y_1'f(u) & y''+y_1''f(u) & y+y_1f(u) \\ z'+z_1'f(v) & z''+z_1''f(v) & z+z_1f(v) \end{vmatrix}=0$$ （記號未改，意義有別）

$$\begin{vmatrix} 0 & 1 & x_1f(t) \\ y'+y_1'f(u) & y''+y_1''f(u)-\frac{y_1''}{y_1'}(y'+y_1'f(u)) & y+y_1f(u)-\frac{y_1}{y_1'}(y'+y_1'f(u)) \\ z+z_1'f(v) & z''+z_1''f(v)-\frac{y_1''}{y_1'}(z'+z_1'f(v)) & z+z_1f(v)-\frac{y_1}{y_1'}(z'+z_1'f(v)) \end{vmatrix}=0$$

$$\begin{vmatrix} 0 & 1 & x_1f(t) \\ y'+y_1'f(u) & y'' & y \\ z'+z_1'f(v) & z''+z_1''f(v) & z+z_1f(v) \end{vmatrix}=0$$ （記號未改，義意不同）

$$\begin{vmatrix} 0 & 1 & \frac{x_1}{x_1}f(t) \\ \frac{x_1}{y}(y'+y_1'f(u)) & \frac{y''}{x_1y_1'} & \frac{y}{x_1}-\frac{y}{y} \\ \frac{y}{x_1y_1'}\{z'+z_1'f(v)\} & z''+z_1''f(v) & \frac{1}{x_1}\{z+z_1f(v)\} \end{vmatrix}=0$$

26669

$$\begin{vmatrix} 0 & \ldots & \ldots \\ Y'+f(u) & Y'' & 1 \\ Z'+Z_1'f(v) & Z''+Z_1''f(v) & Z+Z_1f(v) \end{vmatrix}=0$$

註 2：代入其他等量得

$$Y'-Y''Z_1'=C_u$$
$$Z_1'+C_t\,Y'=K_v$$
$$C_vY'-Y''Z'=K_t$$
$$Z'+k_1Y'=c$$

由前二式消去 Z_1' 得 $Y''=\dfrac{C_u+Y'}{C_t\,Y'-K_v}$

由後二式消去 Z' 得 $Y''=\dfrac{K_t-C_vY'}{K_u\,Y'-C}$

於是得 $(Y')^2(C_t\,C_v-K_u)+Y'(C-C_uK_u-C_t\,K_t+C_vK_v)+(K_t\,K_v+C\,C_u)=0$

解 Y' 之二次方程式得

$$Y'=\frac{C_t\,K_t+C_v\,K_v-C_u\,K_u-C\pm\sqrt{\triangle}}{2(C_t\,C_v-K_u)}$$

註 3：(4.1)式之推演步驟如下：

$$0=\begin{vmatrix} f_1(t) & -f_2(t) & 1 \\ x'+x_1'f(u)+x_2'\{f(u)\}^2 & x''+x_1''f(u)+x_2''\{f(u)\}^2 & x+x_1f(u)+x_2\{f(u)\}^2 \\ x'+x_1'f(v)+x_2'\{f(v)\}^2 & x''+x_1''f(v)+x_2''\{f(v)\}^2 & x+x_1f(v)+x_2\{f(v)\}^2 \end{vmatrix}=0$$

$$\begin{vmatrix} f_1(t) & -f_2(t) & 1 \\ x_1'+x_2'\{f(u)+f(v)\} & x_1''+x_2''\{f(u)+f(v)\} & x_1+x_2\{f(u)+f(v)\} \\ x'+x_1'f(v)+x_2'\{f(v)\}^2 & x''+x_1''f(v)+x_2''\{f(v)\}^2 & x+x_1f(v)+x_2\{f(v)\}^2 \end{vmatrix}\{f(u)-f(v)\}=0$$

$$0=\begin{vmatrix} f_1(t) & -f_2(t) & 1 \\ x_1'+x_2'\{f(u)+f(v)\} & x_1''+x_2''\{f(u)+f(v)\} & x_1+x_2\{f(u)+f(v)\} \\ x'-x_2'f(u)f(v) & x''-x_2''f(u)f(v) & x-x_2f(u)f(v) \end{vmatrix}\{f(u)-f(v)\}=0$$

展開得(4.1)式

註 4：(5.1)式之推演步驟如下：

$$\begin{vmatrix} x'+x_1'f(t)+x_2'\{f(t)\}^2+x_3'\{f(t)\}^3 & F_2(t) & F(t) \\ x'+x_1'f(u)+x_2'\{f(u)\}^2+x_3'\{f(u)\}^3 & F_2(u) & F(u) \\ x'+x_1'f(v)+x_2'\{f(v)\}^2+x_3'\{f(v)\}^3 & F_2(v) & F(v) \end{vmatrix}=0$$

$$\begin{vmatrix} x_1'+x_2'\{f(t)+f(v)\}+x_3'[\{f(t)\}^2+f(t)f(v)+\{f(v)\}^2] & F_2(t,v) & F(t,v) \\ x_1'+x_2'\{f(u)+f(v)\}+x_3'[\{f(u)\}^2+f(u)f(v)+\{f(v)\}^2] & F_2(u,v) & F(u,v) \\ x'+x_1'f(v)+x_2'\{f(v)\}^2+x_3'\{f(v)\}^3 & F_2(v) & F(v) \end{vmatrix}\{f(t)-f(v)\}\{f(u)-f(v)\}=0$$

26670

$$\begin{vmatrix} x_2'+x_3'[f(t)+f(u)+f(v)] & F_2(t,u,v) & F(t,u,v) \\ x_1'+x_2'\{f(u)+f(v)\}+x_3'[\{f(u)\}^2+f(u)f(v)+\{f(v)\}^2] & F_2(u,v) & F(u,v) \\ x'+x_1'f(v)+x_2'\{f(v)\}^2+x_3'\{f(v)\}^3 & F_2(v) & F(v) \end{vmatrix}$$

$$\{f(t)-f(v)\}\{f(u)-f(v)\}\{f(t)-f(u)\}=0$$

$$\begin{vmatrix} x_2'+x_3'[f(t)+f(u)+f(v)] & F_2(t,u,v) & F(t,u,v) \\ x_1'+x_2'[f(u)+f(v)]+x_3'[\{f(u)\}^2+f(u)f(v)+\{f(v)\}^2] & F_2(u,v) & F(u,v) \\ x'-x_2'f(u)f(v)-x_3'f(u)f(v)\{f(u)+f(v)\} & F_2(u,v) & F(u,v) \end{vmatrix}=0$$

$$\begin{vmatrix} x_2'+x_3'[f(t)+f(u)+f(v)] & F_2(t,u,v) & F(t,u,v) \\ x_1'+x_2'f(u)+x_3'[\{f(u)\}^2-f(t)f(v)] & F_2(t,u,v) & F(t,u,v) \\ x'+x_3'f(t)f(u)f(v) & F_2(t,u,v) & F(t,u,v) \end{vmatrix}=0$$

$$\begin{vmatrix} x_2'+x_3'[f(t)+f(u)+f(v)] & F_2(t,u,v) & F(t,u,v) \\ x_1'-x_3'[f(t)f(u)+f(t)f(v)+f(u)f(v)] & F_2(t,u,v) & F(t,u,v) \\ x'+x_3'f(t)f(u)f(v) & F_2(t,u,v) & F(t,u,v) \end{vmatrix}=0$$

$$\begin{vmatrix} \frac{x_2'}{x_3'}-\frac{x_2}{x_3} & \frac{x_2''}{x_3''}-\frac{x_2}{x_3} & \frac{x_2}{x_3}+\{f(t)+f(u)+f(v)\} \\ \frac{x_1'}{x_3'}-\frac{x_1}{x_3} & \frac{x_1''}{x_3''}-\frac{x_1}{x_3} & \frac{x_1}{x_3}-\{f(t)f(u)+f(t)f(v)+f(u)f(v)\} \\ \frac{x'}{x_3'}-\frac{x}{x_3} & \frac{x''}{x_3''}-\frac{x}{x_3} & \frac{x}{x_3}+f(t)f(u)f(v) \end{vmatrix}=0$$

展開得 (5.1) 式。

註5：(6.1) 式之推演步驟如下：

$$\begin{vmatrix} \frac{f_1(t)}{f(t)} & \frac{f_2(t)}{f(t)} & 1 \\ \frac{f_2(u)}{f_1(u)} & \frac{f_1(u)}{f_2(u)} & 1 \\ \frac{f_2(v)}{f_1(v)} & \frac{f_1(v)}{f_2(v)} & 1 \end{vmatrix}=0$$

$$\begin{vmatrix} \frac{f_1(t)}{f(t)} & \frac{f_2(t)}{f(t)} & 1 \\ \left[\frac{f_2(u)}{f_1(u)}\right]^2 & 1 & \frac{f_2(u)}{f_1(u)} \\ \left[\frac{f_2(v)}{f_1(v)}\right]^2 & 1 & \frac{f_2(v)}{f_1(v)} \end{vmatrix}=0$$

$$\begin{vmatrix} \frac{f_1(t)}{f(t)} & \frac{f_2(t)}{f_1(t)} & 1 \\ \frac{f_2(u)}{f_1(u)}+\frac{f_2(v)}{f_1(v)} & 0 & 1 \\ \left[\frac{f_2(v)}{f_1(v)}\right]^2 & 1 & \frac{f_2(v)}{f_1(v)} \end{vmatrix}\left\{\frac{f_2(u)}{f_1(u)}-\frac{f_2(v)}{f_1(v)}\right\}=0$$

$$\left|\begin{array}{ccc} \frac{f_1(t)}{f(t)} & \frac{f_2(t)}{f(t)} & 1 \\ \frac{f_2(u)}{f_1(u)} + \frac{f_2(v)}{f_1(v)} & 0 & 1 \\ \frac{f_2(u)f_2(v)}{f_1(u)f_1(v)} & 1 & 0 \end{array}\right| = 0$$

$$\left|\begin{array}{ccc} f_1(t) & f_2(t) & f(t) \\ f_1(u)f_2(v)+f_2(u)f_1(v) & 0 & f_2(u)f_2(v) \\ -f_2(u)f_2(v) & f_1(u)f_1(v) & 0 \end{array}\right| = 0$$

展開得(6.1)式

註6：

由　$x_1x_2''-x_2x_1''=A_2$　　　　$x'x_2''-x_2x''=A_1$

消去x''得

$x'(x_1''x_2'-x_1'x_2'')=A_1x_1-Ax_2'=x'A_2$

故　$Ax_2'-A_1x_1'+A_2x'=0$ ……………………(A')

同樣由該二式消去x'得

$Ax''_2-A_1x''_1+A_2x''=0$ ……………………(A'')

依同法由其他各式得

$Bx_2-B_1x_1+B_2x=0$ ————————(B)

$Bx''_2-B_1x_1''+B_2x''=0$ ————————(B'')

$Cx_2-C_1x_1+C_2x=0$ ————————(C)

$Cx_2'-C_1x_1'+C_2x'=0$ ————————(C')

由(B)(C)得$\frac{x}{x_2}$，$\frac{x_1}{x_2}$；由(A')(C')得$\frac{x'}{x_2'}$，$\frac{x_1'}{x_2'}$；由(A'')(B'')得$\frac{x''}{x_2''}$，$\frac{x_1''}{x_2''}$。

寫　$x_2'x_1''-x_1''x_2''=A_2$，　$x_1x_2''-x_2x_1''=B_2$，　$x_1x_2'-x_2x_1'=C_2$

爲　$x_2'x_2''\left(\frac{x_1''}{x_2''}-\frac{x_1'}{x_2'}\right)=A_2$，$x_2x_2''\left(\frac{x_1}{x_2}-\frac{x_1''}{x_2''}\right)=B_2$，$x_2x_2'\left(\frac{x_1}{x_2}-\frac{x_1'}{x_2'}\right)=C_2$

則　$\frac{x_2''}{x_2'}$，$\frac{x_2''}{x_2}$可立即求得。

註7：由

$$\left|\begin{array}{cccc} A_2l_1'-A_3l' & Al_1'-A_1l' & A_3l-A_2l_1 & A_1l-Al_1 \\ B_2l_1'-B_3l' & Bl_1'-B_1l' & B_3l-B_2l_1 & B_1l-Bl_1 \\ C_2l_1'-C_3l' & Cl_1'-C_1l' & C_3l-C_2l_1 & C_1l-Cl_1 \\ D_2l_1'-D_3l' & Dl_1'-D_1l & D_3l-D_2l_1 & D_1l-Dl_1 \end{array}\right| = 0$$

逐步推演，

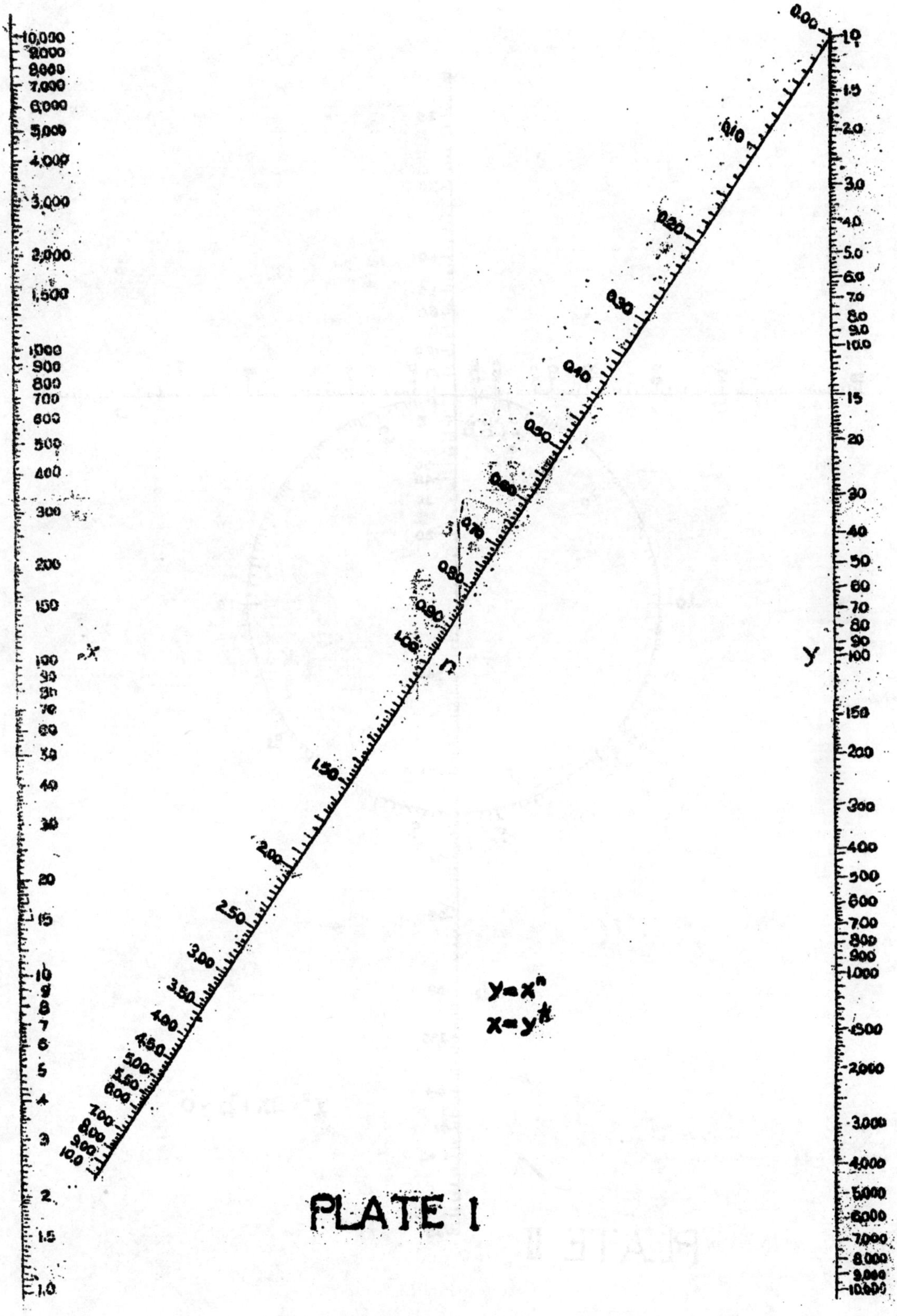

PLATE I

26673

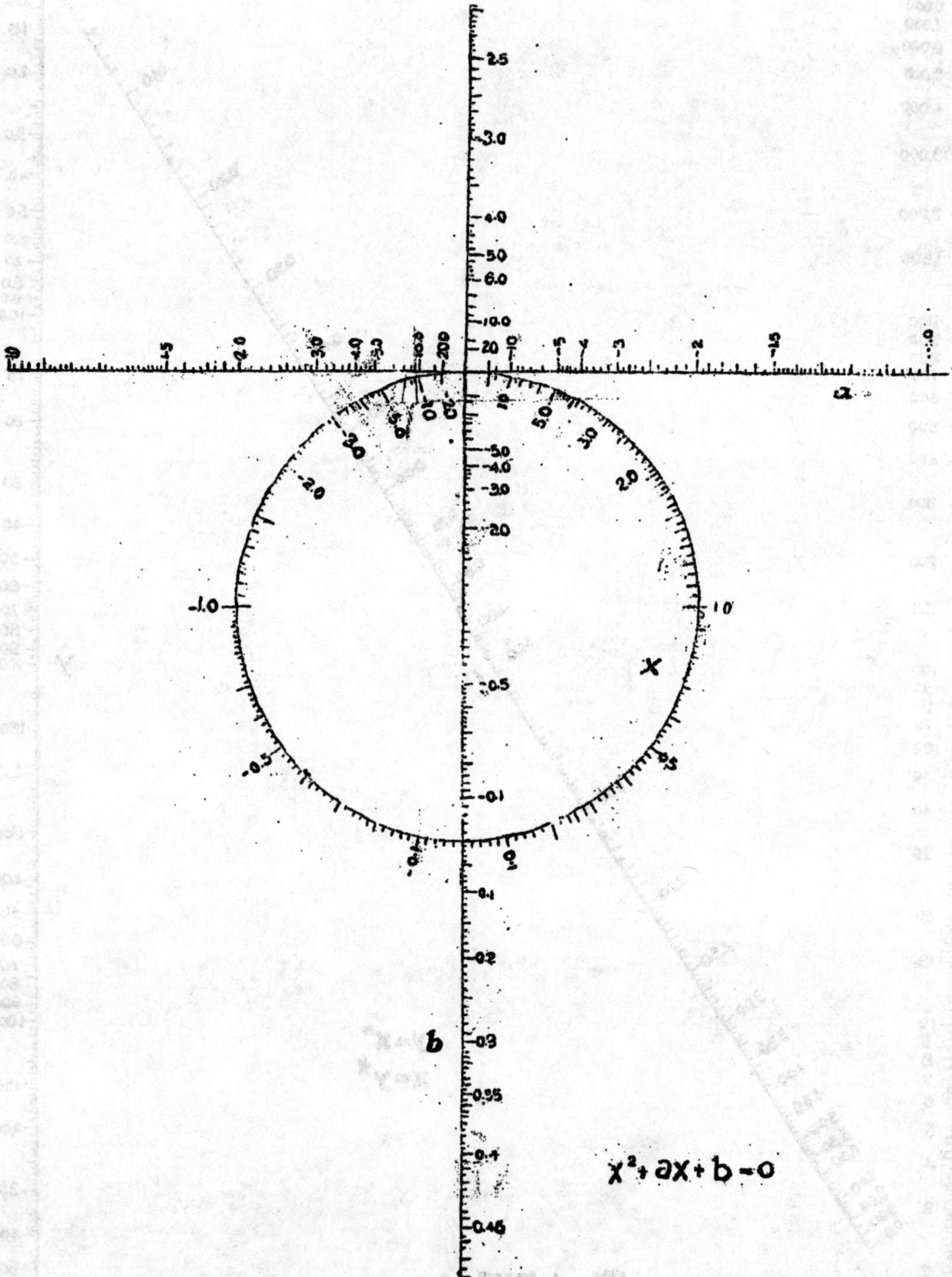

PLATE II

26674

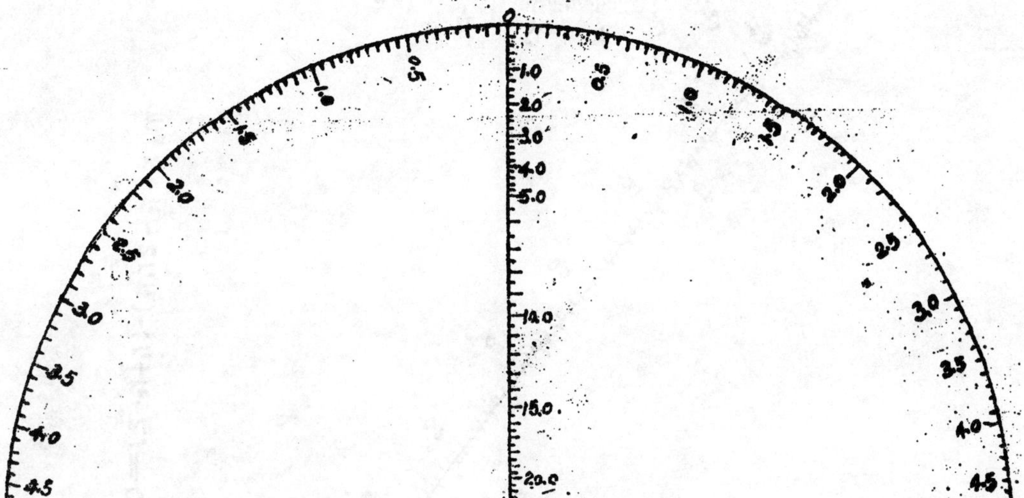

PLATE III

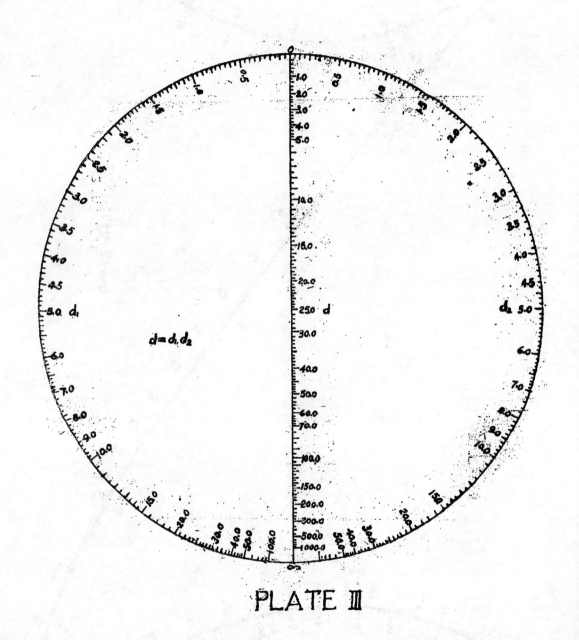

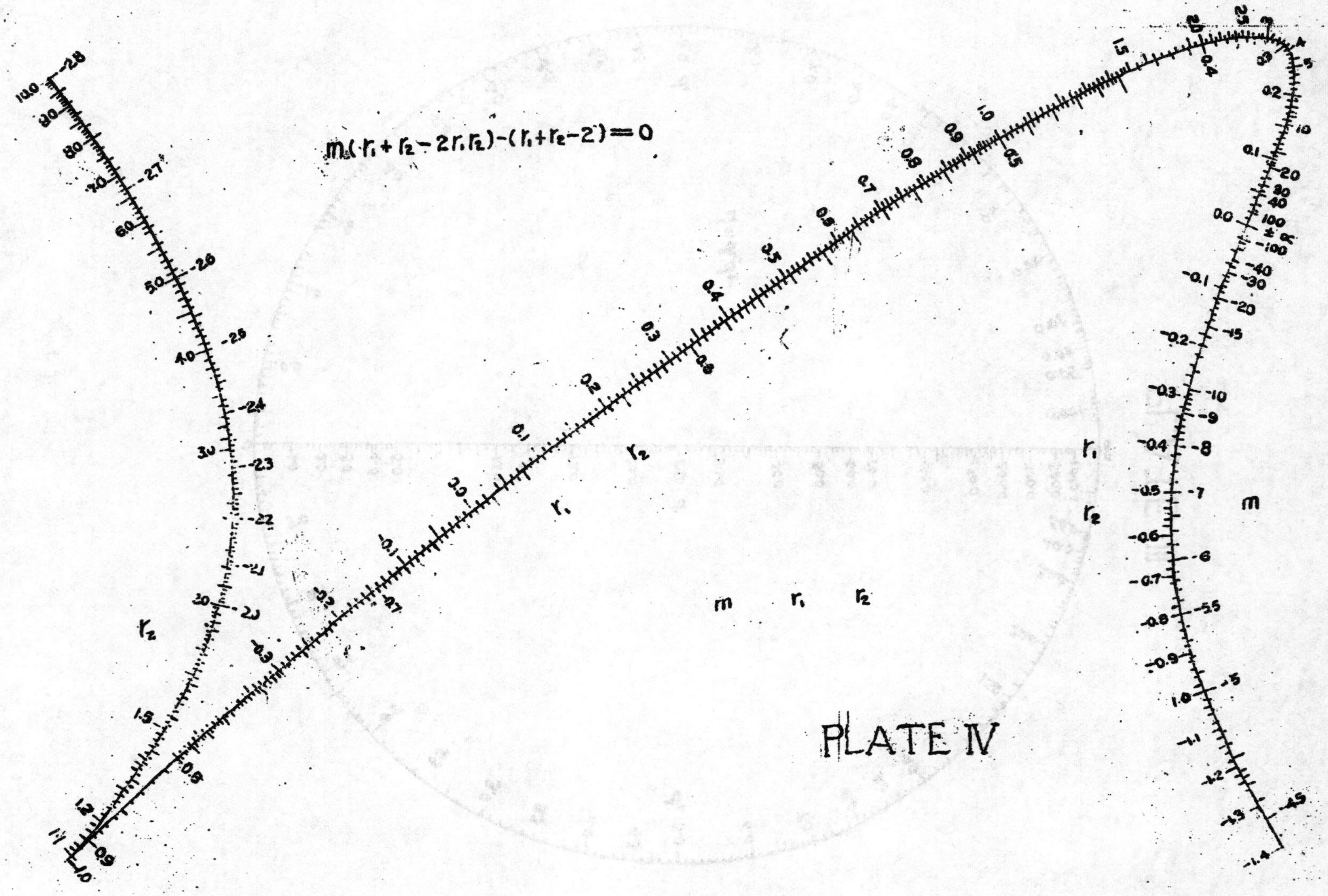

PLATE IV

26676

PLATE V

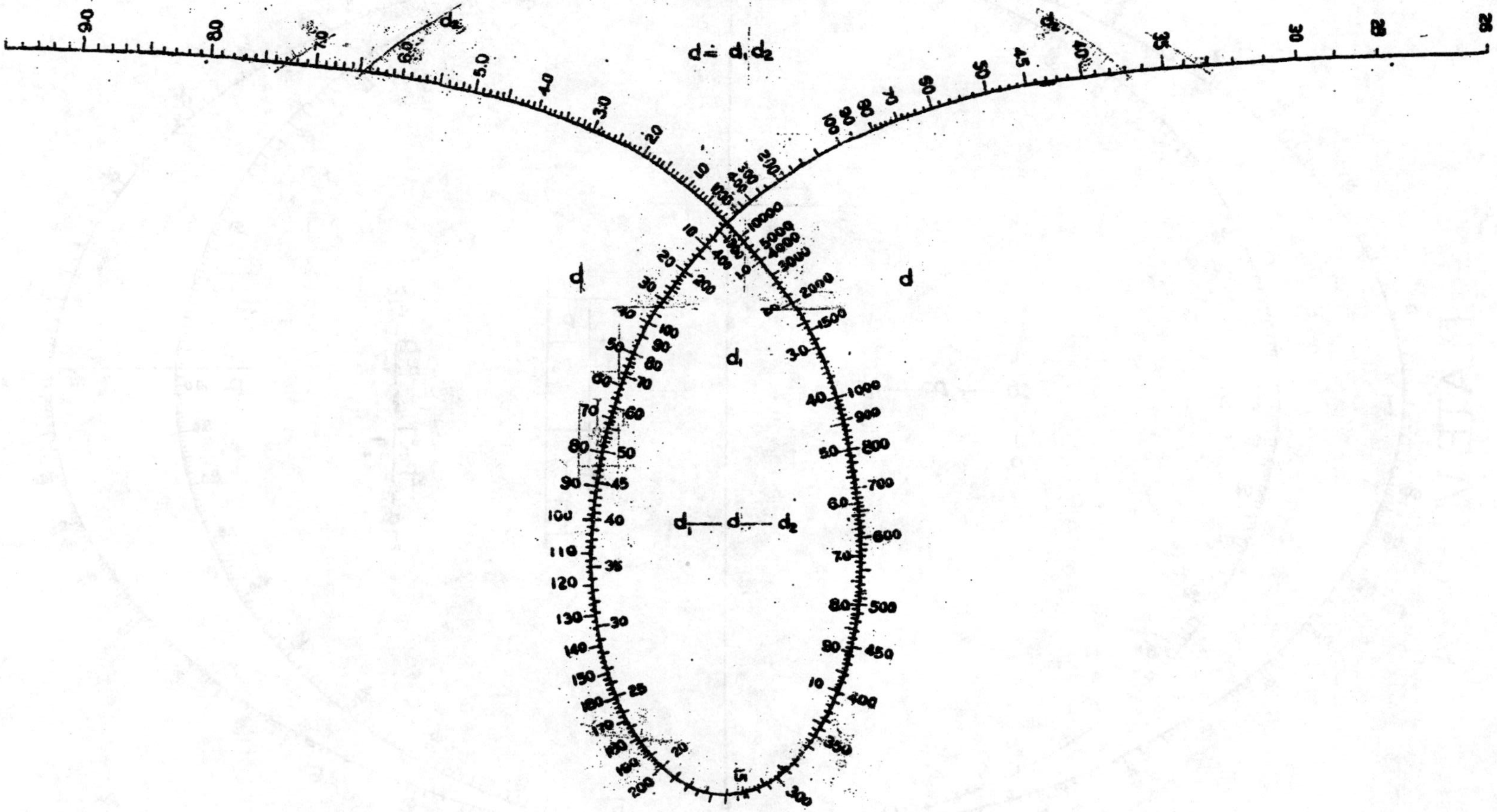

26677

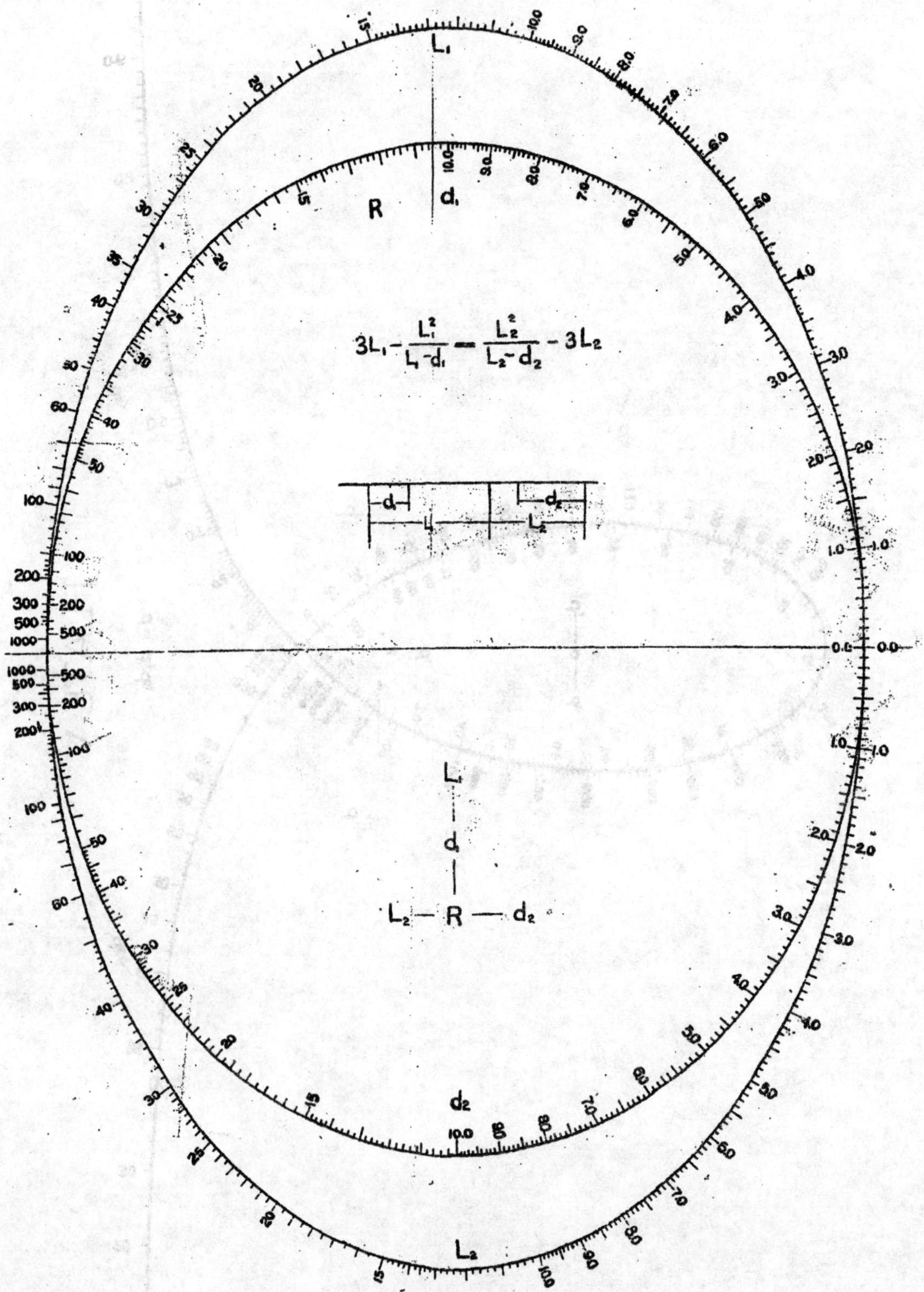

PLATE VI

26678

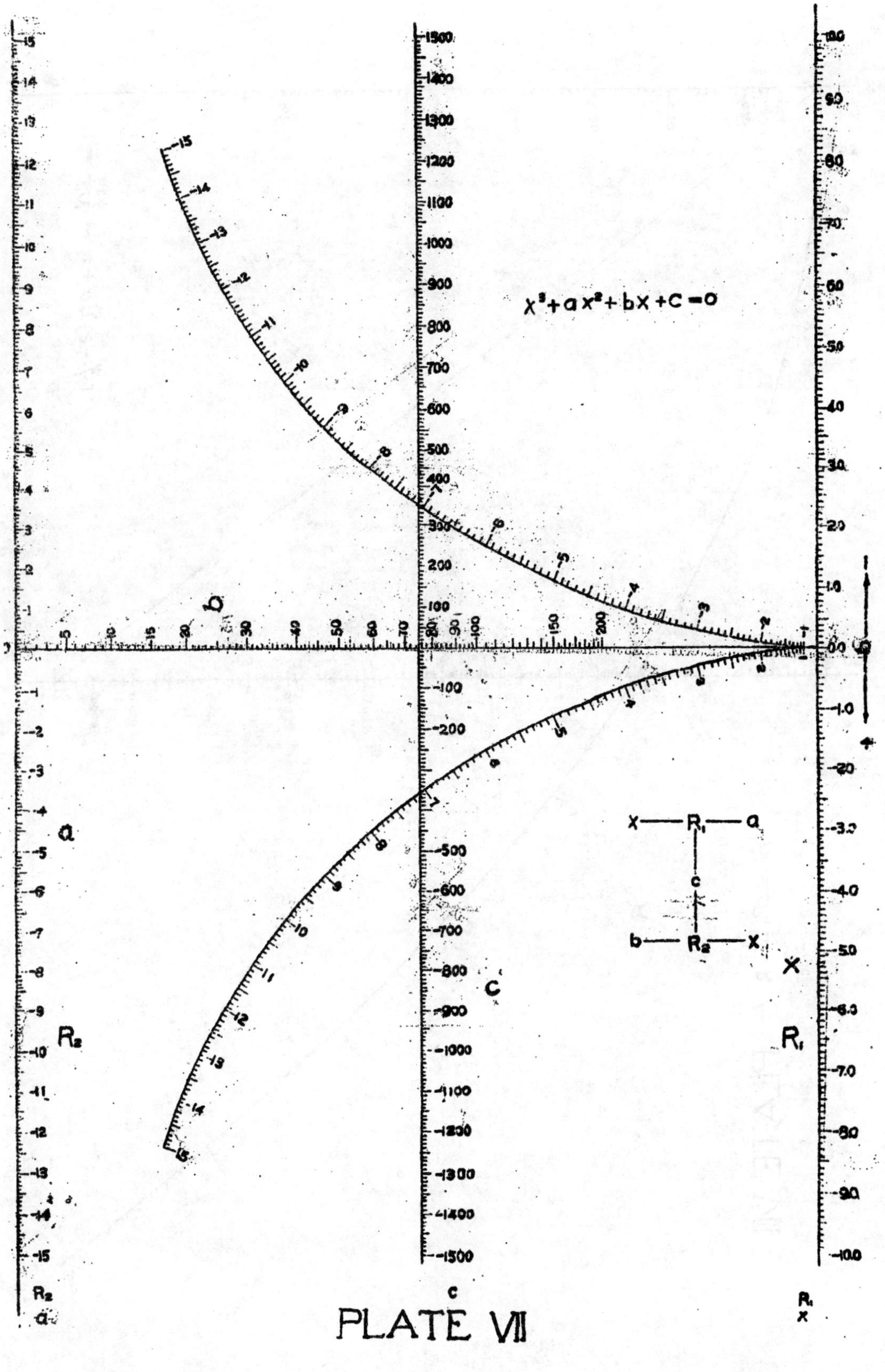

PLATE VII

26679

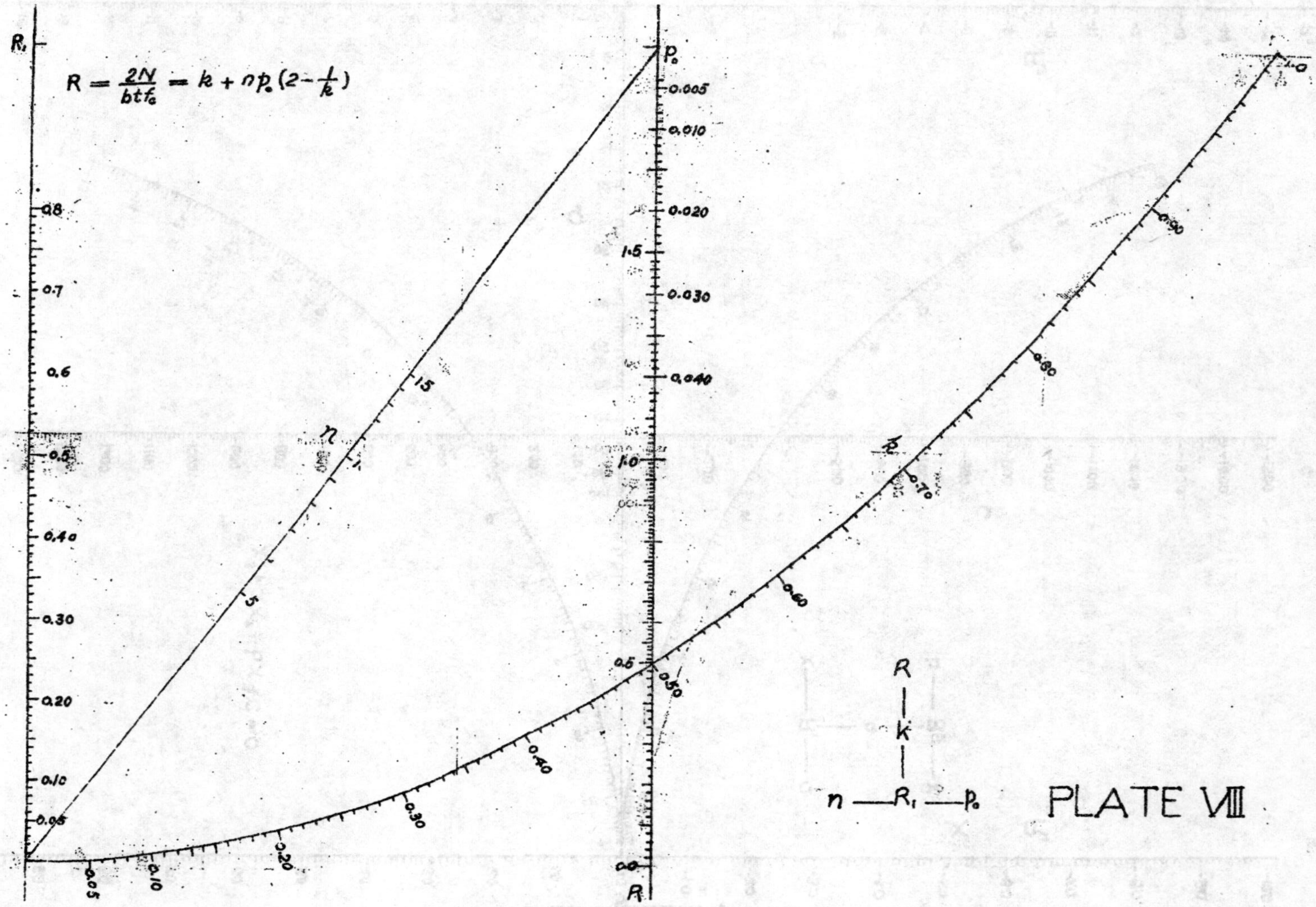

PLATE VIII

26680

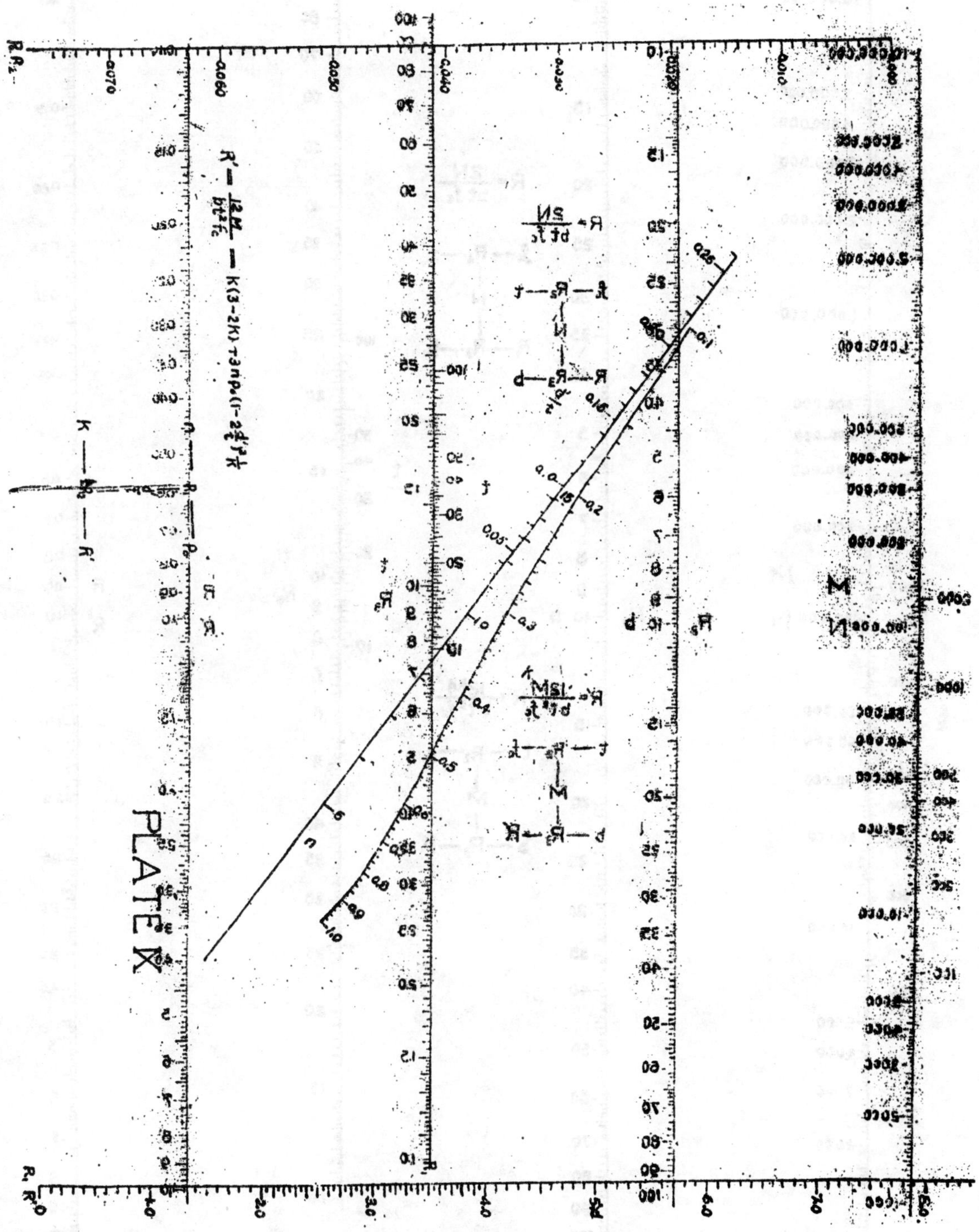

PLATE X

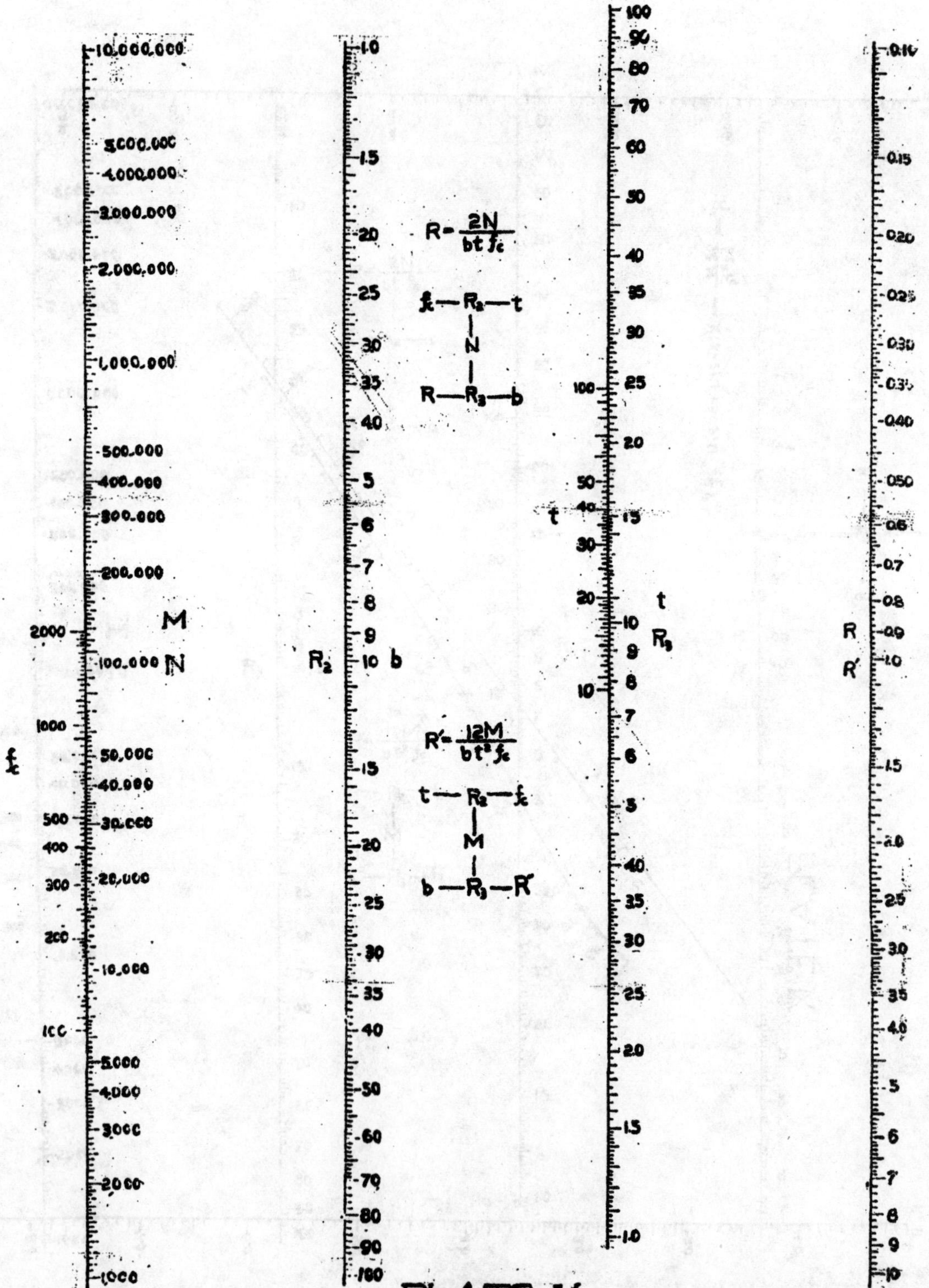

PLATE X

26682

$$\begin{vmatrix} A_2-A_3\frac{l'}{l_1} & A-A_1\frac{l'}{l_1} & A_3\frac{l}{l_1}-A_2 & A_1\frac{l}{l_1}-A \\ B_2-B_3\frac{l'}{l_1} & B-B_1\frac{l'}{l_1} & B_3\frac{l}{l_1}-B_2 & B_1\frac{l}{l_1}-B \\ C_2-C_3\frac{l'}{l_1} & C-C_1\frac{l'}{l_1} & C_3\frac{l}{l_1}-C_2 & C_1\frac{l}{l_1}-C \\ D_2-D_3\frac{l'}{l_1} & D-D_1\frac{l'}{l_1} & D_3\frac{l}{l_1}-D_2 & D_1\frac{l}{l_1}-D \end{vmatrix}=0$$

$$\begin{vmatrix} A_3\left(\frac{l}{l_1}-\frac{l'}{l_1}\right) & A_1\left(\frac{l}{l_1}-\frac{l'}{l_1}\right) & A_3\frac{l}{l_1}-A_2 & A_1\frac{l}{l_1}-A \\ B_3\left(\frac{l}{l_1}-\frac{l'}{l_1}\right) & B_1\left(\frac{l}{l_1}-\frac{l'}{l_1}\right) & B_3\frac{l}{l_1}-B_2 & B_1\frac{l}{l_1}-B \\ C_3\left(\frac{l}{l_1}-\frac{l'}{l_1}\right) & C_1\left(\frac{l}{l_1}-\frac{l'}{l_1}\right) & C_3\frac{l}{l_1}-C_2 & C_1\frac{l}{l_1}-C \\ D_3\left(\frac{l}{l_1}-\frac{l'}{l_1}\right) & D_1\left(\frac{l}{l_1}-\frac{l'}{l_1}\right) & D_3\frac{l}{l_1}-D_2 & D_1\frac{l}{l_1}-D \end{vmatrix}=0$$

$$\begin{vmatrix} A_3 & A_1 & A_3\frac{l}{l_1}-A_2 & A_1\frac{l}{l_1}-A \\ B_3 & B_1 & B_3\frac{l}{l_1}-B_2 & B_1\frac{l}{l_1}-B \\ C_3 & C_1 & C_3\frac{l}{l_1}-C_2 & C_1\frac{l}{l_1}-C \\ D_3 & D_1 & D_3\frac{l}{l_1}-D_2 & D_1\frac{l}{l_1}-D \end{vmatrix}=0$$

$$\begin{vmatrix} A & A_1 & A_2 & A_3 \\ B & B_1 & B_2 & B_3 \\ C & C_1 & C_2 & C_3 \\ D & D_1 & D_2 & D_3 \end{vmatrix}=0.$$

註八：若 $k+k_1f(t)+k_2\{f(t)\}^2=0$ 無有實根則其值恒為正數或恒為負數。故除 $f(t)=\pm\infty$ 外，

$$X=\frac{k'+k_2'\{f(t)\}^2}{k+k_1f(t)+k_2\{f(t)\}^2},\qquad Y=\frac{k''+k_2''\{f(t)\}^2}{k+k_1f(t)+k_2\{f(t)\}^2},$$

之值均不得中途升至無限大而後再降至普通數值，則其軌迹之形狀可以想見。

—完—

我國戰時公路船渡之設施

李學海

一、緒言

公路之船渡，在往昔本爲未建橋前之一種臨時辦法。惟在抗戰期中，正橋之建築缺乏材料，而在頻繁之空襲下復易遭炸毁；轉不如船渡之建造迅速，運用靈便，且材料多係國產，對空襲目標亦較隱蔽；故各大橋樑迭遭轟炸後，成賴渡船以維交通而防空襲；凡未建正橋而不易興建之大渡口，則加强原有設備，密備應用器材；已建正橋而工程浩大毁壞後不易修復者，則增建船渡設備，充實渡河效能。惟我國船渡工程，多沿舊法，未知改良，當茲舶來材料與機械購運萬分困難之際，欲就國產工料，設法改進，急待解決之問題實多。國內外公路船渡足供參考之資料既少，而記載又復闕如，故作者特就國有公路船渡之實施情形，加以檢討，聊供研究抗戰交通者之一助耳。

二、配備情形

公路船渡之設備，應根據歷來部頒及省訂各項標準及辦法並參照現實需要情形，以及經濟能力與時間限制所許可者而實施。

重要公路之幹綫渡口，至少每小時須能單向渡車15輛，或每日單向渡車150輛，支綫渡口，至少每小時須能單向渡車10輛，或每日單向渡車100輛，如待渡車輛特多時，更應設法增高渡車效率，以免積車。

（甲）板划——平均板划單向過渡，每次所需時間，約爲20分鐘，每小時每只板划單向可渡三次，又平均每日過渡時間約爲10小時，故每日每只雙車大板划，單向可渡車60輛，單車小板划，單向可渡車30輛，幹綫渡口，至少須有雙車大板划6隻，或單車小板划12只，支綫渡口，至少須有雙車大板划4只，或單車小板划8只；此外尚須另備半數，預防板划損壞，修理，冲失，炸毁等意外時應用；其最少数，每渡應爲4隻。渡口板划普通須爲能承載大貨車兩輛之雙車大板划惟在河道綫狹，航行困難之處，其容量得酌量減少，而用單車小板划。普通多用木筏，淺水河流亦可用竹筏。

（乙）汽划——所有河寬流急，過渡困難之渡口，均須備有汽划，以便大水時拖曳板划過渡，而節省人力與時間，並增進過渡安全程度，其所需數量，應足敷拖帶實需板划隻數。並略加預備數，以備不虞，其最少數每渡應爲兩隻。

（丙）浮便橋——各大渡口均須建築正式活動浮橋一道，各次要渡口均須建築浮便橋一道，以備萬一正橋發生障礙時，立可改由浮便橋通車，交通不致受阻。其餘普通渡口，在施工可能範圍以內，均應各有浮橋一道，並應一律加建預備座船，以防浮便橋炸毁，或冲斷時立可修復。

（丁）碼頭——每只板划，單向每小時需靠岸3次，幹綫渡口，3隻大板划，每小時共

26684

需靠岸9次，支線渡口，2隻大板划，每小時共需靠岸6次；假定每座碼頭，每小時可靠船4$\frac{1}{2}$至6次之多，則幹線單向共需碼頭2座，雙向共需碼頭2對，支線單向共需碼頭1座，雙向共需碼頭1對。

渡口如因地形所限，不能多建碼頭時，至少須有碼頭一對，並須加寬至12公尺左右，以便同時可靠渡船二隻。

高水位機會較中低水位爲少，故高水位碼頭，若須與中低水位碼頭分別另建時，所需數量，可較中低水位爲少，惟至少須有一對。

（戊）躉船——所有碼頭水淺，渡船不易靠岸之渡口，均須備有躉船，以便高低水位時，渡船均可靠躉，其數量應二倍於所需碼頭之對數，再加一以備換修之用。

（己）平台，引橋，跳板，——水位變遷甚大而碼頭坡度甚平時，用活動平台（不用躉船）其數量爲每岸一座，與所需碼頭座數相同；水位變遷不大，渡船難於靠岸時，內用聯岸引橋，外用聯躉船跳板（與躉船並用）岸其所需數量，爲每岸一座，與所需碼頭座數相同，碼頭坡度較陡，渡船易於靠岸時，用普通跳板，其數量（副數）應二倍於所需碼頭之座數，一半爲實需數，一半爲預備數。

（庚）停車場——各大渡口兩岸，須就隱蔽處所，各闢停車場一處至數處，以便候車及修車之用。並須開闢兩段以上之岔道，與公路之輻射路或環形路溝通，以便車輛可以臨時疏散。

（辛）轉車坪——各大渡口，須在每岸靠江處建造迴車場一處至數處，以便迴車之用。

（壬）碼頭標誌——渡口兩端，離岸20至30公尺處，須於碼頭旁，建立碼頭標誌，限制汽車之安全載重及速度，並於附近一帶，建指示路牌，以便汽車及行人過渡之用。

（癸）交通管制，渡口管理，蓄備器材等；——各大渡口，對於交通管制，渡口管理，蓄備器等事項，均須有專人指揮負責，積極進行，並應酌備防空救護消防夜渡等設備。

（癸$_1$）渡具及員工——每一渡口，須酌備民船，鋼索竹纜大小棕繩，縴索，鐵錨，錨鏈，大小槳，篙竿，汽油燈，馬燈，配件，燃料等物。

每一渡口須有一人至數人負責管理。

每一渡口須有渡伕一班至數班，担任划船打水救護，並協助搶修班，搶修一切渡船道路工程，每班設一班長，每數班設一總班長，渡船如用汽划拖曳，每船至少須有渡伕10人，不用汽划時，視水流之緩急班每船須有10至20人

每一渡口，須有搶修一班至兩班，担任搶修船渡道路工程。

技工須有監工，大車，大副，機匠，副匠，船匠等。

伕役須有水手，小工，渡警，工役等。

（癸$_2$）水利設備——凡過渡場上游水急處，應築透水垻以減小流速，或在渡場下適當地點，建擋水垻以蓄水濟渡。

（癸$_3$）繫留渡（卽飛橋渡），滑綱渡（卽乘流渡），繰綱渡（卽曳索渡或牽纜渡）——此項渡口，適用於河流險峻，不易划渡之處，利用張綱纜索，以增加過曳效力，惟施行較爲困難，偶一不慎，立生危險，非有相當之技術與訓練，不可冒然從事，當茲汽油燃料供不應求之際，汽划拖曳，耗費蒿分，苟能試用此種索渡方法，對於抗戰期中之船渡交通，定能

裨益不少也。

（癸4）吊車渡（River Transpoter Ferry）用於兩岸險峻，大水時期，水位變遷甚大，汽划不能應用之渡口。

汽車一輛，裝於鋼製運車箱內。

運車箱，用兩個滾輪，下裝規軸及橡皮軟墊岸，吊於兩根互相平行之粗鋼絲細天索上。

兩根天索，中距6公尺，錨着於設置岸上之鋼搭架或錨碇上。

另製機器搖車一架，絞動該搖車時，運車箱卽往來於兩岸間。

載重能力爲1噸重之汽車一輛。

行駛速度，爲4分鐘內可經行350公尺。

工作人員，祇有司機二人，一人管機器搖車，一人管運車箱。

此項設備，對於運貨及渡車，至爲迅速，惜我國尙未能採用，竊以爲各大公路渡口，均宜設置一座，以備萬一。

（癸5）橋渡兼籌方法：

綜觀各種船渡設備，對於抗戰交通方面，固較橋樑爲優，惟當船渡發生事變，失其效用時，橋樑仍爲替代船渡之惟一交通工具，故船渡與橋樑二者，實有輔車相依唇亡齒寒之關係，在抗戰期中，非將各重要渡河點之橋梁與船渡設備，同時加强，多籌渡河對策，不足以維持後方交通應付一切也。

三、載重標準

（甲）雙車大板划須能安全承載10公噸之大貨車兩輛，或15公噸之大貨車一輛。

（乙）單車小板划，須能安全承載10公噸之大貨車一輛。

（丙）輕載浮橋，須能安全承載橋樑設計所規定之標準，5公噸至6公噸聯合貨車。

（丁）重載浮橋，須能安全承載橋樑設計所規定之標準，10公噸至15公噸聯合貨車。

（戊）躉船引橋平台跳板等，均應能安全承載橋樑設計所規定之標準，15公噸聯合貨車。

此項標準，對於一切現行軍用車輛及器械，均可安全承載。（如拖車上裝唐克車，及牽行車，曳大砲車之類）。

關於軍用車輛之詳細標準載重，以及排列情形，可參閱美國Engineerina News-Record第一二四卷第三期Roads forz National Defence專號。

四、工程準則

（甲）碼頭

（子）渡船碼頭——渡船碼頭地位，應擇河流峽後或有迴流之處，俾渡船易於停泊，並須適合各級水位，俾水位漲落時，大小車輛均得通過，渡口附近如有正橋及浮便橋，應將渡船碼頭設在下游，以免萬一船只冲走後，有橫撞橋樑等物之危險。

普通高中低水位渡船碼頭，以在同一坡道上爲最經濟，而最便利，然有時爲地形所限，原有中低水位碼頭上端，未能高出高水位以上，致遇大水時，全部碼頭淹沒水中，渡船無法

26686

靠岸，此時非擇其他適當地點另建高水位碼頭，不得不將中低水位碼頭與高水位碼頭分開；每一大渡口至少須有碼頭兩對，以備不虞；其中至少須有一對，可於高水位時應用。

碼頭如有兩對以上時須互相隔開相當距離，以防擺渡時，渡船易於互撞，發生危險，並使遭遇空襲時，不至集団被炸。

坡道應選用直線，如爲地形所限，須用灣道時，其曲線半徑，不得少於50公尺。

坡道之坡度須盡量做大，俾（甲）跳板長度減少，（乙）碼頭不易被大水淹沒，（丙）渡船易於靠岸。在最高水位之下，不得小於百分之十，而大於百分之十五，其長度不得逾三百公尺。

假定船頭至船底水平部份轉灣處之距離爲四公尺，高差一公尺三，空船吃水二公寸，裝兩輛重車後吃水深度八公寸，若跳板長度爲四公尺（實在有四公尺五，其餘五公寸搭在船頭上）着地一頭擱在水邊，船頭轉灣點適與道路面接觸時，則碼頭引道坡度便爲

$\frac{80}{400+400}=0.10$　即10%，參攷第1圖。

故在普通情况之下，碼頭引道坡度至少須在百分之十以上，方可避免船底與引道路面發生互撞之危險。此種坡度若引道路面堅硬不滑，汽車概可吃二擋上坡。

坡道之寬度，不得少於七公尺半，倘因限於地勢，可將上下坡道分別建築單車道，其寬度不得少於四公尺。

坡道應鋪築堅實路面，近水處應用混凝土或灰砌石塊路面，其兩旁側坡應用水泥或灰漿砌塊石護坡，以防浸水使路面及側坡易被水流冲毀，路基易於鬆軟陷落。

坡道路基，如土質鬆軟，則酌打木樁。

坡道下有淺灘者，應建築永久式過水路面，以備水小時過車之用。

兩岸渡頭最好儘量斜對，避免直對，以便渡船得循兩條不相交錯之航線對向開駛，減短過渡時間，藉以增加擺渡效力。

碼頭方向，應與河流斜交，既不宜平行，又不宜垂直，俾渡船易於停靠。斜交方法，又應順水勢斜向下游，不宜逆水勢斜向上流，俾可（甲）免除坡道上一部份積砂，（乙）減少水流冲刷力量，（丙）避免靠船時，因順水關係，船頭與碼頭發生强烈之衝撞，（丁）避免開船時，因逆水關係，船頭不易與碼頭離開。

碼頭近水處，如係穿山而成，則在水漲時，所有河邊未經清除之亂石變成礁石，航船偶一不愼，便易觸礁撞沉，極其危險，如係填土路基及高岸駁坎，亦應儘量避免，以期保固。

（丑）汽划碼頭——其地點須適合中高水位，而使水深足夠，汽划易於靠岸，兩岸礁石均須清除。

（寅）浮橋碼頭——浮橋碼頭最好做成若干對齒形式樣，按各級水位以次排列，以便各級水位浮橋之高度與長度均可隨時變易（如第2圖）。

兩岸碼頭須各向江心儘量推出既可使浮船在較深水邊靠岸，以免擱淺，又可減短浮橋長度。

兩岸礁石，均須清除，近水處坡道路面，應用混凝土塊或灰砌石塊舖築，以免被水冲毀而保持永久。

（卯）人馬渡碼頭——應與車渡碼頭分開，另建專用碼頭一對，以免與車渡混雜，影響交

26687

通，不易管制。

（乙）浮　橋

浮橋之用途，介於渡船與便橋之間，其性質及構造雖與兩者相似，而其功用則過之。普通活動浮橋祇適用於冬春兩季，（十、十一、十二、一、二、三、四月）涸水時期，水位既低，河面被狹，水流比較穩定，山洪不致暴發，纜索無被樹木摧折之虞，浮船亦無遭大水冲失之患。若在夏秋兩季，（五、六、七、八、九月）大水時期，水位漲落無定，河面寬狹不同，浮橋不能安全搭建。平時公路浮橋祇可安全載重五、六公噸左右，惟在抗戰時期，軍運需要孔亟，浮橋既須在高水位時通行，幷須能負荷十公噸以上之活載，故須於普通設備外特別加强，以資應付一切。

浮橋橋址應擇河面最狹之處，以減短長度，上游附近必須有迴水灣，以便浮橋折開而成數節門橋後可以碇泊。

爲欲使構造輕便意於拆建計，橋面寬度概爲單車道，車輛經過橋上祇可單向行駛，幷須減低速率至每小時十公里左右，以減小衝擊力量，而防危險。

浮橋既須時拆時搭，而其長度及高度又時須隨水位漲落而變遷，故其結構須極簡便，易於1.搭建及拆除，2.加長及減短，3.升高及降低。

1.兩端用鋼索帶於岸上，兩旁用鐵錨拋入江底，中間用活動浮船或活動橋面，使全橋僅牢固定於橋位上，極易拆建。

2.浮橋長度可用下列二法以加長及減短之：

（a）增減兩端浮船或浮墩隻數，及活動橋面塊數，中部照舊不動；

（b）將每孔橋面做成活動式以便增減每孔橋面長度，浮船及浮墩隻數照舊不動。

3.兩岸依次建造齒形碼頭若干對，以適合高低水位時浮橋之各級長度及高度。（如第2圖）

搭建活動浮橋工作甚速，惟（1）徵集木料（2）運輸材料工人（3）訂打鐵件（4）建設浮船（5）等候低平水位及晴天等事頗費時日耳。

浮船極易壓壞，冲毀，走失，燒毀，炸沉，臨時搶修之法，爲租用民船或借用車渡划，再添造浮船或車渡板划以補充之。

（子）低水位輕載浮橋

（1）橋墩用浮船時

1.橋墩全爲橫向浮船，兩端及中間均用雙船式，其餘用單船式。（如第3圖）車輛後輪由跳板上浮橋時，其跳躍力甚大，殊非浮橋靠岸兩端一只浮船所能勝載，爲避免該船下沉過多有礙安全計，故用二只以上之浮船聯繫，同時沉降，或用一只平底躉船。浮橋中間橋面斷開，裝置一塊活動橋面，以便拆卸。該處亦用兩隻浮船拚成，惟不相聯繫，以便水位高漲浮橋拆卸時，可向兩旁分開。

全橋分爲兩節，搭建後用鋼絲繩穿過船面繫纜扣環，將各船聯繫，以期穩定而防冲失，繩之兩端各錨着於岸上錨碇點。河流若無潮汐，各個浮船僅須於上游用鐵錨及錨鏈拋入江底，若有潮汐，則上下游均須輪流拋錨。拆橋之步驟如下：

（a）將錨繩從絞錨柱上取下，牢結於無馬蹄扣之繫船鋼索上，如第3圖（a）；

(b) 在浮橋中斷處，將馬蹄扣解開，再相結為一，使每半節浮船仍得緊牢，如第3圖(b)。

(c) 將船上扣環之螺絲釋取下，并將牢結錨繩之鋼索從扣環中取出，拋入水內，則浮橋分為兩半部，各向兩旁分開，如第3圖(c)。

為減短木料長度計，橋面縱梁一律在各個浮船上搭接，遂使車輛後輪經行浮船上時，全部後輪及一部前輪之重載，均加於該只浮船上，不能向兩旁浮船分佈，故浮船之安全載重不大。

(2) 橋墩全為浮船，兩頭用若干只單船式橫向固定浮船，中間用一只縱向活動浮船，如第4圖。

此項活動浮橋除日間用以通車外，夜間尚須通航，故在中間裝設縱向大浮船一只，船只通行時，即將該浮船拆去，而成一寬度敷大船通過之大孔，船上并裝設搖車及拉桿等機件，以利兩端活動跳板之起落。

(3) 橋墩全用單船式橫向浮船及民船混合而成，中間用三節活動橋孔。

浮橋急於搭建而浮船只數不敷應用時，可參用民船，與浮船混合，以建橋墩，惟中間活動孔橋面接頭，均須置於浮船上，以策安全。

(2) 橋墩用浮筏時：

每一筏用毛竹編成，以增其浮力，竹皮須削去以防開裂并使緊縮。

浮墩兩端各繫於一根抗水鋼索上，俾略可上下左右擺動，以適合水位之漲落，惟水位變遷甚大時，仍須將浮墩解開，浮橋拆除，以防水流沖擊。浮墩需量做長，以便減低墩高，而在兩岸淺水處易於靠岸。

每根橋面縱梁連結浮墩三座，故車輛經過三墩間全部重載均分佈於三墩上，故雖墩高不大，吃水不深，亦可安全承載。

全橋可拆為若干門橋，每座門橋由三座浮墩而成，橋面與浮墩相接法，祇於縱橫方向利用木塊擋攔，垂直方向僅憑重壓并不相接，故全橋各部至為活動極易拆開。

(丑) 高水位重載浮橋：

浮橋之用於高水位者，務須防範山洪暴發時攜帶大量樹木沖毀鋼索走失浮墩之危險，故除在上游用錨鏈將一部分浮墩拋錨江底外，并須在浮橋上部隔開相當距離處加裝鋼絲繩天索一根，高出高水位以上相當距離，將其餘一部份浮墩用小鋼索分繫於天索上，以防被大水沖失，如第5圖所示。天索兩端須使高出最高水位以免淹沒，并須在岸上錨着，若固定於兩岸樁石或特裝錨碇上，則鋼索不易伸縮，最好用機械方法經過滑輪連於設置兩岸之平衡錘上，俾可憑藉錘之稱力，隨水位漲落，而自動升降，或則利用絞盤絞動鋼索使能隨水位變遷而上下伸縮保持高出水面若干公尺之地位。

浮墩如此錨着後，水位若有暴漲暴落，浮橋均可隨之升降自如，不致失其效用。

浮橋之負荷重載者為便利起見，仍用低水位輕載浮橋之浮墩，惟用鐵條拉牢，船面兩旁各用K字桁梁聯繫，合為一體，俾在任何情況下，車輛經行橋上，其載重均可分佈於三只以上之浮船上，使增加浮載力量。由實地觀測，得知三隻浮船雖照上述辦法儘量聯繫後，而車輛後輪經行某一只浮船上時，後輪輪重仍難均佈於三隻船上，而使該船偏受重載。補救方法，可將橋面車道板用橫向對銷長螺絲銷牢，其長度一律使等於每相鄰兩大孔中距之半，并使其接縫均在該項大孔中間，俾車輛兩後輪經行橋墩兩旁浮船上時，其輪載之一部得以經由道板而傳至中間浮船上，不致全部直接加於一旁浮船而使該船偏沉，全墩傾側。（如第6圖）

重載浮船隻數若與輕載相同，則其長度須較輕載浮船儘量加長，以增加其排水量，而使其深度與輕載浮橋略同，俾兩端浮船易於靠岸，跳板長度減小，車輪跳躍力影響減低，橋墩不致傾側。

（寅）臨時浮便橋

當老橋毀壞拆除後，新橋未及造好前，若渡口不能擺渡，交通急待維持時，往往利用現有渡船及跳板，將渡船縱向設置深水處，搭建臨時浮便橋，并在淺水處（1）拋石而成臨時便路，（2）利用舊橋墩橋臺不另拋石，（3）將舊渡船橫置而成臨時橋墩。

此項施工方法，隨處不同，要在因地制宜，力求簡易而迅速耳。

（丙）汽　划

汽划拖曳渡過河方法，在中高水位，寬闊河面之處，汽划動力足以控制一切，最為適當及迅速。惟我國內地各渡口，大都江底不平，難於疏浚，暗礁險灘，所在皆是，大水時，山洪下注，水流過急，汽划動力有限，駕駛困難，不能控制；小水時，江底多灘，水勢險阻，水深不足，不易行駛，更覺危險；故在最高及最低水位時，汽划均不可用。（-2-）

汽划引擎——應為內燃機或蒸汽機，或用舊車引擎代替。所用燃料，為柴油、汽油、酒精、天然汽四種，現因燃料缺乏，普通渡口，多儘量訓練渡夫，雖值大水時期，已可不用汽划拖渡，一部渡口，則僅於大水期半年內用汽划拖渡，其餘小水期半年內用人力划渡，惟江面遼闊不易划渡之大渡口，非經常用汽划不辦，祇可限制小水期少用，大水期多用而已。

（丁）板　划

（子）單式（如第7圖）

（1）設計原則——板划本重愈輕愈好，以免減低其浮載力量。故其各個構件之尺寸須儘量做小，非至必要時不用大料，並須儘量減少非至必要時不當用料。蓋本重愈輕，則所需浮力愈微，非但運使靈便，抑且合於經濟之原則。

（2）船頭——為易於靠岸而減短跳板長度計，船頭應儘量做尖，惟為保持堅實而延長壽命計，船頭過尖，則質量太小，易於撞壞及滲漏，故須兩方兼顧，折中辦理。船頭木須在可能範圍以內儘量加厚，增加體質，俾與礁石互撞時，得以吸收衝擊力，不致將船頭撞漏。船頭須做雞胸分水，船頭外面，如能護以舊輪胎，或棕製靠把球，最為有效。船頭底板下加釘稀板保護，亦可延長壽命。

（3）十字縱架及橫架——橫架俗稱橫龍筋，縱架俗稱縱龍骨，均為板划之主要受力結構。橫架上面受重載，下面及兩旁受水壓力。縱架上面受重載，下面受橫架傳來之水壓業載。縱橫框架均須有十字斜撐木，用螺絲旋緊，惟因縱架較橫架為尤重要，故將縱架之十字斜撐置於縱梁外面，并逐節加用長對梢螺絲，以承受垂直拉桿之拉力，并將橫架十字斜撐置於頂梁及拐子梁內，以免與縱斜撐互撞。

從前習慣，多將縱架數目加多，頂底縱梁尺寸做小，不用大料，以便易於採購，結果多致板划下水後，渡車未久，即見變形，縱架上拱，縱梁彎曲，板划既無從修理，而舊料亦無從復用。最近經實地試驗，將縱架頂梁改用20公分丁方大料，底梁改用20公分×15公分，同時將縱架數量減少，結果新船堅固不撓，載重力甚大。

（4）船面板，車道板，出口洞，——船頭面板端頭一段向外斜，成爲船面上之固定三角跳，與跳板連結，同時可以預防車輛在板上開行過頭或船上刹車走動時，駛入河中之危險。車道板與船面板直交，將車輛後輪輪載，沿車道板方向，分佈於各個橋面板上，對於船面安全，至有裨益。惟車道板厚度不可大於5公分左右以免有船面太重，重心提高，船身不穩之弊。船面加車道板後，面板遂不易拆開，艙內不能到達，故非做出口洞，不能戽出艙內之水。出口洞位於兩行車道板間，倘或車輪出軌，必致陷入翻車，故又非加做木蓋不可。木蓋面若與車道板面齊平，則須承受車載，洞口須特別加强；若高出車道板面，固可節省材料與人工，減輕本重，所不滿人意者，交爲蓋頂凸出船面，既不雅觀，又生阻礙。

（5）隔艙板——板划極易漏水，時須戽出，尤以船頭一帶爲最。艙內存水過多，輕則減少承載力量，重則下沉。故須在若干横梁一邊加做滿堂隔艙板，將全船分爲若干節不漏水之小艙，俾船邊萬一滲漏或被撞破時，水可暫儲於該小艙內，不致漫延，易於戽出。船面之出口洞，即位於此項小艙之中心。

（6）頂梁及拐子架——頂梁安放不宜水平，須中間較凹，兩頭較高，成爲拋物綫形。俾（1）船頭不易爲重車壓低，可以昂頭；（2）減少船頭阻水力面積，增加速度；（3）在急流處可免浪花打入船頭；（4）車輛停於船中間時重心較爲在下，減少幌動；（5）免除發生車輛開過頭駛入河中之危險。

板划縱頂梁，概由兩節或三節搭接而成，若將船頭略高，豎撑逐漸減低，則所接成之曲綫，即可成爲拋物綫。

（7）底梁——底梁用以保護船底，俾不致爲礁石所撞壞。

（8）雙車及單車板划之利弊——雙車大板划，用於河面寬闊渡車頻繁之渡口。其優點爲其重量大，載身穩定，重車上船時船頭傾側不大，吃水較淺，易於靠岸；其劣點爲轉向不靈，划渡費力。單車小板划，用於河面狹窄渡車不多之渡口。其優點爲轉向靈敏，易於駕駛；劣點爲體重較輕，重車上船時，船頭易於下傾，載重不大。

（9）施工程序——雙車大板划實施時，先將長度等於船底板總長度，寬度等於船底水平部份寬度之一塊矩形底板拼好，釘上横龍筋，正反面均用竹絨桐油石灰嵌好，於是進行彎曲船頭工作，將大量卵石壓住底板轉彎處，并在兩頭底板下加撑，徐徐頂高，使適合規定高度爲止，於以裝彎龍筋，放縱龍骨，及在横龍筋外面，釘邊板裝護木船頭木等，內部裝豎撑横梁，大樑，鋪面板，軌道板等。

爲減少彎龍筋尺寸計，船底水平部份寬度，宜稍加大至三公尺二，可使船身較爲平穩，并可減少採購彎龍筋木料之困難。

（10）板划上渡伕及渡具分配情形，照大水渡划時計算，每只板划約需渡伕21至24人，其分配情形如下：

掌槳每班5至6人兩班共需10至12人

掌稍每班5至6人兩班共需3至4人

撑篙每班5至6人兩班共需3至2人

打水每班5至6人兩班共需3至2人

解纜每班5至6人兩班共需3至2人

領江（在船頭）5至6人兩班共需3至1人

班長（在船頭）5至6人兩班共需3至1人

共需　21人至24人

此項渡夫兼司渡船離岸及靠岸時拉縴工作。

（丑）複式——渡口若為擺渡甚大之車輛或器材，或為穩定起見，須用方形船只過渡，則普通雙車板划不合應用時，可將二只以上之板划，用木料螺栓十字拉條等物，聯繫而成門橋。門橋有車道方向與船身垂直者，有車道方向與船身平行者，有用四隻板划及小船前後左右拼搭者，門橋船只，有借用車船租用民船而混合搭建者，有用特製長而窄小之小舟者。

（寅）分節式——若干渡口附近，材料與工人均感異常缺乏，一旦船渡事變發生，急需加強設備，非將材料與工人經甚長之距離自偏遠地方，用汽車運往工地。既不經濟，又費時間，故最理想方法，係擇公路一帶適中地點，材料與人工較易較廉之處，設廠大量造船，用車運或水運運至渡口應用，且板划集中製造後，可以按照標準做成一律，為便於車運計，板划應照可用車運最大尺寸，分節在船廠先行造好，一切準備周詳，迨抵渡口後，再逐節拼成一船。其較困難之點，即在水線下船邊與船底上均不能鑽螺栓洞眼，以免漏水，故擬將每節做成一隻不透水之小船箱，並將兩頭邊板與底板挑出若干公分，以便用通長接木或接鐵，即為板划船邊與船底之護木式護鐵，每節兩端端板，即為板划之雙層隔艙板，每隻小船箱面上做一出口洞，以便打水。

又因船面橫頂梁恆在水線以上，可以照常鑽眼，安置螺栓，故擬照舊由二根或三根短料搭接而成一根通長木料。於各個小船箱在渡口工地裝就後，再行裝上，用螺絲與橫頂梁旋牢，以供牽緊各該船箱之用。頂梁用通長木料，對於承載由跳板下船之重車跳躍力較有把握，應不致將各個小船箱連結處壓斷，惟因頂梁既須在工地安裝，多費手續，其上之船面板及車道板之安裝工作，必須較為簡易，故將每個小船箱上面板分做四塊標準式樣，出口洞兩邊做兩短塊，其餘部份做兩長塊，均於擱置縱頂梁後，用歪腳釘釘牢，車道板亦照標準式樣預先在廠中做好若干尺寸相同之小塊，於鋪置橋面板上後用螞蟥釘騎牢，車道板長度為每相鄰兩小船箱間之中距，兩端在小船箱之中間，而中線在小船箱連接處，將每塊車道板上之重載，分佈於承載該車道板之兩只小船箱上，使每隻板划之構造，成為一座長門橋，每隻小船箱之功用，類似一只小浮船。

此式國內各公路尚未試用，僅為一種計劃。

（戊）渡板划之航行方法

（子）板划　我國東南各路渡口，大都水流平緩，過渡時祇須向上游斜駛，追至中流，始漸折回斜向下游而達對岸，其航道成一V斜形，惟西南各公路渡口，大都灘險流急，大水時期擺渡困難，汽划不能利用，全賴渡伕划渡力量，若照東南各渡口普通所用V字航道航行，在離岸時既因阻水力太大，渡船難向上游斜駛，不易離岸，靠岸時又因順水力太大，渡船易向下游冲走，不易停靠，故惟有改用N字航道，當離岸及靠岸時，憑藉沿流上拉縴力量，將渡船漸漸向上流逆水拉出及拉攏（參看第九圖）。

渡船在N字航道上各個地位如圖　　所示，由是可知渡船斜跨河流時恆與流向直交而過。在平水時期，渡船可借水流力量，向下游斜越河流不必經由N字航道迂迴濟渡，惟兩岸碼頭必須斜對，並且不可向上游斜越。第八圖中，每一地位渡船前進力B與水流W所組成之合力R，實將渡船斜向推過河面。

（1）碼頭直對時，擺渡工作普通包括（1）車輛上下渡船（2）渡船離岸拉縴（3）划船及渡船靠岸拉縴三種手續，船此三種動作，所費時間各約相等，故為增進濟渡速率起見可用三隻渡船同時行駛，循環推進，單向擺渡，在來往渡程中每隻渡船均佔一不相同之地位，故無互撞之危險。如圖十二所示(A)(B)(C)可以為安全過渡之三船(D)(E)(F)為不可安全過渡之另三船，(A)與(D)，(B)與(E)，(C)與(F)在任何時期中均為兩岸對開之船，其地位均與河中線相對稱，傍岸時雖可兩無妨礙，惟過河時難免互撞，故不安全。

（2）碼頭斜對時，渡船行駛，一方向走N道迂迴上駛，他方向順水斜越而過，三隻渡船仍然同時單向循環推進，第十一圖表示渡船在渡程中三種不同之地位，其航行速度較直對時為速。

在車輛頻繁之渡口，三隻渡船仍不敷用時，可酌加碼頭對數，使各對碼頭間有相當距離，每對可以行駛渡船三隻，不使互撞，每相隣兩對碼頭之航行方法應相反，以便來往車輛均得同樣過渡。

渡口兩岸來往車輛，往往不能同時到達，一方向擠渡、一方向回空，殊不經濟，故各大運輸機關及車行，均須在可能範圍內將來往車輛同時放達渡口，以免擠渡與回空。

（丑）汽划

汽划動力有限，拖曳板划過渡時，汽划恆置于板划一旁，仍須經由板划單獨航行之N道，除在碼頭斜對之渡口可以順水斜越而過外，其餘均須逆流上駛，斜折而至對岸，惟在離對岸碼頭約十公尺處汽划卽行解開，改拖爲船，以免速率太大時，有衝擊碼頭之虞，此時板划利用已得之運動量，而單獨駛近碼頭口。

利用汽划拖曳板划過渡時，其最經濟辦法，厥為用一隻汽划，輪流拖駁三隻板划，其航行方法如第十三圖。觀此圖可知每一汽划之進行航道雖與板划單獨航行之航道相同，惟在每一渡程中，祇有一隻汽划行駛，將此岸已裝好車輛之實船，自此岸碼頭拖往對岸碼頭卸裝，同時對岸已經裝好車輛之實船拖回此岸碼頭卸裝，故每岸碼頭均時時有渡船停泊以裝卸車輛，而河中均時時有渡船一隻行駛碼頭既無空閑之損失，而河中亦無船隻互撞之危險，蓋汽板划在途中之時間甚短，而在碼頭邊裝卸車輛之時間甚長，若將每一隻板划專用一艘汽划拖曳，則汽划必致時時空待板划，虛耗人工與時間。

（己）跳板

我國公路各渡口所用跳板，計有下列八種，惟因渡口水位大都變遷甚大，跳板時須搬移，收時費力，輕則不堅，重則難舉；過于複雜則不易工作，過於簡單則不能合式；欲求一輕重合度繁簡適宜之跳板，誠非易事。跳板之種類如下：

（子）單板梁式：此式雖極簡單，惟時須搬動，費時費力，長跳板用兩層板疊成，短跳板用一層板。（見第十四圖（子））

（丑）複板梁式：此式為一座桁構式活動三角跳，與兩孔式梁式跳式互相聯合而成，跳板兩端牢固定于囤船板划及三角跳上，以便隨水位之高低而變易其坡度。見第十四圖（丑）

26693

。此項跳板雖尚簡單，惟因常受甚大之衝擊力，故極易損壞。

（寅）活動槓桿式：此式因用機械方法，雖較（子）式為省式省力，然在水漲落甚大之渡口，鉸鏈功用不大，跳板地位變遷不定，故仍須搬移支架，以符水位。見十四圖（寅）。

（卯）單槓桿式：跳板係擱置中間支架上，兩端挑出長度相等，外端兩邊各做活動撐桿一根，以便于渡船離岸時臨時支頂。

當渡船將靠岸時，于裏端加重，使外端抬起，俾渡船易於傍岸，迨渡船傍岸後，將裏端所加重量除去，使跳板外端擱置在船頭上，而用墊木A（上坡時）或墊木A，B，C，（下坡時）墊於裏端跳板下面。見第十四圖（卯）。

此式為（子）式之改良式。用其為雙孔半連續式，故體重較輕，易於搬動，在水位變遷不大時，跳板及支架毋須搬移，極其靈便，惟在水位變遷甚大時，則仍須全部上下移動。

（辰）複槓桿式：由岸上引道搭上躉船之跳板，分為A，B兩節：A節為三角形，其上下移動，係將該節載運於跳板兩邊之兩軸四輪車上，此兩輛四輪車，可用絞車或人力推動，在平時跳板無須移動時，四輪車可以移置他處；B節跳板，則用槓桿懸於躉船上，跳板亦係用槓桿懸於躉船之上。B，C跳板，在躉船上昇及下降時，均藉槓桿及平衡錘構力，自動昇降，以減少人力與時間。見第十四圖（辰）。

此式為（丑）式之變形，因利用機械設備，故較靈敏，省時省力，惟造價既昂，而又易損壞，轉不如（丑）式之為愈也。

（巳）半固定絞鏈式：此式將跳板做成內外兩孔，中用絞鏈連接，置於跳板機上，外孔外端擱於渡船船頭上，船離岸後，將跳板外孔，利用絞鏈連接之力，挑出跳板機外，船靠岸前，將跳板外端向上旋起，至有相當餘空，俾渡船易於靠近為止。見第十四圖（巳）。

此式與（寅）相仿，而較簡單，惟用於水位變遷較大之渡口，仍須上下搬移，未為盡善。

（午）旋轉活動式：此項跳板裝於渡船門橋或躉船之兩端，跳板裏端，各用絞鏈連接於渡船門橋或躉船上，外端用兩根公共鋼索，繫於拉桿而籠絞車上，跳板起落，即用裝於渡船門橋或躉船上之絞車絞動，避免人力搬運之苦。見第十四圖（午）。

此種機械設備，至為簡便經濟。

（未）活動絞鏈式：此式為（卯）式與（午）式之變形，跳板為不相連繫之內外兩孔，內孔裏端擱於岸上，外端擱於外孔裏端支架上，外孔用絞鏈及鐵搖柄裝於渡船船頭上，裏端做一支架，以承載內孔外端，渡船離岸前，先將此節跳板用鐵搖柄扳起，渡船靠岸後再行放平。見第十四圖（未）。

此種跳板重量既輕，又極活動，故運用靈最靈便。

（庚）繫留渡

使用於流速一公尺以上之河川，若使用於流速一公尺以下，其效用甚微，用一座門橋或渡船能直接往復之河幅，通常須在一百公尺以下，如河幅較大時，須用：

（子）數座門橋或渡船使之遊動於兩岸間，並在每兩門橋或渡船之間，堅固錨定另一只門橋，以為遊動門橋之轉換場所。或

（丑）一座門橋及繫留於河中央之小舟若干隻，與夫繫留纜若干條，各依次替換，使用

26694

於河幅寬度之一部。

此項渡法，係用大鋼或鐵索，繫渡船或門橋於上流之繫留點，利用河川流勢，使往復於兩岸間以濟渡，繫留點位置選定之規範如下：

（1）河之中央——河幅五十公尺以上，及河幅較小而流速不大時。

（2）河之他岸——流線偏於他岸時。

（3）河之本岸——上流向我方彎曲，及河幅在五十公尺以下，而流速較大時。

（4）河之兩岸——河底不適於植樁，在河之中央繫留小舟，使兩繫留繩各運用於河幅二分之一寬度。

繫留點通常設在河川中央，用一錨或連結錨或强樁作成之；然依河川之形狀，亦有時設於河岸；如流線偏於一側，則繫留點宜偏於其反對側是也。

凡有繫留渡渡河所需時間之長短，或視河川流速以及繫留點於之位置而異；河底不適於植樁及堅固錨碇而設繫留點於兩岸時，須將一座門橋，替換用繫留繩二條，並在河之中央繫留小舟，（或用油桶或用其他浮游體）將不使用之一鋼繫於其上，兩繩逐次各使用於於河幅之半寬。

門橋之船與水流所成之角度，雖因流勢之急速能減少，但通常中等流速須爲四十五度至五十五度，開始之際須較增加，靠船之際須較減少，以免與靠船碼頭發生激烈衝突故也。

繫留渡恆用較强之纜，且不緊張之於兩岸，而拋錨於河中以繫牢之，錨之重量視河流之强弱及渡船之大小而定。有時須用三錨之多，纜之長度當爲河川寬度之一倍至二倍，自渡船處起，每隔二十五至四十公尺設浮筒或小舟，以承託大纜，另有數繩繫於錨纜，以維持渡船之適當位置，舟中宜設置自行移轉之舵，並須將纜繩緊結於承託之物體中，不得移動。渡船宜選用大平船，或聯合較小船而成，每兩小船之間，各設一舵；大船則用木板縛於木桿爲舵，并至少須備妥附有雙繩之錨一具，以便隨時使用，大纜可結於木梔上，而將梔端緊縛於渡船外桁。

渡船即飛船應先自行在中流拋錨，然後順流而下，此際沿大纜駛小舟於纜下，駛至與渡河地點相齊之處，則藉水力斜渡而泊於此岸之棧橋，再確定所附邊繩長度；俟渡船駛至彼岸後，始就地構築對岸棧橋，渡船操作之人數，每舵及每一邊繩需一人至二人，管理停泊與[illegible]橋另須二人。

（辛）滑綱渡

使用於河幅一百公尺以下，流速一公尺以上，險峻與高岸之急流河川，憑藉上游方向，作用於船側之水壓力，推送渡船過河，舵首斜對上游，將大鋼或鐵索在兩岸緊張於碼頭上流十五至二十公尺之處，并裝置滑車，再用適當長度之繫綱，以連滑車與橋門，另加繩兩根，以作繫牽渡船而取適當斜度之用。

渡河速力，視水流速度與渡船之轉角，以及與索上設備如何而定。

水流速率愈大其渡船愈速。

纜索置於與水流垂直處。

纜[illegible]僅可以一個渡船工作之。

渡船[illegible]動方向視其轉角而定。

26695

船員可設二人至三人（掌舵與結索手）。

張綱之垂度須約在緊張長度百分之三以內。

（壬）綠綱渡

使用於流速較緩河幅不大之河川，惟在險峻困難，不宜援用。

河幅甚狹時，可用繩二條，各結着於船體之舳部與艫部，以代張綱之用，使配置兩岸之度伕，交互手綠此繩，將船拉渡。

河寬達一百公尺時，可張大繩於水上，而固定於兩岸之木樁或大樹上，兩岸各派人司牽曳，船上之綠繩手，以手綠繩牽曳而渡。

船須較用於划渡者為小，每一曳索上僅可工作一隻渡船，渡河速率較划渡迅速，船員多寡視渡船載重量與水流速度而定。

綠綱渡所用張綱，依滑綱渡同一要領引張之；但其水面上之高度以船手能行綠綱之動作為度；若岸高或河幅寬大，兩岸張綱之一部過高時，可於此部分近水面處，另行張補助之張綱。

航運所需之人員，按照船體及河川之景況以定之。位置於舳部之船手，手綠張綱，其餘船手，視正船之方向，或援助船之進行，或擔任操舟具之使用。

有時為防止渡船或橋門之流逸起見，須用繫繩以連絡張綱及渡船舳部，並在繫繩上作環，使滑動於張綱之上。

（癸）停車場

停車場應備有下列條件：

（子）場地要乾燥堅固，不受氣候變化之影響；

（丑）車輛進出要能快捷便利；

（寅）車輛停放不至妨礙其他交通秩序；

（卯）有井水自來水或河流可資飲用；

（辰）有樹木建築物或其他地物，可資隱蔽或易施偽裝；

（巳）就近無易引火之物，及易發火之物；或雖有之，亦能清除隔離，可免起火之虞；

（午）附近有修理場，可資修理車輛。

五、　蓄備器材

自來船渡設備，易生不測，天災人禍，靡不為患，故今日船渡器材之事變損失，概可分為（甲）不可修復而須報廢者；如冲失，沉沒，燒毀，燒沉，炸毀等六種，（乙）可以修理而須搶修者，如壓壞，撞壞，燒壞，炸壞等四種。以上各項事變，概由天災與人性因數而生，祇可預防不可遏止。預防方法，厥為平時儘量蓄備渡口應用器材，工具，配件，燃料等，至少須備雙份，分置於適中地點，以便一旦禍變發生時，立即可以動用，由汽車運送工地，以濟搶修，俾免臨時購辦不及，而致阻礙交通。

渡口儲備應用器材，可大分別為

（子）用具——普通用具如燈，滅火機，雨具，救生器具等。

（丑）工具——工具可分為（1）用於民船板划舊船浮橋者，（2）用於汽划者，（3）用於碼

26696

頭引道及接線者三類。如鑽，鑿，銼，鉗，鋸，斧，剪，尺，釘，錫，耙，撬棍，鍬等。

（寅）渡具——如槳，櫓，篙，鈎，繩，纜等。

（卯）材料——材料可大別之，分為（1）用於民船，板划，躉船浮橋者（2）用於汽划配件者，（3）用於碼頭引道接線者，及（4）用於跳板，三角跳，跳板槐者。

（辰）油料——如汽油，酒精，天然氣，柴油，機油，黑油，黃油，火油等。

六、渡口管理

公路渡口，關係運輸能力至大，苟組織不密，則必通行遲緩，故因極應注意改善，以求達到速迅安全之原則。

（甲）船渡——各渡口均設有渡口管理所管理車渡事宜。凡渡車數量較多之大渡口，均得在距離各該渡口兩岸約二公里處，每端各加設管制站一處或二處，與渡口隨時通達消息，並調度過河車輛，以近渡口之站為第二管制站，較遠之站為第一管制站。渡口兩岸及第一第二管制站，候渡車輛，每岸各以若干輛為限。渡口每渡過若干輛後，通知第二管制站，再通知第一管制站，然後令各站車輛挨次前進補充。

每一渡口宜沿河分為數處，並多備渡船車輛，過渡時須以速迅為原則。於距離渡口相當處所建成二三道迂迴支路，分別駛至渡口待渡，並於迂迴支路之起點及渡口等處，設管理人員負責支揮。

如渡口未暢通或發生故障時，指揮人員得立即制止行車，並通知兩端管理站管制站，再通知兩端車站或起點站停止放車。已到達渡口之車輛，倘不能即時通過時，應令其退至相當距離之外，以不妨礙修復工作及不暴露目標為主旨。

車輛待渡，須順次排列，不得超越爭先，惟軍車郵車客車工程車救護車等為例外可提前渡河，但必須得主管人員之許可。停車位置距渡口不得少于50公尺。

待渡車輛均須靠左停放，順序排列，並須按照防空疏散辦法，不得啣尾連接，以每五車為一組，車與車之距離不得少於五公尺，組與組之距離不得少於三十公尺。

待渡車輛之司機須坐守車中，並須嚴守秩序聽從指揮。在敵機空襲發出警報後，司機須立即疏散車輛，以免暴露目標。

汽車渡河時，除司機外其他人員均須下車，載貨逾三噸者，亦須將逾量物品卸下過渡，而其他非汽車載運之客貨，一律不得附搭過渡。

為集中渡夫力量起見，私渡概行禁止，其他機關或私人牲畜等，則概搭人馬渡船過河。

渡口為便於統制計，得於碼頭附近設置木柵，管理車輛，並規定開放及封鎖時間。

每日來往車輛之數量，牌號載等，均應詳細記錄，按期呈報。

所有汽划，板划，躉船，碼頭引道，跳板，渡具，機器，配件，燃料等物，均須時加檢查加以補充，保養完善，充分儲備。

渡夫技工等應照規定數額僱足。每一渡口，至少經常僱用渡夫四人。各大渡口均應設有總管理員一人及管理員若干人，以總管渡河。其下應設有工務員，會計員，辦事員，助理員，僱員等各若干人，協助一切。每只汽划應召大車大副機匠副匠各一人及水手五人，以司汽划之機務，車務，鉗工，駕駛等事。每只車渡板船，用人力擺渡時應用渡夫二十名，用汽划拖渡時，應召渡伕十名。人馬渡板划應有渡伕十名。每班渡伕計有廿名至十名，內有正副班長各一名，每五班為一隊，另設總班長一名。

管理員役應履行職守，工役應聽從指揮，且須視其工作情形予以獎懲，並列表報告上司。

（乙）浮橋　浮橋兩端由管理所各派一人，以紅綠旗指揮橋上車輛之行駛。行車過橋時須將行車速度減低至每小時十公里以內，以策安全。車輛不得停留橋上。浮橋為單車道時，車輛過橋應按到達先後為序，同時橋上不得有二車駛行。

行人日間可由橋上通過，但不得逗留聚集，晚間則絕對禁止行人。車輛在晚間須經許可方准通過。騾馬小車及其他無膠輪之板車獨輪車等，嚴禁在浮橋上通過。橋端附近則嚴禁小販設攤。

浮橋跨越之河道，若必須通航時，則將浮橋日搭夜拆，並規定每日通航時間。

遇空襲警報時，所有浮橋兩端汽車行人，應即疏散，但不得由浮橋通過。

管理所須在浮橋兩端各派員工二名，日夜看守，勿使排筏船隻等物駛近浮橋，致遭撞毀，並應注意水位漲落時兩端跳板地位是否適合，與浮橋有無擱淺，以及記錄每日來往車輛數目牌號載重等項，逐日呈報。

管理所須派定員工二名，按日檢驗浮橋各部螺絲鐵釘等有無鬆動，以及船売是否漏水，並隨時修理之。

浮橋旁邊應安設水標一座，按日記錄水位，凡遇水位高過低水位若干公尺時，（實在高度由管理所就地酌定）浮橋不能應用，須改由渡船過渡，凡遇水位高過低水位若干公尺時，須將浮橋由中間解開，以防冲斷走失。

七、特種設備

（甲）防空設備。

（子）積極防空

渡口兩岸設置高射砲陣地，並派防空部隊常川駐守，對空監視。

（丑）消極防空

（1）偽裝碼頭渡具器材車輛等。

渡河地點對於天空目標至為顯著，凡在空闊水面上之浮橋便橋引橋渡船筏船等，雖無從飾以適當偽裝，惟在岸邊之碼頭棧橋船隻等若僅用天然樹木作為偽裝，即可避免飛機窺見，是以設置普通偽裝，以加于河邊之渡河工具及儲備器材等為最有效。

河岸之植物叢生以及有高密樹木者，易於設置偽裝，故為防空起見，選擇渡河地點時，應特別注意及之。

偽裝之主旨，在避免敵機之窺見或淆亂視線，故可利用樹木棚欄以資掩蔽，否則須蒔花植草，裝置假山草屋，舖撒煤屑，漆塗彩色，避免有規則之排列與陰影之產生，務使高空敵機不易識別。至其設置詳情形，則因需地因制宜也。

（2）疏散浮橋渡船汽划器材車輛等。

26698

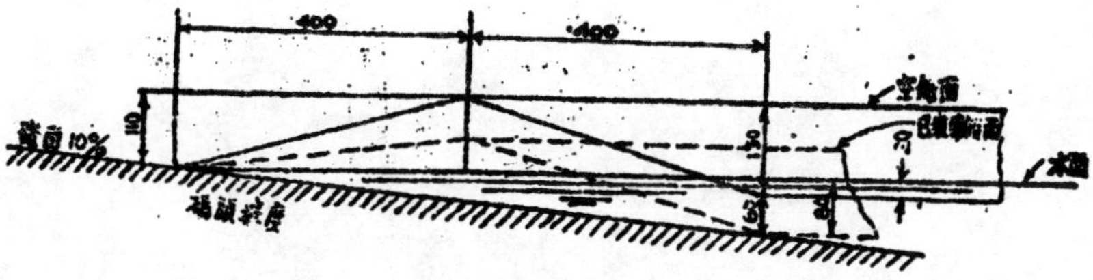

第一圖

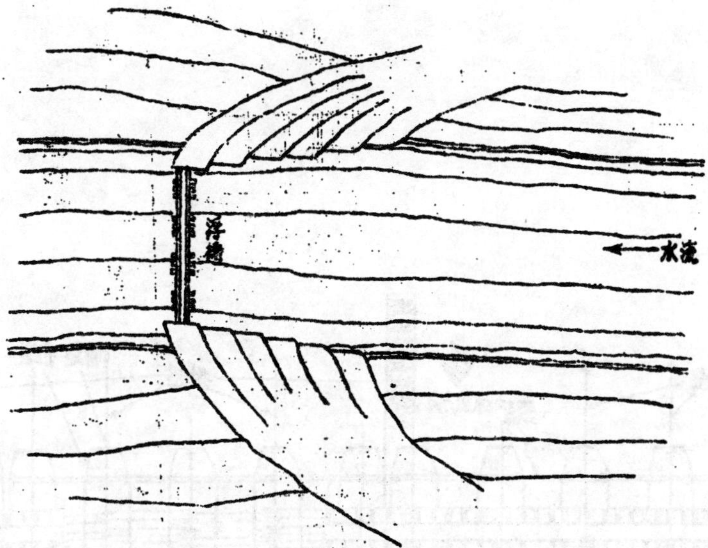

第二圖　齒形浮橋碼頭

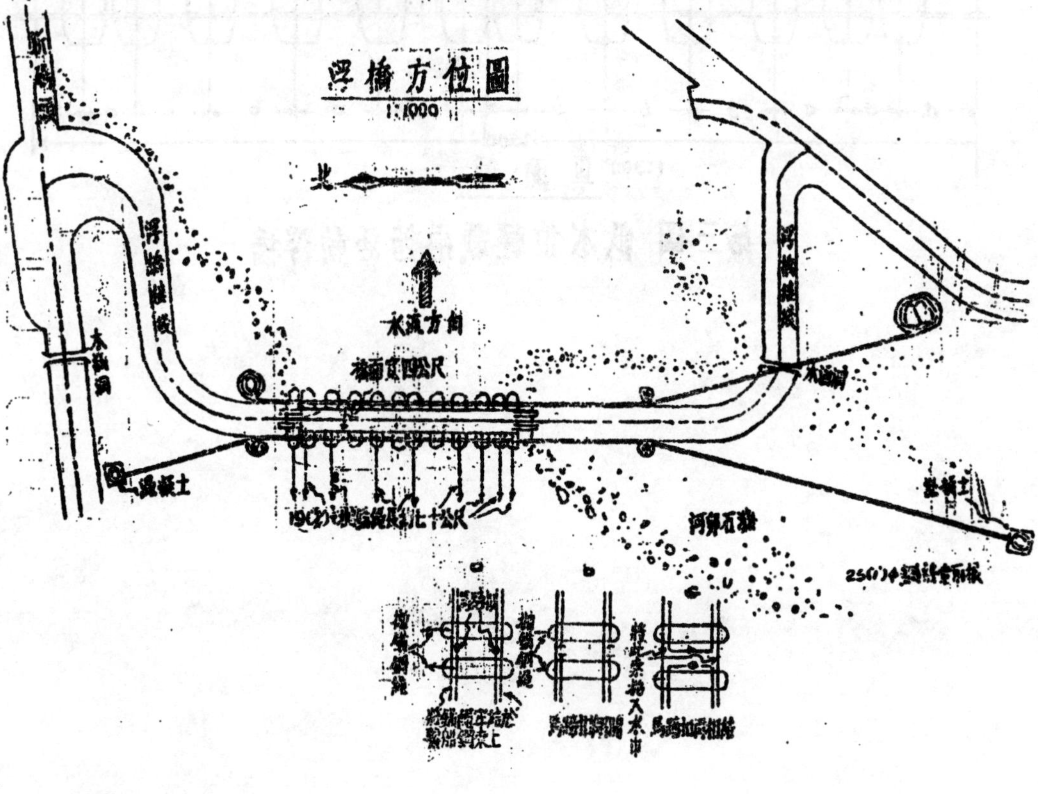

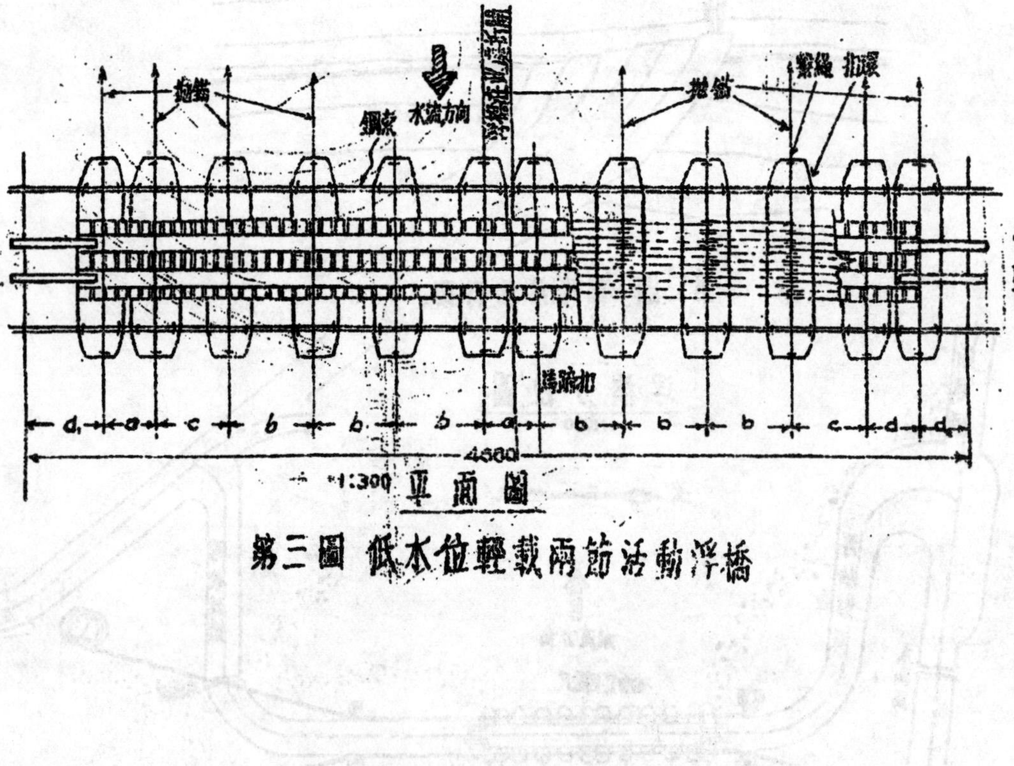

第三圖 低水位輕載兩節活動浮橋

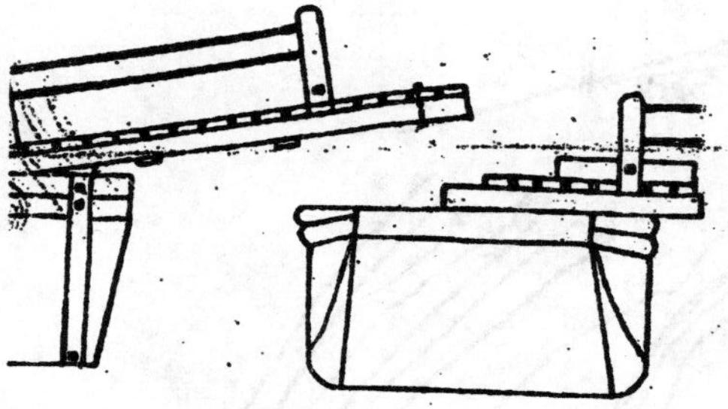

第四圖 低水位輕載活動中孔浮橋

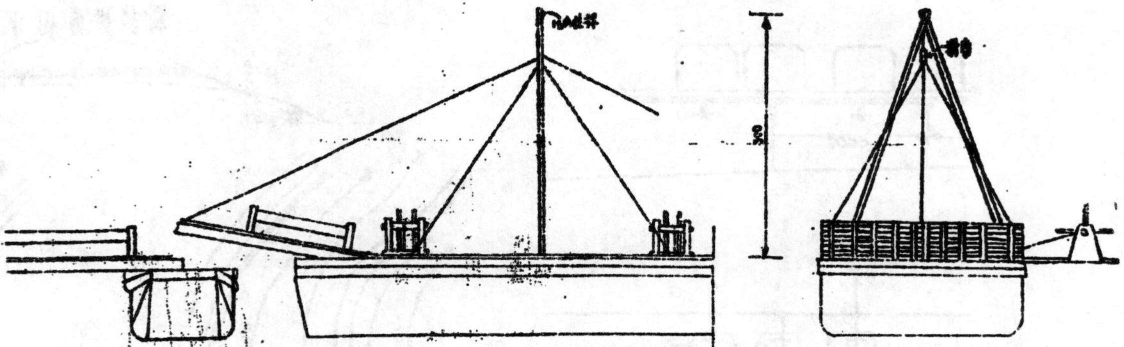

搖車及桅桿裝置圖

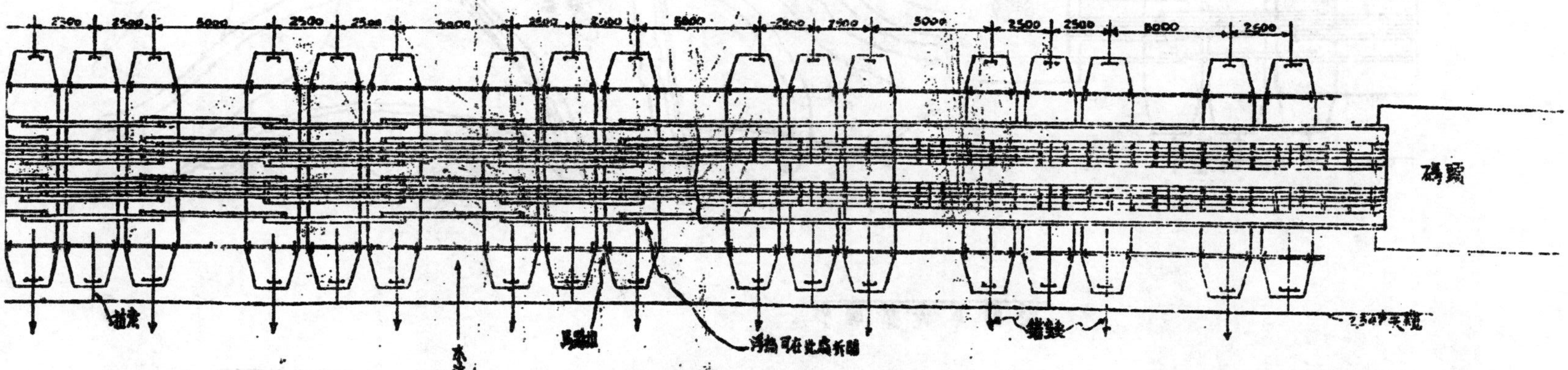

平面圖 1:200

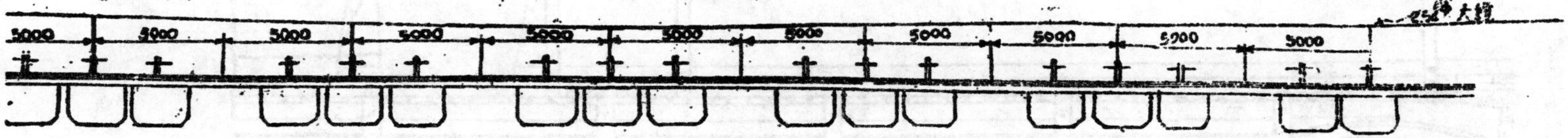

立面圖 1:200

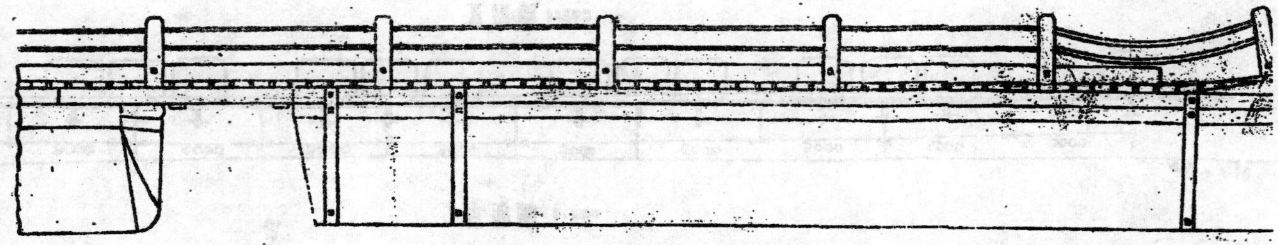

活動浮艙立面圖

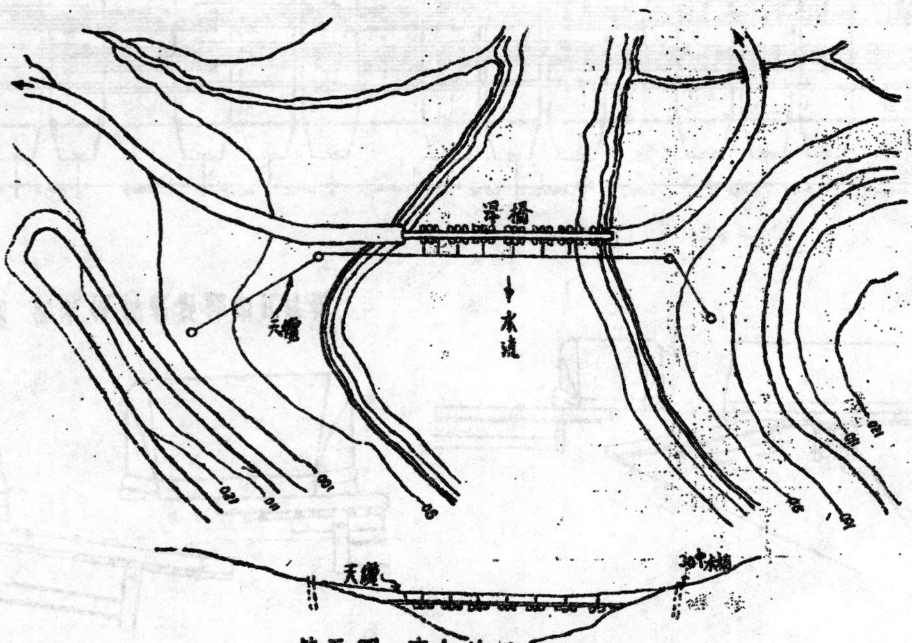

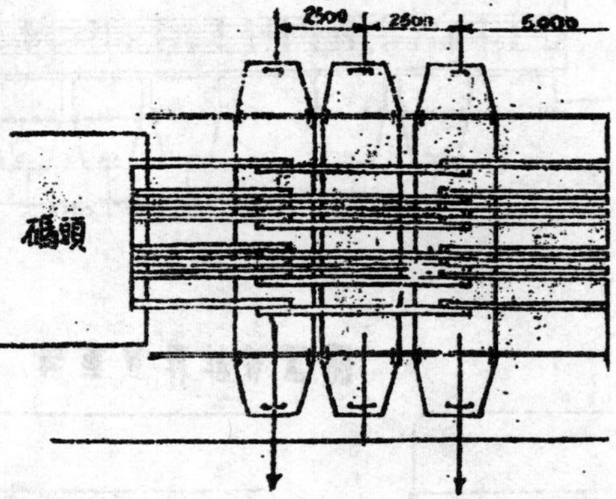

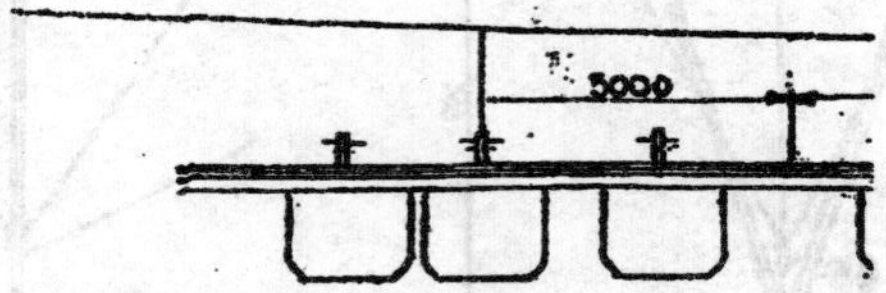

第五圖 高水位重載浮橋

26702

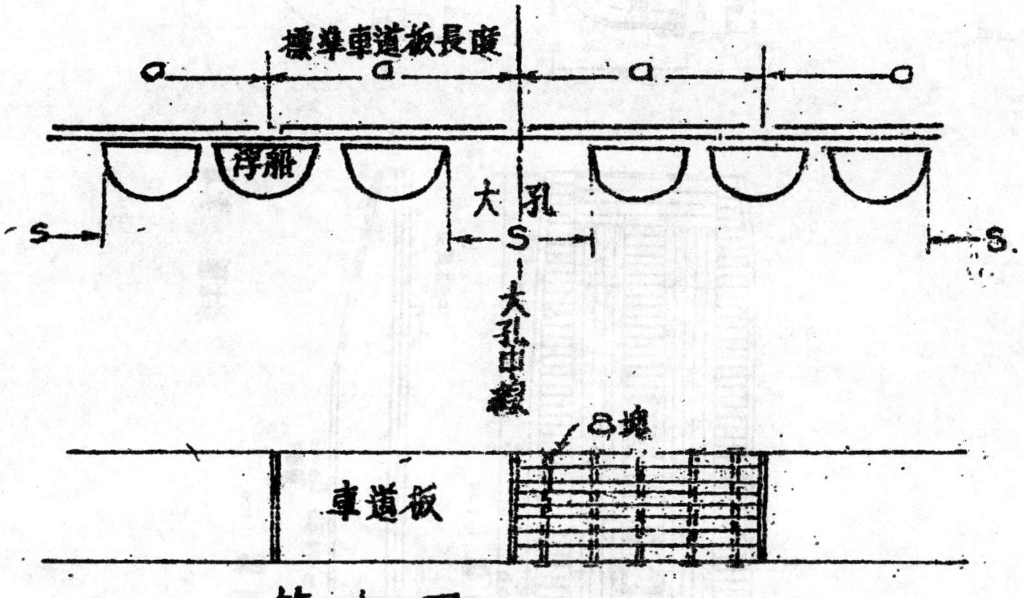

第六圖

26703

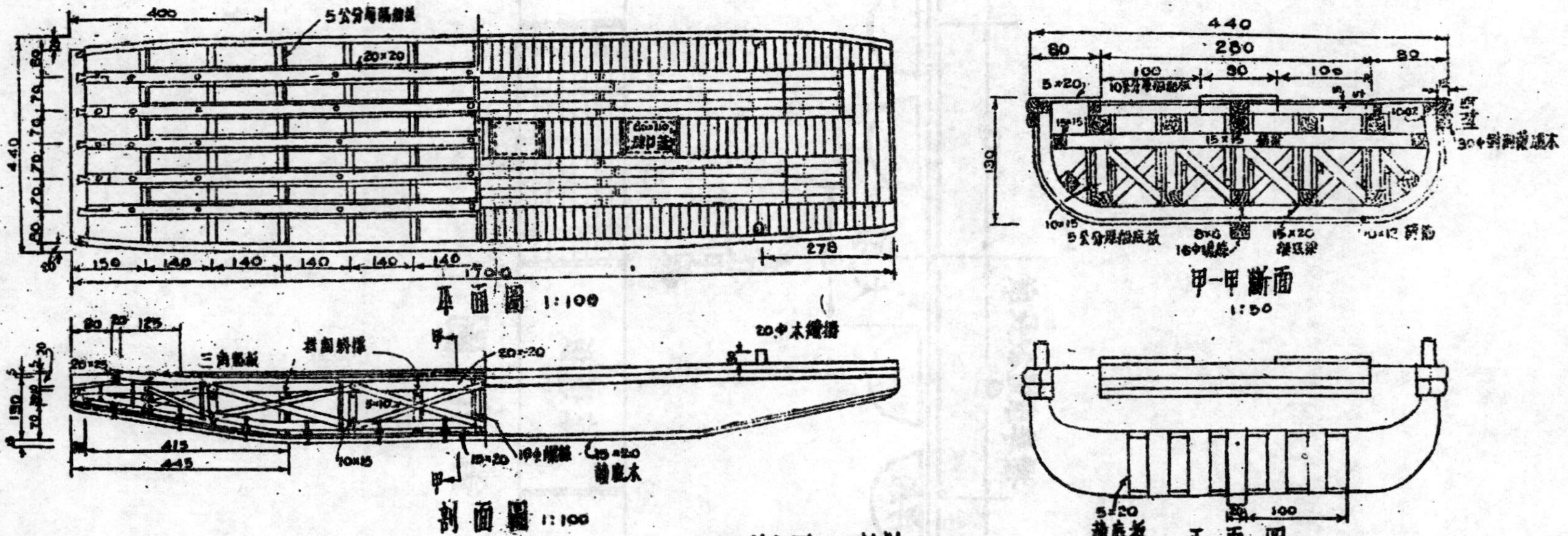

平面圖 1:100
剖面圖 1:100
甲—甲斷面 1:50
正面圖 1:50
5公分厚隔艙板
20×20
400
440
278
1700
150
140
20中木纜樁
三角肋板
20×20
15×20
19中纜絡
10×15
25×20
龍底木
415
445
280
80
100
30
10公分厚艙板
5×20
15×15
30中對剖護邊木
130
10×15
5公分厚艙底板
8×6
16中螺栓
15×20
龍底梁
龍底板

第七圖　救划

26704

第八圖　一對碼頭斜對時橈划向下游斜渡情形

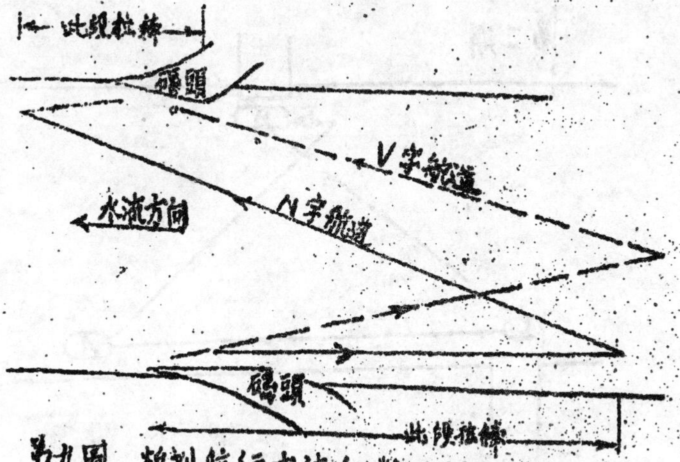

第九圖　橈划航行方法（一對碼頭斜對時）

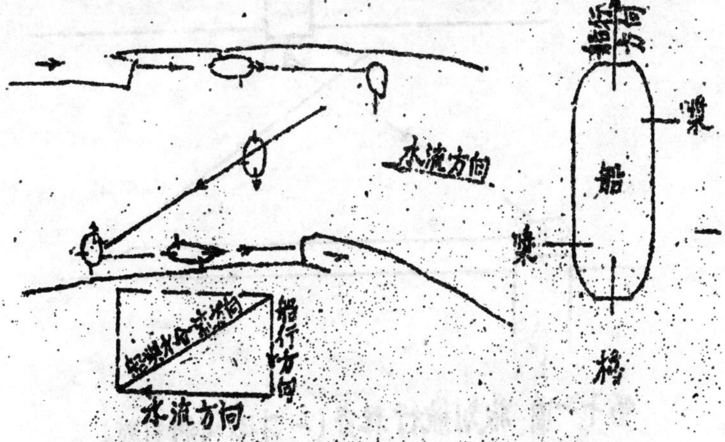

第十圖　橈划在波程中之位置

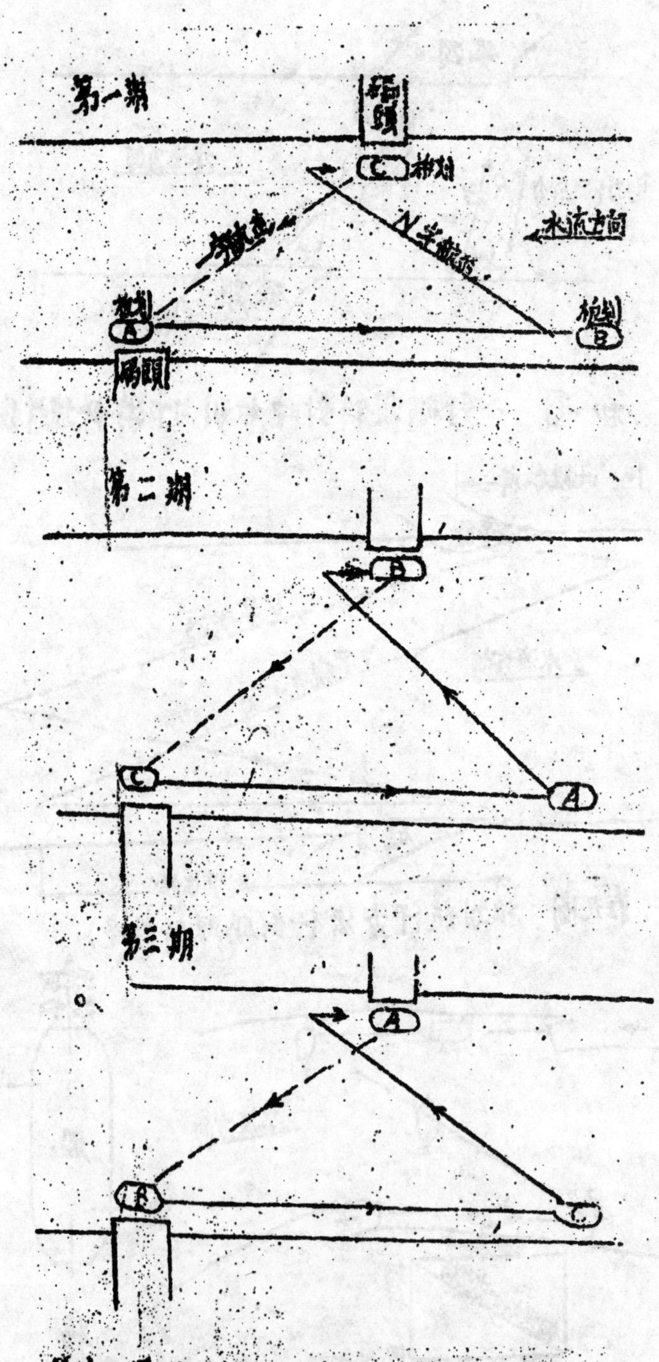

第十一圖 桅划拖行程序（一對碼頭斜對時）

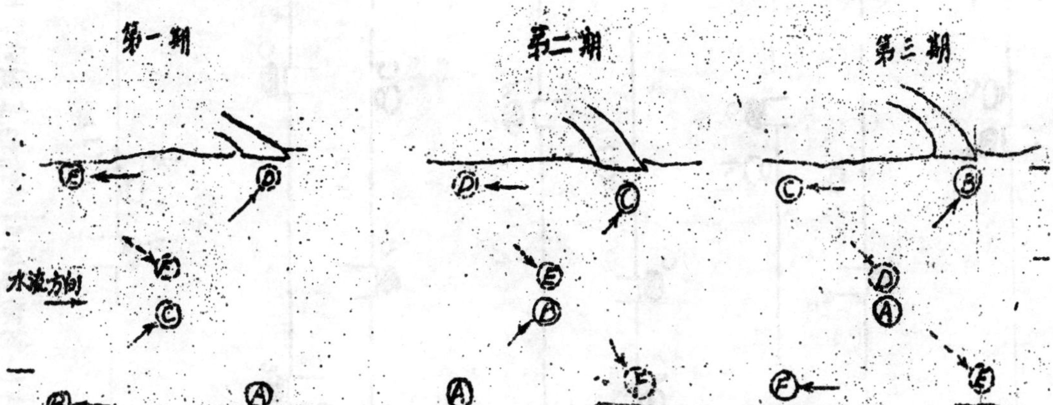

第十二圖　極劃航行程序（一對碼頭直對時）

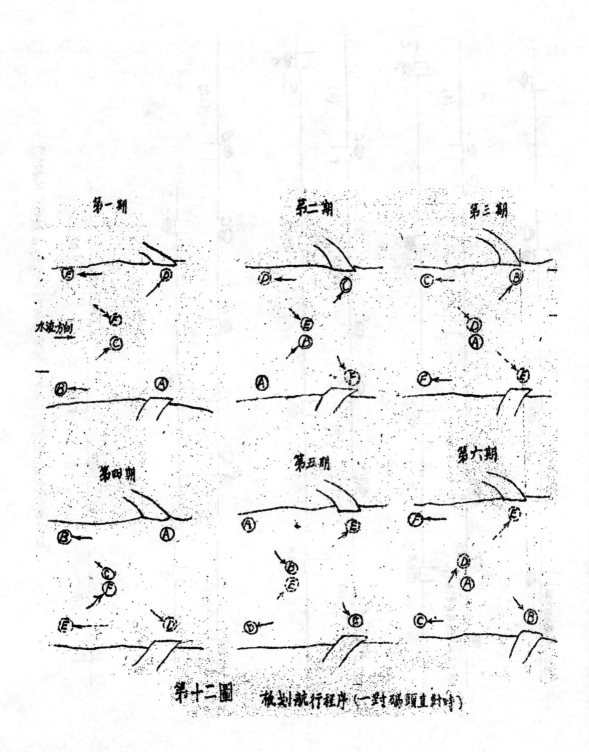

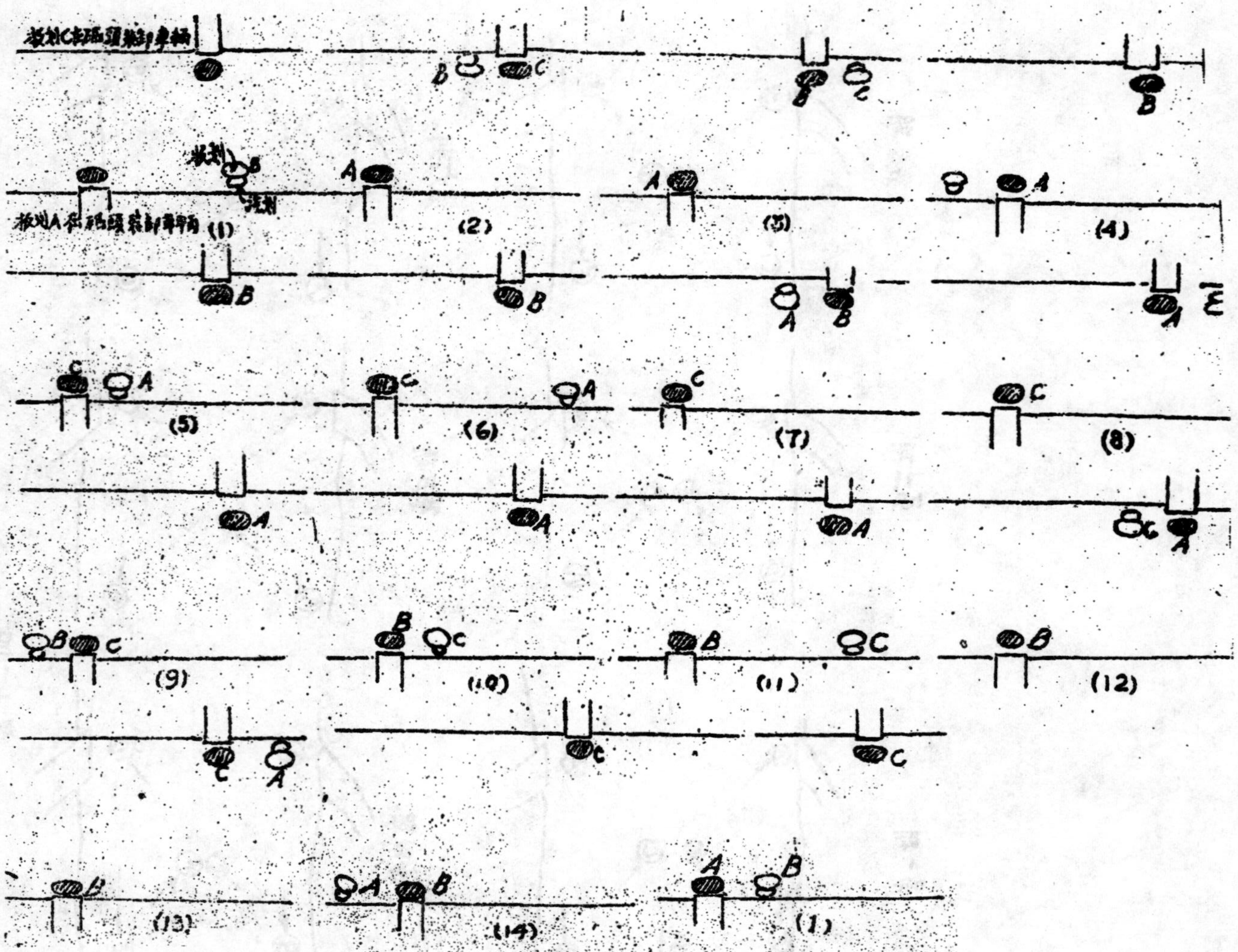

第十三圖 汽划拖曳駁划航行程序(一對碼頭斜對時情形,直對時與此相彷)

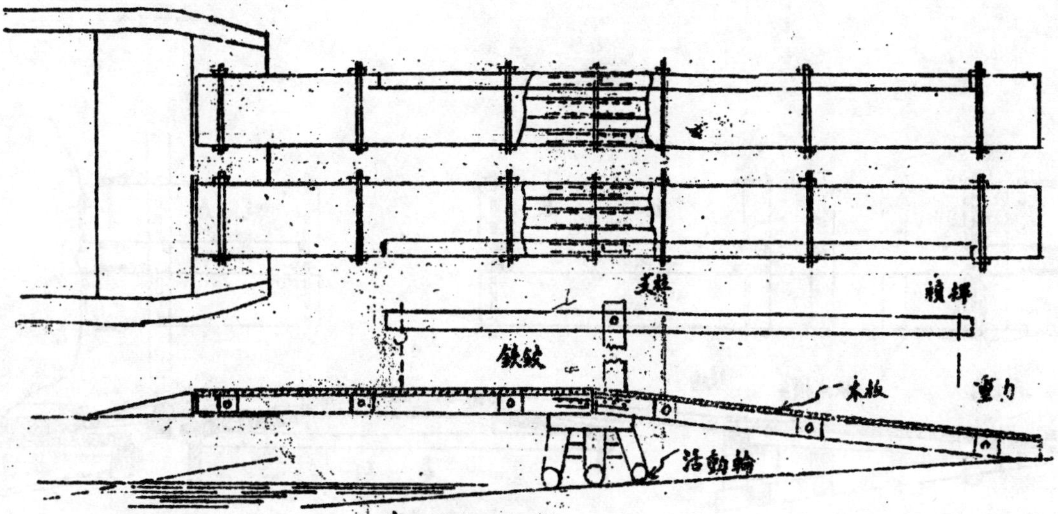

(寅) 活動槓桿式

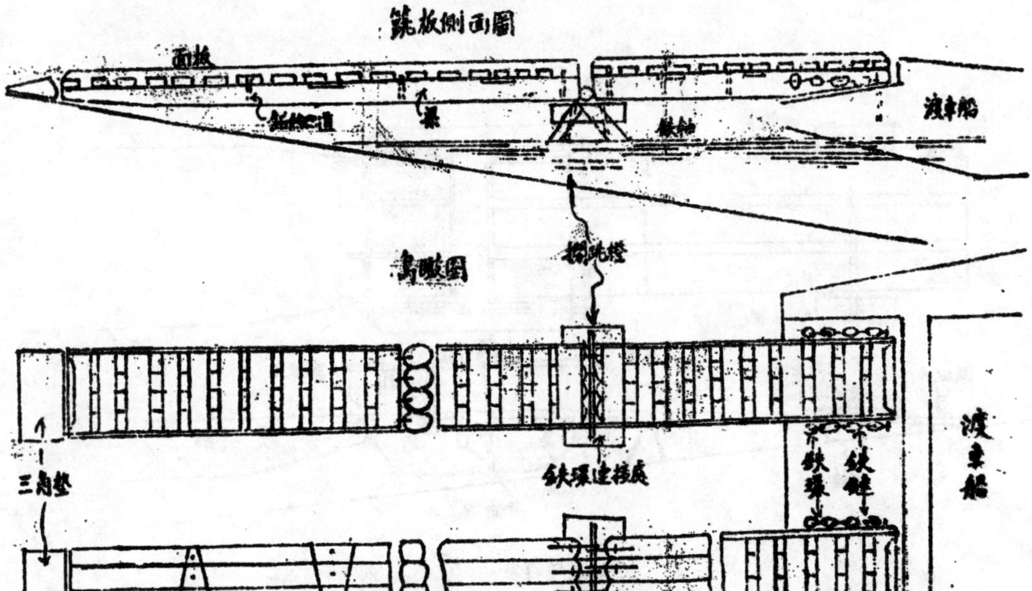

(巳)半固定鉸鏈式

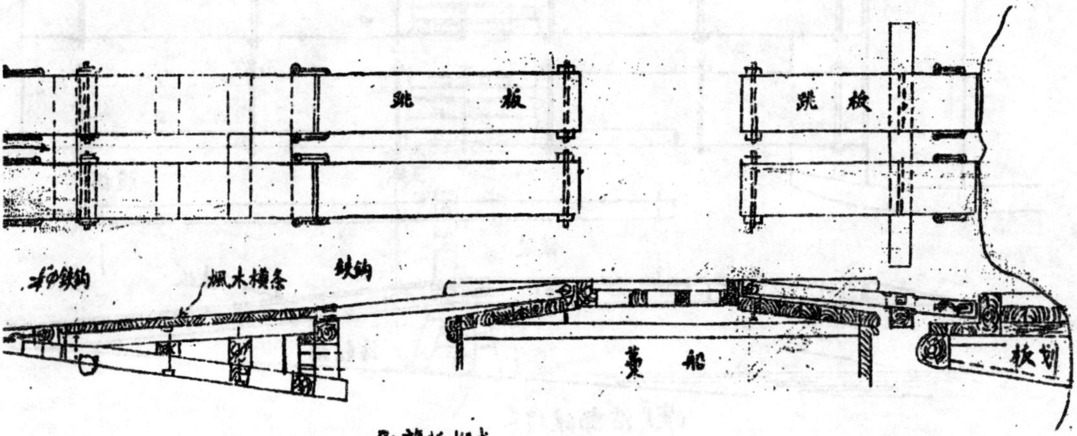

(丑)覆板梯式

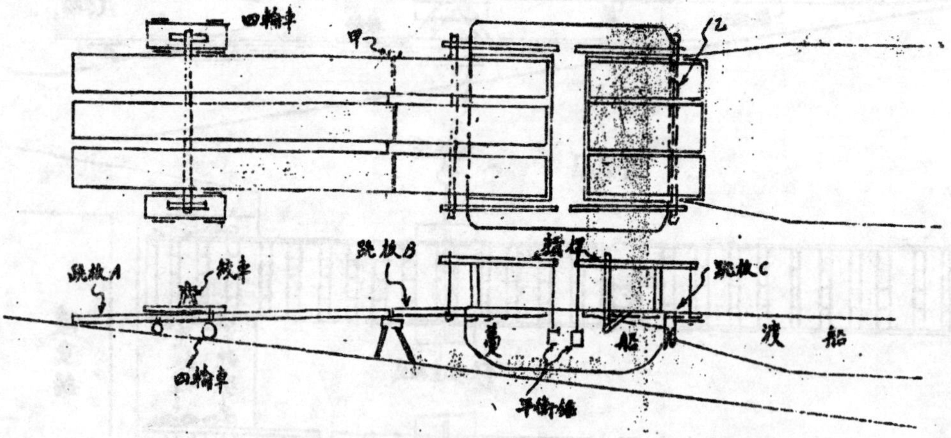

(寅)覆桁桿式

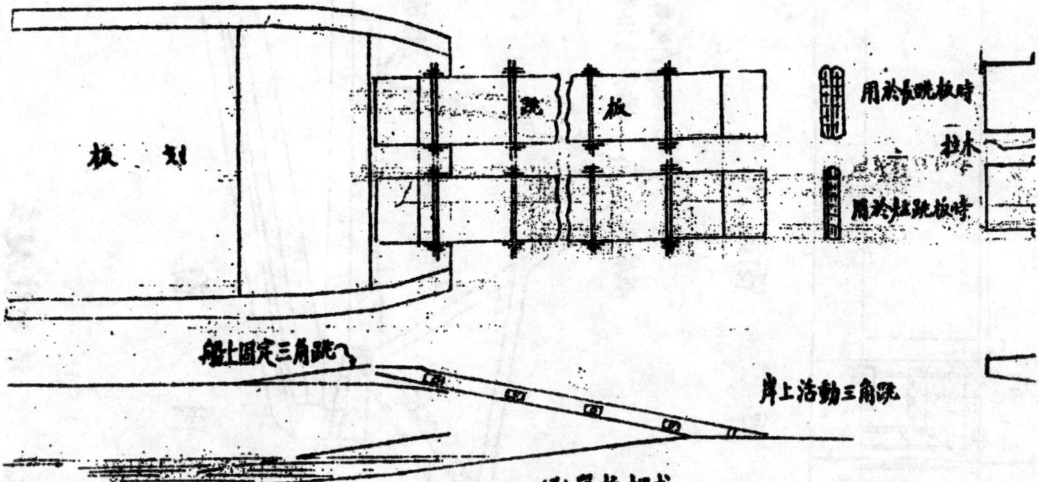
板
划
跳
板
用於長跳板時
拉木
用於跳板時
船上固定三角跳
岸上活動三角跳

(子)單板樑式

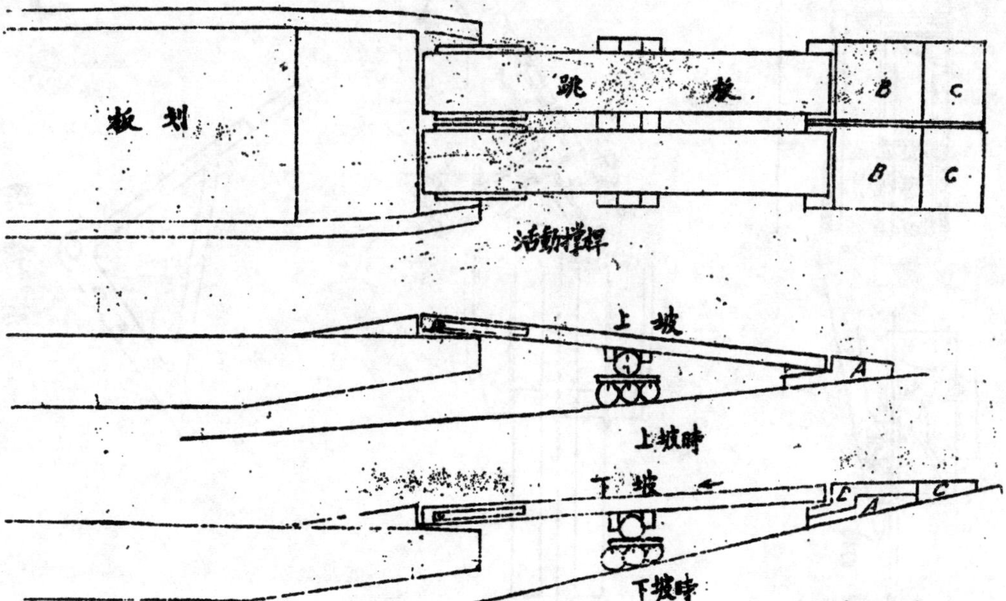
板
划
跳
板
B
C
B
C
活動撐桿
上　坡
A
上坡時
下　坡
C
A
C
下坡時

(卯)單槓樑式

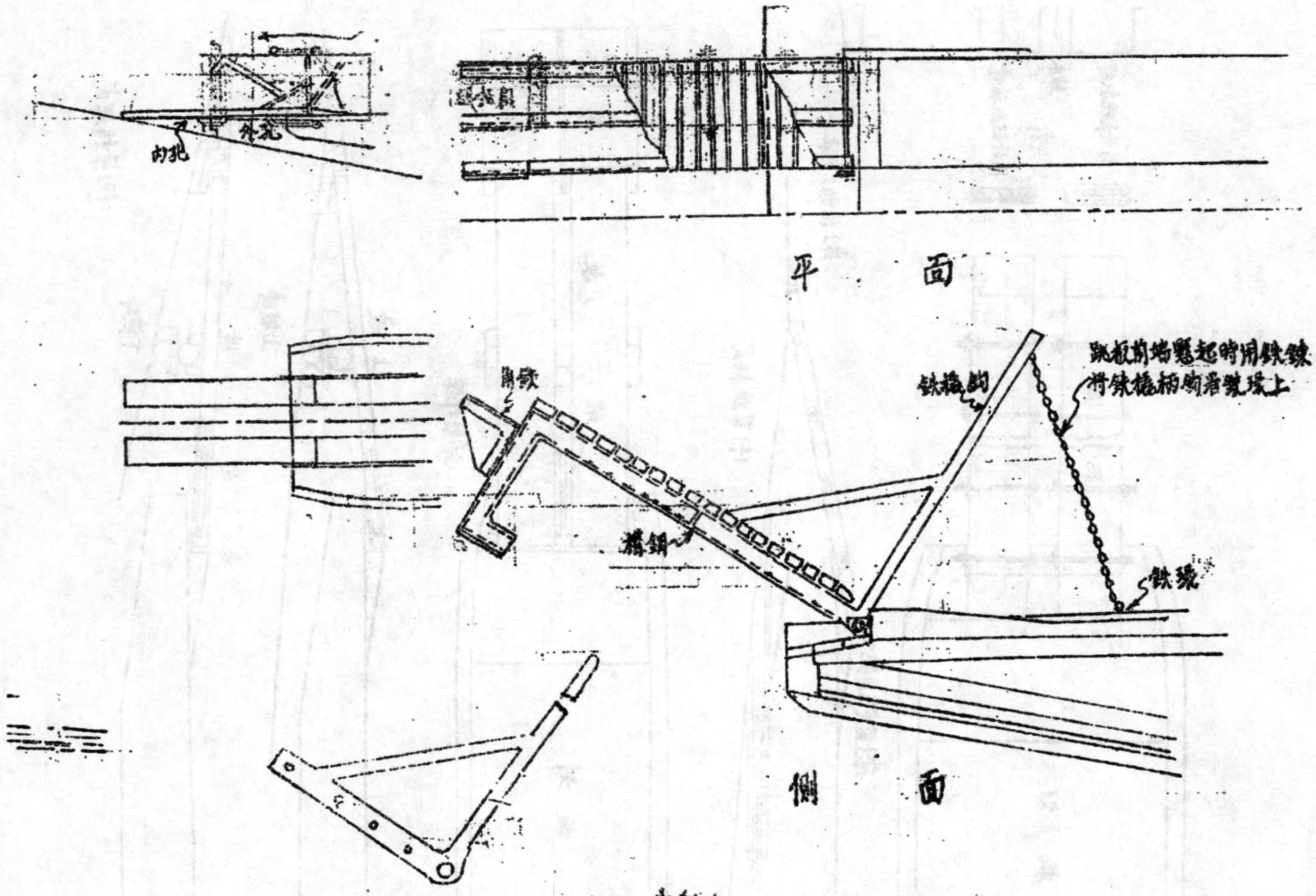

(末) 活動鉸鏈式

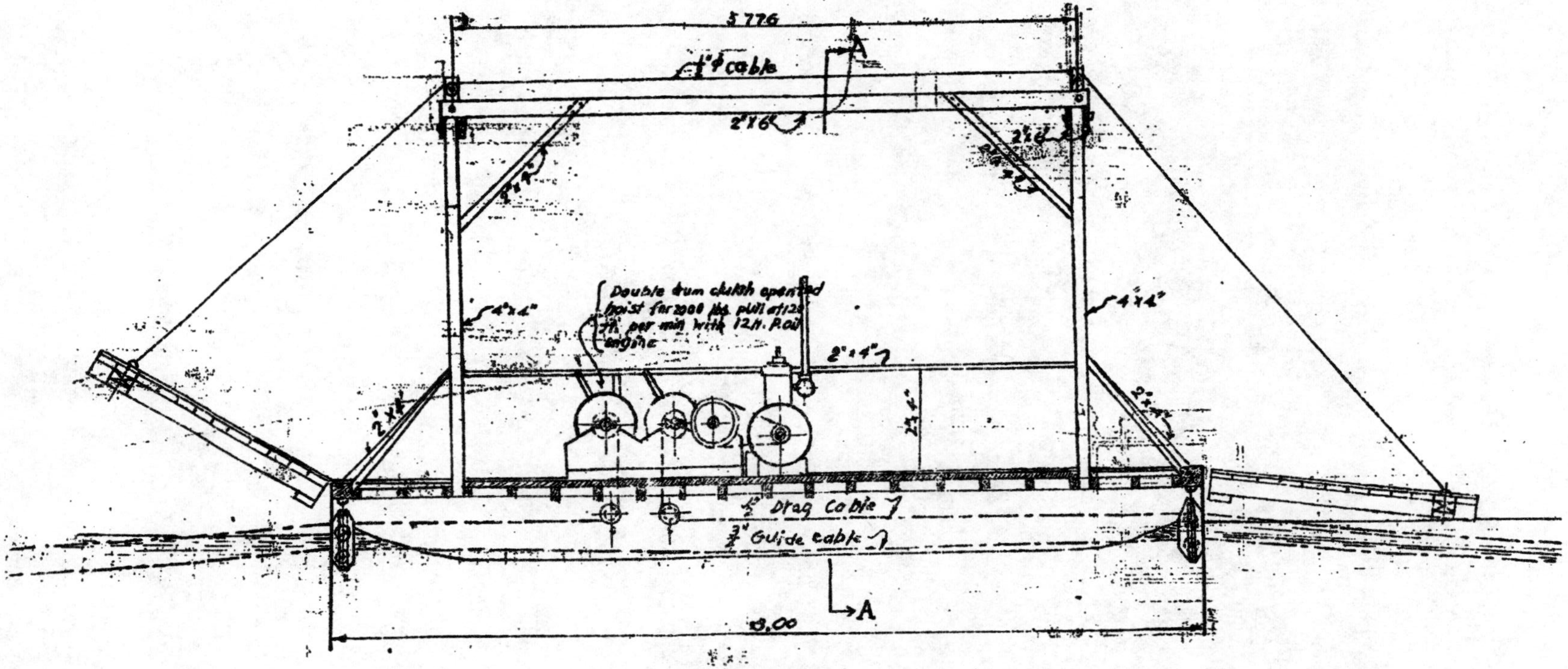

(午) 旋轉活動式

第十四圖 蕻根

26713

浮橋每日下午四時搭建，夜晚六時起通車，日間拆爲數節門橋，向上下游迴水灣疏散穩蔽，以防集團炸毀，并減少橋址對于高空之目標。

汽划板划均分頭向上下游穩蔽岸邊疏散。

停留渡口之車輛遇警報時，須卽向預定疏散區或空曠地點疏散，如不及疏散，則避入車壕內。

（3）防空建築

（a）迂迴支路——每一渡口應分數處，在距離渡口相當地點，每岸建築支路二三條，直通渡口，使車輛過渡迅速，不致擁擠而畀天空以顯著之目標，並使每一渡口於炸毀時，其他渡口仍得照常過渡。

迂迴支路過河處，與公路原過河處，最少應距三公里以上。迂迴支路路面須有與附近物體相同之僞裝。

（b）迴車道——渡口兩岸接線兩端應擇適宜地點，開闢迴車岔道，或圓形（公路兩旁）半圓形（公路一旁轉車坪一二處或數處，其曲線半徑長度不得小於十五公尺，其路基寬度不得小於九公尺，接近迴車道之路基亦應加寬其寬度不得小於九公尺，加寬路基之長度不得小於五百公尺，以便空襲時待車輛得以迅速迴車疏散。

（c）防空洞——渡口附近應選擇地形，每岸開一公共防空洞，以便員工走避，並多挖單人防空洞（散兵坑）以備空襲時警衛員兵穩避之用。

（d）避車壕——渡口附近應利用地形建築臨時疏散車壕，如在山地卽就地形多鑿長方形山洞，每洞以能容一卡車爲度，每壕間隔四公尺，壕之高度及深度，則視傾斜度而定，以能掩蔽車身爲原則，壕濶四公尺，如受地形限制可酌量增減。車壕周圍須有竹木掩蔽，或飾僞裝。

（e）車輛疏散區及掩蔽場——每一渡口附近數公里內，應儘量利用樹林或適當地形劃定車輛疏散區五處至十處，開闢掩蔽場，每處以能停放卡車十輛爲度，並須自正線加齊支線以聯絡之。公路重要地區更須增闢岔道，以作空襲時疏散掩蔽之用。

（4）緊急設備

凡未建正橋之大渡口及已建正橋而橋身損壞時不易修復者，均應增加防空緊急設備，蓄備搶修橋渡器材，置於適中地點，加强渡口設備，使每處在經濟狀況可能範圍以內，有多種渡河工具，如正橋吊橋，便橋，浮橋，汽划渡，擺渡，綠綱渡，滑綱渡，繫留渡，吊車渡，互相隔開以防空襲。

（5）警報站

渡口江岸兩旁應各設警報站，各渡口間，渡口兩岸間，及與鄰近車站間均須有電話聯絡，此外須設防空監視哨對空監視，設情報聯絡站與當地防空主管機關密切聯絡。

（6）燈火管制

晚間在警報時，渡口不必要之燈火應卽熄滅，其他亦須減弱光度或以黑布遮蔽。

（乙）夜間設備

我國公路渡口大都缺之照明設備，夜渡效力旣微，而又易生危險，在可能範圍內自應儘量避免，以策安全。惟當（1）軍運緊急（2）積車過多（3）日間空襲危險（4）日間渡

26715

口發生事變時，則必須强制執行夜渡，惟遇有重霧及水流湍急或有危險時，概須停渡。

夜渡設備如下：

（1）凡近大都市之渡口有電燈設備之處，于兩岸碼頭上加裝電燈。

（2）凡在野外無電燈之處，改用汽油燈煤油燈燈籠火把等照明，照明器具須設於岸上及船上，無論河面寬窄，均須設置於兩岸靠河地點。

（3）準備必要時夜渡值班員工及渡夫。

（丙）卸載設備

渡口遇有天災事變，船渡經搶修後，雖可暫時維持通車，但不能立即恢復原狀，故在萬不得已之情况下，必須卸載過渡，以策安全。

卸載過渡之通則爲：

（1）汽車過渡時，貨物須卸載，乘客須下車，然後空車通過。

（2）車抵彼岸後，須立即將貨物裝上前駛，不得停留妨礙交通。

（3）卸裝駁運由渡口管理所派工協助。

（4）渡口兩端卸裝物資車輛每次以五輛爲限，其餘須待前車通過後，挨次前進。

（5）駁運物資由押運員司機等沿途自行負責照料。

最近鋼索吊車（Aerial Tramways）裝運貨物過渡方法，風行全世，運用靈敏，功效卓著，我國各大渡口果能每渡設置一座，則遇有橋渡發生事變時，即可用以直接駁運軍糈器材等物，加强卸載過渡效率，又何患交通之受阻耶。

（丁）消防設備

船渡消防設備，應注意事項如下：

（1）渡口兩岸適當地點蓄水儲沙。

（2）船隻內裝設藥沫滅火機，并配置水槍若干支。

（3）船隻內非必要時，不得儲放易於着火之物品，及有危險性之化學藥品。

（4）凡有爆炸性及易於引火之物品，非經嚴密封固防裂妥善者，不得通過浮橋或船或在板划上擺渡，並禁止拋擲烟頭火屑，或其他燃料。

（5）遴派消防人員，常駐碼頭及船隻上，晝夜輪流巡視，以預防火災。

（6）充實一切有關消防之設備，并予所屬以消防訓練。

（戊）救護設備

渡船救護工作，包括撈救人類牲畜車輛器材物資等，其應有設備爲：

（1）救生隊——隊員必須水上經驗良好，訓練純熟，而善於游泳，宜擇各渡夫中之技術精良者充之。

（2）救生船——凡能迅速行動之船隻，配以救生之船夫及救生器具者，均可稱作救生船之用

（3）救生工具——如救生圈（內裝瓶塞子軟木或膠皮圈而吹氣於其中）輕質膠皮片，連同鈎子，救生桿，救生繩，救生箱，電筒等。

（4）泅人夫及衣具——在國內各公路上目前尚無此項設備。

道路交叉處之設計

胡樹楫

一、緒言

隨汽車交通之發達，近二十年來，道路工程學亦有長足之進步。當馬車時代，因車輛速度不高，載重不大，故所要求於道路者不奢。今日之完善道路，則設計與施工之精密準確，幾可媲美鐵路。

城市道路，縱橫錯沓。在兩路交叉之處，路面佈置之良拙，尤關係重要。於此應注意者凡三點：

（1）行車安全——道路之表面，普通自中央向兩邊傾斜，或爲圓墻面（拋物線曲面），或如人字形屋面狀（僅中央成圓墻面），故兩路相遇時，必交截而生曲折。苟或突兀過甚，則車輛通過時，輪與路撞，使乘車者不適，車與路交相損毀。

（2）行人便利——在路口上，側石及人行道之佈置須有適當高度及橫坡度，使行人過街便利，且雨天不爲水阻，冬日不因冰雪滑跌。

（3）洩水通暢——小窨井（Catch basins）之進水孔須恰在路面雨水匯流之處，始免積潦，或氾濫於路面，以致妨礙交通，浸毀路面。

顧欲使路口佈置滿足上項條件，"決非簡單之事，…………需要多數時間解決每一問題；"（註一）於此亦"不能訂立一定規律，以情形隨在各異故。"

茲爲使本問題之簡化見，下文假定縱橫兩路不變其形狀及坡度，而在交叉處相遇，庶可以數理方式，確定交截線之地位，而一切佈置隨而取決。

二、路面之高差及等高線

甲、圓弧形橫截面

因弧長對半徑Υ之比率甚小，亦可視爲拋物線。

如圖（一），令路面寬度爲b[m]，路邊之傾斜角爲$\emptyset$，則$Υ=\frac{b}{2\sin\emptyset}$[m]

因$\emptyset$角甚小，可令$\sin\emptyset=\tan\emptyset=\frac{p}{100}$

其中p＝路邊切線之斜度以％計，故

$$Υ=\frac{50b}{p}\,[m]\cdots\cdots\cdots\cdots(1)$$

視路面爲拋物線，得

$$t^2=2Cu$$

其中t,u（均以[m]計）爲拋物線上任一點p對路冠M之橫距及高差，2C爲拋物線之參數

(Parameter) 。由上式得

$$2t.dt=2C.du$$

卽 $$\frac{tdu}{dt}=\frac{t}{C}$$

因 $t=\frac{b}{2}$ 時，$\frac{du}{dt}=\frac{b}{2C}=\frac{p}{100}$，故 $C=\frac{50b}{p}$，

$$t^2=2Cu=100\frac{b}{p}u$$

卽 $$u=\frac{p}{100b}t^2[m]=\frac{p}{b}t^2[cm] \text{——————(2)}$$

令 $t=\frac{b}{2}$ 時，得路冠M高出路邊AB之尺寸：

$$h=\frac{bp}{400}[m]=\frac{bp}{4}[cm] \text{——————(3)}$$

若橫截面AMB對定點O之縱距爲v(在路面上升方向爲正值，反是爲負值)[m]，路面之縱坡度爲g%，則M點高出O點之尺寸爲 $\frac{vg}{100}$[m]，故P點高出O點之尺寸爲

$$Z=\frac{vg}{100}-\frac{p}{100b}t^2[m]=vg-\frac{p}{b}t^2[cm] \text{——(4)}$$

若P點與O點等高，卽Z=0，則

$$v=\frac{pt^2}{gb}[m] \text{——————(4甲)}$$

依據上式，可以路冠點O爲位標原點，路中線爲V軸，其垂直線爲T軸，假定若干t值，以計算相當之v，而將通過O點之等高線QOR作出(圖二)；並將此等高線在路面上升之方向，按定距離n/g[m]平行推移，卽得高出QORn[cm]之等高線Q'O'R'；向路線下降之方向，按一定距離n/g[m]平行推移，卽得低出等高線QORn[cm]之等高線Q"O"R"。如是類推，可得任何數，按一定高差n[cm]遞進之路面等高線。

設b=6公尺，p=2.5%，g=1%，之路面作成，其高差爲 1公分，則其平行推移之尺寸爲

$$\frac{n}{g}=\frac{1[cm]}{1[\%]}=1[m]$$

如圖(二)，於平面圖內，過M點引直點L—L，垂直於路中線，則L—L代表通過M點之垂直平面，其與各等高線之交點C及D，E及F，……爲路面等高點之射影。本此原理，於立面圖內，引通過C,D,E,F,……之垂線及按高距遞差n[cm]之水平線，則其交點卽橫截面上等高點C及D，E及F，……。至於路邊邊點A,B對M點之高差h亦可由等高線求之。以 $t=\frac{b}{2}$ 代入(4)式， 得 $d=AQ=BR=\frac{pb}{4g}[m]$

又依(3)式：$h=\frac{bp}{4}[cm]$

故 $$h=gd[cm] \text{——————(3甲)}$$

因此，由等高線可反求橫截面，如圖(二)(甲)所示。

26718

又如圖（二），於立面圖中，引水平線N—N，過路冠點M，則N—N代表一水平面，其與路面之交截線，即過M點之等高線。若更於對M點高距爲n，2n，3m……[cm]及h=gd[cm]作平行於路冠線（路面中線）之斜面，則必與上項等高線及路邊線相交于距M點爲 $\frac{n}{g}$，$2\frac{n}{g}$，$3\frac{n}{g}$……及 $d=\frac{h}{g}$ 之處。本此原理，可由圖解方式由横截面定等高線，如圖（二）(Z)所示。

（乙）人字形横截面

弧形路面之横坡度，在每一横截面上處處不同；在近路冠處每嫌過小，不利於洩水，而在路邊則往往過大，至車輛有旁滑之虞，（尤其值路面泥濘或積有冰雪時）故現代道路多取人字形横截面（註二）。

人字形横截面向兩綫依直綫傾斜，僅于中央寬1公尺許之部分以短弧代棱角，故路面横坡度可一律大至洩水便利上所要求之數，而不必超過行車安全上所限止之額。

若直線部分之斜度爲p%，則中央1公尺寬弧形部分CMD任一點對路冠M之高差，依（2）式爲

$$u=\frac{p}{100}t^2[m]=pt^2[cm] \text{———————（2甲）}$$

路冠M高出切點C,D之尺寸，依(3)式爲

$$h_1=\frac{p}{400}[m]=\frac{p}{4}[cm] \text{——————————（3乙）}$$

在直線部分上，任一點P對路冠M之高差爲

$$u=h_1+\left(\frac{b}{2}-\frac{1}{2}\right)\frac{p}{100}-\left(\frac{b}{2}-t\right)\frac{p}{100}$$

$$=\frac{p}{400}-\frac{p}{200}+\frac{pt}{100}$$

即

$$u=p\left(\frac{t}{100}-\frac{1}{400}\right)[m]=p\left(t-\frac{1}{4}\right)\ [Cm] \text{——————————（5）}$$

以 $t=\frac{b}{2}$ 代入上式，得路冠M高出路邊A，B之尺寸

$$h=p\left(\frac{b}{200}-\frac{1}{400}\right)=p\left(\frac{2b-1}{400}\right)[m]=p\left(\frac{2b-1}{4}\right)[Cm] \text{—（6）}$$

若横截面AMB對路中線上定點O之距離爲v（在路面上升之方向以正值論，反是以負值論），路面之縱坡度爲g%（圖三），則M點高出O點之尺寸爲 $\frac{Ng}{100}$[m]，故P點高出O點之尺寸爲

$$Z=\frac{vg}{100}-p\frac{(4t-1)}{400}[m]=vg-P\frac{(4t-1)}{4}[Cm] \text{——————（7）}$$

若P點與O點同高，(即Z=0)，則

$$v=\frac{p}{g}\left(t-\frac{1}{4}\right)[m] \text{————————————————————（8）}$$

依據上式，可假定若干t值，以計算稱是之v，而將通過任一路冠點O之平面等高線

26719

QO'R 作出。此等高線與弧面界線交於 S, W 兩點。QS 及 WR 為平面部份之實際等高線，而 SO' 及 O'W 為假想兩平面向上延長至交截線時之等高線，故以虛線表示之。至弧面部分之等高線則為曲綫 SOW。

因平面上之等高線必為直線，QO' 及 O'R 各可由兩點決定之。為簡捷起見，可取 Q'R 兩邊點及假想之共同起點O'。以 $t=0$ 代入（8）式，得 $OO' = -\frac{p}{4g}[m]$ ——（8甲）

又以 $t=\frac{b}{2}$ 代入（8）式，得Q, R兩點對O點之縱距 $V_Q = V_R = \frac{p}{4g}(2b-1)[m]$ ——（8乙）

QO' 及 O'R 對路中線之斜度為

$$\frac{b}{2} \div \left[\frac{p}{4g} + \frac{p}{4g}(2b-1)\right] = \frac{g}{p} \qquad (9)$$

故等高線之方位亦可由O'點及上項斜度定之。

將等高線 QO'R 向路線上升及下降之方向，按距離 $\frac{n}{g}$ [m] 平行推移，即得高差 ±n [cm] 之等高線如是類推，可得按一定高差 n[Cm] 遞進之任何數等高線。

（甲）節所述之圖解法，亦適用於人字形路面，自不待言。

三、 路面之交截線

（甲）圖解法

縱橫路面相交截時，同一水平面之等高線（"同名等高線"）或其延長線必相遇於一點至四點，而此諸交點為兩路面或其擴大面之共同點，故在交截線或其延長線上。故就相交之兩路面，各以其中線之交點 O 為基點，（水平零點）按高差 1，或 2，或 5，或10公分作成若干等高線，則諸同名等高線之交點，可連結以成路面交截線，兩平面之交截線必為直線，故人字形路面，除中央弧形部分外，所有交截線為直線，可由兩交點決定之。

但依此法求路面交截線，頗易淆誤。如作圖比例尺不甚大，亦難期結果正確，故不如用計算法之為愈。

（乙）計算法

（1）位標系統及位標符號

設寬 b_1，b_2 [m] 之甲乙兩路。分別具縱坡度 g_1 g_2 [%]，其中線在上升之方向成 $w=90°-\phi$ 之角度，而相交於 O 點、則以通過 O 點之水平面為 X Y 平面，以坡度較大（假定 $g_1 > g_2$）之甲路中線（對圖平面之射影）為X 軸，坡度較小之乙路中線為Y 軸，均以上升之方向為正，下降之方向為負，並以O 為位標原點，而依尋常方式（反鐘針方向）區別為 I, II, III, IV 四"格"（quadrants）（圖四）。

次假想於O 點立一垂線，（垂直于圖平面），向上為正Z 軸，向下為負Z 軸。

甲路面任一點P 對O 點之高差Z 可依（4）式（弧路面）或（7）式（平路面）計算。（惟因P 點所在之橫截面垂直於X 軸，若 $\phi \gtrless 0$，則不與Y 軸平行，故 $t = y\ \mathrm{Cos}\,\phi$，$V = X + Y\mathrm{Sin}\,\phi$。

同樣，乙路面任一點P對O點之高差Z可依（4）式或（7）式計算，推取

$t=X\ Cos\varnothing$，　$V=Y+X\ Siu\ \varnothing$。

（2）弧路面之交截線

以 g_1，b_1，$YCos\varnothing$，$X+YSiu\varnothing$ 代（4）式中之 g，b，t，v，得甲路弧面任一點P對O點之高差：

$$Z=g_1(X+Y\ Sin\ \varnothing)-\frac{p_1}{b_1}Y^2\ Cos^2\ \varnothing\ [cm] \text{——————} (10)$$

又以 g_2，b_2，$X\ Cos\varnothing$，$Y+X\ Siu\varnothing$ 代（4）式中之 g，b，t，v，得乙路弧面任一點對O點之高差：

$$Z=g_2(Y+X\ Siu\ \varnothing)-\frac{p_2}{b_2}X^2\ Cos^2\varnothing\ [cm] \text{——————} (11)$$

令(10)，(11)兩式相等，得兩路弧面交截線之方程式：

$$\left.\begin{aligned}&\beta X^2+\gamma X-\alpha Y^2-\delta Y=0,\\&X=\frac{-\gamma}{2\beta}\pm\sqrt{\left(\frac{\gamma}{2\beta}\right)^2+\frac{\alpha}{\beta}Y^2+\frac{\delta}{\beta}Y}\ [m],\\&Y=-\frac{\delta}{2\alpha}\pm\sqrt{\left(\frac{\delta}{2\alpha}\right)^2+\frac{\beta}{\alpha}X^2+\frac{\gamma}{\alpha}X}\ [m],\end{aligned}\right\}\text{——} (12)$$

其中　$\alpha=\frac{p_1}{b_1}Cos^2\varnothing$，

$\beta=\frac{p_2}{b_2}Cos^2\varnothing$，

$\gamma=g_1-g_2\ Sin\varnothing$，

$\delta=g_2-g_1\ Sin\varnothing$。

求人字形路弧面部分（寬1 m）之交截線時，應令 $b_1=b_2=1$ m。

上式中根號前之"＋"號及"－"號，須視X或Y所在格段分別用之，以X在Ⅰ，Ⅱ兩格內及Y在Ⅰ，Ⅱ兩格內得正值，在他格內則得負值爲度。

令Y=0，得交截線與X軸（甲路中線）之交點對O點所有橫距（X=0及 $X=-\frac{\gamma}{\beta}$。

令X=0，得交截線與Y軸（乙路中線）之交點對O點所有縱距 Y=0及 $Y=-\frac{\delta}{\alpha}$

因（12）式中無XY一項，X^2 項之係數恆爲正值，Y^2 項之係數（$-\alpha$）恆爲負值，故（$-\beta$）×（$-\alpha$）恆爲正值，依解析幾何學定律，此方程式所表示之交截線爲雙曲線

（3）平面路之交截線

相交叉之甲乙兩路爲人字形路面時，在平面部分上任一點P對O點之高差分別爲

$$Z=g_1(x+y\ Siu\varnothing)-p_1\ y\ Cos\varnothing+\frac{p_1}{4}\ [cm] \text{———} (13)$$

及　$$Z=g_2(y+x\ Siu\varnothing)-p_2\ x\ Cos\varnothing+\frac{p_2}{4}\ [cm] \text{———} (14)$$

上兩式中 y Cos$\varnothing$ 及 x Cos$\varnothing$ 相當于（7）式中之t，恆應取絕對值，故y爲負值時

26721

（在Ⅲ，Ⅳ兩格內），或 x 爲負值時（在Ⅱ，Ⅲ兩格內），Cos∅ 亦應取負值。

令（13）（14）兩式相等，並注意 Cos∅ 應取之符號，得分別適用於四格內之交截線方程式：

在Ⅰ格內

$$X=-\frac{\delta+p_1\ \mathrm{Cos}\varnothing}{\gamma-p_2\ \mathrm{Cos}\varnothing}y+\frac{p_2-p_1}{4(\gamma-p_2\ \mathrm{Cos}\varnothing)}\ [m] \text{——————（15甲）}$$

在Ⅱ格內

$$X=-\frac{\delta+p_1\ \mathrm{Cos}\varnothing}{\gamma-p_2\ \mathrm{Cos}\varnothing}y+\frac{p_2-p_1}{4(\gamma-p_2\ \mathrm{Cos}\varnothing)}\ [m] \text{——————（15乙）}$$

在Ⅲ格內

$$X=-\frac{\delta+p_1\ \mathrm{Cos}\varnothing}{\gamma-p_2\ \mathrm{Cos}\varnothing}y+\frac{p_2-p_1}{4(\gamma+p_2\ \mathrm{Cos}\varnothing)}\ [m] \text{——————（15丙）}$$

在Ⅳ格內

$$X=\frac{\delta-p_1\ \mathrm{Cos}\varnothing}{\gamma+p_2\ \mathrm{Cos}\varnothing}y+\frac{p_2-p_1}{4(\gamma+p_2\ \mathrm{Cos}\varnothing)}\ [m] \text{——————（15丁）}$$

［δ，γ 之值與（12）式所列者無異。

以上四式代表一直線，可由任兩點決定之。令 y=o，得

$$X=\frac{p_2-p_1}{4(\gamma\pm p_2\ \mathrm{Cos}\varnothing)}\quad\begin{cases}+\text{號適用於Ⅰ，Ⅳ兩格，}\\-\text{號適用於Ⅱ，Ⅲ兩格。}\end{cases}$$

故四交截線（或其延長線）交X軸於兩點。若 $p_2=p_1$，則 y=o 時，x=o，即四交截線同自O點放射。

（4）弧路面與平路面之交截線。

相交叉之兩人字形路面，所有弧面部分之交截線，可依（12）式計算。如令 y=o 所得之 x 值大於乙路弧面界線對O點之橫距 $\frac{1}{2\mathrm{Cos}\varnothing}$，換言之，若 $\frac{\gamma}{\beta}>\frac{1}{2\mathrm{Cos}\varnothing}$，則甲路之弧面部分，在Ⅱ，Ⅲ兩格內必與乙路之弧面部分相交截，而與其平面部分相遇，即交截線應依下式計算。

令（10）及（14）兩式相等，並注意 Cos∅ 應取之符號，得

$$X=\frac{\alpha y^2+\delta y}{\gamma-p_2\ \mathrm{Cos}\varnothing}+\frac{p_2}{4(\gamma-p_2\ \mathrm{Cos}\varnothing)}\text{（適用於Ⅱ，Ⅲ兩格內）——（16）}$$

又若依（12）式計算，令 $y=\frac{1}{2\mathrm{Cos}\varnothing}$ 時，所得之 x_2 值小於乙路弧面界綫對O點之距離 $\frac{1}{2\mathrm{Cos}\varnothing}$，則乙路之弧面部分與甲路之平面部分，在Ⅰ，Ⅳ兩格內相交截，而在 $X_2\leqq X\leqq\frac{1}{2\mathrm{Cos}\varnothing}$ 之界範內 y 應依下式計算：

$$y=\frac{\beta x^2+\gamma x}{(\delta\pm p_1\ \mathrm{Cos}\varnothing)}+\frac{p_1}{4(\gamma\pm p_1\ \mathrm{Cos}\varnothing)}\text{——————（17）}$$

其中（±）符號分別適用於Ⅰ，Ⅳ兩格。

26722

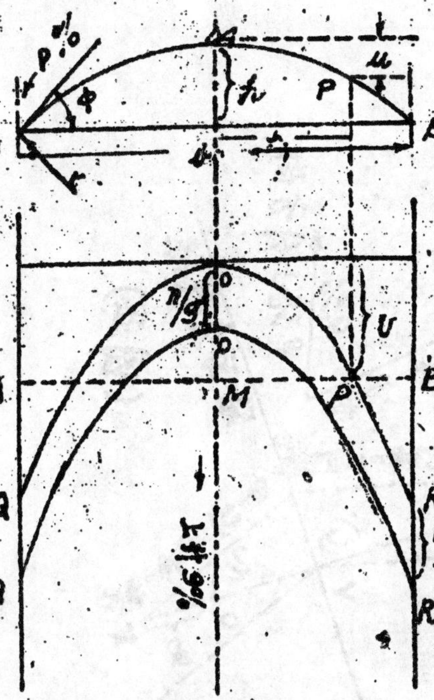

(图一)

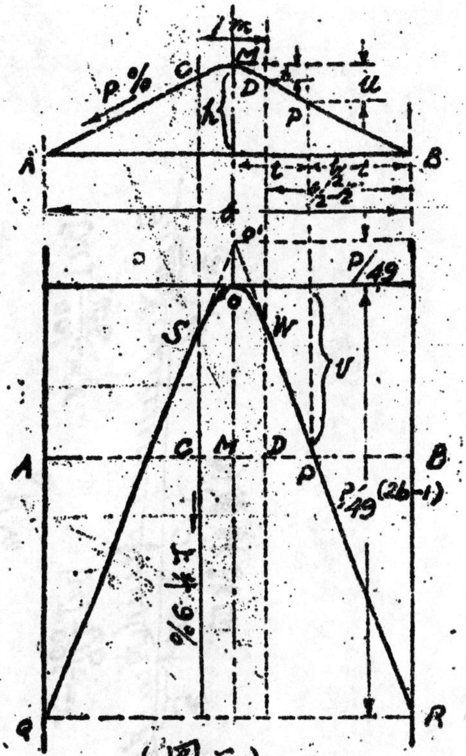

(图三)

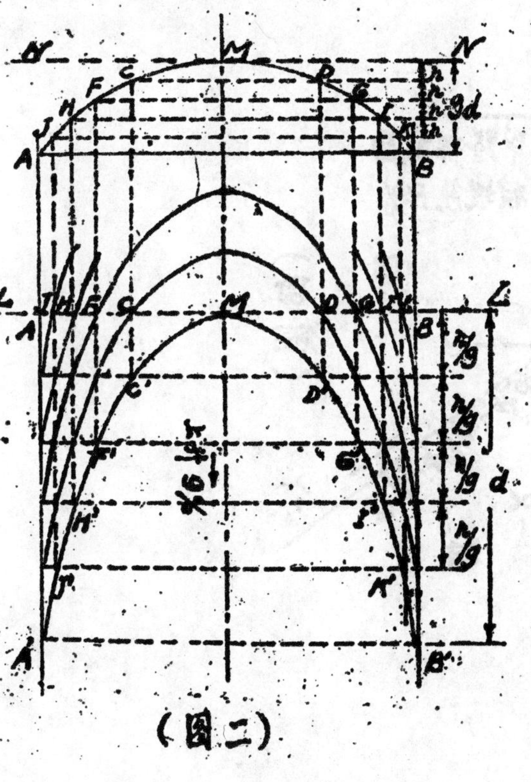

(图二)

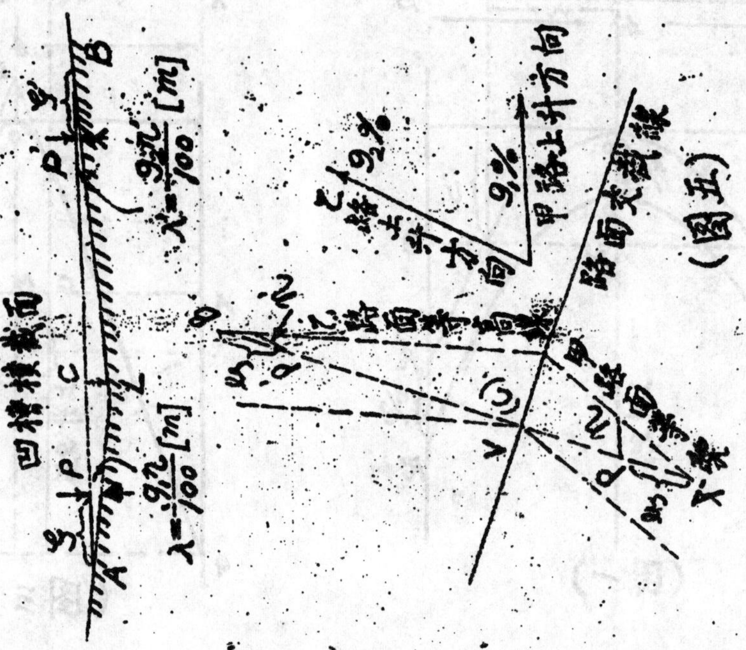

（圖五）

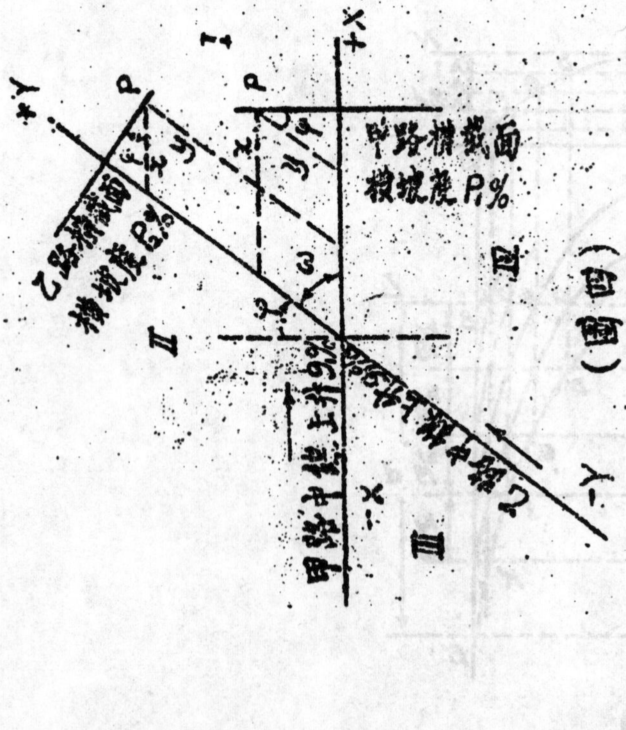

（圖四）

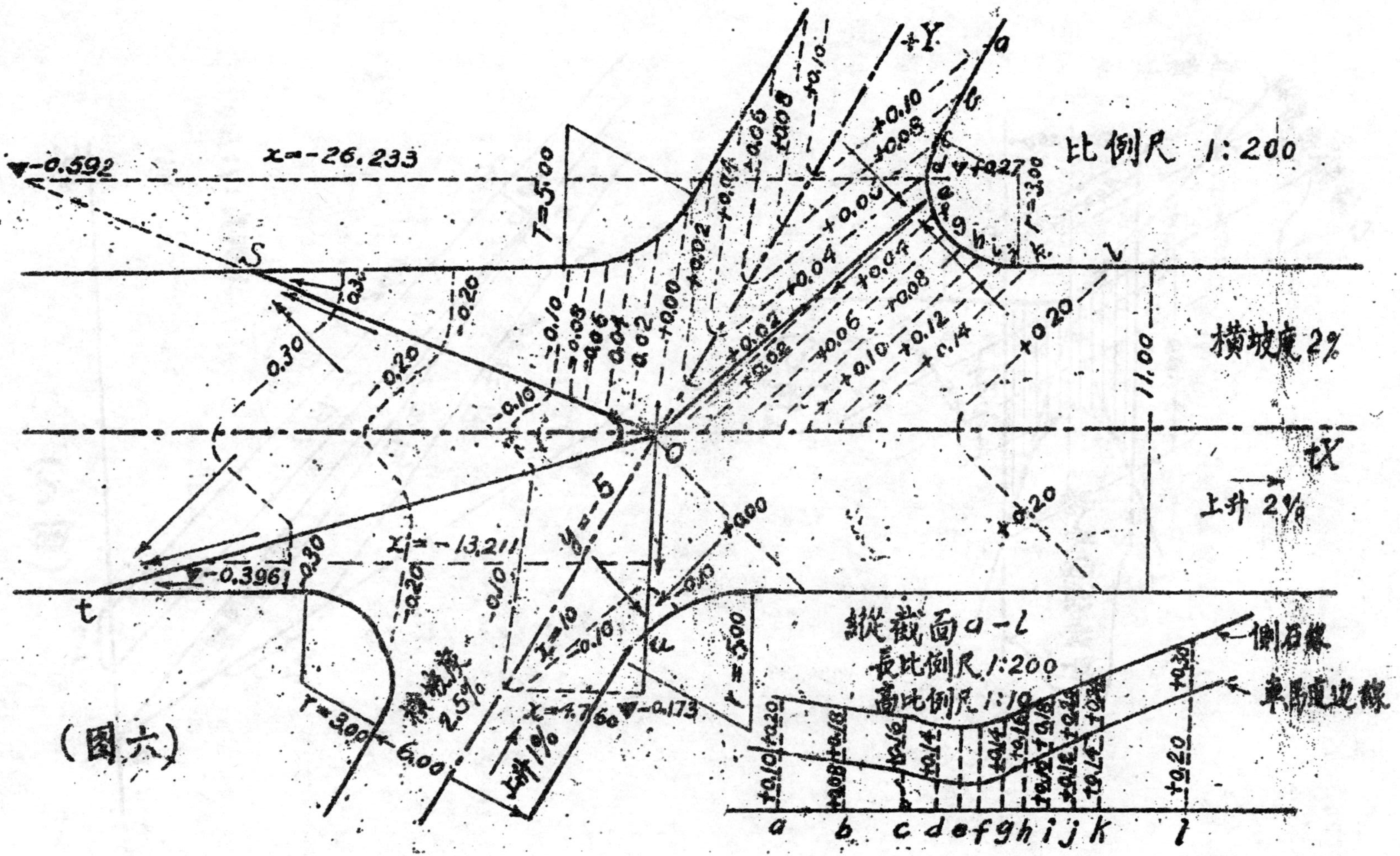
比例尺 1:200
横坡度 2%
上升 2%
縱截面 a-l
長比例尺 1:200
高比例尺 1:10
側石線
車隔道邊線
x=-26.233
x=-13.211
x=-4.760
▼-0.592
▼-0.396
▼-0.173
T=5.00
r=3.00
r=5.00
11.00
6.00
y=-5
x=10
上升 1%
横坡度 2.5%
a b c d e f g h i j k l
S
t
u
v
O
+X
+Y

(图六)

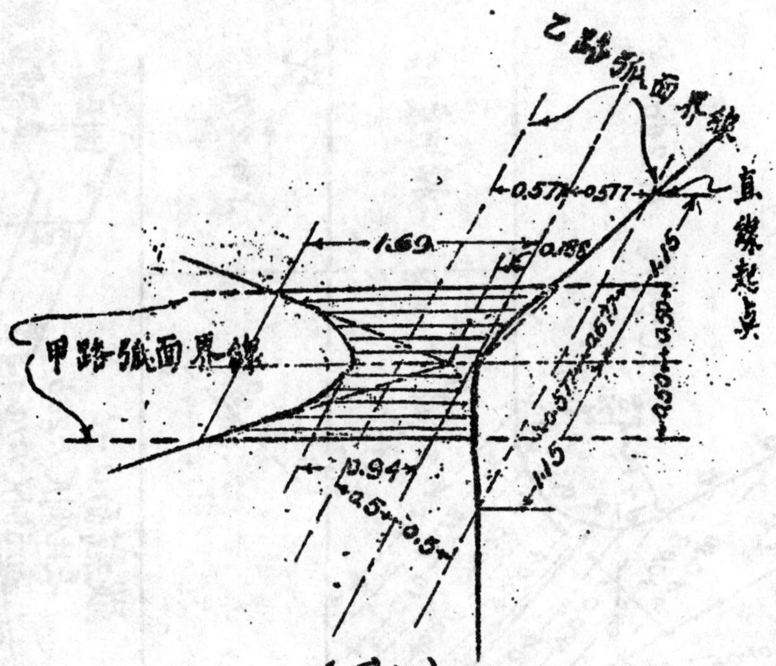
乙路弧面界線
直線起点
甲路弧面界線
1.69
0.188
0.577
0.577
1.15
0.50
0.94
0.5
0.5

（图七）

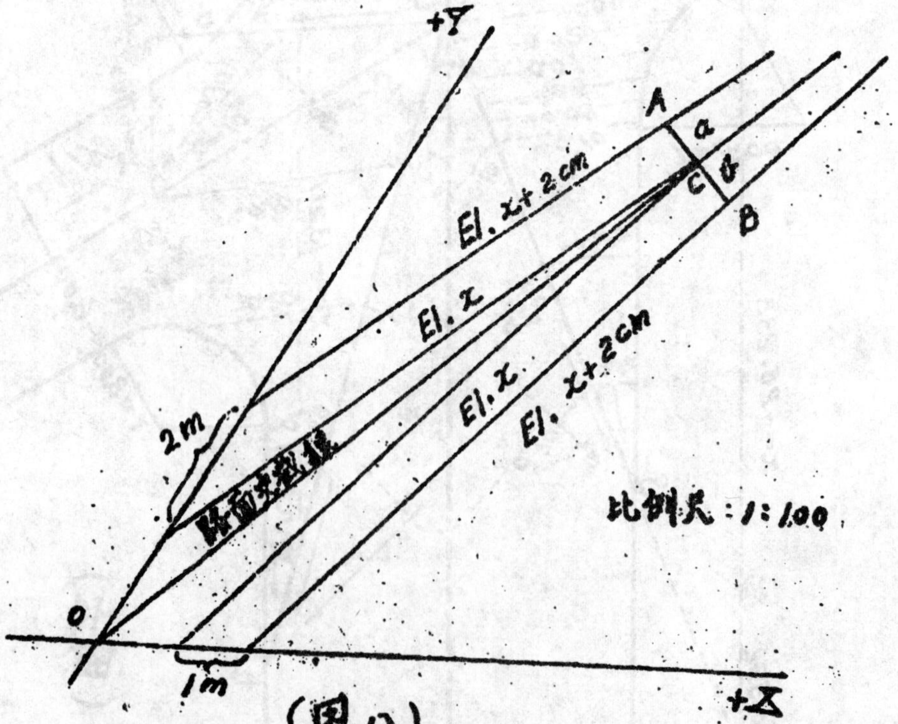
+Y
A
a
C
b
B
El. x+2cm
El. x
El. x
El. x+2cm
2m
路面交界線
比例尺：1:100
O
1m
+X

（图八）

四、 路面之交截角

兩路面在交截處成凹角。此角度愈接近 180°，則對於行車愈順利與安全，可依下述方法核驗之。

（甲）平路面之交截

過路面等高線之交點L（圖五），引一直線，垂直於路面交截線，與相鄰之等高線相交於 A, B 兩點，則因平路面上之等高線為直線，ALB 在立面上為一三角形，其邊線 AB 成水平，其高 CL=兩等高線之高差 n [cm]。命 ∠BAL=α, ∠ABL=β, AC= a [m], BC= b [m], 交截角∠ALB=σ，則因

$$\tan\alpha=\frac{n}{100a},\quad \tan\beta=\frac{n}{100b}$$

故 $$\tan\sigma=\tan(180^\circ-\alpha-\beta)=-\tan(\alpha+\beta)=-\frac{\tan\alpha+\tan\beta}{1-\tan\alpha\tan\beta}$$

$$\tan\sigma=-\frac{n(a+b)}{100\,ab-n^2}$$

或 $$\tan(180^\circ-\sigma)=\frac{n(a+b)}{100\,ab-n^2}\qquad(18)$$

以 100 乘 tan（180°－σ）即得兩路面在交截處之坡度差別[%]，其值應小於 1 %，否則交截處應做成圓角（豎曲線）。

（乙）弧路面之交截角

弧路面之等高線為曲線，故依上節方法作橫截面 ALB（參閱圖五）時，AL 及 BL 為上凸之曲線，但CL仍等於兩等高線之高差 n [Cm]。A,L 間任一點 P 之高距入可依下法求之。試在平面圖內過 P 引點 π 平行於甲路中線，則 π 之斜度與甲路同，故 P 點低出 A 點之尺寸為 $g_1\pi$ [cm]，亦即 P 點在立面圖中低出 AB 線之尺寸入。依同理，B,L 間任一點P' 低出AB線之尺寸入'$=g_2\pi'$ [cm]，其中 π' 為平面圖中 P' 點與等高線間依乙路中線方向量計之距離 [m]。如是，可作成兩上凸之曲線 AL及 BL。於 L 點分別作切線，交線於 A', B' 兩點，而命∠B' A' L=α，∠A' B'L=β，A'C=a, B'C=b, 則交截角∠A' LB' =σ之計算亦適用（18）式。

弧路面與平路面之交截角亦可仿此求之。

五、 例題

設甲乙兩路在上升之方向之交叉角為 60°，其寬度分別為11m及6m，其縱坡度分別為 2% 及1%，其橫截面均為人字形，橫坡度分別為2%及 2.5%，中央1m寬部分為弧面。試以交截線及等高線顯示兩路交叉處路面之形狀及決定路角之坡線及設置，小窨井之地位。

（甲）路面交截線

（1）位標系統

以兩路中線之交點O為位標原點，甲路中線之上升方向為＋X軸，乙路中線上升之方向為＋Y軸(圖六)，則路面交截線可依(10)—(15)式計算。各式中之已知數為$g_1=2$%，$g_2=1$%

26727

$p_1=2\%$，$p_2=2.5\%$，$b_1=b_2=1m$，$\phi=90^\circ-\omega=90^\circ-60^\circ=30^\circ$，故

$$\alpha=\frac{p_1}{b_1}\cos^2\phi=1.5,$$

$$\beta=\frac{p_2}{b_2}\cos^2\phi=1.875,$$

$$\gamma=g_1-g_2\sin\phi=1.5,$$

$$\delta=g_2-g_1\sin\phi=0,$$

（2）兩路平面部分之交截線

交截之平面凡四，故交截線亦分為四支，分別于 I，II，III，IV 格內，（圖六）。因交截線為直線，故每線可由兩點決定之。

以已知諸值代入(13)，(14)及(15)(甲)—(丁)式，得各交截線之方程式：

在 I 格內　$x=0.4726y+0.0341$ [m]

$z=2x-0.732y+0.5=y-1.665x+0.63$ [cm]

在 II 格內　$x=2.045y-0.1880$ [m]

$z=2x-0.732y+0.5=y+2.665x+0.63$ [cm]

在 III 格內　$x=2.6045y-0.1880$

$z=2x+2.732y+0.5=y+2.665x+0.63$ [cm]

在 IV 格內　$x=0.4726y+0.0341$

$z=2x+2.732y+0.5=y-1.665x+0.63$ [cm]

於每格內假定兩項 y 值，例如 y＝0，及 y＝±5m 或其倍數或 $y=\pm\frac{11.0}{\cos30^\circ}=\pm6.351$ [m]（交截線與甲路邊之點交）得下列各值：

格別		I		II			III			IV	
y [m]		0	+10	0	+6.351	+10	0	−6.351	−5	0	−10
x [m]		+0.034	+4.760	−0.188	−16.353	−26.233	−0.188	−16.629	−13.211	+0.034	+4.760
z [cm]	依式(13)	+0.6	+2.7	+1.0	−36.8	−59.3	+0.1	−50.1	−39.6	+0.7	−17.3
	依式(14)	+0.6	+2.7	+1.0	−36.6	−59.3	+0.1	−50.1	−39.6	+0.7	−17.3

據上表，可作成各交截線，一端至路邊，一端之弧面界線（$x=\pm\frac{1}{2\cos30^\circ}=\pm0.577m$ 或 $y=\pm0.577m$）止（圖六及七）。在弧面界線以內及路邊線以外，平面交截線實際上不存在，故應以虛線表示之。

z 之計算雖非重要，但可據以核驗算得之值 x 是否有誤。

（3）兩路弧面部分內之交截線

以 $\alpha,\beta,\gamma,\delta$ 之值代入(12)式，得

$$x=-0.4\pm\sqrt{0.16+0.8y^2}$$

適用於Ⅰ，Ⅳ兩格，卽$x \geqq 0$

及 $x=-0.4-\sqrt{0.16+0.8y^2}$

適用於Ⅱ Ⅲ兩格，卽$x \leqq 0$

由是得下列各值；在Ⅰ Ⅳ兩格內：

$y=0$, ±0.10, ±0.20, ±0.30, ±0.40, ±0.50, ±0.577[m]時

$x=0$, +0.01, +0.04, +0.08, +0.14, +0.20, +0.25[m]

在Ⅱ，Ⅲ兩格內：$y=0$時$x=-0.80$m，卽在弧路面之界範以外，故甲路之弧面部分在Ⅱ，Ⅲ兩格內與乙路之平面部分交截，應改依(16)式計算：

$x=-2.2556y \pm 0.938$[m]

$y=0$, ±0.10, ±0.20, ±0.30, ±0.40, ±0.50, ±0.577[m]時，

$x=-0.94$, -0.96 -1.03, -1.14, -1.30, -1.50，-1.69，[m]。

$(-1.69+0.577)$及$(-1.69-0.577)$兩點爲曲直兩交截線相接之處（圖七）。

又因 $y=\pm0.577$m時$x=+0.25$m<0.577尙未達乙路弧面界線，故乙路之弧面部分，與甲路之平面部分在Ⅰ，Ⅳ兩格內交截，而$+0.25 \leqq x \leqq +0.577$之界範內，y應依(17)式計算。

$y=\pm(1.0825x^2+0.866z+0.289)$[m]，

$x=+0.25$，+0.30，+0.40，+0.50，+0.577[m]時

$y=\pm0.57$，±0.64，±0.81，±0.99，±1.15[m]

兩路弧面部分與他一路面之交截綫如圖（七）。

（乙）路面等高線

在路面交截線之外，路面形狀以甲路爲準，在路面交截線之間，路面形狀以乙路爲準。以交截線爲分界線，分別就兩路面作等高線，以通過0點之水平面爲0，向兩路邊各按2,5,或10cm 遞進或遞減，則路面之形勢瞭如指掌（圖六）。

高差爲2cm 時，甲路上之等高綫在路中綫上量計之間距爲，$^2/g_1=^2/_2=1$m，其對中線之斜度爲$g_1:p_1=2:2=1:1$。乙路上之等高線在路中線上量計之間距爲$\frac{2}{1}=2$m，其對中線之斜度爲$g_2:p_2=1:2.5$。

（丙）路面之交截角

在交截線Oe 上，兩邊等高線之交角最小，故兩路面之交截角亦最小，用較大比例尺作路面交截線及任兩相鄰之等高線，其高差爲 n=2cm（圖八），而過 L點引AB垂直路面交截線，並量取AL=a=0.65m，BL=b=0.75m，則依(18)式

$$\tan(180^\circ-\Sigma)=\frac{(0.65+0.75)\times2}{100\times0.65\times0.75-2^2}=\frac{3.00}{44.8}=0.067$$

故兩路面在交截處之坡度差別爲 $100\times0.07=7\%$頗嫌過大，應於其間，介以短豎曲線，

以利行車。

(丁)路角之坡線

路面交截綫及等高線作出後，即可繪製各路角之坡線，例如坡線a—b(圖六)。側石之坡線宜與相平行或另行決定，以對車馬道邊之高差不逾許可限度 (8—16cm)，同時人行道之橫坡勿過大爲度。

(戊)設置小窨井之地位。

水流之方向恆垂直於等高線，並匯集於路面交截線(凹槽)，如圖(六)中矢另所示。並在凹槽 e—O—u 上，e 點高於 O 點，而 O 點又高於 u 點，故水流橫溢路面而過，苟不於e點設小窨井，宣洩由路邊來集之雨水，橫過路面之水勢必過多，有妨交通。u 點兼收集由所在路邊及 e—o—u 交匯之雨水，亦應設小窨井以宣導之，S 點集流之水亦多，宜納以小窨井。t 點雖有水匯流，但爲量不多，不妨聽令沿路邊向下流去，至相當距離處再入小窨井。

六、結 論

本篇假定兩路面不變其形狀，而在路口交截，故交截線可依數理決定，毋待斟酌選擇，(假定交截線，而將兩路面或其中之一在路口附近逐漸變其形狀，自亦無不可，惟宜于路坡較大時行之)。交截線既定(在實地上可以椿石等標示界劃之)則兩路面可分別在其兩旁依原形狀舖築(惟必要時將凹角"做圓")，井然不紊。

欲求施工準確，路口在交截線範圍內，最好用砌築之木塊或石塊路面，或搗築之混凝土路面，以可依模型板進行，且使凹角"做圓"故。(德國若干城市於路口概用小方石塊舖砌，似即因此。且路口交通爲兩路交通之和，亦宜採用易保養，長壽命之路面以適應之。)

本篇所述方法尤適用於縱橫坡度較小(均在 2%以下)之道路，以其交截處坡差不致過大也。例題中乙路之橫坡度爲 2.5%故交截處之坡差大至 6.7%，實非所宜。苟 p_2 在 2%以下，則圖(七)中交截線對 x 軸之斜度減小，而乙路上等高線對 Y 軸之斜度加大，故 a,b 均增其値，而坡差 100 tan (180°—Σ) 自隨而減小焉。

[註一] Agg: "Construction of Roads and Pavements," P.127.

[註二] 或謂弧形路面邊部上凸，不易爲車輪磨壓成坑槽，故宜於道路之較易磨蝕(如碎石路，較軟木塊)及易於沈陷(如無道基之彈石路)者採用之。然就車馬在弧形路面上爭佔中央路線之事實觀之，上項主張是否恰當，頗屬疑問。

又有人主張，路寬在 10 公尺 (35呎) 以上時，僅中央寬 10 公尺之部分取拋物線形狀，其餘部分爲相切接之直線 (Wiley, Principles of Highway Engineering P.98)，實即人字形路面之變相。

擁壁工程設計新法（續）

張志成

第三章　P＝mh＋n 式之演算

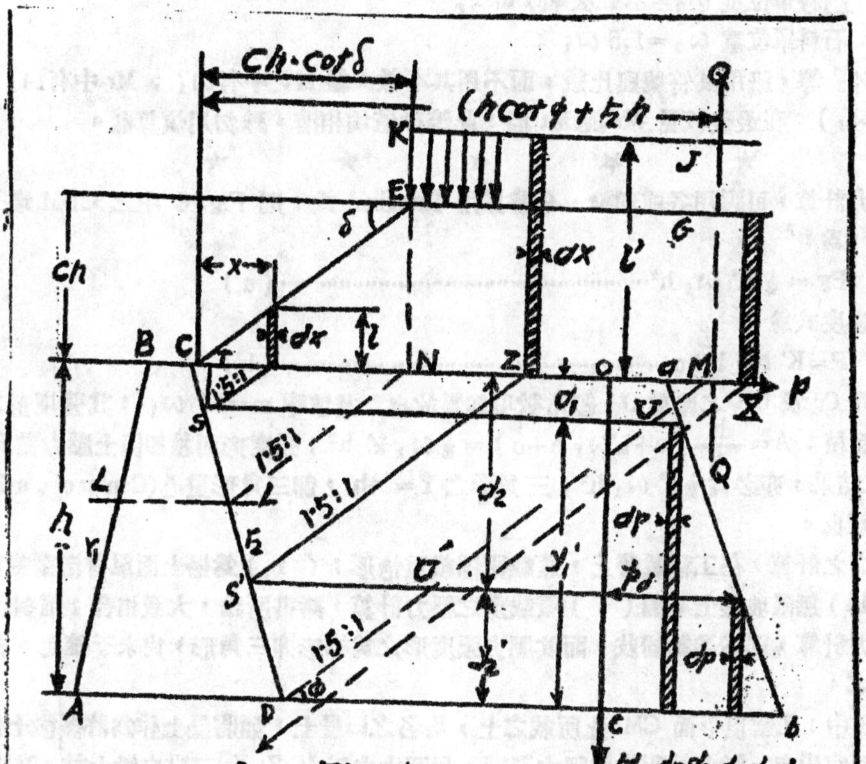

Fig. 3

（註1）圖中：$\phi=\delta=33°42'$（規定）

堆壘土 K J；其高度KE＝3 m（規定）

命壘土高度EN為Ch，此處之C為壘土高度與擁壁高度之比數；即 $C=\frac{EN}{h}$。是在歐美土木工程學者，對壘土高度EN，一向視為定值；或無限大，如此無限坡壘土（infinite Slope Surcharge）時是也，然不知EN對擁壁任何點深度，則為一種活動之變數，（Variadle）擁壁深度在L—L處，EN與以深度之比，與擁壁高度之比，各不相同，因此同一EN高度之壘土，對擁壁各深所發生之影響，亦完全不同，欲知其異同，則全恃此C所組成之函數算出，故閱者於此特對此"C"一數項，必須加以注意。

土壓力常數 $K' = \frac{1-\sin 33^\circ 42'}{1+\sin 33^\circ 42'} = .286$

$\tan 33^\circ 42' = \frac{2}{3}$；

$\cot 33^\circ 42' = \frac{3}{2}$ 1.5 ；

為運算省時計，對 Cot, tan，常直書 1.5 或 $\frac{2}{3}$。

土之單位重 $\omega_1 = 1.6$ 公噸／m^3；

石料單位重 $\omega_2 = 2.4$ 公噸／m^3；

石料單位重 $\omega_2 = 1.5\,\omega_1$ ；

ω_1，ω_2 等，祇用其符號與比數，而不用其本數，緣 Mt 中有 ω_1 ； Mr 中有 ω_1 與 ω_2（或 $1.5\omega_1$）；在最後較量 Mr 與 Mt 時，此等數值均相消，殊勿用煩算也。

★ ★ ★ ★ ★

填土壓力計算，可應用各種理論，今若採用 Rankins' 式，則 Fig. 4 中之 CDM 填土，其土壓力 P_F 為：

$$P_F = \tfrac{1}{2} K' \omega_1 h^2 \cdots\cdots\cdots (a)$$

其壓力強度式為：

$$P = K' \omega_1 h + o \cdots\cdots\cdots (b)$$

此綫必經 Cp 及 OH 之原點 O，緣常數項為零故也；其坡率 $m = K' \omega_1$ ；其強度形為三角形，故其面積；$A = \frac{h}{2}(o + k'\omega_1 h + o) = \tfrac{1}{2}\omega_1 k' h^2$；強度形面積即係土壓力值 P，故（a）式中之結果，亦必為 $\tfrac{1}{2} k' \omega_1 h^2$；三角形之 $Y = \tfrac{1}{3}h$，即三角形重心(Center of gravity)與底邊之距離也。

壘土壓力之計算，在工程載籍上，通載兩種載重情形；（ i ）為壘土而單有活動載重之準壘土，（ ii ）無限坡壘土。對（ i ）項載重之壓力計算，諸書所論，大致相合；惟對(ii)項載重之壓力計算，則猶議論紛歧，而其壓力強度形之為梯形抑三角形，尚未予確定，是以本文特申論之。

於 Fig 3 中：在壁頂平面 CM 上所載之土，均名之曰壘土，如將壘土作為許多微土柱之總和看，即可察出每一微土柱所生之壓力影響，如圖中立于 V, Z, X, 三點之微土柱，V 柱離壁背最近，Z 柱稍遠，X 柱更遠。各柱重量 dw，均自 CM 面沿一定坡度向下分布；如V柱，其 dw 沿 VS 坡綫向下分佈，與壁背 CD 綫相交于 S 點，於是遂在此深度處，發生一壓力強度微增值 dp，，在壓力強度形表示之則為一極短之 $\overleftarrow{dp}$；ε 一微土柱生一 dp，積許多 dp 而成 p；例如在深度 d_2 處之壓力強度 p1，實係許多 dp 連積而成。壓力強度和 P，乃以許多 p 值之平均值乘以各 p 值所佔之距離，而壓力強度和之微增值 dp 其計算亦復如是，例如微土柱 V 所生之 dp 自深度 d_1 直下至底綫 cb，而在壓力強度形中所佔之面積 dA，則為 $dp \cdot x \cdot y_1$；壓力強度形中之面積，即係計算式中之 P 值，故 $dP = dA = dp \cdot x \cdot y_1$，

微土柱 Z，離壁背較遠於 V，則其 dP 值較小于V柱。微土柱 X，在 Q—Q 限綫之右，其壓力分佈坡綫，不交於壁背，故其壓力不與擁壁有關，故凡在 Q—Q 綫右之任何微土柱，均不予計算。

上圖中DM線z代表Plane of repose；GM線代表Plane of Surcharge loading，均為土壓力有效限綫。微土柱之壓力分佈綫，其坡率必與Plane of repose之坡率相等，不得過大或過小；緣過大則M點右之載重，亦須予以計算；過小則在M點左若干距離之有效載重未予計算，均與限綫定義不合。故壓力分佈綫之坡率，終以用與Plane of repose之坡率為宜。此實為關于土壓分佈一種寶貴之發現。

★　★　★　★　★

就上所述，吾人已可計算壘土壓力如下：

Fig 3 中之微土柱，其高度為 l，其寬度為 dx，其單位重為 ω_1，於是：

$$dw = \omega_1 \cdot l \cdot dx$$

此 dw 沿夾角為 ϕ 之坡面分佈。（今規定 $\phi = 33°42'$）坡率應為 1.5：1，以 V 柱為例其壓力分布線 VS 交壁背 CD 于 S 點，dw 所生之平均壓力強度 dp 為

$$dp = \frac{dw}{SU} \cdot \frac{1-\sin\phi}{1+\sin\phi} = K' W_1 \frac{l}{SU} \cdot dx$$

而壓力強度和 dP 則為

$$dP = dp \times Y_1' = K'\omega_1 \cdot \frac{L}{SU} \cdot Y_1' \cdot dx$$

上式中之 SU 計算式，為（見 Fig. 4）

$$SU = r_2 Y_1' + \cot\phi \times Y_1' = (r_2 + 1.5) Y_1'$$

以此代入 dP 式，即得

$$dP = dp \times Y_1' = K'\omega_1 \cdot \frac{l}{(r_2+1.5)Y_1'} \times Y_1' \times dx$$

$$= K'\omega_1 \cdot \frac{l}{(r_2+1.5)} \cdot dx$$

將上式積分之；

$$P = \frac{K'\omega_1}{(r_2+1.5)} = \int l \cdot dx \cdots\cdots\cdots\cdots (5)$$

公式（5）為計算任何壘土壓力之總式，其重要與公式（1）等。公式（2），（3），（4）均不重要，緣如知公式（5），與（1），則公式（2），（3），（4）可立即寫出，更不用計算耳。

Fig 3 中之坡壘土 CE，與平壘土 EG，均可用公式（5）計算，但不能一次計算，緣 C—E—G線，不能用連續函數表示故耳。茲分算如下：——

命：P_{s-s} 為坡壘土 CE 所生之壓力；用公式（5）計算之；

$$P_{s-s} = K'\omega_1 \frac{1}{(r_2+1.5)} \int_0^{1.5\,Ch} x \cdot \tan 33°42' \cdot dx$$

$$= \frac{2K'\omega_1}{3(r_2+1.5)} \left[\frac{z^2}{2}\right]_0^{1.5ch}$$

$$= \frac{K'\omega_1}{(r_2+1.5)} (.75c^2) \cdots\cdots\cdots\cdots (6-1)$$

命：P_{L-S} 爲準壘土 FG 所生之壓力；P_{S-E-L} 爲代表活動載重之準壘土KJ；此項準壘土，照國有鐵路規定，均作爲 3m；在軍事時代之今日，卽公路工程，用 3m準壘土，亦不爲多，縱重砲車與坦克車，其載重亦可準機車載重之E—20—30也。茲將P_{L-S}與P_{S-E-L}，用公式(5)一次計算如下：

$$P_{L-S}+P_{S-E-L}=\frac{K'\omega_1}{(r_2+1.5)}\int_{1.5ch}^{(1.5h+r_2h)}(ch+3).dx$$

$$=\frac{K'\omega_1}{(r_2+1.5)}\left[(ch+3)x\right]_{1.5ch}^{(1.5h+r_2h)}$$

$$=\frac{K'\omega_1}{(r_2+1.5)}\left\{(-1.5c^2+cr_2+1.5c)h^2+(3r_2+4.5-4.5c)\right\}\cdots\cdots(6-2)$$

命 P_F 爲填土壓力，其值爲：

$$P_F=K'\omega_1(.50h^2)\cdots\cdots(6-3)$$

〔此式已見前(a)式〕

將計算式(6—1)，(6—2)，(6—3)所得之結果相加，卽得ΣP計算式：

$$\Sigma P=P_F+P_{S-S}+P_{L-S}+P_{S-E-L}$$

$$=K'\omega_1h\left\{\left[\frac{-.75c^2+cr_2+1.5c+.5(r_2+1.5)}{(r_2+1.5)}\right]h+\left[\frac{3r_2+4.5-4.5c}{(r_2+1.5)}\right]\right\}$$

$$=\omega_1h\left\{\left(\frac{-.75c^2+cr_2+1.5c+.5r_2+.75}{(r_2+1.5)}\right)Kh+\left(\frac{3r_2+4.5-4.5c}{r_2+1.5}\right)K'\right\}$$

$$=\omega_2h\left\{\left(\frac{-.215c^2+.286cr_2+.430c+.143r_2+.215}{r_2+1.5}\right)h+\left(\frac{.855r_2+1.287-1.287c}{r_2+1.5}\right)\right\}\cdots\cdots(6)$$

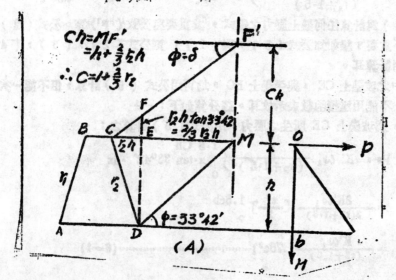

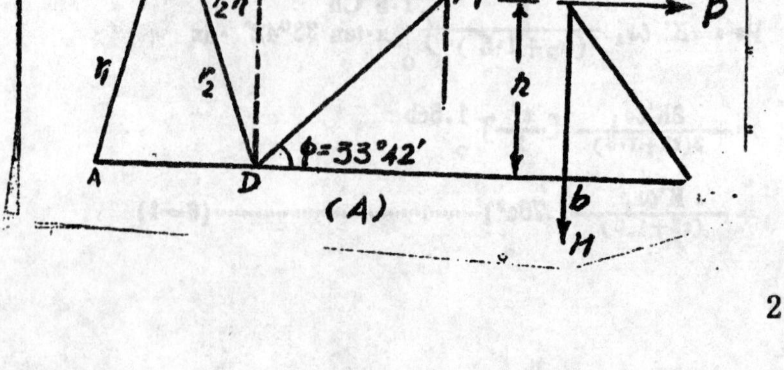

(A)

26734

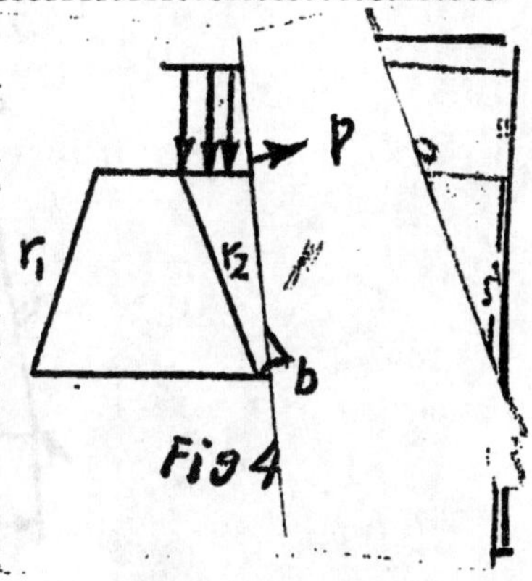

公式(6)爲計算土壓力之通用式，計算如Fig.3之複雜載重情形用此，計算如下圖(A)，(B)之簡單載重情形亦用此。

(A)圖示無限坡壘土時之情形；所有無限坡壘土卽係將坡線CF無限引長，但吾人祗需考慮至此引長綫與MF'綫之相交處爲止，緣凡在MF'綫右之任何微土柱，其壓力均不及於擁壁也。MF'$=$DF$=h+\frac{2}{3}r_2h=ch_0$故無限坡壘土之高度$ch=(1+\frac{2}{3}r_2)h$；而無限坡壘土之C值爲$C=(1+\frac{2}{3}r_2)$。如以$C=(1+\frac{2}{3}r_2)$代入公式(6)，則所得之結果，卽係無限坡壘土之壓力值。今試以$C=1+\frac{2}{3}r_2$，代入(6)式；

$$[\Sigma P]_{C=1+\frac{2}{3}r_2}=w_1h\left\{\frac{.0953r_2{}^2+.430r_2+.430}{(r_2+1.5)}h+0\right\}\cdots\cdots(6\text{-}1')$$

由(6-1')式觀察，可知無限坡壘土之壓力強度綫必經原點O而成一三角形如(A)圖所示，緣從式觀察，立可發覺$P=mh+n$式中之n必爲'0'也。更從公式(6)觀察，式中括弧內之h項；卽$P=mh+n$式中之mh項：其m值爲$m=\frac{1}{(r_2+1.5)}(-.215c^2+.286cr_2+.430c+.215)$；如將此式之C函數(funcinn of'c')微分之，則得，$\{-.430c+(286r_2+430)\}$，使此式$=0$，則$-.430c+(.286r_2+.430)=0$，$C=1+\frac{2}{3}r_2$。由此可知，當無限坡壘土載重時，其壓力強度形之坡率m值爲最大，緣m爲C與r_2之函數，[卽$m=f(c.r_2)$是也]c或r_2值大，則m值亦大。但m值大，並非M+值亦可從以得最大數，此當於後文論之。

(B)圖情形，亦以公式(6)計算，但以C=0代入計算而已。其式爲：

$$[\Sigma P]_{c=0}=w_1h\left\{\left(\frac{.143r_2+.215}{r_2+1.5}\right)h+\frac{.855r_2+1.287}{r_2+1.5}\right\}\cdots\cdots(6\text{-}2)$$

(10) 上節公式(6)，效用雖廣，但終不如用$P=mh+n$爲便，緣於計算M+時，如用公式(6)。則須乘以Y值，而Y之計算式，則異常煩重。試觀第(5)節，如知$P=mh+n$式則M+可直接寫出如下：

$$M+=\frac{h^2}{6}(mh+3n)$$

然從公式(6)復算出$P=mh+n$式，亦極簡易；參閱第(5)節公式(2)，則亦可直接寫出Pt式如下：

$$P_t=w_1h\left(\frac{-.430c^2+.572cr_2+.860c.286r_2+.430}{(r_2+1.5)}\right)$$
$$+w_1\left(\frac{.855r_2+1.287-1.287c}{r_2+1.5}\right)\cdots\cdots(7)$$

第四章 M_r之演算及M_r與M_t之比較

(11) Fig.5—(a)爲有坡壘土之擁壁斷面形；

26735

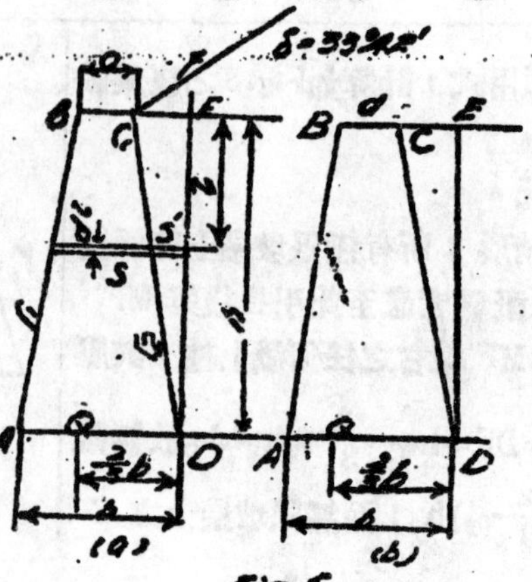

Fig-5

(b)爲無坡壘土之擁壁斷面形；(a)圖與(b)圖之區別，祇在有無CEF一塊土；此土亦參加抗覆，故(a)圖之Mr值，較之(b)圖之Mr值略大。

所有擁壁各部份重量，對于Q點所生之抗覆動率微增量爲 dMr；其式極易演出，但於演dMr式前，先須將CEF之重量加入於CDE土塊中，俾便於積分也。

CEF之重爲：

$$W=\frac{1}{2}r_2h\times\frac{2}{3}r_2hW_1=\frac{1}{3}r_2{}^2h^2w$$

以CDE之面積除上式得，

$$\frac{r_2{}^2h^2w_1}{\frac{}{2}r_2h^2}=\frac{2}{3}r_2w_1$$

故CDE中之單位重量，應作 $(1+\frac{2}{3}r_2)w_1$ 計算，石重 $w_2=1.5w_1$。

命：Mr_{-1} 爲壁背附土CDE所生之抗覆動率，

$$R=r_1+r_2$$

於是

$$dMr_{-1}=S'd\,l\,(1+\frac{2}{3}r_2)w_1(\frac{2}{3}b-\frac{s'}{2})$$

$$=\frac{w_1d_2}{18}(r_2h-r_2\,l\,)(3+2r_2)[4(a+Rh)-3(r_2h-r_2\,l\,)]$$

$$=\frac{w_1}{18}(2r_2+3)[-3r_2{}^2\,l^2+(6_2{}^2-4r_2R)h\,l+(4r_2R-3r_2{}^2)h^2-4ar_2\,l$$

$$+4ar_2h]d\,l\,;$$

$$=\frac{w_1}{18}[(-6_2r^3-9r_2{}^2+)e^2(12_2r^3+18r_2{}^2-8r_2{}^2R-12r_2R)h\,l+(-6r_2{}^3-9r_2{}^2$$

$$+8r_2{}^2R+12r_2R)h^2+(-8ar_2{}^2-12ar_2)\,l+(8ar^2+12ar_2)h]d\,l\,.$$

將上式積分之得

$$Mr_{-1}=\frac{w_1}{18}[(-2r_2{}^3-3r_2{}^2)h^3+(6r^{23}+9r_2{}^2-4r_2{}^2R-6r_2R)h^3+(-8r_2{}^3-9r_2{}^2$$

$$+8r_2{}^2R+12r_2R)h^3+(-4ar_2{}^2-6ar_2)h^2+(8ar_2{}^2+12ar_2)h^2]$$

26736

$$=\frac{w_1h^2}{18}\{[(4r_2^2+6r_2)R+(-2r_2^3-3r_2^2)]h+(4ar_2^2+6ar_2)\}$$

$$=w_1h^2\{[(0.222r_2^2+0.333r_2)R+(-0.111r_2^3-0.167r_2^2)]h+(0.222ar_2^2+0.333ar_2)\}$$

命：dMr_{-2}為ABCD所生之抗覆動率微增量，於是

$$dMr_{-2}=1.5w_1.S.dl[\frac{2}{3}b-(s'+\frac{a'}{2})]$$

$$=\frac{3}{2}\cdot\frac{1}{6}w_1(a+Rl).dl\{(4a+4Rh)+3[(2r_2h-2r_2l)]-(a+Rl)\}$$

$$\frac{w_1}{4}(a+Rl)(4Rh-3hl+6r_2l+a-6r_2h)dl$$

$$=\frac{w_1}{4}[(-3R^2+6r_2R)l^2+(4R^2-6r_2R)lh+(-2aR+6ar_2)l+(4aR-6ar_2)h+a^2]dl$$

將上式積分之，得A B C D所生之抗覆動率式Mr_{-2}

$$Mr_{-2}=\frac{w_1}{4}[(-R^2+2r_2R)h^3+(2R^2-3r_2R)h^3+(-aR+3ar_2)h^2+(4aR-6ar_2)h^2+a^2h]$$

$$=w_1h^2[(0.25R^2-0.25r_2R)h+(0.75aR-ar_2+\frac{a^2}{h})]$$

將$Mr_{-1}+Mr_{-2}$所得(a)圖擁壁之抗覆動率$Mr_{-a}=Mr_{-1}+Mr_{-2}$

$$=w_1h^2\{[0.25R^2+(0.222r_2^2+0.083r_2)R+(-0.111r_2^3-0.167r_2^2)]h+(0.222ar_2^2-0.417ar_2+0.750R^2+\frac{0.25a^2}{h})\}\cdots\cdots(8)$$

★　★　★　★　★

(b)圖之抗覆動率Mr_{-b}之計算式為：

$$Mr_{-b}=w_1h^2[(0.25R^2+0.083r_2R-0.167r_2)h+(0.75aR-0.417ar_2+\frac{0.25a^2}{h})]\quad(9)$$

★　★　★　★　★

(12)由以上所演出之Mr式觀察，所有之Mr式，均可以一簡式表之如下；

$$Mr=w_1h^2(Sh+T),$$

式中，S代表原式中括弧中h項之係數，此係數乃r_1及r_2之函數，但$R=r_1+r_2$，故$S=f(R)$；原式中之T項，乃一f(a)，倘已知r_2，r_1，則$T=f(a)$。同一高度之無數擁壁，其w_1h^2值皆相等，但其Mr均截然不同，其所以不同之故，皆因$(Sh+T)$之彼此不同。由此可知$(Sh+T)$乃Mr中之主要因數，今用fr.m.代表此因數，frm之意義即"Principal factor of resisting moment"也。

$$fr.m.=Sh+T\cdots\cdots(10)$$

更以$Mt=h^2/_6(mh+3n)$式觀察，則與Mr式完全相類；而其間之m，乃壓力強圖線之坡率，n乃壓力強度形之頂寬，壓力強度形為梯形，擁壁斷面形亦為梯形，今如將Mt化作

$$Mt=w_1h^2(Mh+N)$$

而以ft.m.代表(Mh+N)，則

$$ft.m.=Mh+N\cdots\cdots(11)$$

(11)式中之$M=\frac{m}{6w_1}$；　$N=\frac{3n}{6w_1}=\frac{n}{2w_1}$，

26737

在已知m.n值以後，自屬極易演出。

在　得(10)與(11)式中S,T,M,N等值之後，則擁壁之r_1或r_2應爲何，祗需以

$$M=S$$

式計算之，擁壁之頂寬a應爲何，祗需以

$$N=T$$

式計算之。

綜上討論結果，可更立一公式如下：

擁壁內坡，外坡線之坡率計算式爲

$$M=S$$

擁壁頂寬a之計算式爲

$$N=T$$

……………………………………(12)

第五章　擁壁設計之實用計算式及其用法

舉　例

(13) 有坡壘土擁壁之S爲：[見公式(8)]

$$S=(0.25R^2+(0.222\,r_2^2+0.083\,r_2)\,R+(-0.111\,r_2^3-0.167\,r_2^2)$$

$$M=\frac{-0.0717C^2+0.0953Cr_2+0.143C+0.0477r_2+0.0717}{r_2+1.5}$$ [由m值照(12)節所論算出]

使：M=S　并以$(r_2+1.5)$乘S與M，則得

$$[T-a]\longrightarrow(-0.0717C^2+0.0953Cr_2+0.143C+0.0477r_2+0.0717)$$
$$=[(0.25r_2+0.375)R^2+(0.222r_2^3+0.416r_2^2+0.124r_2)R$$
$$+(-0.114r_2^4-0.333r_2^3-0.25r_2^2]$$

[此爲計算擁壁之r_1或r_2值之公式]

有坡壘土擁壁之T爲：[見公式(8)]

$$T=\frac{0.25a^2}{h}+(0.222\,r_2^2-0.417\,r_2+0.75R)a$$

$$N=\frac{0.428r_2+0.643-0.643C}{r_2+1.5}$$ [由n值照(12)節所論算出]

使：N=T　并以$(r_2+1.5)$乘N與T，則得

$$[I-b]\longrightarrow(0.428r_2+0.643-0.643C)$$
$$=(0.25\,r_2+0.375)\frac{a^2}{h}+(0.75r_2R+0.222r_2^3+0.083r_2^2-0.625r_2)a$$

[此爲計算式擁壁頂寬之公式]

(14) 於計算有坡壘土擁壁時，擁壁各深度之，Mt，均以 ft.m. 測驗之，故 ft.m. 式，亦極關重要，茲更抄列 ft.m. 之實用式。

$$[I-C]\longrightarrow ft.m.=\frac{-0.0717C^2+0.0953C\,r_2+0.143C+0.0477\,r_2+0.0717}{r_2+1.5}h.$$
$$+\frac{0.428r_2+0.643-0.643C}{r_2+1.5}$$

(15)無坡壘土擁壁之S爲：［見公式(9)］

$$S = 0.25R^2 + 0.083\, r_2 R - 0.1.67\, r_2;$$

$$M[c=o] = \frac{0.0477\, r_2 + 0.0717}{r_2 + 1.5}$$

命：M[c=o]=S，并以 $(r_2+1.5)$ 乘 M[c=o] 與 S；得

$$[\text{II}-a] \longrightarrow 0.0477\, r_2 + 0.0717$$

$$= (0.25\, r_2 + 0.375) R^2 + (0.083\, r_2^{\,2} + 0.124\, r_2) R + (-0.167\, r_2^{\,2} - 0.25 r_2)$$

無坡壘土擁壁之T爲：［見公式(9)］

$$T = 0.75\, aR - 0.417\, ar_2 + \frac{0.25a^2}{h}$$

$$N = \frac{0.428\, r_2 + 0.643}{r_2 + 1.5}$$

命：N=T，并以 $(r_2+1.5)$ 乘N與T，得

$$[\text{II}-b \longrightarrow 0.428\, r_2 + 0.643$$

$$= (0.25\, r_2 + 0.376) \frac{a^2}{h} + (0.750\, r_2 R + 1.125R - 0.417 r_2^{\,2} - 0.625 r_2) a,$$

★　★　★　★　★

(16)舉例：設計一擁壁，h=30m，r_2=.20，C=.8；求 r. 與 a 之值。

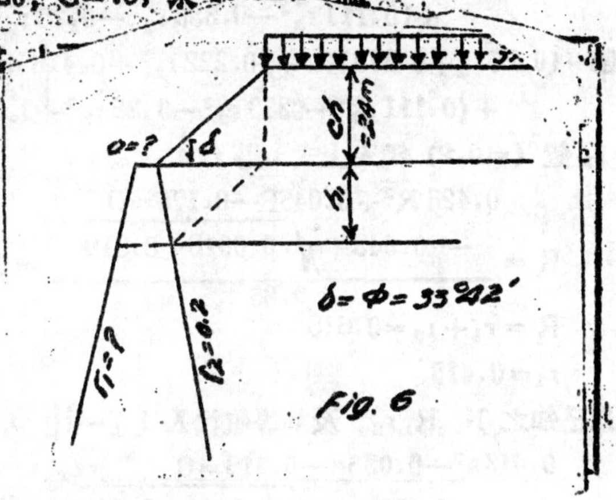

Fig. 6

由圖可察得；擁壁自頂迄深度 h_1 處，感受無限坡壘土載重；在 h_1 至 30m 之間，則爲"坡""平""準"三種載重。玆先比較 h_1 時之

$$h_1 + \frac{2}{3} r_2 h_1 = 24,$$

$$\therefore h_1 = \frac{24}{1.133} = 21.2\text{m}$$

用［I—C］式計算如下：

$$\text{ft.m.}_{[c=1\cdot133]} = \frac{.173h}{1.7} + a \cdots\cdots\cdots\cdots (\text{i})$$

$$\text{ft.m.}[c=0\cdot8] = \frac{0.165\, h^\circ}{1.7} + \frac{.215}{1.7} \cdots\cdots\cdots\cdots (\text{ii})$$

$$\text{ft.m.}[c=1\cdot1033] - \text{ft.m.}[c=08] = \frac{0.008\, h}{1.7} - \frac{.215}{1.7} = 0$$

$$h = \frac{0.215}{0.008} = 26.9\text{m} > h_1$$

由此測驗，知在 26.9 m 以上之 Mt［c=0·8］值，常大於 Mt［c=1·133］値，故可用 Mt［c=0·8］值以設計此部分之擁壁。玆更繪圖明之：

26739

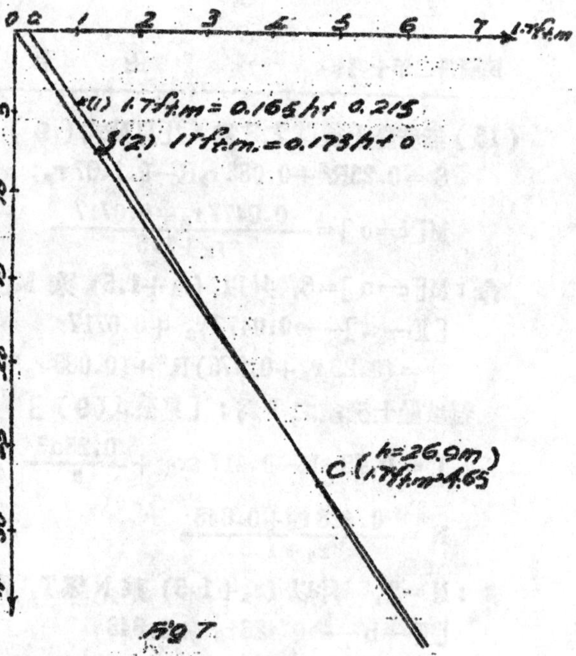

Fig 7

由圖可見在 26.9 m 以上，f.t.m. [c=0.8] 常大于 f.t.m. [c=1.133]；在交點以下，則後者大于前者；但在 21.2 m 以上則後者須予考慮，如圖中兩線交點在 21.2 m 以上，則吾人必將 f.t.m. [c=0.8] 之M 值酌予加大，務使兩線之交點在21.2m 以下，否則於交點至21.2m 之間恐發生傾覆折崩之危險也。

將 $f.t.m. = \frac{0.165\,h}{1.7} + \frac{0.215}{1.7}$ 式中之 0.165 代入公式 [I—a] 得，

$$0.165 = (0.25\,r_2 + 0.375)R^2 + (0.222\,r_2^3 + 0.416\,r_2^2 + 0.124\,r_2)R + (0.111\,r_2^4 - 0.333\,r_2^3 - 0.25\,r_2^2)$$

亦即 $(0.25\,r_2 + 0.375)R^2 + (0.222\,r_2^3 + 0.416\,r_2^2 + 0.124\,r_2)R + (0.111\,r_2^4 - 0333\,r_2^3 - 0.25\,r_2^2 - 0.165) = 0$，

以 r_2 值 (=0.2) 代入上式，得，

$$0.425\,R^2 + 0.043R - 0.178 = 0$$

$$R = \frac{-0.043 + \sqrt{0.0018 + 0.310}}{0.85} = 0.615$$

$$R = r_1 + r_2 = 0.615$$

$$r_1 = 0.415$$

更以已知之 N, R, r_2，及 h 等值代入 [I—b]，得：

$$0.014a^2 - 0.035a - 0.215 = 0$$

$$a = \frac{0.035 + \sqrt{0.0012 + 0.012}}{0.07} = 2.14\ m$$

擁壁外坡，最好能選一拋物曲綫，則較爲經濟美觀。

如先知 r_1，而求 r_2 值，則可將 $(r_1 + r_2)$ 代R，卽以上題爲例，已知 $r_1 = 0.415$，求 r_2。以 $(r_2 + 0.415)$ 代R入 [1—d] 式，並使C=0.8 得：

$$0.123r_2 + 0.140 = -0.111r_2^4 + 0.333r_2^3 + 0.629r_2^2 + 0.407r_2 + 0.062$$

或 $-0.111r_2^4 + 0.333r_2^3 + 0.629r_2^2 + 0.284r_2 - 0.078 = 0$

用Horner氏法求上式之正根，得 $_2 = 0.2$。

以 r_1 r_2 均已知代入 [I—b] 式，卽可求得頂寬之數值矣。

[illegible]

26740

房屋構架風壓應力之分析

郭可詹

一、緒言

計算屋架風壓應力之分法，可分爲"精確"(Exact)與"近似"(Approximate)二者。在精確法中，當以斜度變位法(Slope deflection method)及力矩分配法(Method of moment distribution)二者最著稱於世。前者以精密著，後者以簡便勝。但自另一方面立論，則前者手續繁複，後者失之不精，各有其缺點，均非盡善盡美者。作者此法，則具有理論之精確度，而僅需簡便之計算手續，可云兼善者。

此文所論，首述利用精密角變平衡法(The precise method of balancing anglechanges)以計算房架對于水平負載之應力之方法，次論Cross氏切力分佈公式以代替Cross氏式。

二、符號及條規

α = 構條之斜度(Slope)，順時針方向者爲正。

θ = 節點之角變，順時針方向者爲正。

$\gamma = \dfrac{\theta}{\alpha}$

ϕ = 銷釘端節點之角變，順時針方向者爲正。

L = 構條之長度。

I = 轉動慣性。

K = 強度因子(Stiffness factor) = $\dfrac{I}{L}$。

E = 彈性係數。

M_{AB} = 構條AB在節點A處之力矩，順時針方向者爲正。

Ω_{AB} = 構條AB在節點A處之精密角變因子(Precise jointrotation factor)。

$\mathcal{C}_{AB}$ = 自A至B之精密移傳因子(Precise carry-over factor)。

η = 轉向點高度對于樓高之比率。

S_{mn} = 第m層樓上因第n層樓之單位斜度而生之切力。若產生正力矩時，此切力爲正號。

S_m = 第m層樓上之總切力

三、精密角變平衡法

(1)原理

(a)角變平衡法(Method of balancing angle changes)

Grinter氏利用力矩分配法之相似性，發明此法；此法雖較力矩分配法多一步手續，但實爲研求他法之階梯。茲先述此角變平衡法於後：

26741

設有如圖2之構架受有荷載P。先假定A點由銷釘支持（如圖3），則產生一角變；ϕ_1；次加以限制(Restraining)，則構條AB于A點之角變由ϕ_1而回復至Θ，同時構條AC, AD, AE在A點之角變亦變為Θ，卽其真正之變形。

於是由斜度變位方程式及$\Sigma Ma=0$之關係，得 $3EK_1(\phi_1-\Theta)=3E\Theta\Sigma_2{}^4Ki$

$$K_1\phi_1=K_1\Theta+\Theta\Sigma_2{}^4Ki=\Theta\Sigma_1{}^4Ki$$

$$\Theta=\frac{K_1}{\Sigma_1{}^4Ki}\phi_1 \cdots\cdots\cdots\cdots(1)$$

此式與$M_1\frac{K_1}{\Sigma K}$，M式完全相似，而其中之$\frac{K}{\Sigma K}$ Grinter 氏卽稱之曰節點之角變因子(Joint rotation factor)。

設如圖四，于節點A處加一力矩M_A，則

$$M_{AB}=0=2EK(2\Theta_B+\Theta_A)$$

$$\Theta_B=-\tfrac{1}{2}\Theta_A$$

故知在遠處節點由銷釘支持時其移傳因子為$-\frac{1}{2}$在遠處節點為固定時，則移傳因子為零。

在此法中，首先假定各節點由銷釘支持，而求各銷釘端節點之角變(H.E.A.)ϕ之值；再由(1)式求出Θ之值，傳遞諸Θ及$(\Theta-\phi)$之值；而後再行平衡，傳遞；往復循環，至適當之程度，而取代其數和，以求出各節點之Θ值。旣得Θ值，以之代入斜度變位方程式，卽可求得諸力矩之值。此法計算步驟，一若力矩分配法，所不同者，此法先假定各節點係由銷釘支持，而各節點之力矩亦尙須斜度變位方程式以求得耳。

(b)精密角變平衡法

角變平衡法之計算，亦須逐步之校正，欲避免此種繁複之步驟，則必須採取與精密力矩分配法相似之精密角變平衡法。

前已求得在遠處節點由銷釘支持時，其角變之移傳因子為$-\frac{1}{2}$，若固定時為0，故知若受有限制時，則移傳因子亦必介乎二者之間。而角變因子若諸遠處節點受有不同之限制力時，亦非$\frac{K_1}{\Sigma K}$。現先求此二者之值。

設一構架受荷載P後之變形如圖5所示。今先假定各節點由銷釘支持（如圖6）而求ϕ_1及ϕ_5之值，但節點5實非由銷釘支持，其角變亦非而ϕ_5必需回復至Θ_5（圖5）此節點之角變Θ_5同時須傳移至節點2，3，4而產生$\varsigma_2\Theta_5$，$\varsigma_3\Theta_5$，$\varsigma_4\Theta_5$諸值之角變，此時傳51在節點5處新產生之角變為$(\Theta_5-\phi_5)$，亦需移傳至節點1而產生$\varsigma_1(\Theta_5-\phi_5)$之角變，節點1之角變遂為$\phi_1+\varsigma_1(\Theta_5-\phi_5)$。

$$M_{51}=2EK_1\{2\Theta_5+[\phi_1+\varsigma_1(\Theta_5-\phi_5)]\}-C_1$$

$$=2EK_1\{2[\phi_5+(\Theta_5\phi_5)]+\phi_1+\varsigma_1(\Theta_5-\phi_5)\}-C_1$$

$$=\{2EK_1[2\phi_5+\phi_1]-C_1\}+2EK_1\{2(\Theta_5-\phi_5)+\varsigma_1(\Theta_5-\phi_5)\}$$

自圖6知

$$M'_{51}=2EK_1[2\phi_5+\phi_1]-C_1=0$$

$$\therefore\quad M_{51}=2EK_1[2(\Theta_5-\phi_5)+\varsigma_1(\Theta_5-\phi_5)]$$

$$=2EK_1(2+\varsigma_1)(\Theta_5-\phi_5)$$

$$M_{52}=2EK_2(2\Theta_5+\varsigma_2\Theta_5)=2EK_2(2+\varsigma_2)\Theta_5$$

26742

同理　$M_{53}=2EK_3(2+\wp_3)\Theta_5$.

$$\Sigma M_5=0$$

$$2E\Theta_5\Sigma_2^4K(2+\wp)+2EK_1(\Theta_5-\phi_5)(2+\wp_1)=0$$

$$2E\Theta_5\Sigma_1^4K(2+\wp)-2EK_1(2+\wp_1)\phi_5=0$$

$$\Theta_5=\frac{K_1(2+\wp_1)}{\Sigma_1^4K(2+\wp)}\phi_5$$

$$\Theta_5=\frac{\Omega_1}{\Sigma\Omega}\phi_5 \text{ ———————— } (2)$$

此處　$\Omega=K(2+\wp)$ ———————— (3)

(2)式中$\frac{\Omega_1}{\Sigma\Omega}$即為精密角變因子之值，其中$\Omega$之值則由(3)式知隨$\wp$而變化；$\wp$之值為$-\frac{1}{2}$，0,或介乎二者之間，視端點限制度而定，因此$\Omega$之值為1.5K為2K或介乎二者之間，亦必隨之而變化。故欲求Ω之值須先求得$\wp$之值。

今假定於節點5加一力矩M(如圖7)，此力矩對于節點5產生角變Θ_5，此Θ_5且傳至4而產生$\wp_{54}\Theta_5$，但此$\wp_{54}$之值須由節點限制度而定，亦即由$\Omega_1,\Omega_2,\Omega_3$而定。

今如前，先假定節點4由銷釘支持(如圖8)，則力矩M對于節點5所產生之角變Θ傳至4而為$\phi_4=-\frac{1}{2}\Theta$，次再加限制力使其回復至原有情況，同時固定5使不再產生新的角變(如圖9)。則

$$\wp_{54}\Theta=\frac{\Omega_{45}}{\Sigma\Omega}\phi_4$$

因節點5已固定故$\Omega_{45}=2K_{45}$，

$$\wp_{54}\Theta=\frac{2K_{45}\left(-\frac{\Theta}{2}\right)}{2K_{45}+\Sigma_1^3\Omega}=-\frac{K_{45}\Theta}{2K_{45}+\Sigma_1^3\Omega}$$

$$\wp_{54}=\frac{-K_{45}}{2K_{45}+\Sigma_1^3\Omega} \text{ ———————— } (4)$$

但普通情形，構條二端之限制度往往並不相同，故二端之移傳因子亦不相等，例如圖10之情形，由(4)式得

$$\wp_{23}=\frac{-K_{32}}{2K_{32}+\Sigma_{5,7}\Omega}$$

$$\wp_{32}=\frac{-K_{23}}{2K_{23}+\Sigma_{1,4,6}\Omega}$$

吾人無理由斷言$\Sigma_{5,7}\Omega=\Sigma_{1,4,6}\Omega$，故

$$\wp_{23}\neq\wp_{32}$$

由(3)式亦知　$\Omega_{23}\neq\Omega_{32}$

(2)應用

因$\Omega=f(K,\wp)$，

$\wp=\phi(K,\Omega)$，

故$\Omega=F(K/S)$

$\mathfrak{g}=\phi(K'S)$

$\mathfrak{g}$與$\mathfrak{n}$值爲K之函數，與荷載情形無關。是以吾人可將此計算分爲二步：(1)構架本身之分析，即$\mathfrak{g}$與$\mathfrak{n}$之計算；(2)應力之計算，即ϕ與θ之計算，亦即精密角變平衡法之應用。

今分析圖10之構架以作例證。

(A)構架本身之分析：

節點6，7爲固定，故　$\mathfrak{g}_{26}=\mathfrak{g}_{37}=0$，

$\mathfrak{n}_{26}=\mathfrak{n}_{27}=2\times3=6$

節點1,4,5由銷釘支持，故

$\mathfrak{g}_{21}=\mathfrak{g}_{24}=\mathfrak{g}_{35}=-\frac{1}{2}$，

$\mathfrak{n}_{2}=1.5\times2=3$，　$\mathfrak{n}_{24}=\mathfrak{n}_{35}=1.5\times1=1.5$.

由(4)式　$\mathfrak{g}_{23}=\dfrac{-2}{4+1.5+6}=-0.174$，　$\mathfrak{n}_{23}=2(2-0.174)=3.65$

$\mathfrak{g}_{32}=\dfrac{-2}{4+1.5+6+3}=-0.138$，　$\mathfrak{n}_{32}=2(2-0.138)=3.724$

同理可求得其他諸$\mathfrak{g}$及$\mathfrak{n}$之值。

(B)應力之計算：

先求銷釘端節點之角變(H.E.A.)

$\phi=\dfrac{WL^2}{24EK}=\dfrac{0.3\times400}{24\times E\times2}=\dfrac{2.5}{E}$

爲計算便利計，以$\dfrac{1}{E}$爲單位，則$\phi=2.5$.

由(2)式　$\theta_2=\dfrac{-3}{3+1.5+3.65+6}\times(-2.5)=-0.530$

$\theta_2-\phi=+1.970$

遞傳至1，爲$\dfrac{-1}{2}\times1.970=-0.985$

故　$\theta_1=-0.985+2.5=1.515$

θ_2之值遞傳至3,4,6,則爲

$\theta_6=0\times\theta_2=0$,　$\theta_4=-\frac{1}{2}\theta_2=+0.265$,

$\theta_3=-0.174\theta_2=+0.092$

再由θ_3得　$\theta_5=-\frac{1}{2}\theta_3=-0.046$,　$\theta_7=0\times\theta_3=0$

既知諸節點θ之值，則以之代入斜度變位方程式，即可求得各節點之力矩矣。由斜度變位方程式直接求得之結果爲：

$\theta_2=-0.529$,　$\theta_3=+0.092$.

但若遇如圖12之完閉構架時，計算$\mathfrak{g}$及$\mathfrak{n}$之值，至節點4及5即無法推進，必須先假定一近似值，然後再設法校正之。

今已知　$\mathfrak{g}_{47}=0$,　$\mathfrak{n}_{47}=6$

$\mathfrak{g}_{58}=0$,　$\mathfrak{n}_{58}=6$

$\mathfrak{g}_{23}=\dfrac{-1}{2}$,　$\mathfrak{n}_{23}=3$

26744

$\varphi_{56}=-\frac{1}{2}$, $\Omega_{56}=6$

至節點4時吾人可先假定$\Omega_{45}=2K_{45}=4$，

于是 $\varphi_{14}=\frac{-2}{4+(6+4)}=-0.143$，$\Omega_{14}=2(2-0.143)=3.714$

$\varphi_{21}=\frac{-1}{2+3.714}=-0.175$，$\Omega_{21}=1\times(2-0.175)=1.825$

$\varphi_{52}=\frac{-2}{4+(1.825+3)}=-0.227$，$\Omega_{52}=2\times(2-0.227)=3.546$

$\varphi_{45}=\frac{-2}{4(6+6+3.546)}=-0.102$，$\Omega_{45}=2(2-0.102)=3.796$

改正此Ω_{45}之值，再求φ，Ω諸值，

$\varphi_{14}=\frac{-2}{4+(6+3.796)}=-0.147$，$\Omega_{14}=2(2-0.147)=3.706$

此Ω_{14}之新值與舊值相較，相差甚微，其影響于φ_{21}者僅爲0.14%故可毋容校正，且以後之錯誤更將逐次減小而毋容校正矣。

在次要建築物中，則近似式

$$\varphi_{AB}=\frac{1-K_{AB}}{2\sum K_B}$$

已足應用，亦毋須其他之校正。

四、屋架通論

設有一構架如圖十三，承受水平負載P_1, P_2，今試討論其節點A設x, y爲上下二柱之轉向點，Sx, Sy 爲上下二柱之切力，則

$M_{Ax}=-S_x\cdot Ax$

$\cdots\cdots\cdots\cdots\cdots\cdots\cdots\cdots\cdots\cdots(A)$

$M_{Ay}=-S_x\cdot Ay$

$M_{AB}+M_{AC}=-(M_{Ax}+M_{Ay})=S_x\cdot Ax+S_y\cdot Ay\cdots\cdots\cdots\cdots(B)$，

欲解（A）式，必先求得轉向點之位置，與夫切力分布之情況。（B）式祇示于吾人者，則柱爲與樑端點力矩之平衡狀況。

（1）轉向點（Point of inflection）

由圖15，自斜度變位方程式得，

$M_{AB}=2EK(2\theta_A+\theta_B-3\alpha)$

$M_{BA}=2EK(2\theta_B+\theta_A-3\alpha)$

$$\frac{\gamma L}{L}=\frac{M_{AB}}{M_{AB}+M_{BA}}=\frac{2EK(2\theta_A+\theta_B-3\alpha)}{6EK(\theta_A+\theta_B-2\alpha)}$$

$$\gamma=\frac{2\theta_A+\theta_B-3\alpha}{3(\theta_A+\theta_B-2\alpha)}=\frac{3-2\frac{\theta_A}{\alpha}-\frac{\theta_B}{\alpha}}{3\left(2-\frac{\theta_A}{\alpha}-\frac{\theta_B}{\alpha}\right)}$$

$$=\frac{3-2\gamma_A-\gamma_B}{3(2-\gamma_A-\gamma_B)}\cdots\cdots\cdots\cdots(5)$$

式中 $\gamma=\frac{\theta}{\alpha}$

(a) 設A爲固定，則$\theta_A=0$, $\gamma_A=\frac{\theta_A}{\alpha}=0$,

$$\eta=\frac{3-\gamma}{3(2-\gamma)}\cdots\cdots\cdots\cdots(5a)$$

(b) 設A, B均爲固定，則$\gamma_A=\gamma_B=0$,

$$\eta=\frac{3}{3\times2}=\frac{1}{2}\cdots\cdots\cdots\cdots(5b)$$

(c) 設A點由銷釘支持，則$(\theta_A-\alpha)=-\frac{1}{2}(\theta_B-\alpha)$

$\gamma_A-1=-\frac{1}{2}(\gamma_B-1)$, $2\gamma_A+\gamma_B=3$,

$\eta=0$

(d) 假定B點由銷釘支持，則$(\theta_B-\alpha)=-\frac{1}{2}(\theta_A-\alpha)$,

$2\gamma_B+\gamma_A=3$, $2-\gamma_A-\gamma_B=\gamma_B-1$,

$$\eta=\frac{3-2\gamma_A-\gamma_B}{3(2-\gamma_A-\gamma_B)}=\frac{2(2-\gamma_A-\gamma_B)+(\gamma_B-1)}{3(2-\gamma_A-\gamma_B)}=1$$

(2) 扐力之分佈

由圖15 $SL+M_A+M_B=0$,

$SL=-(M_A+M_B)$

$=-2EK[(2\theta_A+\theta_B-3\alpha)+(2\theta_B+\theta_A-3\alpha)]$

$=-6EK(\theta_A+\theta_B-2\alpha)$

$=6EK(2-\frac{\theta_A}{\alpha}-\frac{\theta_B}{\alpha})$

$=6EK\frac{\Delta}{h}(2-\gamma_A-\gamma_B)$

此處Δ爲變位值。

$$S=6EK\frac{\Delta}{h^2}(2-\gamma_A-\gamma_B)\cdots\cdots\cdots(6)$$

在同一層樓上，$6E\Delta$爲常數，故

$$S\propto\frac{K}{h^2}(2-\gamma_A-\gamma_B)\cdots\cdots\cdots(7)$$

此爲扐力分佈之普遍公式。在Cross氏式中

$$S\propto\frac{K}{h^2},$$

此僅爲一種特例，卽假定樑之强度爲無限大，而$\theta_A=\theta_B=0$

(a) 設下端固定時，$\theta_A=0$,

$$S\propto\frac{K}{h^2}(2-\gamma_B)\cdots\cdots\cdots(7a)$$

26746

(b)設下端由銷釘支持時，

$$2\gamma_A + \gamma_B = 3,\quad \gamma_A = \frac{3}{2} - \frac{\gamma_B}{2}$$

$$S \propto \frac{K}{L^2} \cdot \frac{1-\gamma_B}{2} \text{------------(7b)}$$

(3)柱樑端點力矩之平衡

由圖14　$M_{AB} = 2EK_{AB}(2\theta_A + \theta_B) = 2EK_{AB}\theta_A\left(2 + \frac{\theta_B}{\theta_A}\right)$

但　$\theta = \gamma\alpha$，故

$$M_{AB} = 2E\theta_A K_{AB}\left[2 + \frac{\gamma_B(\alpha_{BB}' + \alpha_{BB}'')}{\gamma_A(\alpha_{AA}' + \alpha_{AA}'')}\right]$$

因$2E\theta_A$在M_{AB}及M_{BA}中爲等量，故

$$M_{AB} \propto K_{AB}\left[2 + \frac{\gamma_B(\alpha_{BB}' + \alpha_{BB}'')}{\gamma_A(\alpha_{AA}' + \alpha_{AA}'')}\right] \cdots\text{(8)}$$

若同層之柱高度均相等，則因其變位皆相等，

故　$\alpha_{BB}' = \alpha_{AA}'$，$\alpha_{BB}'' = \alpha_{AA}''$

故　$M_{AB} \propto K_{AB}\left[2 + \frac{\gamma_B}{\gamma_A}\right]$ ------------(9)

若圖16之情形，則因

$$h_B\alpha_B = h_A\alpha_A,\quad \frac{\alpha_B}{\alpha_A} = \frac{h_A}{h_B},$$

$$M_{AB} \propto K_{AB}\left[2 + \frac{\gamma_B\alpha_B}{\gamma_A\alpha_A}\right]$$

$$\propto K_{AB}\left[2 + \frac{\gamma_B}{\gamma_A}\cdot\frac{h_A}{h_B}\right] \text{------------(9a)}$$

五、單層屋架之分析

前節自(5)至(9a)之公式，足可用以求解(A)式，茲再論其步驟與方法。

在求γ之先，必先求得γ之值。而θ之值則由下述二項決定

(1)α之值

(a)設下端由銷釘支持時，$\alpha = \phi$

$$\gamma\alpha = \frac{\theta\alpha}{\alpha} = \frac{\theta\alpha}{\phi} = \frac{\Omega_1}{\Sigma\Omega} \text{------------(10)}$$

(b)設下端爲固定時，則因

$$\phi = \frac{PL}{2EK\phi},\quad \alpha = \frac{PB}{3EK},\quad \alpha = \frac{2}{3}\phi$$

$$\gamma_2 = \frac{\theta\alpha}{\alpha} = \frac{\theta\alpha}{\frac{2}{3}\phi} = \frac{3}{2}\cdot\frac{\theta\alpha}{\phi} = \frac{3}{2}\cdot\frac{\Omega}{\Sigma\Omega} \text{------------(10a)}$$

(2)他端節點所遞傳者

在遞傳手續中，所須移傳者爲$\frac{\theta}{\alpha}$，而非θ之值，但前述之遞傳法，僅適用于θ，故欲遇

26747

傳$\frac{\Omega}{\alpha}$時，必須將諸柱之α值化爲同一單位。例如在圖17中，欲自C至A，則因

$$\alpha_A = \frac{h_C}{h_A}\alpha \times c$$

故 $$\frac{\Omega_C}{\alpha_A} = \frac{h_A}{h_C}\cdot\frac{\Omega_C}{\alpha_C}$$

故其遞傳之值爲

$$\wp_{CA}\frac{\Omega_C}{\alpha_A} = \wp_{CA}\frac{h_A}{h_C}\frac{\Omega_C}{\alpha_C} = \wp_{CA}\frac{h_A}{h_C}(\Upsilon\alpha)_C$$

或 $$\Upsilon\wp = \Sigma\wp_{21}\frac{h_1}{h_2}(\Upsilon\alpha)_2 \text{————————}(11)$$

$$\Upsilon = \Upsilon\alpha + \wp \text{————————————}(12)$$

由上述之推究，得單層屋架之分析步驟如下：——

(a)求$\wp$及Ω之值，

(b)求$\Upsilon\alpha$之值，—(10)或(10a)

(c)遞傳，即求$\Upsilon\wp$之值，————(11)

(d)求Υ之值、————(12)

(e)求α之值，——(5)，(5a)(5b)(5c)或(5d)

(f)分配柱內之剪力，——(7)(7a)或(7b)

(g)求柱二端之力矩，——(A)

(h)求樑二端之力矩。——(9)或(9a)

圖18即爲圖17中屋架之解答。圖19則爲二格屋架之示例。

六、多層屋架之分析

多層屋架之分析中，所遇情形當稍異，因各層間α值之關係尚未求得故也。茲先求其關係如下。

首先假定有一組水平力，作用于一多層屋架之上（如圖20），其結果使第n層樑上之$\alpha_n=1$，而其他諸層之斜度爲零。則由(6)式得

$$S_{AB} = 6EK\frac{\alpha_m}{\chi_m}(2-\Upsilon_A-\Upsilon_B)$$

$$= \frac{6EK}{\chi_m}(2\alpha_m-\Omega_A-\Omega_B)$$

$$S_m = \Sigma S_{AB} = 6EK\,\Sigma\frac{K}{\chi_m}(2\alpha_m-\Omega_m-\Omega_{m-1})$$

在上部諸層中，同一層中之χ_m相等故

$$S_m = \frac{6E}{\chi_m}\Sigma K(2\alpha_m-\Omega_m-1)$$

在圖20中，$\alpha_m=0$，故

26748

$$Smn = \frac{6E}{\angle m}\Sigma K(-\theta m + \theta m - 1)$$

$$= -\frac{6E}{\angle m}\Sigma K(\theta m + \theta m - 1) \text{———————}(13)$$

及　$$Snm = -\frac{6E}{\angle n}\Sigma K(\theta n + \theta n - 1 - 2 \text{———————}(13a)$$

因　$\propto n = 1$

再由加置原理(Plinciple of s perpesition)，若$\propto n$不等于一，則

$$(Smn)\propto n = Smn \cdot \propto n \text{———————}(13b)$$

屋架在風力負載之下，如圖21)，Sm當爲下列諸值之代數和。

(a)由δ_1所產生者，卽$Sm_1 \propto_1$，

(b)由$\propto_2$所產生者，卽$Sm_2 \propto_2$，

…………　…………

(n)由$\propto n$所產生者，卽$Smn \propto n$，

…………　…………

(m)由$\propto m$所產生者，卽$Smm \propto m$，

…………　…………

(q)由$\propto q$所產生者，卽$\propto mq \cdot \propto q$。

而　$$\Sigma m = \Sigma_1^q Smn \propto n \text{———————}(14)$$

由(14)式，每層可列一方程式。方程式之數目等于屋架之層數，亦卽等于未知數$\propto$之數目。是以求解此聯立方程式，卽可求得$\propto$之數值。既得$\propto$之値，則可進一步作此多層屋架之分析矣。

今更計算如圖22之屋架，以明示其詳情。此屋架爲對稱形，故僅須計算其半部，且爲便利計，更可代以圖23之屋架。惟23，及56之長度已有改變故 $K_0 = \frac{I}{\angle}$ =2K。

此屋架一如圖11者，故θ與Ω可用容計算。其Smn之値，可依下述求得

$$S_{21} = \frac{-6\times2}{15}[(.615-.195)+(.393-.065)]$$

$$= -\frac{4}{5}\times0.748 = -0.598 \quad \text{(E爲單位)}$$

$$S_{11} = \frac{-6\times3}{20}[0.615+0.393-2-2]$$

$$= -\frac{9}{10}\times(-2.992) = +2.693$$

$$S_{22} = -\frac{6\times2}{15}[(0.823+0.279-2)+(0.517+0.218-2)]$$

$$= -\frac{4}{5}\times(-2.153) = +1.731$$

26749

$$S_{12}=\frac{-6\times 3}{20}[0.279+0.218]=-\frac{9}{10}(0.497)=-0.447$$

由(14)式　$-0.598\alpha_1+1.731\alpha_2=10$
　　　　　$2.693\alpha_1+0.447\alpha_2=35$　　(X)

解之得　　$\alpha_1=14.81$，　　$\alpha_2=10.90$.

由加置原理得

$$\theta_1=-0.195\alpha_1+0.823\alpha_2=-2.89+8.96=6.07$$

$$\theta_2=-0.065\alpha_1+0.517\alpha_2=-0.963+5.64=4.68$$

$$\theta_4=+0.615\alpha_1+0.279\alpha_2=+9.11+3.06=12.17$$

$$\theta_5=+3.93\alpha_1+0.218\alpha_2=+5.82+2.39=8.21$$

既知θ及α之值，諸端點之力矩卽可由而求得。

不由(X)式解α_1與α_2，亦可消去常數項而求α_1與α_2之關係，得

$\alpha_1=1.36\alpha_2$　　或　$\alpha_2=0.735\alpha_1$

既得α_1與α_2之關係，則可仿單層屋架之例，按步驟計算，惟需應用普通公式耳。其詳細步驟參閱圖26。

最後將各法所得之結果列入下表，以資比較。

方法	M_{12}	M_{21}	M_{23}	M_{45}	M_{54}	M_{56}	M_{14}	M_{41}
第一法	32.6	30.6	28.1	130.4	114.5	99.0	−33.3	−9.16
第二法	33.6	31.7	28.9	130.0	115.2	99.6	−33.6	−9.2
斜度變位法	33.9	31.4	28.7	130.4	114.8	99.1	−33.9	−9.65

方法	M_{47}	M_{74}	M_{25}	M_{52}	M_{58}	M_{85}
第一法	−120.6	−193.6	−60.5	−46.4	−168.1	−217.3
第二法	−120.8	−193.7	−60.3	−46.6	−168.2	−217.1
斜度變位法	−120.7	−193.8	−60.2	−46.2	−167.7	−217.2

（完）

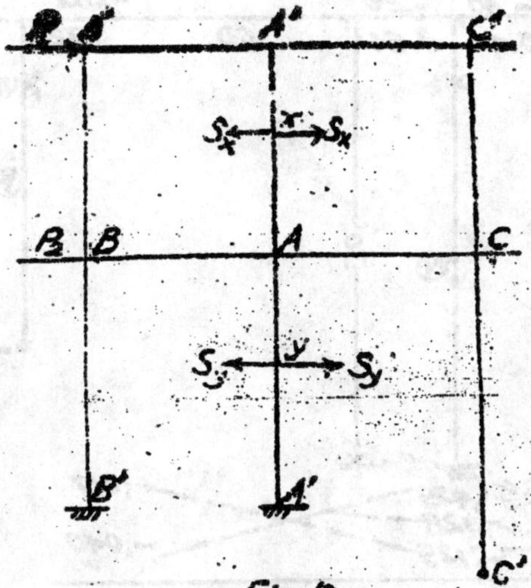

Fig.13

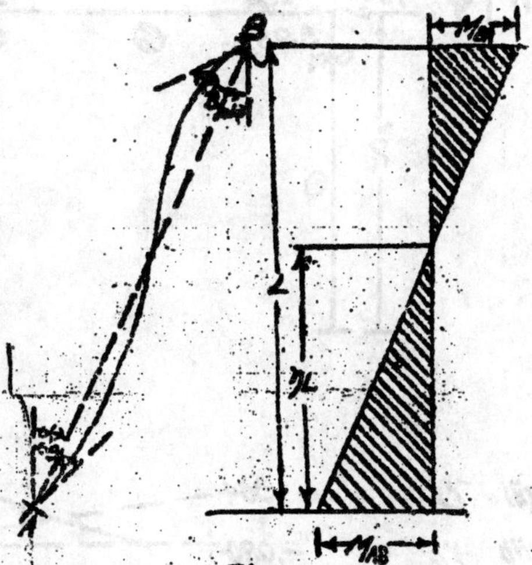

Fig.14

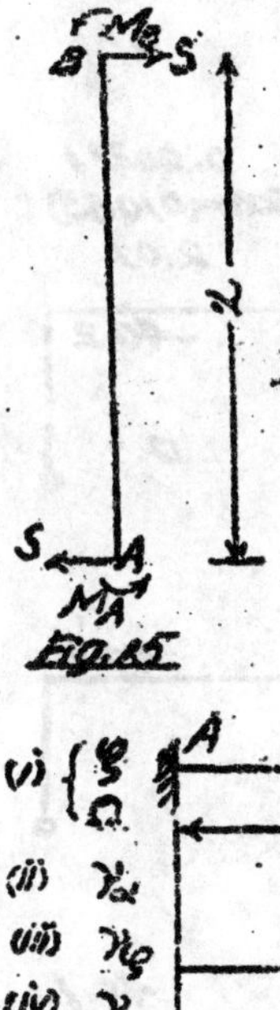

Fig.15

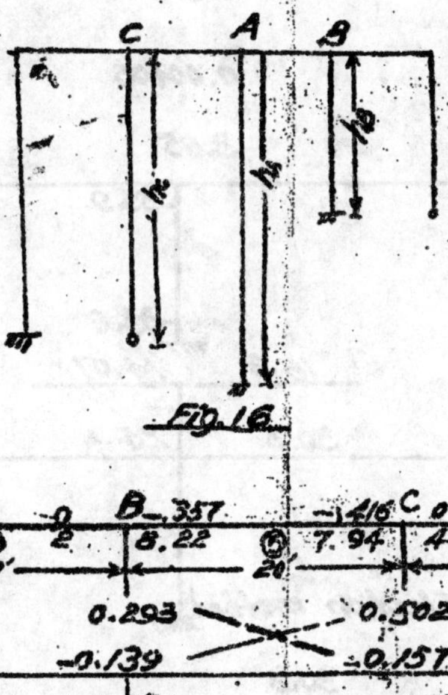

Fig.16

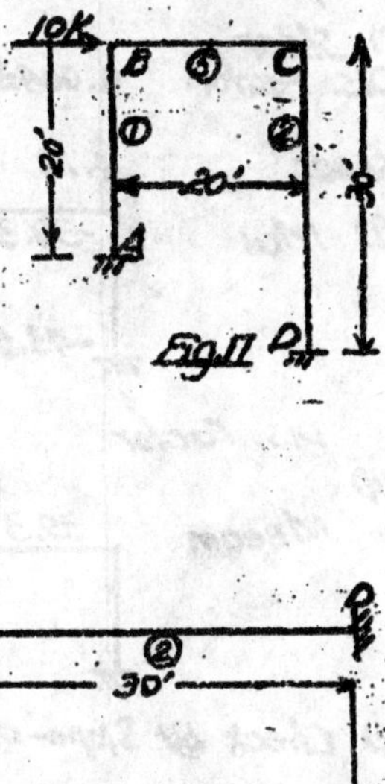

Fig.17

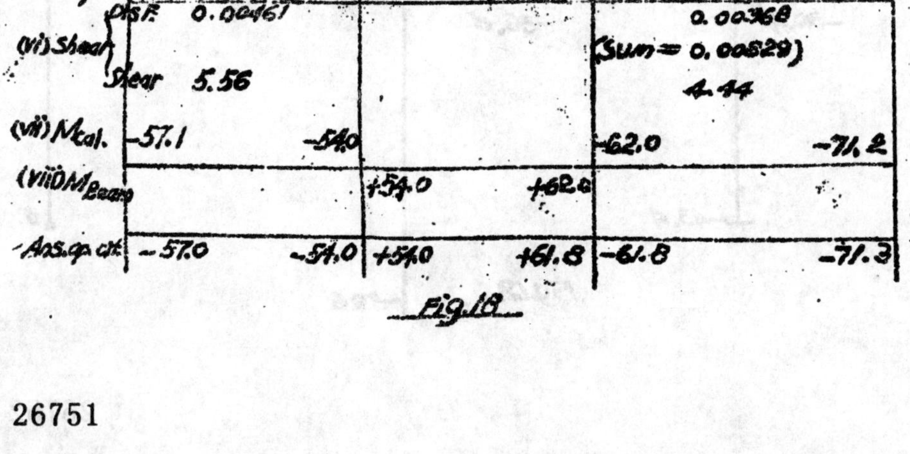

Fig.18

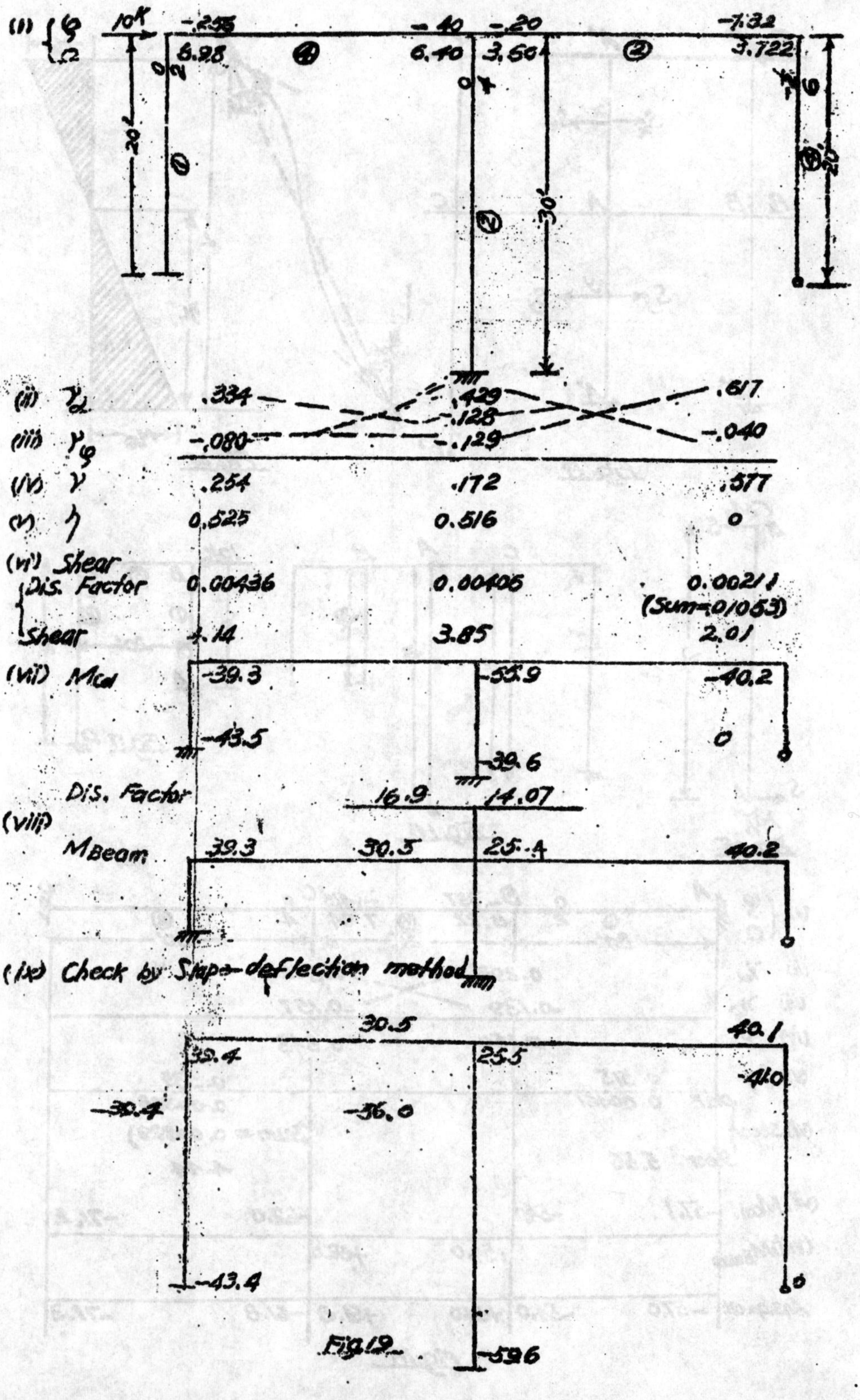

(i) φ Ω
10K
-.255
5.98
-.40
6.40
-.20
3.50
-7.32
3.722
20'
30'
20'
(ii) γ_Ω
.334
.429
.128
.617
(iii) γ_φ
-.080
-.129
-.040
(iv) γ
.254
.172
.577
(v) η
0.525
0.516
0
(vi) Shear
Dis. Factor
0.00436
0.00406
0.00211
(Sum=0.01053)
Shear
4.14
3.85
2.01
(vii) Mcol
-39.3
-55.9
-40.2
-43.5
-39.6
0
Dis. Factor
16.9
14.07
(viii)
MBeam
39.3
30.5
25.4
40.2
(ix) Check by Slope-deflection method
30.5
40.1
39.4
25.5
-41.0
-30.4
-56.0
-43.4
-59.6

Fig.19

Fig.1

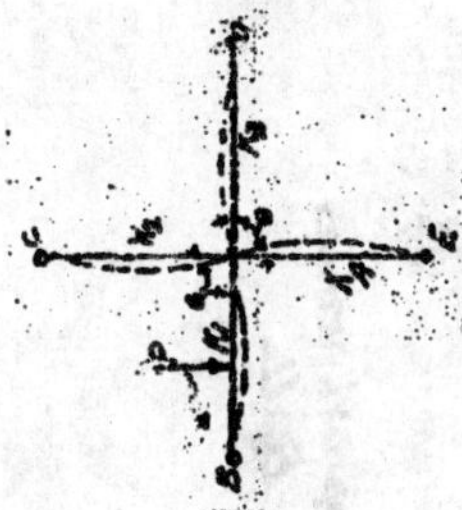

Fig.2

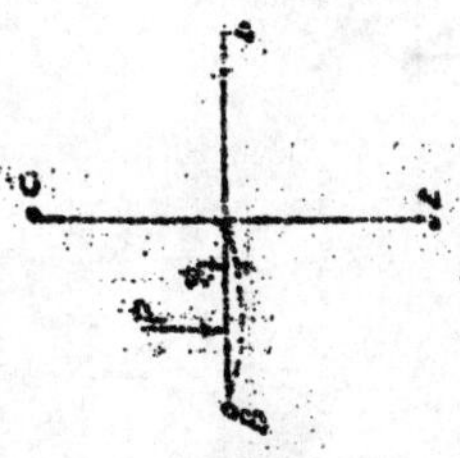

Fig.3

Fig.4

Fig.5

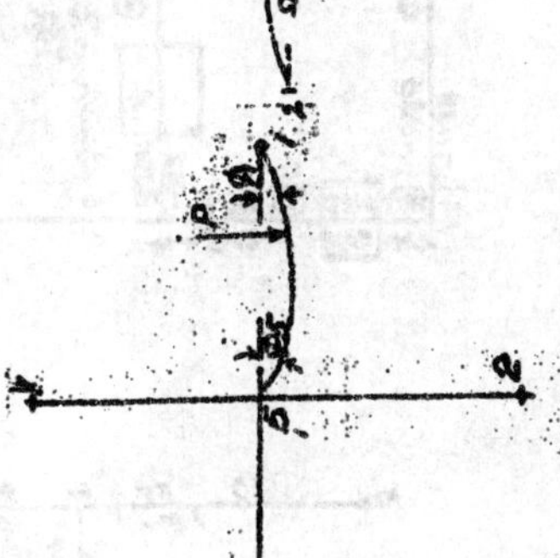

Fig.6

Fig.7

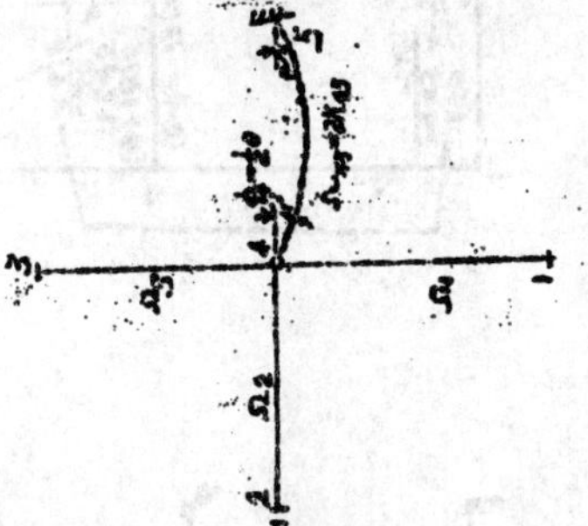

Fig.8

Fig.9

26753

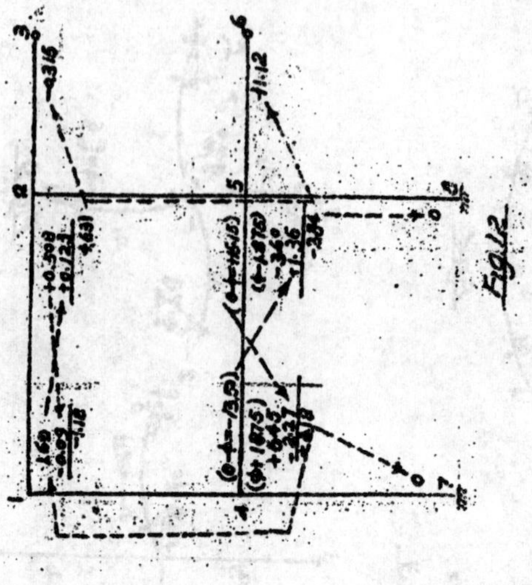
Fig.12

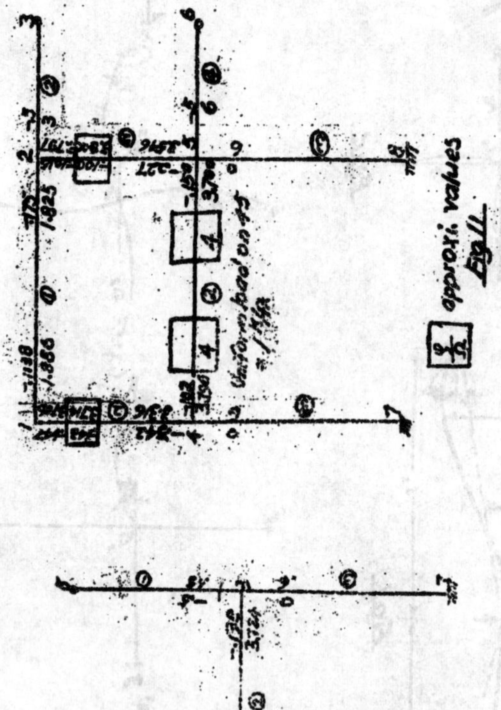
approxi. values
Fig.11

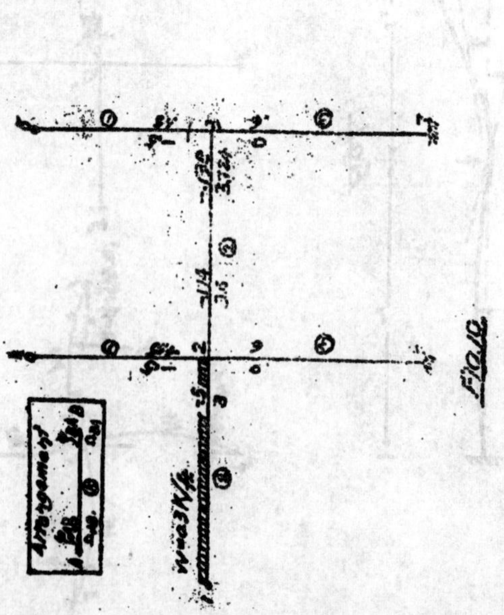
Fig.10

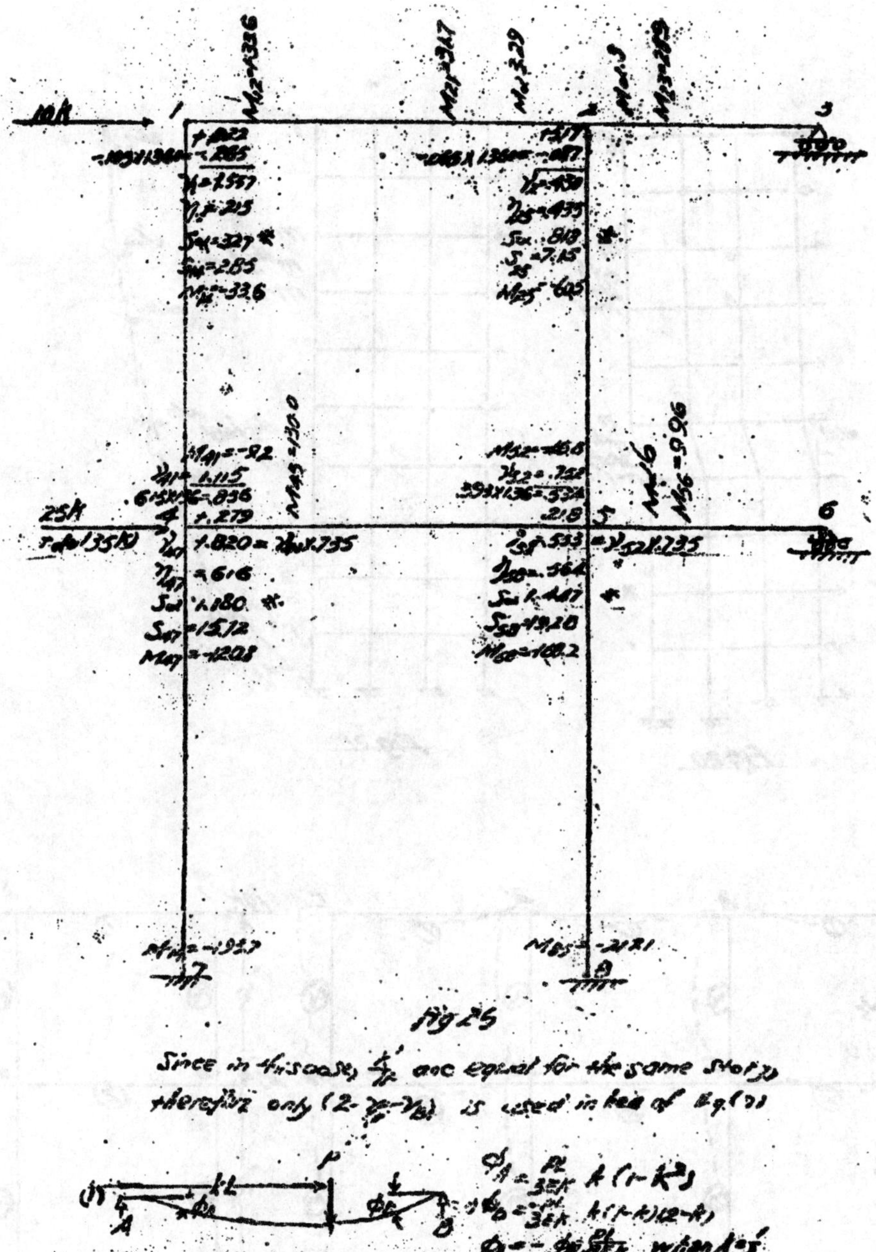

Fig 26

Since in this case, $\frac{I}{h'}$ are equal for the same story, therefore only $(2-\gamma_{a}-\gamma_{b})$ is used in lieu of Eq.(7)

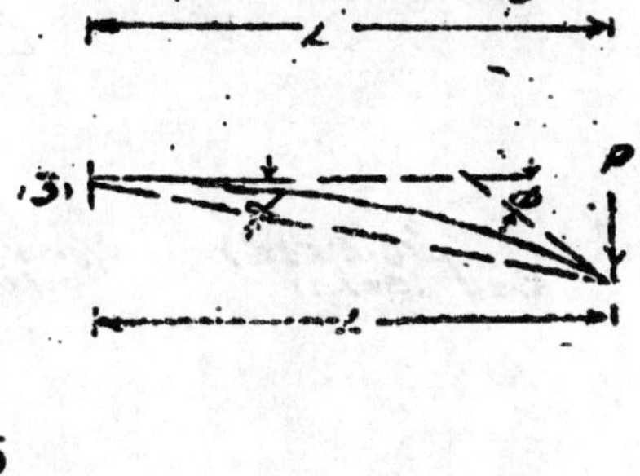

(1)
$\phi_A = \frac{PL}{3EK} k(1-k^2)$
$\phi_B = -\frac{PL}{3EK} k(1-k)(2-k)$
$\phi_A = -\frac{1}{8}\frac{PL}{3EK}$ when $k=\frac{1}{2}$

(2)
$\phi = \frac{\omega L^2}{24EK}$

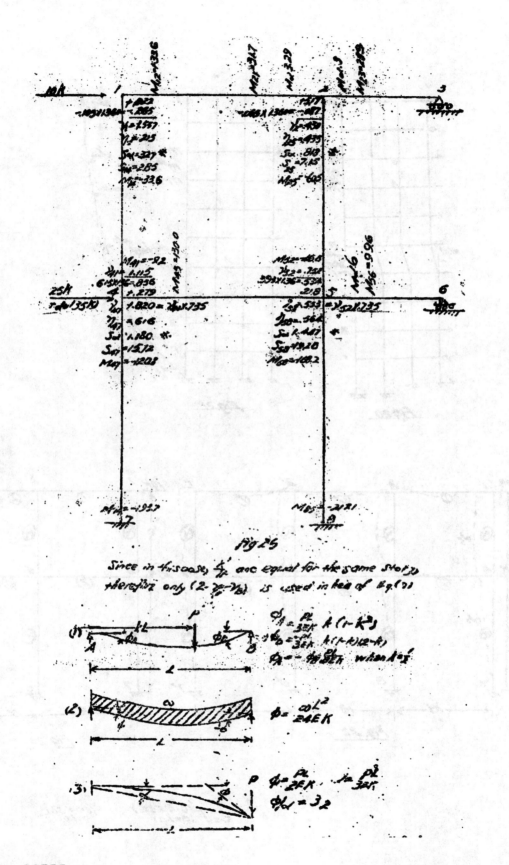

(3)
$\phi = \frac{PL}{2EK}$, $\Delta = \frac{PL^2}{3EK}$
$\phi/\Delta = 3/2$

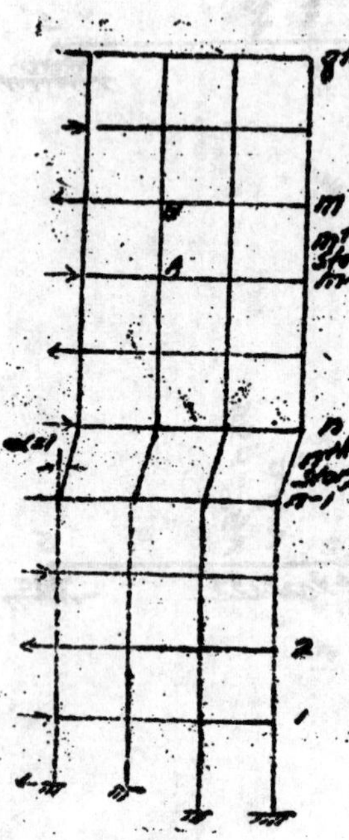

Fig.20

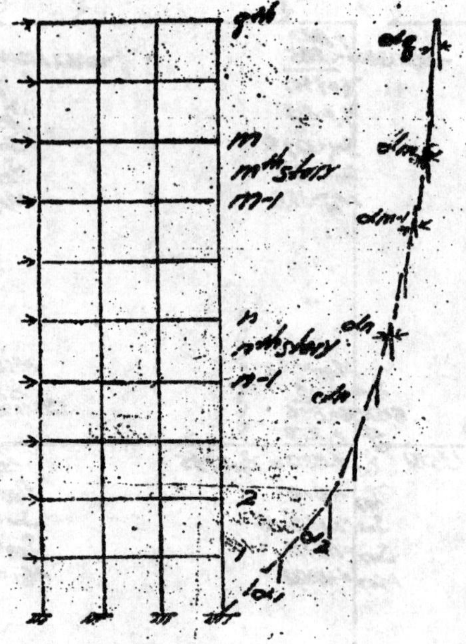

Fig.21

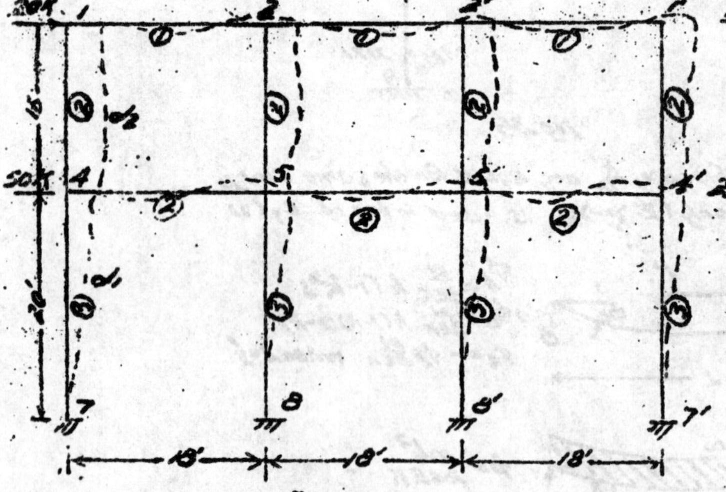

Fig. 22

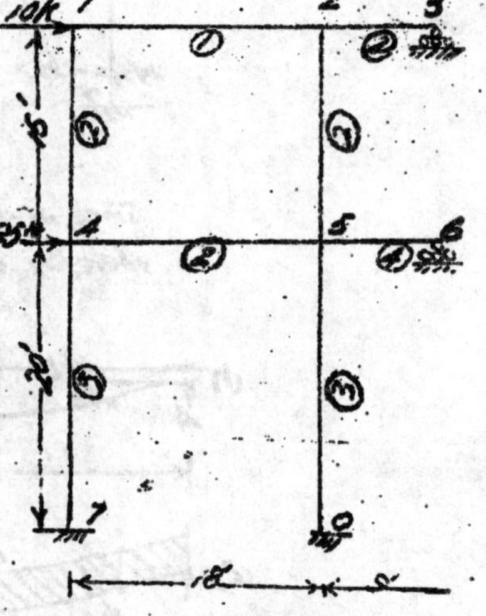

Fig.23

螺旋曲線之研究（續）

劉瀛洲

四、複曲線增設螺旋曲線

鐵路路線因受地形限制，有時需採用複曲線，複曲線乃由兩個不同半徑之圓曲線所組成，因此需配備不同數值之超高，並輔以漸綫之變化，此則複曲線亦須設置螺旋曲線也。

（1）"Pm" 數値

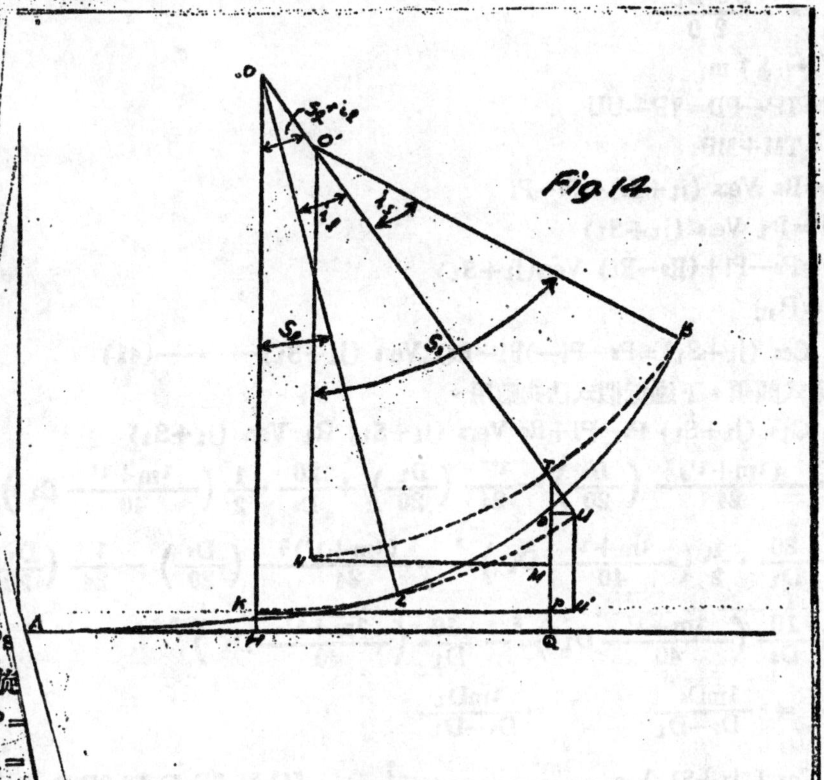

設 O's

將螺旋

∴MP=

設LA=

$$S_s=\frac{l'+l_m}{40}D_s\ ,\qquad S_l=\frac{l'}{40}D_l\ ,$$

$$S_s-S_l=\frac{l'+l_m}{40}D_s-\frac{l'}{40}D_l$$

又 $\frac{l'+l_m}{l'}=\frac{D_s}{D_l}$，$\therefore\ l'+l_m=\frac{l'D_s}{D_l}$

$$\therefore\ \frac{l_m}{l'}=\frac{D_s-D_l}{D_l}\qquad\qquad l'=\frac{D_l}{D_s-D_l}l_m$$

26757

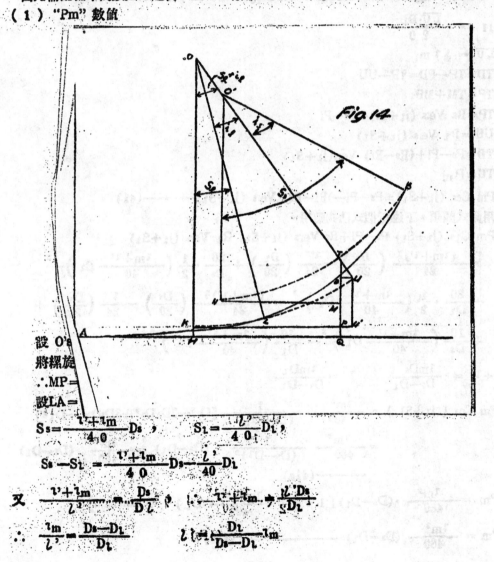

$$\therefore\quad S_s - S_l = \frac{l' D_s^2}{D_l} - \frac{l' D_l}{40} = \frac{l'}{40 D_l}(D_s^2 - D_l^2)$$

$$= \frac{1}{40 D_l}(D_l^2 - D_l^2) \times \frac{D_l}{D_l - D_l}\, l\, m = \frac{l m}{40}(D_s + D_l)$$

由圖 $S_s - S_l = j_s + j_l$

$$\therefore\quad j_s + j_l = \frac{l m (D_s + D_l)}{40} \text{ ——————— (40)}$$

設 $ST = \frac{l\,m}{2}$，則 $j_s = \frac{D_s l m}{40}$

則 $j_l = \frac{(D_s + D_l) l m}{40} - \frac{D_s l m}{40} = \frac{D_l l m}{40}$

而 $j_l = \frac{\overline{LU} \cdot D_l}{20}$

$\therefore\quad \overline{LU} = \frac{1}{2} l\, m$

由圖 $TD = TP - PD = TP - UU'$

$TP = TM + MP$

$TP = R_s \text{ Vers } (j_l + S_s) + P_s - P_l$

$UU' = R_l \text{ Vers } (j_l + S_l)$

$\therefore\quad TD = P_s - P_l + (R_s - R_l) \text{ Vers}(j_l + S_l)$

設 $TU = P_m$

$$P_m \text{ Cos } (j_l + S_l) = P_s - P_l - (R_l - R_s) \text{ Vers } (j_l + S_l) \text{ ——— (41)}$$

Pm 用此式頗煩，下述近似式已夠應用。

$$P_m \text{ Cos } (j_l + S_l)\ P_s - P_l + R_s \text{ Vers } (j_l + S_l)\ R_l \text{ Vers } (j_l + S_l)$$

$$= \frac{(l m + l')^2}{24}\left(\frac{D_s}{20}\right) - \frac{l'^2}{24}\left(\frac{D_l}{20}\right) + \frac{20}{D_s} \cdot \frac{1}{2}\left(\frac{l m + l'}{40} D_l\right)^2 -$$

$$\frac{20}{D_l} \cdot \frac{1}{2}\left(\frac{l m + l'}{40} D_l\right)^2 = \frac{(l m + l')^2}{24}\left(\frac{D_s}{20}\right) - \frac{l'}{24}\left(\frac{D_l}{20}\right) +$$

$$+ \frac{10}{D_s}\left(\frac{l m + l'}{40} D_l\right)^2 - \frac{10}{D_l}\left(\frac{l m + l'}{40} D_l\right)^2$$

但 $l m + l' = \frac{l m D_s}{D_s - D_l} \qquad l' = \frac{l m D_l}{D_s - D_l}$

$$P_m \text{ Cos } (j_l + S_l) = \frac{l m^2}{480} \cdot \frac{1}{(D_s - D_l)^2}\left[D_s^3 - 3 D_l D_s^2 + 3 D_s D_l^2 - D_l^3\right]$$

$$= \frac{l m^2}{480}\ \frac{1}{(D_s - D_l)^2} \cdot (D_s - D_l)^3 = \frac{l m^2}{480} \cdot (D_s - D_l)$$

——— (41a)

$$P_m = \frac{l m^2}{480} \cdot (D_s - D_l)\left[1 + \frac{1}{2}\left(\frac{l m + l'}{40} D_l\right)^2 + \cdots\cdots\right]$$

$$\therefore\quad P_m = \frac{l m^2}{480}(D_s - D_l) \text{ ——————— (41b)}$$

若D_s,D_L以度表之，

$$P_m = .3636\times10^4\ (D_s - D_L)\, l_m^2 \text{ ——————— } (41c)$$

此近似式用下法推得，更爲明瞭。

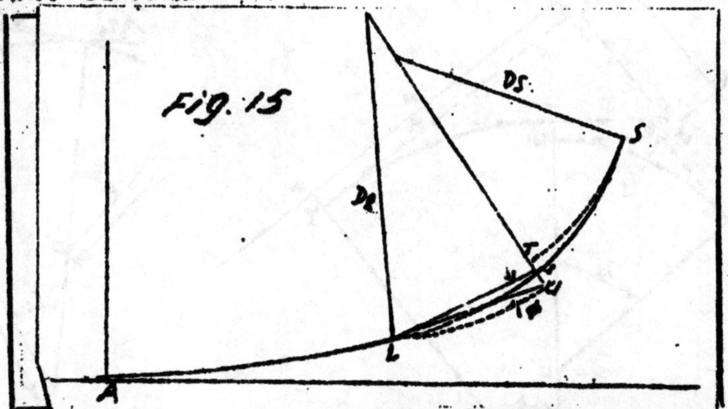

從圖　$UV = \overline{LU}\times\phi = \frac{1}{2} l_m \phi$　　　（近似）但從螺旋曲線偏角定理，

$$\phi = \frac{1}{3}\times\frac{D_s(\frac{1}{2}l_m)^2}{A_o(l'+l_m)} = \frac{D_s l_m^2}{480}\times\frac{1}{l'+l_m}$$

又　$\frac{l'}{l'+l_m} = \frac{D_L}{D_s}$、$\frac{l_m}{l'+l_m} = \frac{D_s - D_L}{D_s}$

$\therefore$　$UV = \phi\times\frac{1}{2} l_m = \frac{l_m^2}{960}(D_s - D_L)$

同理　$VT = \frac{l_m^2(D_s - D_L)}{960}$

$\therefore$　$TU = 2\frac{l_m^2(D_s-D_L)}{...}$

設　$TU = P_m$ ...

$P_m = .3$ ...

（2）"Ts" "T ...

第一法

由圖16 ...

但　$RG = R$ ...

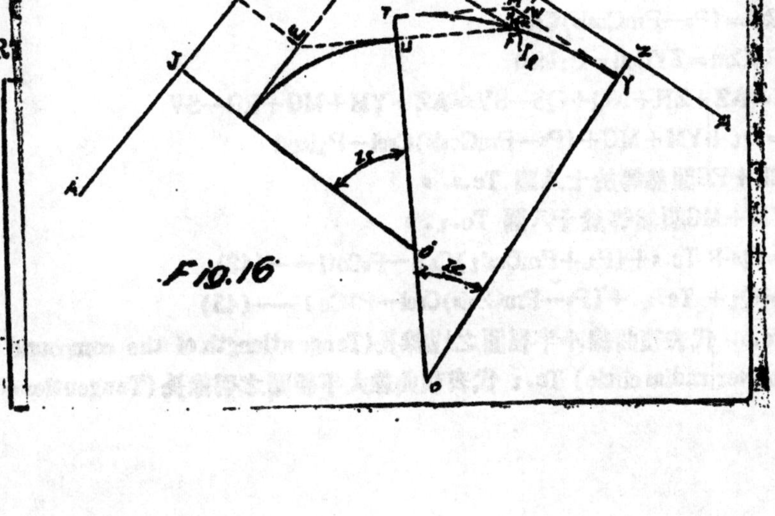

26759

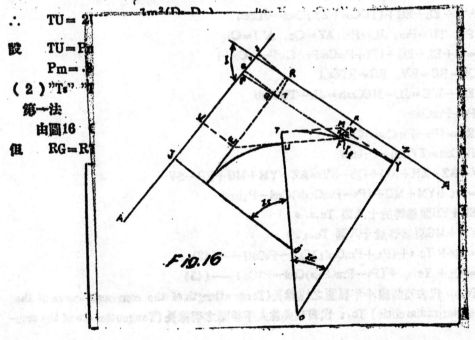

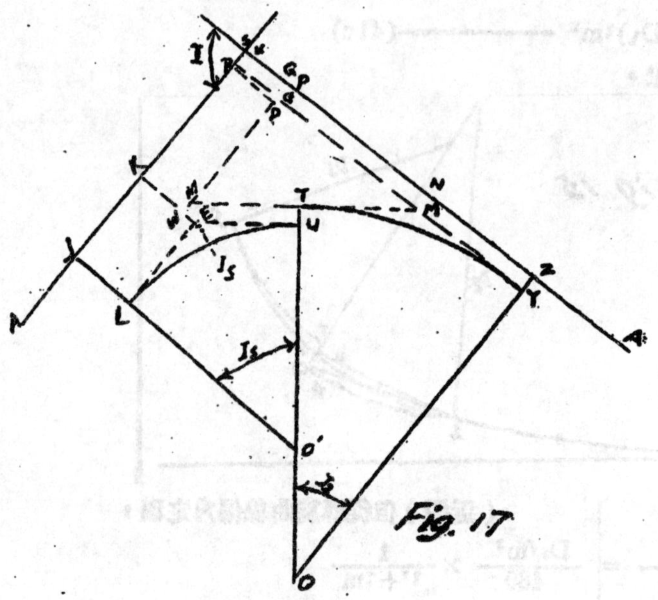

Fig. 17

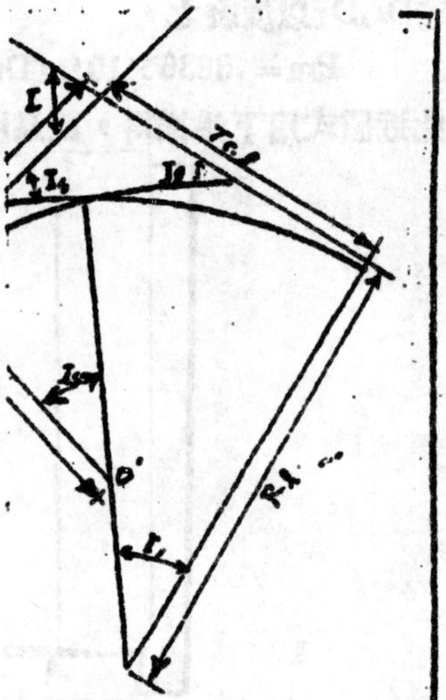

Fig. 18

又　$RT = FX = FW + Wx = MFCsI_l + ZY$

∴　$OS = RG = (TUCos I_l + ZY)CSI$

又　$YS = RScotI = JLcotI$

∴　$A'Y = A'J + JK + KQ + QS - VS$

$= A'J + EL + EG + (TUCos + ZY)CscI - JLcotI$

設　$ZY = P_l$，$TU = P_m$，$JL = P_s$，$AZ = Q_c$，$A'J = Q_s$

∴　$A'V = q_s + EL + EG + (P_l + P_mCosP_m)CscI - P_sCotI$

由圖17　$QS = RG = RV$，$RG = RTCscI$

又　$RT = EK - WE = JL - MECosI_s = JL - TUCosI_s$

∴　$RT = P_s - P_mCosI_s$

∴　$QS = RG = (P_s - P_mCosI_s)CscI$

又　$SY = RSCotI = ZYCotI = P_lIcotI$

$AV = AZ + ZN + NQ + QS - SV = AZ + YM + MG + RG - SV$

$= Q_l + YM + MG + (P_s - P_mCosI_s)CscI - P_lIcotI$

在圖16，EL＋EG顯然等於十八圖 Tc.s.，

在圖17，YM＋MG顯然等於十八圖 Tc.l.，

∴　$T_s = Q_s + T_{c.s} + (P_l + P_mCosI_l)CscI - P_sCotI$ ——(42)

$T_l = Q_l + T_{c.l} + (P_s - P_mCosI_s)CscI - P_lCotI$ ——(43)

【附註】 Tc.s. 代表複曲線小半徑圓之切線長(Tangentlength of the compound curve of the shorter radius circle) Tc.l 代表複曲線大半徑圓之切線長 (Tangentlength of the compound curv

第二法

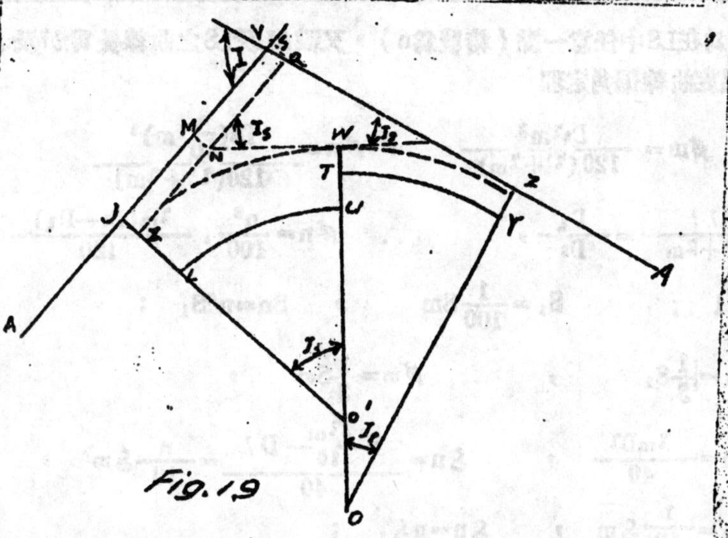

Fig. 19

設$ZY=P_L$，$TU=P_m$，$JL=P_s$，$O'L=R_s$，$OY=R_L$.

∴　$SP=JX=JL-XL=JL-WU=JL-WT-TU$

$=JL-ZY-TU=P_s-P_m-P_L$

∴$VS=SR\,Cot\,I=(P_s-P_m-P_L)Cot\,I$

$VR=SR\,Csc\,I=(P_s-P_m-P_L)Csc\,I.$

又　$A'V=JA'+JS-SV=Q_s+XR-(P_s-P_m-P_L)Cot\,I$

$AV=AZ+ZR+VR=Q_L+ZR+(P_s-P_m-Q_L)Csc\,I$

設　$XR=T(R_s+P_L+P_m)$，$LZ=T(R_L+P_L)$，

即代表一複曲線之切線長度，該複曲線之半徑爲$(R_s+P_m+P_n)$及(R_L+P_L)

∴　$T_s=Q_s+T(R_s+P_L+P_m)-(P_s-P_L-P_m)Cot\,I$——(44)

$T_L=Q_L+T(R_L+P_L)+(P_s-P_L-P_m)Cot\,I$——(45)

若$(P_m+P_L)>P_s$，上二式仍可應用，$(P_s-P_m-P_L)$係此代數值。

上二

(3)假

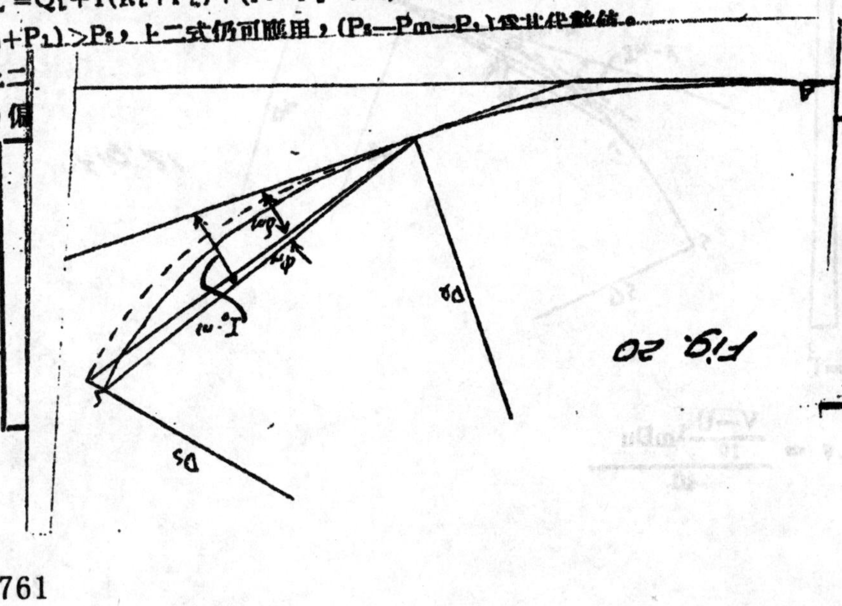

Fig. 20

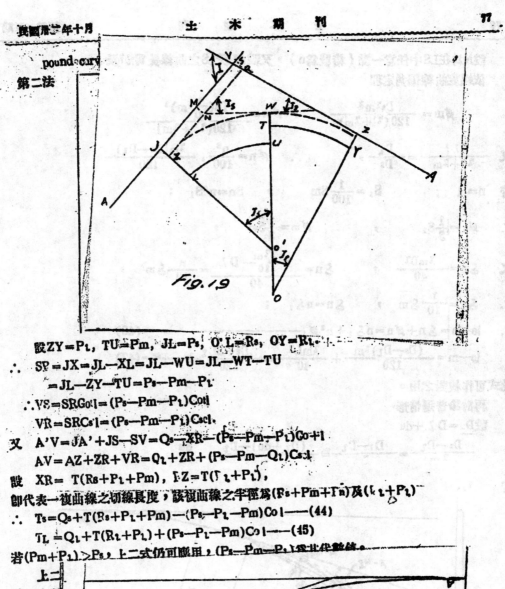

設N爲在LS中任意一點（椿號爲n），又設AL及LS之曲線長爲l'及l_m。

依螺旋曲線偏角定理

$$\phi_m=\frac{D_s l_m^2}{120(l'+l_m)}\quad,\quad \phi_n=\frac{D_s(\frac{n}{10}l_m)^2}{120(l'+l_m)}$$

又 $\frac{l'}{l'+l_m}=\frac{D_l}{D_s}$，　　∴ $\phi_n=\frac{n^2}{100}\cdot\frac{l_m(D_s-D_l)}{120}$

若 $n=1$　；　$S_1=\frac{1}{100}S_m$　，　$S_n=n^2S_1$　；

∴ $\phi_1=\frac{1}{3}S_1$　，　$\phi_m=\frac{1}{3}S_m$　，

又 $\delta_n=\frac{l_m D l}{40}$　，　$\delta_n=\frac{n\frac{l_m}{10}Dl}{40}=\frac{n}{10}\delta_m$　，

∴ $\delta_1=\frac{1}{10}\delta_m$　，　$\delta_n=n\delta_1$　；

∴ $b-n=\delta_n+\phi_n=n\delta_1+n^2\phi_1$ ——————————(46)

$b-m=\frac{(D_s-D_l)l_m}{120}+\frac{l_m L l}{40}=\frac{D_s+2D_l}{120}$ ——————(47)

此式可作核對之用。

再討論普遍情形

設$D_1=Dl+du$

$\frac{D_s-D_l}{l_m}=\frac{D_1-D_l}{}=\frac{(D_l+du)-D_l}{}$　　du

若　$l_1=$

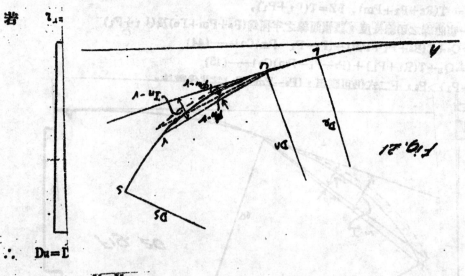

∴　Du=D

又　$\psi_v=\frac{\frac{V-U}{10}l_m Du}{40}$

26762

設　$\psi m = \frac{l mDu}{40}$　　　$\psi uv = \frac{V-U}{10}\psi m$

若　$V-u=1$　，則　$\psi_1 = \frac{\psi m}{10}$，　　$\psi uv = \frac{V-U}{10}\psi_1$

但　$\varnothing uv = (V-U)^2 \varnothing_1$

$$luv = (V-U)\psi_1 + (V-U)^2 \varnothing_1 \text{————————(48)}$$

再討論核對問題

$l_0 = u\ \psi_1 + u^2 \varnothing_1$，

$l_{-10} = (10-U)\psi_1 + (10-U^2)\varnothing_1$

$\psi_1 = \frac{l m}{400}[D_l + \frac{U}{40}(Ds-D_l)]$，

$\varnothing_1 = \frac{1}{3}\cdot\frac{1}{100}\cdot\frac{(l mDs-D_l)}{40}$

$$l_0 + l_{-10} = 10\ \psi_1 + 10(10+2U)\varnothing_1$$

$$= \frac{10\ l m}{4000\times 3}[U(Ds-D_l)+10(Ds+2D_l)] \text{————(49)}$$

$$l_0 + l_{-10} = 10\varnothing_1(U+10\ \frac{Ds+_2D_l}{Ds-D_l}) \text{————————(49a)}$$

（４）實際計算步驟

（ａ）複曲線之ls，l_l，Ds，D_l，往往爲已知值。

（ｂ）由曲度之變化，及行車之速度，可決定各段界曲線之長度，Ls，IL，及Lm。

（ｃ）由前述公式，可從而計算Pm，P_l，Ps，Xs，Ys，X_l，Y_l，Qs，及Q_l各值。

（ｄ）計算Ts及T_l之值，此二值計算之前需先算出複曲線未增設螺旋曲線時之長度。

（ｅ）各樁點偏角之計算。

五、　螺旋曲線之長度

關於螺旋曲線之長度，我國鐵道部會訂有標準茲摘錄如下：

（ａ）幹線：最銳曲線應爲4°（弦長20m）次要路線爲5°（弦長20m）。

（ｂ）超高之公厘數　$E=0.009864DV^2$

其中E爲軌距線超高公厘數，

D爲曲線度數（弦長20m），

V爲列車速率（以每小時公里計）

（ｃ）通常超高不得大于125mm，列車速率應調整之，使與最大超高相適合。

（ｄ）凡2°及2°以上之曲線，均應採用界曲線；凡4°及4°以上之曲線，其界曲線之長度不得小於55 m；凡曲線之度數小於4°，而列車速率，必須限制者，其界曲線之長度（以公式計）不得小於列車之速率（以每小時公里計），此項速率係按超高125mm計算之。

但實際螺旋曲線之長度，係當超高變更時，乘客是否感覺安適而決定；但據美國鐵路工程學會所統計，其不影響於乘客安適之最大超高變更率爲每秒 $1\frac{1}{6}$英吋（約爲29.6mm）

$$\therefore L = Vt = V \times \frac{e}{29.6} \text{——————————(50)}$$

若V以每小時公里計，則，

$$L = V \times \frac{10^3}{60 \times 60} \times \frac{e}{29.6} = V \times \frac{10^3}{3600 \times 29.6} \times 9.864 \times 10^{-3} DV^2$$

$$L = 0.926 \times 10^{-4} DV^3 \text{——————————(51)}$$

此公式為最短螺旋曲線長度。螺旋曲線宜採取最短長度，不必過長，致使撥道不順也。

[附註]　$E = .009864DV^2$ 之來源為。

$$E = \frac{1.435V^2}{9.80R}$$

式中E以公尺計，R以公尺計，V以每秒公尺計，若E以公厘計，R以每小時公里計。V以每小時公里計，

$$E = \frac{1.435}{9.80} \times \frac{D}{1146} \left(\frac{10^3}{60^2} V \right)^2 \times 10^3 = .009864DV^2$$

—完—

桁架中斜度與變位之分析

徐躬耦

一、緒論

斜度與變位之計算爲構造學中不容忽視之一節。因建築物之架竪採用懸翅法(Cantilever method)時，諸節點在各時期之位置必須正確求得。且靜不定桁架中應力之分析，亦必須決定於其彈性變形(Elastic deformation)，是變位之計算，固可視爲其應力分析之初步手續也。其他，若長跨度橋樑中之上彎(Camber)，若桁架架竪時構條中之預受應變(Initial Strain)所以免除高度次應力者)，亦均有賴於斜度及變位之計算者也。

至其計算之方法：或由構條之應變以推求節點之變位，或以構條之應變爲節點變位之函數，或利用工作與能量之關係，或根據其幾何圖形，亦有先求出一組彈性載重(Elastic load)使其於各點產生之力矩相當於該點之變位者。

然應變之數値僅爲一頗小之因素其對于構條原長之比，在容許載重下，往往小於二千分之一，斜度與變位之數値亦然，故計算時可略去其二次項及以上者。如是，則可應用微分原理，δl, δx, δy, $\delta\theta$, $\delta\alpha$，之値亦可分別視爲l, x, y, θ, α，之微增値(Differential)也。本文所論二法均遵此。

二、符號及條規

l_{12}＝構條12之長度。

δl_{12}＝構條12受應力後之應變；加長時爲正，縮短時爲負。

θ＝構條與X軸間之角度；由X軸反時針方向量至此構條。

θ_{A1}係由X軸反時針方向量至A1之角度。

θ_{1A}係由X軸反時針方向量至1A之角度。

$\delta\theta$＝構條之斜度；反時針方向者爲正，順時針方向者爲負。

$H_{12}=l_{12}\cos\theta_{12}$＝12之水平投影；向右者爲正，向左者爲負。

$V_{12}=l_{12}\sin\theta_{12}$＝12之鉛直投影；向上者爲正，向下者爲負。

δX_A＝節點A沿X軸方向之變位；向右者爲正，向左者爲負。

δY_A＝節點A沿Y軸方向之變位；向上者爲正，向下者爲負。

α_2＝構條鍊中在節點2處二連續構條間之角度。由構條12反時針方向量至構條23。

$\delta\alpha_2$＝上述角度之角變値；增大時爲正，減小時爲負。

f_{12}＝構條中之應力强度，拉力爲正，壓力爲負。

26765

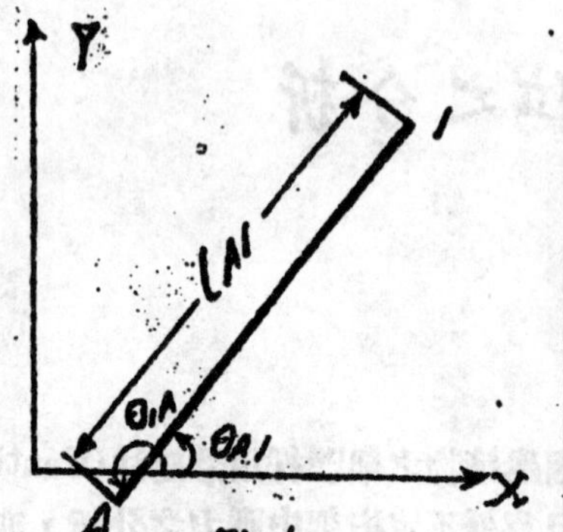

Fig.1

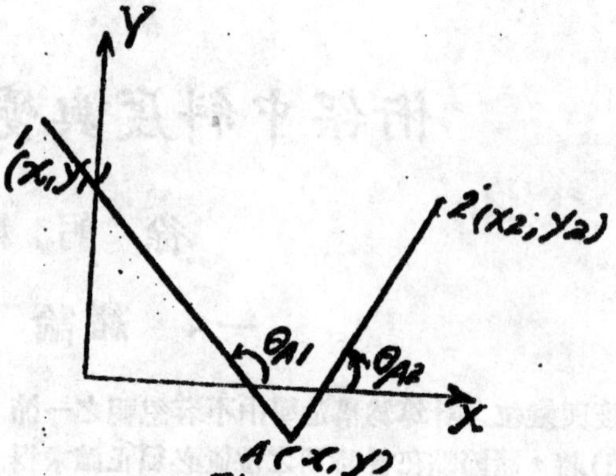

Fig.3

三、二構條之應變與其交接節點變位之關係

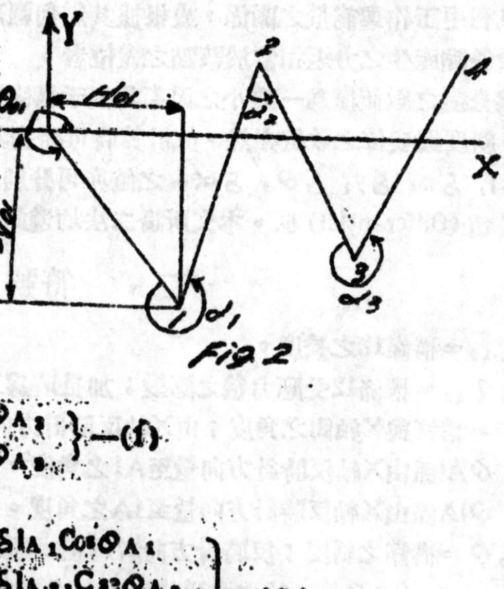

Fig.2

節點A之變位爲

(1)節點1之變位，

(2)構條A1之斜度，及

(3)構條A1之應變

之函數；同時亦爲

(1)節點2之變位

(2)構條A2之斜度及

(3)構條A2之應變

之函數。而二者必需相等。

由圖三得

$$\left.\begin{aligned} X_A &= X_1 - l_{A1}\cos\theta_{A1} = X_2 - l_{A2}\cos\theta_{A2} \\ Y_A &= Y_1 - l_{A1}\sin\theta_{A1} = Y_2 - l_{A2}\sin\theta_{A2} \end{aligned}\right\} \text{—(1)}$$

由微分法得

$$\left.\begin{aligned} \delta X_A &= \delta X_1 + l_{A1}\sin\theta_{A1}\cdot\delta\theta_{A1} - \delta l_{A1}\cos\theta_{A1} \\ &= \delta X_2 + l_{A2}\sin\theta_{A2}\cdot\delta\theta_{A2} - \delta l_{A2}\cos\theta_{A2} \\ \delta Y_A &= \delta Y_1 - l_{A1}\cos\theta_{A1}\cdot\delta\theta_{A1} - \delta l_{A1}\sin\theta_{A1} \\ &= \delta Y_2 - l_{A2}\cos\theta_{A2}\cdot\delta\theta_{A2} - \delta l_{A2}\sin\theta_{A2} \end{aligned}\right\} \text{—(2)}$$

由(2)解$\delta\theta_{A1}$與$\delta\theta_{A2}$之值得

$$\delta\theta_{A1} = \frac{\delta l_{A1}\cos(\theta_{A1}-\theta_{A2}) - \delta l_{A2} + (\delta X_2 - \delta X_1)\cos\theta_{A2} + (\delta Y_2 - \delta Y_1)\sin\theta_{A2}}{l_{A1}\sin(\theta_{A1}-\theta_{A2})} \text{—(3)}$$

若以H代 $l\cos\theta$，V代$l\sin\theta$，$\frac{f}{E}l$ 代δl，則

得
$$
\left.\begin{aligned}
\delta X_A &= \delta X_1 + V_{A_1}\delta\theta_{A_1} - \frac{f_{A_1}H_{A_1}}{E} \\
&= \delta X_2 + V_{A_2}\delta\theta_{A_2} - \frac{f_{A_2}H_{A_2}}{E} \\
\delta Y_A &= \delta Y_1 - H_{A_1}\delta\theta_{A_1} - \frac{f_{A_1}V_{A_1}}{E} \\
&= \delta Y_2 - H_{A_2}\delta\theta_{A_2} - \frac{f_{A_2}H_{A_2}}{E}
\end{aligned}\right\} \text{—(2')}
$$

$$
\left.\begin{aligned}
\delta\theta_{A_1} &= \frac{\frac{f_{A_1}}{E}(H_{A_1}H_{A_2}+V_{A_1}V_{A_2}) - \frac{f_{A_2}}{E}l_{A_2} + (\delta X_2-\delta X_1)H_{A_2} + (\delta Y_2-\delta Y_1)V_{A_2}}{(H_{A_2}V_{A_1}-H_{A_1}V_{A_2})} \\
\delta\theta_{A_2} &= \frac{\frac{f_{A_2}}{E}(H_{A_1}H_{A_2}+V_{A_1} - \frac{f_{A_1}}{E} + (\delta X_1-\delta X_2)H_{A_1} + (\delta Y_1-\delta Y_2)V_{A_1}}{(H_{A_1}V_{A_2}-H_{A_2}V_{A_1})}
\end{aligned}\right\} \text{—(3')}
$$

節點1與2本非一定，節點1可名之為2，反之節點2亦可名之為1，故既得$\delta\theta_{A_1}$之公式，僅須對調其足符(Subscripts)即得$\delta\theta_{A_2}$之公式。

既得上述公式，即可作斜度與變位之計算。其步驟可臚述如下：

(1)作桁架之應力分析，

(2)從已知變位之節點開始（普通為固定點），先假定第一構條之斜度，利用(2)式計算他端節點之變位。

(2')先假定附近一節點之水平變位 δX，（或鉛直變位 δY）由(2)式逆求$\delta\theta$，再求δY（或δX）。

(3)由(3)式計算構條之斜度，與由(2)式計算節點之變位，依次推算。

(4)至另一支點時，因在某一方向之變位為已知，因得一條件方程式以求得假定之未知數，再從而代入各值，遂得真正之變位與斜度。

若在靜不定桁架，則分析之步驟為：

(1)移去某一構條，而代以一對單位力。

(2)求該桁架（移去一構條後）在外力下所生之應力S'，變位$\delta X'$，$\delta Y'$，斜度$\delta\theta'$。

(3)求其因單位力之作用而生之S''，$\delta X''$，$\delta Y''$，$\delta\theta''$

(4)由 $X=-\frac{\delta a'}{\delta a''}$ 得移去構條中之應力。

(5)真正之應力$S=S'+XS''$，

真正之變位$\delta X=\delta X'+X\delta X''$，$\delta Y=\delta Y'+X\delta Y''$，

真正之斜度$\delta\theta=\delta\theta'+X\delta\theta''$，

有時須求二構間之角變值$\delta\alpha_A$，則

$$\delta\alpha_A=\delta\theta_{A_1}-\delta\theta_{A_2} \text{————(4)}$$

其中$\delta\theta_{A_1}$與$\delta\theta_{A_2}$之值業經求得，故即可計算其角變值。有時僅需單獨計算角變$\delta\alpha$之值，則可以X軸與構條12重叠，節點1與原點重合，且使構條固定于X軸之方向。（如圖四）因此：

26767

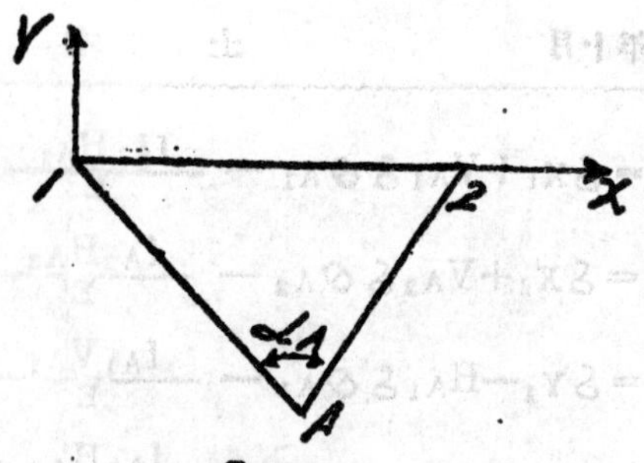

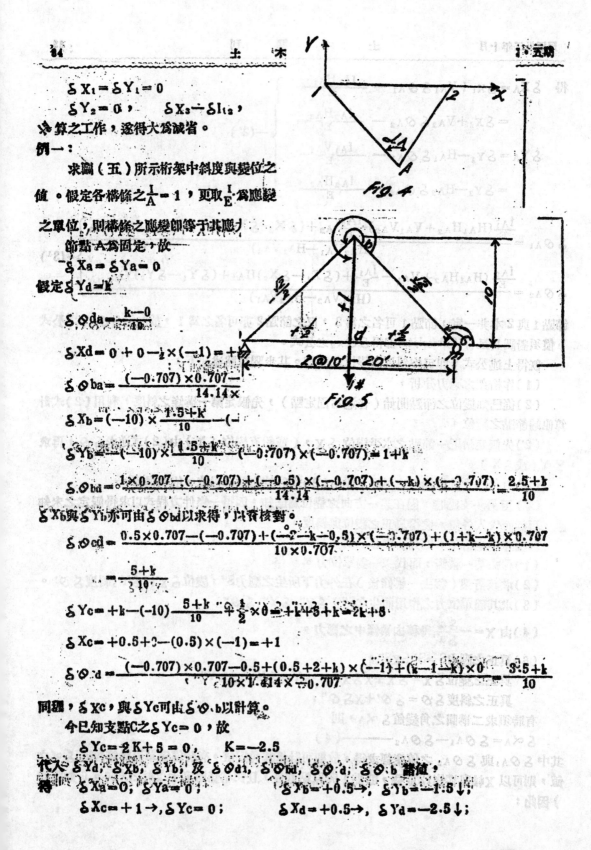

$\delta X_1 = \delta Y_1 = 0$

$\delta Y_2 = 0$， $\delta X_2 = \delta l_{12}$，

⋯算之工作，遂得大爲減省。

例一：

求圖（五）所示桁架中斜度與變位之值。假定各構條之$\frac{l}{A} = 1$，更取$\frac{I}{E}$爲應變之單位，則構條之應變即等于其應力。

節點A爲固定，故

$\delta X_a = \delta Y_a = 0$

假定$\delta Y_d = k$

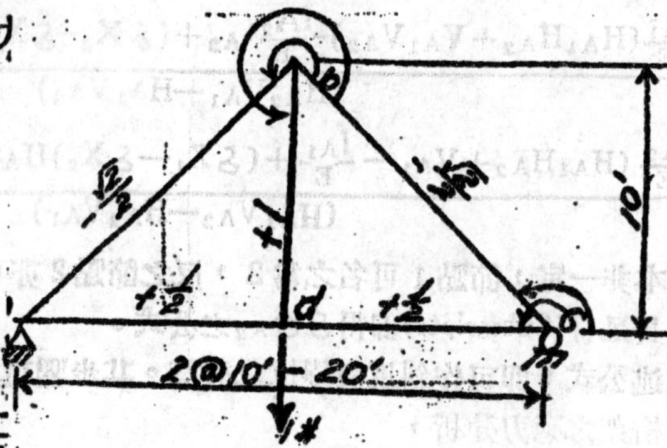

$\delta \Theta da = \frac{k - 0}{10}$

$\delta Xd = 0 + 0 - \frac{1}{2} \times (-1) = +\frac{1}{2}$

$\delta \Theta ba = \frac{(-0.707) \times 0.707 -}{14.14 \times}$

$\delta X_b = (-10) \times \frac{1.5 + k}{10} - (-$

$\delta Y_b = -(-10) \times \frac{1.5 + k}{10} - (-0.707) \times (-0.707) = 1 + k$

$\delta \Theta bd = \frac{1 \times 0.707 - (-0.707) + (-0.5) \times (-0.707) + (-k) \times (-0.707)}{14.14} = \frac{2.5 + k}{10}$

δX_b與δY_b亦可由$\delta \Theta bd$以求得，以資核對。

$\delta \Theta cd = \frac{0.5 \times 0.707 - (-0.707) + (-2 - k - 0.5) \times (-0.707) + (1 + k - k) \times 0.707}{10 \times 0.707}$

$= \frac{5 + k}{10}$

$\delta Yc = +k - (-10)\frac{5 + k}{10} + \frac{1}{2} \times 0 = +k + 5 + k = 2k + 5$

$\delta Xc = +0.5 + 0 - (0.5) \times (-1) = +1$

$\delta \Theta cb = \frac{(-0.707) \times 0.707 - 0.5 + (0.5 + 2 + k) \times (-1) + (k - 1 - k) \times 0}{10 \times 1.414 \times 0.707} = \frac{3.5 + k}{10}$

同理，δXc，與δYc可由$\delta \Theta cb$以計算。

今已知支點C之$\delta Yc = 0$，故

$\delta Yc = 2K + 5 = 0$，　$K = -2.5$

代入δYd，δXb，δYb，及$\delta \Theta da$，$\delta \Theta bd$，$\delta \Theta cd$，$\delta \Theta cb$諸值，得

$\delta Xa = 0$，$\delta Ya = 0$；　　$\delta Xb = +0.5 \rightarrow$，$\delta Yb = -1.5 \downarrow$；

$\delta Xc = +1 \rightarrow$，$\delta Yc = 0$；　　$\delta Xd = +0.5 \rightarrow$，$\delta Yd = -2.5 \downarrow$；

$\delta\theta_{da}=-0.25$ ↗ ；　　$\delta\theta_{b?}=-0.10$ ↗

$\delta\theta_{bd}=0$ ；　$\delta\theta_{cd}=+0.25$ ↖ ；　$\delta\theta_{cb}=+0.10$ ↖ 。

例二：

求圖（六a）所示桁架中斜度與變位之值。此桁架與圖（五）所示者相若，惟右端支點改爲固定支持，因此成一靜力學所不能解決之問題。

按前述步驟計算；先將右端之銷釘移去而代以輥軸（Roll
求此時之斜度與變位。因其與例一之桁架全等，故其計算情形
次於移去銷釘而代以輥軸之桁架上，在C點加一單位水平力
位。

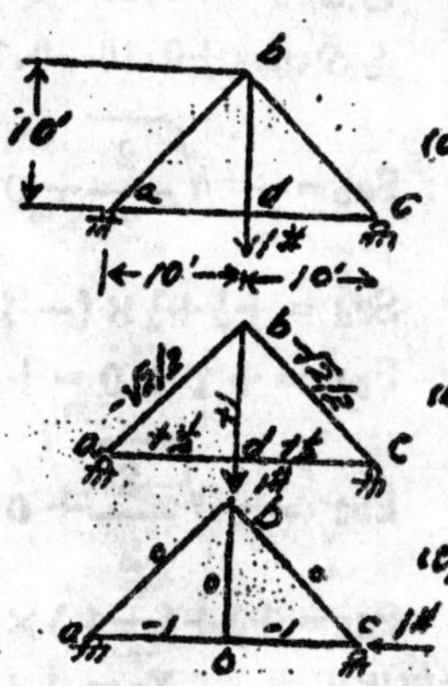

Fig. 6

$\delta X_a=\delta Y_a=0$

假定　$\delta Y_d=h$

$\delta\theta_{da}=+\frac{h}{10}$

$\delta X_d=0+0-(-1)(-1)=-1$

$\delta\theta_{ba}=\frac{0-0+(-1)\times 0+h\times(-1)}{10\times 1.414\times(-0.707)}=\frac{h}{10}$

$\delta\theta_{bd}=\frac{0-0+(+1)(-0.707)+(-h)\times(-0.707}{10\times 0.707}$

$\delta Y_b=0-(-10)\left(\frac{h}{10}\right)-0=h$

$\delta X_b=0+(-10)\frac{h}{10}-0=-h$

$\delta\theta_{cd}=\frac{(-1)\times 0.707-0+(-h+1)(-0.707)+(h-h)\times 0.707}{10\times 0.707}=\frac{h-2}{10}$

$\delta\theta_{cb}=\frac{0-(-1)+(-1+h)\times(-1)+0}{10\times 1.414\times(-0.707)}=\frac{h-2}{10}$

$\delta Y_e=+K-(-10)\frac{h-2}{10}+0=2h-2$

$\delta X_e=(-1)+0-(-1)(-1)=-2$

$\delta Y_e=0=2h-2$　，$h=1$

$\delta X_a=0$，　$\delta Y_a=0$；　$\delta X_b=-1$，←　$\delta Y_b=+1$ ↑，

$\delta X_e=-2$ ←，$\delta Y_c=+1$ ↑；$\delta X_d=-1$ ←，$\delta Y_d=+1$ ↑，

$\delta\theta_{ba}=+0.10$ ↗，$\delta\theta_{bl}=0$，$\delta\theta_{cl}=-0.10$ ↙，

$\delta\theta_{cb}=-0.10$ ↙，$\delta\theta_{da}=+0.10$ ↗。

但事實上C點固定，即 $\delta X_e=\delta Y_c=0$，故

$\delta X_c=1-2X=0$　　$X=\frac{1}{2}$　（向左作用）

以之代入前述公式，即可求得眞正之變位，斜度，應力及支點反作力。

變位：$\delta X_a=0$，　$\delta Y_a=0$；

$\delta X_b=+\frac{1}{2}+\frac{1}{2}\times(-1)=0$　$\delta Y_b=-1\frac{1}{2}+\frac{1}{2}\times 1=-1$ ↓

$\delta X_e = +1 + \frac{1}{2} \times (-2) = 0$， $\delta Y_e = 0$；

$\delta X_d = +\frac{1}{2} + \frac{1}{2} \times (-1) = 0$， $\delta Y_d = -2\frac{1}{2} + \frac{1}{2} \times 1 = -2$。

斜度：$\delta \theta_{da} = -0.25 + \frac{1}{2} \times 0.10 = -0.20 \searrow$

$\delta \theta_{ba} = -0.10 + \frac{1}{2} \times 0.10 = -0.05 \searrow$

$\delta \theta_{bd} = 0$，

$\delta \theta_{cd} = +0.25 - 0.10 \times \frac{1}{2} = +0.20 \nearrow$

$\delta \theta_{cb} = +0.10 - 0.10 \times \frac{1}{2} = +0.05 \nearrow$

應力：$S_{ab} = -\sqrt{\frac{2}{2}} + 0 = -\sqrt{\frac{2}{2}} = -0.707$

$S_{ed} = +\frac{1}{2} + \frac{1}{2} \times (-1) = 0$

$S_{bd} = +1 + 0 = +1$

$S_{bc} = -\sqrt{\frac{2}{2}} + 0 = -\sqrt{\frac{2}{2}} = -0.707$

$S_{dc} = +\frac{1}{2} + (-1) \times \frac{1}{2} = 0$

支點反作用力：$X_a = 0 + 1 \times \frac{1}{2} = +\frac{1}{2} \rightarrow$

$Y_a = +\frac{1}{2} + 0 = +\frac{1}{2} \uparrow$

$X_c = 0 - \frac{1}{2} = -\frac{1}{2} \leftarrow$

$Y_c = +\frac{1}{2} + 0 = +\frac{1}{2} \uparrow$

四、構條鍊中構條之應變及構條間之角變與其中節點變位之關係

由圖二知

$$\theta_{(n-1)n} = \theta_{01} + \alpha_1 + \alpha_2 + \cdots + \alpha_n - R(180^\circ) \text{———}(5)$$

其中R—爲正整數。

$$X_n = l_{01}\cos\theta_{01} + l_{12}\cos\theta_{12} + l_{23}\cos\theta_{23} + \cdots + l_{(n-1)n}\cos\theta_{(n-1)n} \text{———}(6)$$

$$Y_n = l_{01}\sin\theta_{01} + l_{12}\sin\theta_{12} + l_{23}\sin\theta_{23} + \cdots + l_{(n-1)n}\sin\theta_{(n-1)n} \text{———}(7)$$

由微分原理得

$$\delta\theta_{(n-1)n} = \delta\theta_{01} + \delta\alpha_1 + \delta\alpha_2 + \cdots + \delta\alpha_n \text{———}(8)$$

$$\delta X_n = -[l_{01}\sin\theta_{01}\delta\theta_{01} + l_{12}\sin\theta_{12}\delta\theta_{12} + \cdots + l_{(n-1)n}\sin\theta_{(n-1)n}\delta\theta_{(n-1)n}]$$
$$+[\delta l_{01}\cos\theta_{01} + \delta l_{12}\cos\theta_{12} + \cdots + \delta l_{(n-1)n}\cos\theta_{(n-1)n}]$$

以(8)式中$\delta\theta$之值代入得

$$\delta X_n = -[l_{01}\sin\theta_{01}\delta\theta_{01} + l_{12}\sin\theta_{12}(\delta\theta_{01} + \delta\alpha_1) + \cdots\cdots$$
$$+ l_{(n-1)n}\sin\theta_{(n-1)n}(\delta\theta_{01} + \delta\alpha_1 + \delta\alpha_2 + \cdots + \delta\alpha_{(n-1)})]$$
$$+[\frac{f_{01}}{cE} l_{01}\cos\theta_{01} + \frac{f_{12}}{E} l_{12}\cos\theta_{12} + \cdots + \frac{f_{(n-1)n}}{E} l_{(n-1)n}\cos\theta_{(n-1)n}]$$

歸併各項得

$$\delta X_n = -[(l_{01}\sin\theta_{01} + l_{12}\sin\theta_{12} + \cdots + l_{(n-1)n}\sin\theta_{(n-1)n}]\delta\theta_{(n-1)n}$$

$$+(I_{12}+\sin\theta_{12}+I_{23}\sin\theta_{23}+\cdots\cdots++I(n-1)n\sin\theta(n-1)\,\delta\alpha_1$$
$$+(I_{23}\sin\theta_{23}+I_{34}\sin\theta_{34}+\cdots\cdots+I(n-1)n\sin\theta(n-1)n\,\delta\alpha_2$$
$$+\cdots\cdots\cdots+I(n-1)n\sin\theta(n-1)n\,\delta\alpha(n-1)n]$$
$$+[\frac{f_{01}}{E}I_{01}\cos\theta_{01}+\frac{f_{12}}{E}I_{12}\cos\theta_{12}+\cdots\cdots+\frac{f(n-1)n}{E}I(n-1)n\cos\theta(n-1)n]$$

再以H代ICosθ，V代ISinθ，得

$$\delta Xn=-[(V_{01}+V_{12}+V_{23}+\cdots\cdots+V(n-1)n\,)\,\delta\theta_{01}$$
$$+(V_{12}+V_{23}+\cdots\cdots\cdots\cdots+V(n-1)n\,)\,\delta\alpha_1$$
$$+(V_{23}+V_{34}+\cdots\cdots\cdots\cdots+V(n-1)n\,)\,\delta\alpha_2$$
$$+\cdots\cdots\cdots\cdots+V(n-1)n\,\delta\alpha(n-1)]$$
$$+[\frac{f_{01}H_{01}}{E}+\frac{f_{12}H}{E}+\cdots\cdots+\frac{f(n-1)nH(n-1)n}{E}]$$

但 $H_{01}+H_{12}+\cdots\cdots+H(n-1)n=Hon$，

$V_{01}+V_{12}+\cdots\cdots+V(n-1)n=Von$，

故 $\delta Xn=-[Von\,\delta\theta_{01}+V_1n\,\delta\alpha_1+V_2n\,\delta\alpha_2+\cdots\cdots+V(n-1)n\,\delta\alpha(n-_1)]$

$$+\Sigma\frac{fH}{E}\text{——————————}(9)$$

同理可得

$$\delta Yn=[Hon\,\delta\theta_{01}+H_1n\,\delta\alpha_1+H_2n\,\delta\alpha_2+\cdots\cdots+H(n-_1)n\,\delta\alpha)n-_1)]$$
$$+\Sigma\frac{fV}{E}\text{——————————}(10)$$

若構條鍊爲直線時，如例三，V=0，故

$$\delta Xn=\Sigma\frac{fV}{E}\text{——————————}(9')$$

$$\delta Yn=H_{01}\,\delta\theta_{01}+H_1n\,\delta\alpha_1+H_2n\,\delta\alpha_2+\cdots\cdots+H(n-_1)n\,\delta\alpha(n-1)\cdots\cdots(10')$$

構條鍊之一端可取一固定支點，另端則可取輾軸支點，因此 n 點在某一方向之變位爲已知，故求得諸$\delta\alpha$値後，卽可計算$\delta\theta_{01}$，旣得$\delta\theta_{01}$，則其他諸節點1.2.3.……(n—₂)，(n—₁)之變位亦不難求得矣。

$\delta\alpha$之値可由組成一三角形之三構條之應力求得。由圖（八）

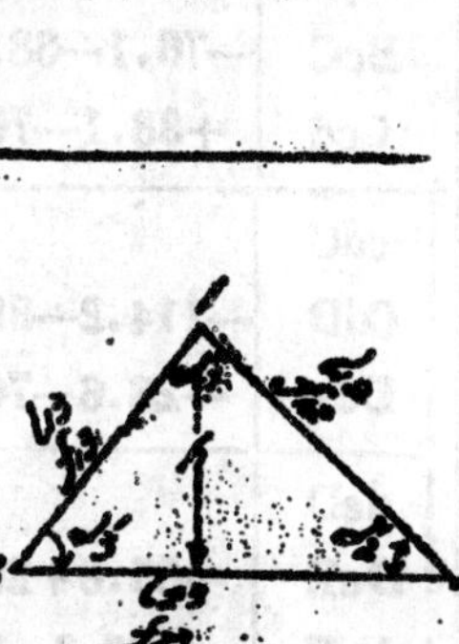

$$l_{23}=l_{13}\cos\alpha_3'+l_{12}\cos\alpha_2'$$
$$\delta l_{23}=\delta l_{12}\cos\alpha_3'-l_{13}\sin\alpha_3'\,\delta\alpha_3'$$
$$+\delta l_{12}\cos\alpha_2'-l_{12}\sin\alpha_2'\,\delta\alpha_2'$$
$$=\delta l_{13}\cos\alpha_3'+\delta l_{12}\cos\alpha_2'-H(\delta\alpha_2'+\delta\alpha_3')$$
$$=\delta l_{12}\cos\alpha_2'+\delta l_{12}\cos\alpha_2'+H\,\delta\alpha_1'$$

因 $\alpha_1'+\alpha_2'+\alpha_3'=180^\circ$， 故 $\delta\alpha_1'+\delta\alpha_2'+\delta\alpha_3'=0$

$$h\cdot\delta\alpha_1'=\delta l_{23}-\delta l_{13}\cos\alpha_3'-\delta l_{12}\cos\alpha_2'$$

$$E\,\delta\alpha_1'=\frac{f_{23}l_{23}}{h}-\frac{f_{13}}{h}\frac{l_{13}}{}\cos\alpha_3'-\frac{f_{12}l_{12}}{h}\cos\alpha_2$$

$$\left.\begin{aligned} &=(f_{23}-f_{13})\mathrm{Cot}\alpha_3{}'+(f_{23}-f_{12})\mathrm{Cot}\alpha_2{}' \\ E\delta\alpha_2{}'&=(f_{12}-f_{23})\mathrm{Cot}\alpha_3{}'+(f_{13}-f_{12})\mathrm{Cot}\alpha_1{}' \\ E\delta\alpha_3{}'&=(f_{13}-f_{23})\mathrm{Cot}\alpha_3{}'+(f_{13}-f_{13})\mathrm{Cot}\alpha_1{}' \end{aligned}\right\}(11)$$

惟需特別注意者，α' 之值係指三角形之內角而言，而本文之 α 值係由前一構條反時針方向量至後一構條之角度，二者意義不同，其値亦各異，α 可等於 α' 或 $(360°-\alpha')$，故 $\delta\alpha=\delta\alpha'$ 或 $-\delta\alpha'$，其符號必須予以校正。

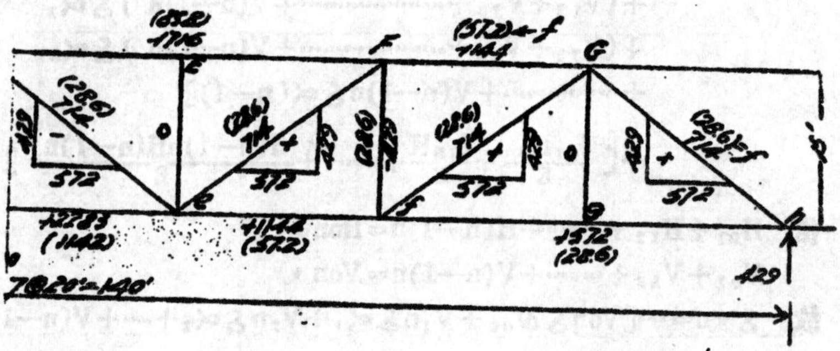

求圖（八）所示桁架中諸節點之鉛直變位。設構條之面積（平方吋）等於構條之長度（呎）。

在求之節點之變位前，先選擇一構條鍊，a-b-c-d-e-f-g-h 以計算 h 點之鉛直變位。其中B, C, D, ⋯, G, 諸點之鉛直變位，則僅與b, c, ⋯, g諸點者相差Bb, Cc, Dd, ⋯, Gg 之變形而已。故可由b, c, ⋯, g諸點之變位計算

角	Cotβ (=1.33) 之係數	Cotγ (=0.75) 之係數	(f_1-f_2) Cotβ	(f_1-f_3) Cotγ	E$\delta\alpha$	E$\delta_2\alpha$
abB	−38.1−38.1=−76.2	−38.1− 0=−38.1	−101.6	−28.6	−101.6	+101.6
Bbc	+38.1−38.1= 0	+38.1− 0=+38.1	0	+28.6		
bcB		0−38.1=−38.1		−28.6		
BcC	−76.1−38.1=−114.2		−152.3		−174.5	+174.5
Ccd	+38.1−76.1=−38.0	+38.1+38.1=+76.2	−50.7	+57.1		
cdC		−38.1−38.1=−76.2		−57.1		
CdD	−114.2−38.1=−152.3		−203.1		−493.5	+493.5
Dde	−28.6−76.1=−38.0	−28.6−28.6=−57.2	−190.4	−42.9		
deD		+28.6+28.6=+57.2		+42.9		
DeE	−85.8+28.6=−57.2		−78.3		−228.8	+228.8
EeF	−85.8−28.6=114.4		−152.5			
Fef		−28.6−28.6=−57.2		−42.9		

efF	+28.6—57.2=—28.6	+28.6+28.6=+57.2	—38.1	+42.9		
Efg	—57.2—28.6=—85.8		—114.4		—131.0	+131.0
Gfg		0—28.6=—28.6		—21.4		
fgG	+28.6—28.6=0	+28.6—0=+28.6	0	+21.4	—76.3	+76.3
Ggh	—28.6—28.6=—57.2	—28.6—0=—28.6	—76.3	+21.4		

$E\delta Y_h=140\times E\delta\Theta_{ab}+120\times101.6+100\times174.5+80\times493.5+60\times228.8$
$+40\times131.0+20\times76.3=0$

$E\delta\Theta_{ab}=-\frac{89616}{140}=-640.1\swarrow$

$E\delta Y_b=20\times(-640.1)=-12802\downarrow$

$E\delta Y_c=40\times(-640.1)+20\times101.6=-23572\downarrow$

$E\delta Y_d=60\times(-640.1)+40\times101.6+20\times174.5=-30852\downarrow$

$E\delta Y_e=80\times(-640.1)+60\times101.6+40\times174.5+20\times493.5=-28262\downarrow$

$E\delta Y_f=100\times(-640.1)+80\times101.6+60\times174.5+40\times493.5$
$+20\times228.8=-21096\downarrow$

$E\delta Y_g=120=(-640.1)+100\times101.6+80\times174.5+60\times493.5+40\times228.8$
$+20\times131.0=-131.0=-11310\downarrow$

$E\delta Y_B=E\delta Y_b=-12802\downarrow$

$E\delta Y_C=-23572-571=-24143\downarrow$

$E\delta Y_D=-30852+429=-30423\downarrow$

$E\delta Y_E=E\delta Y_e=-28262\downarrow$

$E\delta Y_F=-21096-429=-21525\downarrow$

$E\delta Y_G=E\delta Y_g=-11310\downarrow$

例四：

求圖（九）所示桁架中　　度(y)。

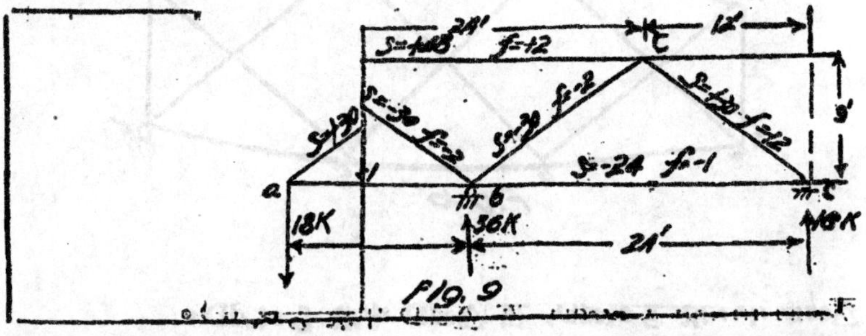

Fig. 9

由 b 出發循bCc可計算δX_c, δY_c, δX_c,及δY_c之值，循bBa則可計算a B之變位，今先求角變值。

$\angle aBb\quad E\delta\alpha'=(-1-2)\frac{4}{3}+(-1+2)\frac{4}{3}=-2.67$，　　$E\delta\alpha=-2.67$

26773

$\angle BbC$　$E\delta\alpha' = (+2+2)\frac{4}{3} + (+2+2)\frac{4}{3} = +10.67$,

$\angle Ccd$　$E\delta\alpha' = -2.67$　　　　　　　　$, E\delta\alpha = +2.67$

因　$\delta Y_c = 24 \times \delta\theta_{bc} + \frac{(-2)\times 9}{E} + \frac{12}{E}\times(-2.67) + \frac{2\times(-9)}{E} = 0$

故　$E\delta\theta_{bc} = +2.83\nearrow$

$E\delta Y_c = 12\times 2.83 + (-2)\times 9 = +16\uparrow$

$E\delta X_c = -(9\times 2.83) + (-2)\times 12 = -49.47\leftarrow$

$E\delta X_d = -[0 + (-9)\times(-2.67)] + (-2)\times 12 + (2)\times(12) = -24\leftarrow$

δX_c亦可由bc直接計算，亦得$-24/E$。

$E\delta\theta_B = +2.83 + 10.67 = +13.50\nwarrow$

$E\delta X_B = -(9\times 13.50) + (-2)\times(+12) = -145.5\leftarrow$

$E\delta Y_B = (-12)\times 13.50 + (-2)\times(+9) = -180.0\downarrow$

$E\delta X_a = -[0 + (-9)\times(+2.67)] + (-2)12 + 2\times 12 = +24\rightarrow$

$E\delta Y_a = (-24)\times 13.50 + (-2)\times 9 + (-12)2.67 + 2\times(-9) = -392\downarrow$

以上所論，桁架均係由三角形組成，故角變$\delta\alpha$可由(7)式計算。設如圖（十一a）及（十）之桁架，非由三角形組成，則$\delta\alpha$之計算法亦當予以修改。

如圖（十一a）者，BCDCB 中構條 BC 與 CD 可以一假想之構條 BD 代之，如是組成一三角形，惟需不改 BCD 角應有之角變值。

δX_D由BCD計算得$\delta X_D = \frac{f_{Bc}H_{Bc}}{E} + \frac{f_{cD}V_{cD}}{E}$

δX_D由 BD 計算得$\delta X_D = \frac{f_{BD}H_{BD}}{E}$

故　$f_{Bc}H_{Bc} + f_{cD}H_{cD} = f_{BD}H_{BD}$——————(12)

由(12)式遂得假想構條 BD 中之應力 f_{BD}，再由此值於三角形 BcD 中計算 BcD 角之角變值。同理亦可求其他諸角變值。

如圖（十）者，BcDCB 中，BCD 不在一直線上，則 BcD 角之角變，當遵下述按步計算。

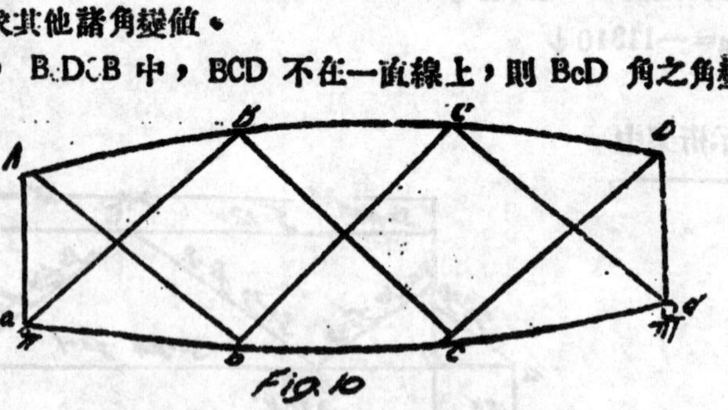

Fig.10

(1)先在 $\triangle cdD$ 中，求 $\delta\alpha cdD$，在 $\triangle cdD$ 中求 $\delta\alpha_{cdD}$。

(2)由上二值求 $\delta\alpha edC$

(3)假想 Cc 間有一構條存在，則$\delta\alpha$ c:C 可在 AdC 中計算，今已知$\delta\alpha$ cdC，故 Cc 可由而求得

(4)既得 f_{Cc}，則可求 $\delta\alpha_{BcC}$ 及 $\delta\alpha_{CcD}$，再由此二值以計算 $\delta\alpha_{BcD}$。

此法亦可分析靜力學所不能解決之桁架，除求變位之法不同時，其他概可循例二進行。

例五：

求圖(十一 a)所示桁架之應力與變位。其中構條之面積(平方吋)假設等於其長度(呎)。

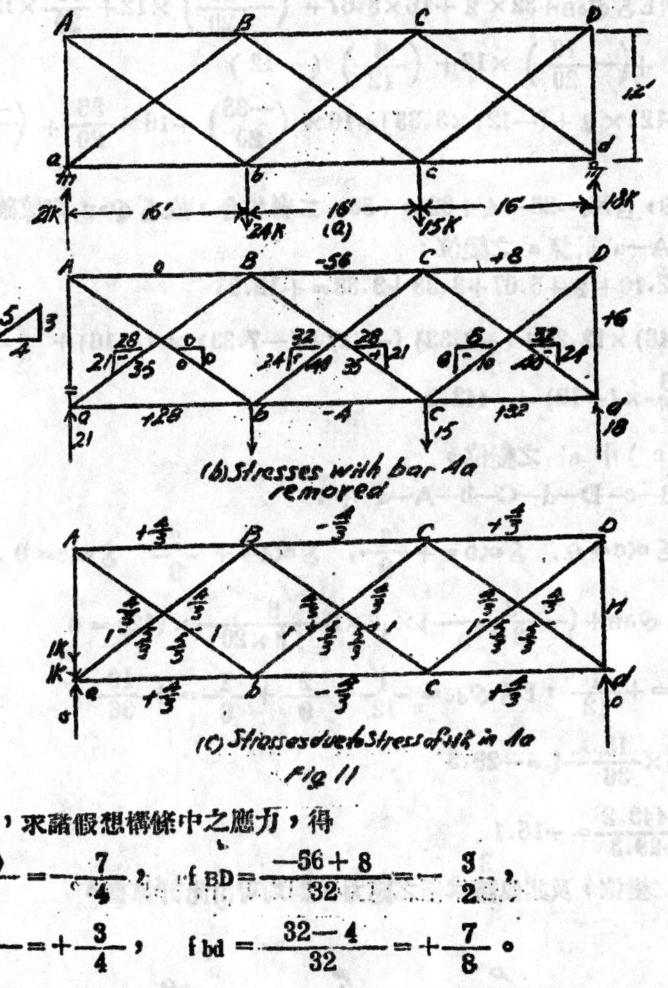

(b) Stresses with bar Aa removed

(C) Stresses due to Stress of 1K in Aa

Fig 11

先求圖(

按前述之法，求諸假想構條中之應力，得

$$f_{AC}=\frac{-56-0}{32}=-\frac{7}{4},\qquad f_{BD}=\frac{-56+8}{32}=-\frac{3}{2},$$

$$f_{ac}=\frac{28-4}{32}=+\frac{3}{4},\qquad f_{bd}=\frac{32-4}{32}=+\frac{7}{8}。$$

在 $\angle aBC$ $\quad \delta\alpha'=\left(\frac{24}{32}-\frac{35}{20}\right)\times\frac{4}{3}+\left(\frac{24}{32}+\frac{35}{20}\right)\times\frac{4}{3}=+2.00$

$\angle BcD$ $\quad \delta\alpha'=\left(-\frac{48}{32}-\frac{35}{20}\right)\times\frac{4}{3}+\left(-\frac{48}{32}+\frac{10}{20}\right)\times\frac{4}{3}=-5.67$

$\angle cDd$ $\quad \delta\alpha'=\left(\frac{32}{16}+\frac{10}{20}\right)\times\frac{4}{3}=+3.33$

$\angle DdC$ $\quad \delta\alpha'=\left(+\frac{8}{16}+\frac{40}{20}\right)\times\frac{4}{3}=+3.33$

$\angle dCb \quad \delta\alpha' = \left(\frac{28}{32}-\frac{40}{20}\right)\times\frac{4}{3}+\left(\frac{28}{32}+\frac{40}{20}\right)\times\frac{4}{3}=-2.33$

$\angle CbA \quad \delta\alpha' = \left(-\frac{56}{32}-0\right)\times\frac{4}{3}+\left(-\frac{56}{32}-\frac{40}{20}\right)\times\frac{4}{3}=-7.33$

由 a—B—c—D—d 計算 d 之變位：

$E\delta d=0=48\times E\delta\theta_{aB}+32\times 2+16\times 5.67+\left(-\frac{35}{20}\right)\times 12+\frac{35}{20}\times 12$

$E\delta\theta_{aB}=-2.10+\left(-\frac{10}{20}\right)\times 12+\left(\frac{6}{12}\right)(-12)$

$E\delta X_d=-[(-12)\times 2+(-12)\times 3.33]+16\times\left(\frac{-35}{20}\right)+16\times\frac{35}{20}+\left(\frac{-10}{20}\right)\times 16$
$=+56$

若由 a—c—d 計算，$\delta X_d=28-4+32=+56$. 二者相合，故 $\delta\theta_{aB}$ 之值確爲無誤。

由 d—C—b—A—a' 計算 a' 之變位：

$E\delta\theta_{dC}=-2.10+2+5.67+3.33+3.33=+12.23$

$E\delta Y_{a'}=(-48)\times 12.23+(-2.33)(-32)+(-7.33)\times(-16)+\left(-\frac{40}{20}\right)\times 12$
$+\frac{40}{20}\times(-12)=-443.2$

再求圖（十一 c）中 a' 之變位。

在構條綫 a—B—c—D—d—C—b—A—a' 中：

$\delta\alpha_B=0,\ \delta\alpha_c=0,\ \delta\alpha_D=+\frac{2}{9},\ \delta\alpha_d=+\frac{2}{9},\ \delta\alpha_C=0,\ \delta\alpha_b=0,$

$E\delta Y_b=48E\delta\theta_{aB}+\left(-\frac{5}{3\times 20}\right)\times 12\times 2+\frac{5}{3\times 20}\times(12)=0$

$E\delta\theta_{aB}=+\frac{1}{12}$，$E\delta\theta_{dC}=-\frac{1}{12}+\frac{2}{9}+\frac{2}{9}=+\frac{19}{36}$

$E\delta Y_{a'}=-48\times\frac{19}{36}-4=-29.3$

$S_{Aa}=-\frac{-443.2}{-29.3}=-15.1$

至於其他諸點之變位，及其他諸構條之應力，則均可由此計算也。

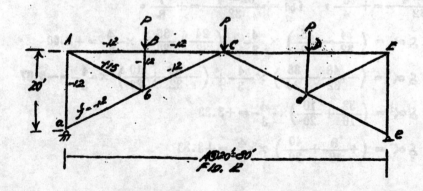

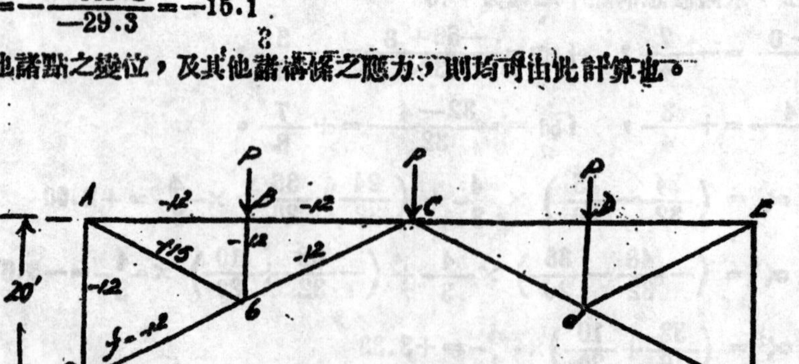

FIG. 12

26776

若求三銷釘拱架中之變位，則因中間銷釘之變位 $\delta x, \delta y$，可分別由二端起算，而所得二値須相等，故可得二方程式以求解二起始構條之斜度。如圖（十二）者，

$$\delta X_c = -(V_{ac}\delta\theta_{ab} + V_{bc}\delta\alpha_b) + \frac{f_{ab}H_{ab}}{E} + \frac{f_{bc}H_{bc}}{E}$$

$$= -(V_{ec}\delta\theta_{b} + V_{dc}\delta\alpha_d) + \frac{f_{ed}H_{ed}}{E} + \frac{f_{bc}H_{dc}}{F}$$

$$\delta Y_c = H_{ac}\delta\theta_{ab} + F_{bc}\delta\alpha_b + \frac{f_{ab}V_{ab}}{E} + \frac{f_{bc}V_{bc}}{E}$$

$$H_{ec}\delta\theta_{ed} + H_{dc}\delta\alpha_b + \frac{f_{ed}V_{ed}}{E} + \frac{f_{dc}V_{dc}}{E}$$

解上二式，卽得 $\delta\theta_{ab}$，與 $\delta\theta_{ed}$ 之值。圖中所示者桁架與載重均爲對稱，固可令 $\delta\theta_{ab} = -\delta\theta_{ed}$，而無須解聯立方程式也。

五、討論

第一法係根據"一節點之變位必須適合二相接構條之彈性變形"之原理而來，與圖解法中之 Williot—Mohr 圖相當。計算時，必須由各個節點逐步推進，所求之答案必須算過整個桁架後始能得到。若僅求一節點之變位或僅求一構條之斜度，此法固無足取，然設全部變位斜度均須計算者，則此法或較優也。

第二法乃根據"構條鍊端點（卽活動支點）之變位必須適合此支點之條件"之原理而來。其演算之問題，則全在角變値之計算，其他均甚簡單，然普通房屋或橋樑之桁架多由三角形組成，則角變之計算亦頗簡單也。旣得角變値後，每一節點之變位僅須一簡單算式卽可求出，斜度亦可按（8）式計算。故無論求一部分之數値或全部答案，此數均有其特殊之價値。此法亦相當於樑中之力矩面積法(Method of moment area)，因(10')式可寫爲

$$\delta Y_n = H_{on}\delta\theta_{01} + \sum H\alpha,$$

而其中 $\sum H\alpha$ 爲 n 點至第一構條 01 之延長線之鉛直截距，此値可名之爲弦偏距以 t 表之，則

$$t = \sum H\alpha$$

與力矩分配法中切線偏距之値 $t = \int X d\theta$ 實完全一致也。最後須附述者，乃 J.B.T. Madern Framed Stiucures, Vol. II 第 380 節所論求斜度眞値之法，實未曾計入構條應變之影響，故當予以校正，一若此文所論者然。

—完—

編後

本期編纂之初，因一部稿件寄遞較遲，至四月初始告竣。其時第四屆會期已屆終結，負責人員亦經更選，遂將印刷事宜移交第五屆辦理。當時決定託黔桂鐵路印刷所印刷，稿件亦經帶付宜山；不意黔桂印刷所因改隸副業管理委員之故，前允優待辦法，不能履行，幾經磋商，迄無成果，而又以本會經費支絀，困難環生，最後始洽定浙贛鐵路局印刷所承印其間屢經週折，乃至遲延迄今，事非由衷，幸讀者諸君及惠登廣告公司諒之。

「我國戰時公路船渡之設施」一文，乃李學海先生多年來主持西南公路橋渡工程就其經驗學理而構成之傑作。按船渡設施，工程書籍，素無討論，實地設施，又須因勢而異，非常時期，更須顧及防空問題；此文特詳爲討論，其所貢獻於工程界者，誠匪淺鮮也。

「共線圖之理論與應用」一文，乃羅潤九教授之研究心得。討論共線圖中算式之是否能化爲共線行列式與算式之如何化爲共線行列式等問題，實發前人之所未見。而對於伺述共線圖聯立共線圖等，亦有綦詳之闡明。

道路交叉站之設計，原爲市路設計中極困難之問題；胡樹楫教授斯文乃以數學方法推算，一切困難，遂得迎刃而解。

郭可詹校友之「房屋構架風壓應力之分析」一文，首改進 Grinter 氏之角變原衡法爲精確角變平衡法，繼推廣之以應用乎樓架風壓應力之分析。「桁架中斜度及變位之分析」一文，論述由微分學而推求其計算新公式者。

張志成校友之「擁壁工程設計新法」，及劉瀛洲校友之「螺旋曲線之研究」，二文，上期以限於篇幅，未能全登，特於本期續載完畢。

本刊此次刊出，先後承王道忠邢契莘王朝偉諸先生多方匡助，本會感覬之餘，并此誌謝。

編者以囿於學力，限於時間，印刷發行，一再遲延，而其中錯誤之處，亦在所不免，尚祈工程先進校友諸公，予以教正導掖，則本刊幸甚。

躬耕補誌于筑

26778

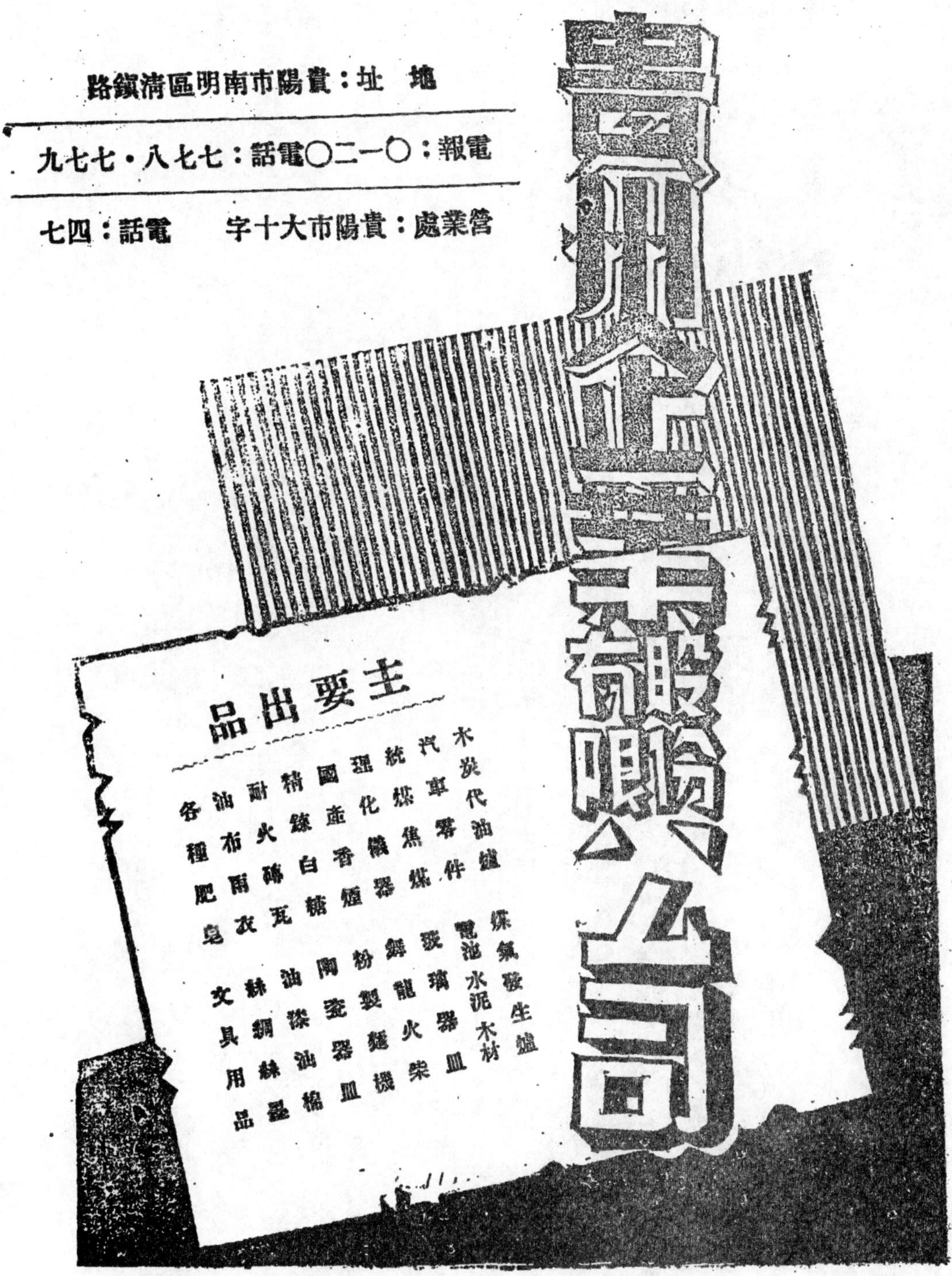
地址：貴陽市南明區清鎮路
電報：〇一二〇　電話：七八七・七七九
營業處：貴陽市大十字　電話：四七
貴州企業股份有限公司
主要出品
木炭代油爐
汽車零件
統煤焦煤
理化機器
國產香煙
精鍊白糖
耐火磚瓦
油布雨衣
各種肥皂
煤氣發生爐
電池
水泥
木材
玻璃器皿
舞龍火柴
粉製麵機
陶瓷器皿
油漆油墨
絲綢絲棉
文具用品

26779

院聞

一、本院土木系民卅一級於畢業後，卽分赴各機關服務計往黔桂鐵路者十六人，寶天鐵路者十九人，粵漢鐵路者四人，綦江鐵路者六人，隴海鐵路者二人，交通部橋梁設計工程處者一人，資委會水力勘測總隊者三人，留校任助敎者一人。

二、土木系民卅二級於今夏畢業，事先各機關紛紛函約前赴服務先後共有四百餘名額之多，而本屆畢業同學連同滬校借讀者共七十八人誠可謂供不應求，社會人士之歡迎吾唐院校友于此可見一斑，而我校同學亦能本我唐山竣實揚華之精神耐勞忍苦爲國效勞，或則遠涉邊疆，深入蠻荒，或則逕赴前綫，職任搶修迄今已抵任者計有寶天鐵路七人，康靑公路六人，滇緬公路五人，粵漢鐵路八人，綦江鐵路二人，甘肅林牧公司四人，××機場等處十六人，各省市建設廳，工務局及航委會十人，交部橋梁設計工程處四人，資委會水力勘測總隊五人，工信工程公司二人，留校任助敎者三人，尙有準備出國留學者四人，志願赴印參軍工者二人，以交通關係，猶未登程。

三、今夏七月胡博淵校長因經濟部公務繁忙，不能兼顧故呈請辭職，敎部于鄭重考慮後，特聘全國景仰之羅忠忱敎授繼任，羅老敎授執敎唐院已垂三十二年之久此次經茅唐臣，侯蘇民，杜建勛，李中襄，趙祖康諸校友極力敦請始慨然出任艱巨，羅校長於八月一日視事並聘伍鏡湖敎授爲敎務主任，黃鍾堂敎授爲總務主任，王化啓先生爲訓導主任顧宜孫博士爲土木系主任、王鈞豪博士爲礦冶系主任。

四、自羅敎授校長後，國內外校友致電祝賀者，不計其數，學生自治會特定於十一月十二日舉行慶祝儀式，並公演國劇，話劇，各膳團亦同時大加肉菜以示祝賀，眞可謂普天同慶矣。

五、土木系助敎謝祚孔校友此次經敎部遴派赴英國實習業已於　月由昆乘機首途。

六、本學期吾校利用實習場之電機設備與平越士紳合組電燈公司現在積極籌備中。

七、交大渝校代理校長吳保豐先生，敎務長李熙謀先生，金士宣校友及美國麥克美倫敎授（此次代表美國電機工程學會參加十二屆工程師年會者）設宴招待，麥敎授爲吾院陳茂康老敎授在美時之學生，故賓主盡極歡暢。

八、曾於民國五年在唐山任敎之美國伊登敎授，此次奉彼邦國務院之派協我國工業敎育，伊登敎授抵渝之日，唐山校友會曾于中美文化協會茶會歡迎，上月工程師學會十二屆年會在桂舉行，伊登敎授以美國機械工程學會副會長之資格代表參加，聞特于歸途來訪平越舊友，並有意繼續在吾院任敎云。

九、敎育部因鑒于羅忠忱敎授在吾院連續任敎三十二年之久。學問，道德在我國敎育界堪稱第一人乃於二萬元以示國家重視師表之深長意義。

會務報告

自卅一年九月至卅二年三月

卅一年九月二十日　上午九時假第九敎室舉行第四次全體會員大會，計出席名譽會員羅建侯敎授李倬章敎授黃鏡堂敎授及普通會員七十三人；由熊固盈君任主席，過瑞南君紀錄；主席報告一學期會務推動情形後；繼請羅黃二敎授訓話，最後改選幹事其結果如下；

會　長　丁紹祥　　副會長　熊固盈
事務組長　楊裕球　　文書組長　過瑞南
會計組長　徐稼蓀　　編譯組長　徐躬耦
講演組長　顧家崔　　實驗組長　鄭華謙
圖書組長　朱育萬
會刊基金保管委員　　周　澤（主任委員）
牛濟江　高　鈞　王章清　楊子長

九月十二日　下午六時半假天佑齋十一號舉第十四次幹事會，決議發行工程學術性之壁報一種，並決定壁報之宗旨在校內爲：闡揚土木工程學術，提高同學研究興趣，報道校友行蹤，介紹工程消息。事務組長楊裕球提出辭職，決議由候補人陳秉倫繼任。

九月二十七日　上午九時敦請前中國土木工程師學會會長交通部專門委員夏光宇先生講演，講題爲『中國土木工程之展望及土木工程師所應具備之條件』。是爲本會第十次學術演講。

九月二十九日　本會會刊土木第二三期合刊全部稿件編輯竣事，寄筑付梓。

十月二日　本會與校中圖書館商定流通圖書雜誌辦法。

十月四日　下午六時舉行第十一次學術講演，敦請中國遠征軍電政特派員交通部電政特派員聶肖儒先生講演，講題爲「辦理軍事交通應有之認識。

十月十六日　下午二時起，在北門外舉行流速儀測量實習，試測犀水流量。

十月十九日　下午六時假天佑齋二十一號舉行第十五次幹事會，決議定名本會壁報爲「土木副刊。編譯組提出聘請武　珏、吳榮之、原瑞臨、萬啓銓、胡　定、張廷鏞、陳銘棟、路啓蕃、朱文炳、王能遠、徐躬耦等十一人爲編輯委員決議通過。

十一月二十一日　本會分函近班畢業校友，請爲土木副刊執筆。

十一月三日　下午六時編輯委員會舉行會議，當推定徐躬耦君爲總編輯，綜理編輯事宜。

十一月十二日　土木副刊創刊號出刊。

十一月二十五日　本會商請范立之敎授，籌建平越雨量站。

十二十五日　是日爲本院湘潭復院紀念日，土木副刊第二期於是日出刊。

十二月二十日　下午二時舉行第二次學術談話會，請最近自滇來平之陸能源校友講述四年來之包工經驗。

十二月二十七日　本會會刊土木第二三期合刊印刷竣事，運到平越。

十二月二十八日　下午六時假天佑齋十七號舉行第十六次幹事會，討論會刊分配及寄贈辦法。並決議積極於校內外捐募會刊基金。

十二月三十日　本會刊於是日寄贈各地校友，各工程機關及各學術團體等。

卅二年一月五日　函請各地校友繼續捐募基金。

二月十六日　會員袁脩齊君赴黔桂鐵路籌集會刊第四期印刷費並捐募基金。

二月二十二日　舉行第十七次幹事會。

二月二十八日　下午二時假第九教室舉行第五次全體會員大會，計出席胡校長羅建侯教授，顧晴洲教授，黃鏡堂教授，羅潤九教授，李一之教授及普通會員百餘人。當由丁紹祥君主席報告過去會務發展工作概況及今後之展望後，胡校長暨各位教授均有訓詞，備致勗勉。後復討論修改會章（修改條文附後），並改選幹事；最後通過增聘伍澄波教授顧晴洲教授為本會名譽副會長並以大會名義向鄭英初校友致謝半年來協助之功。改選幹事之結果如次：

會　長	倪志瑞	副會長	牛清江
事務組長	陳秉倫	文書組長	過瑞南
會計組長	朱和燮	編譯組長	鄭華謙
講演組長	顧家鶴	實驗組長	葛啓銓
圖書組長	胡　定		
會刊基金保管委員		楊子長（主任委員）	
		鄭兆毅	倪天麟

［附］　修改會章條文

原文

第四條　會員　（甲）普通會員　凡國立交通大學唐山工程學院土木系在校同學皆得為普通會員

（乙）特別會員　凡國立交通大學唐山工程學院土木系畢業生或離校生皆得為本會特別會員

（丙）名譽會員凡具有下列資格之一者得由本會聘請為名譽會員

（一）本院現任或前任教職員

（二）富有土木工程學識經驗及熱心贊助本會者

第八條　經費　（甲）會費普通會員每學期納會費國幣二元名譽會員特別會員不納會費改正條文：

第四條　會員　（甲）普通會員　凡國立交通大學唐山工程學院土木系在校同學皆得為本會普通會員

（乙）基本會員　普通會員畢業後改為基本會員

（丙）特別會員　凡非土木工程界人士而熱心贊助本會者

（丁）名譽會員　凡具下列資格之一者得由本會聘請為名譽會員

（一）本院現任或前任教職員

（二）富有土木工程學識經驗而熱心贊助本會者

第八條　經費　（甲）會費　普通會員每學期納會費國幣五元名譽會員特別會員基本會員不納會費

鳴謝啟事

謹啓者：本會成立以還，瞬逾二載幸賴諸工程先進校友師長熱忱愛護，或親臨指導，或捐斥鉅款，或選贈圖書，或惠錫鴻文，或掖助會務，提攜照拂，情意優渥；
隆惠厚愛，雲天同高。本會銘感之餘，敬聘爲名譽會員或特別會員，俾揚
盛德，永誌
高誼。

(名譽會員，特別會員名單列會員錄，茲謹將本學期內捐助會刊基金諸先生台銜列后)：

林同棪　（壹千元）

陳彥章　王樹忱　高仕吟　（以上三位各壹百元）

于大綍　楊燦芳　章志崧　張龍斐　索奎光　岡鵬民　令狐鑑經　顧成樂　蘇金樣

閻世儒　李　棫　呂保生　左文耀　（以上十三位各伍拾元）以上左文耀校友經手捐募共壹千玖百伍拾元

吳士恩　（貳百元）

劉寶善　段品莊　王志强　錢冬生　尹莘佩　劉錫纓　竇瑞芝　張思讓　（以上八位各壹百元）

查良鏞　汪庭霈　徐爲鑑　徐琮本　（以上四位各伍拾元）

梁樹藩　陳世慶　鄢振東　劉　瑞　張恆仁　廖家祺　（以上六位各叁拾元）

陳遵平　高世輔　孟慶宏　王知勵　關　掊　潘佑麒　（以上六位各貳拾元）

以上張思讓校友經手捐募壹千伍百元。另壹百元以名單未寄同，不克列入。

侯家源　裴益祥　（以上二位各貳百元）

孫　成　張　賓　孫寶勤　李一平　高子雲　慶承道　（以上六位各壹百元）

邵鴻鈞　曾　楨　劉恢先　徐世雄　蔣聲華　（以上五位各伍十元）

朱紀良　龍起照　（以上二位各叁拾元）

黃潤龍　瞿福亨　閻宗泌　王道忠　梁永鎏　（以上五位各貳拾元）

陳崇晶　（拾元）

以上慶承道校友經手捐募共壹仟肆百貳拾元

羅孝然　藍子玉　黃洪熙　徐瑞書　梁錦萱　（以上五位各貳百元）

劉執怡　（壹百元）

張龍武　彭述九　李扶本　謝文淦　繆進漸　（以上五位各伍拾元）

馬秋官　劉永銘　（以上二位各叁拾元）

以上繆進漸校友經手捐募，共壹仟肆百壹拾元

陳本端　（壹百元）

唐濟華　羅　雕　蔡世琛　彭兆方　蔡報瑗　李宗令　邵福申　王　樑　汪菊潛

26784

羅孝然 （以上十位各伍拾元）
陳培基（貳拾元）
以上汪菊潛校友經手捐募共陸伯貳拾元。
黃壽益 （壹伯元）
洪長儒 （肆拾元）
陳振釗 爾霖坊 楊貫琛 杜秉淵 （以上四位每位＆拾元）
邵二南 金西蔦 張祖翼 唐家瑚 黃韻清 劉樹華 祝汝民 羅孝祚 郭浩然
王繼先 朱子琛 劉瀛洲 孫慶元 胡竣運 熊大耤 盘紹禹 何希樵 崔致洪
（以上十八位每位貳拾元）
黃則韓 卓觀培 謝仁德 章守恭 凌熙鼎 劉德玉 彭春銘 陳永霽 李毓龍
汪祖舜 楊鴻義 朱新吾 （以上十二位每位拾元）
張錫晉 呂心才 王宅中 傅蔭祿 林孟彝 劉邦華 （以上六位每位五元）
以上黃壽益校友經手捐募柒伯柒拾元
邊崇岫 劉鴻業 （上二位每位五拾元）
方福垣 宋至平 李新民 華 志 （以上四位每位叁拾元）
玉秀路銅松段總段工程處 （肆伯元）
以上李新民校友經手捐募共陸伯貳拾元
錢豫格 孫啓昌 袁國蔭 徐世澂 （以上四位每位五拾元）
李學海 （叁十元）
張承烈 何幼良 黃芝綵 （上三位每位貳元
吳德門 （十元）
以上邢契莘校友捐募叁伯元
胡博淵 聶傳儒 羅增映 （以上叁位每位二百元）
黔桂鐵路土石方徵工總處 （貳伯元）
譚克敏 聶增祿 楊渭汝 （以上三位每位一百元）
胡樹楫 馮德官 陳廣明 歐陽燮元 楊稀球 屠守鐸 （以上六位每位五十元）
林秉南 高渠清 錢光楨 （以上三位每位五十元）
以上丁紹祥同學經手捐募共一千四百六十元

會員錄

（一）名譽會員

（1）茅以昇	（2）羅忠忱	（3）伍鏡湖	（4）李斐英	（5）顧宜孫
（6）黃壽恆	（7）陳茂康	（8）林炳賢	（9）朱泰信	（10）范治綸
（11）許元啓	（12）羅 河	（13）李 汶	（14）楊耀乾	（15）王 謙
（16）劉炳魁	（17）許協慶	（18）謝祚孔	（145）邱訓謙	（156.）夏元瑮

26785

(157)何東昇	(158)吳士恩	(159)李 儼	(160)胡樹楫	(161)李鍾美
(162)裴益祥	(163)侯家源	(164)羅 英	(165)杜鎮遠	(166)王節堯
(167)鈕譯全	(168)王南原	(169)曾昌魯	(170)李扶實	(171)張永貞
(172)蕭 田	(173)劉興和	(174)李國偉	(175)葛福照	(176)楊學益
(177)麥雲祥	(178)黃文棟	(179)沈文泗	(180)孫 鶴	(181)吳必治
(182)鄭惠雅	(183)姜承吾	(184)梁信湖	(185)王詢才	(186)馬汝炳
(187)王偉民	(188)吳鴻開	(189)金士釜	(190)張聲亞	(191)陳星渙
(192)齊 楨	(193)黎先慈	(194)郭勝磐	(195)楊 濤	(196)鄭榮堯
(197)凌鴻烈	(198)陳錫華	(199)林文蓉	(200)李為駿	(201)于堯濟
(202)林仁榮	(203)劉瀛洲	(204)查良鑄	(205)陳道平	(206)章臣梓
(207)毛煥武	(208)孟慶宏	(209)岳翼民	(210)廖家祺	(211)汪庭霖
(212)孫源裕	(213)程世通	(214)王知勵	(215)雷大勛	(216)楊士文
(217)王云鎬	(218)趙鴻佐	(219)鄧作鎬	(220)胡汝梁	(221)索奎光
(222)蘇金樑	(223)劉克智	(224)高士吟	(225)岡驥民	(226)張思濂
(227)王秉彝	(228)陳彥章	(229)宋汝舟	(230)崔瞻斗	(231)李懷忠
(233)王紹綱	(234)梁樹藩	(235)高世輔	(236)劉錫纓	(237)陳宗寶
(238)王志强	(239)范煦生	(240)朱 揮	(241)錢顧格	(242)王樹忱
(306)胡博淵	(309)謝恭燾	(310)戴根法	(340)惲 鑄	(341)吳德門
(342)王朝偉	(343)張志成	(344)徐 愈	(346)郭可詹	(347)路蔭喦
(348)俞炳良	(349)吳明德	(350)尹孝旼	(351)李宗元	(352)謝愛華
(355)劉宗耀	(356)劉克遠	(357)郝賜盛	(358)胡家駿	(359)唐昌宗
(360)劉永懋	(361)馮如賢	(362)麥保台	(363)陳培基	(364)唐君鉤
(365)杜建勳	(378)夏光宇	(380)陸能遠	(394)錢豫格	(395)黃芝桑
(396)何幼良	(397)袁國蔭	(398)李學海	(399)孫啓昌	(401)張承烈
(403)徐世洸	(470)顧懋勛	(471)吳 炎	(472)林同棪	(473)令狐鑑經
(474)顧成樂	(475)呂保生	(476)劉深善	(477)段品莊	(478)錢冬生
(479)竇瑞芝	(480)徐為鏘	(481)徐琮本	(482)劉 瑞	(483)張恆仁
(484)孫 成	(485)張 賓	(486)孫寶勤	(487)李一平	(488)高子雲
(489)邵鴻鈞	(490)曹 楨	(491)劉恢先	(492)徐世雄	(493)蔣聲華
(494)朱紀良	(495)龍起照	(496)黃潤韶	(497)瞿福亨	(498)閻宗泌
(499)梁永鑾	(500)陳崇晶	(501)慶承道	(502)羅孝然	(503)黃洪熙
(504)徐瑞書	(505)梁錦瑩	(506)劉執怡	(507)張競武	(508)彭遠凡
(509)李扶本	(510)馬秋官	(512)陳本端	(513)蔡世琛	(514)蔡保瑗
(515)唐靖華	(516)李宗令	(517)邵福旿	(518)王 樅	(519)汪瀚潛
(520)黃壽益	(521)洪長儒	(522)陳振釗	(523)爾霖坊	(524)楊寶琛
(525)張祖翼	(526)劉樹華	(527)祝渙民	(528)羅孝祚	(529)郭浩然
(530)王繼先	(531)朱子琛	(532)孫慶元	(533)胡俊運	(534)熊大縉

(535)藍紹禹	(536)何希樵	(537)邊崇岫	(538)劉鴻業	(539)方福恆
(540)朱玉平	(541)李新民	(542)華　志	(543)馮德官	(544)錢光楨
(546)胡達新	(547)王元康	(548)唐庚堯		

(二)特別會員

(377)羅珏映	(379)聶仲儒	(402)譚克敏	(545)楊伯舉

(三)基本會員

(19)李幼銘	(20)張治平	(21)秦篤言	(22)金仲炳	(23)張　翼
(24)涂允經	(26)李希平	(28)楊燦芳	(29)左文耀	(30)周孟義
(31)張祖蔡	(32)劉作之	(33)彭兆方	(34)潘佑麒	(35)胡春農
(36)廖美基	(37)尹　昌	(38)王滋生	(39)章志松	(40)孟　鈿
(41)涂美陸	(42)盧啓衡	(43)繆進漸	(44)謝文淦	(45)汪翕曾
(47)陳廣明	(48)林秉南	(50)陳金濤	(51)范　霖	(52)羅　離
(53)李於榮	(54)邢奕初	(55)楊渭波	(56)伍崇勛	(57)劉更新
(58)杜秉淵	(59)閻世儒	(139)鄭振東	(143)于大綍	(144)劉澄武
(155)謝慶生	(307)陳世欽	(339)高渠清	(467)王道忠	(511)劉永銘

(四)普通會員

(25)謝國政	(27)楊壽奎	(46)吳運平	(49)袁修齊	(60)勞乃文
(61)謝家杰	(62)鄭大坤	(63)吳世祥	(64)羅朝梅	(65)胡家祺
(66)彭祖壽	(67)成　齊	(68)徐繼道	(69)涂序澄	(70)劉開誠
(71)戴恆誠	(72)唐士福	(73)丁紹祥	(74)耿世魁	(75)陶洪遠
(76)王作璽	(77)吳靠之	(78)唐濟民	(79)高　琤	(80)武　珏
(81)李長彬	(82)宗少彧	(83)原端臨	(84)許天錫	(85)譚英俊
(86)盛孝祺	(87)朱育萬	(88)郭端恆	(89)徐弱耦	(90)成希顥
(91)金明亮	(92)陳蛇生	(93)熊國鈞	(95)張滋卿	(96)林　暄
(97)歐陽燮元	(98)韓麟興	(99)屠守鏐	(100)楊德純	(101)孔憲焯
(102)王德豐	(104)孫金生	(105)黃國燕	(106)汪錫民	(107)楊裕球
(108)聶增祿	(109)田盛育	(110)薛振東	(111)張溥基	(112)徐振文
(113)尹宗祥	(114)楊紹明	(115)鄒逃台	(116)黃發模	(117)宋品梵
(118)賀振華	(119)潘　塤	(120)孫宗濂	(121)熊錫華	(122)李星會
(123)鄭華謙	(124)顧家鶴	(125)胡　定	(126)倪天農	(127)謝承亮
(128)張德正	(129)石懷瑋	(130)王建申	(131)楊子長	(132)陳銘棟
(133)路啓蕃	(134)周　澤	(135)王寶璇	(136)朱和盤	(137)谷文銓
(138)陸恂如	(140)王仲富	(141)張克讓	(142)裘尚同	(146)鄭祖驤
(147)方子雲	(148)張濬鈞	(150)何樞台	(151)吳桂榮	(152)李謨榮

(153)劉匯海	(154)彭福久	(243)丁懋昭	(244)朱協均	(245)陳和平
(246)鄧偉才	(247)楊永賢	(248)張國光	(249)汪菊潍	(250)路濬沁
(251)羅孝師	(252)倪志鏘	(253)謝　萍	(254)張遐彥	(255)蕭開琪
(256)鄭兆毅	(257)黎賢達	(258)陳堯卿	(259)夏蔚龠	(260)[illegible]以[illegible]
(261)石福星	(262)牛清江	(263)蕭詞宗	(264)過瑞南	(265)[illegible]
(266)張廷璐	(267)王章濤	(268)唐維綸	(269)郭遇昌	(270)彭以賢
(271)王傳賢	(272)張濟棠	(273)姚宗羲	(274)姚憲源	(275)岑芝芬
(2/6)潘子華	(277)葛啓銓	(278)廖旺輔	(279)文紀可	(280)李昭灝
(281)王能遠	(282)巫鳳書	(283)趙廣昕	(284)朱鴻炎	(283)曲士濂
(286)葛福熙	(287)龔維華	(288)俞孔棣	(389)林邦鎬	(290)陳梓西
(291)戴世倩	(292)喻家璈	(293)經廣洮	(294)胡應義	(295)傅文斗
(296)涂長榮	(297)林　申	(298)汪樹洲	(299)陳學甫	(300)鄭葆瑩
(301)王良卿	(302)李振鏞	(303)汪成智	(304)李運閫	(305)陳幽蓀
(306)曹吳淳	(312)胡興燮	(313)王秀儀	(314)陳秉倫	(315)馬　謙
(316)金志杰	(317)顧克培	(318)葛正德	(319)周俊傑	(320)言良士
(323)曹祖恩	(324)徐豫蓀	(325)成文淑	(326)沈慎修	(327)王朝輔
(328)翁大厚	(329)李道磐	(330)王炳秋	(331)曹紹志	(332)詹顯華
(333)陳宗藏	(334)宋文炳	(335)汪泰冲	(336)易元滔	(337)陳新民
(338)張景福	(345)蔣昌期	(553)曾景霖	(354)陳忠英	(366)李宗謙
(367)李至康	(368)朱維蕃	(369)裴明龍	(370)裴明麗	(371)周毓和
(372)繆進美	(373)葉樹峻	(374)郭宣衡	(375)何　譯	(376)梁宗哲
(381)毛祖坤	(382)李維義	(383)李維俊	(384)曹志道	(385)張叔和
(386)陳永福	(387)黃淞桂	(388)方懷孝	(389)張希文	(390)楊永宜
(391)蔡學文	(392)顧子莊	(393)陳亦瑞	(400)張贊勳	(404)梁應杭
(405)龔紹爲	(406)曹述舜	(407)張亮開	(408)劉鐵岩	(409)龍　昇
(410)郭特銓	(411)趙和鈞	(412)宋愛秋	(413)劉邦祥	(414)陳　嘉
(415)買漢卿	(416)鈕錫錦	(417)呂新陸	(418)王家勳	(419)朱亮銘
(420)易光軒	(421)許京生	(422)朱忠節	(423)許遠明	(424)鄒衍新
(425)丁　珂	(426)孫元圭	(427)李增哲	(428)彭瑞祥	(429)李宗和
(430)王霖威	(431)蘇鏘武	(432)伍潤生	(433)王克恭	(434)黃　棠
(435)葉運奎	(436)譚清爽	(437)龔謙瑞	(438)楊培仁	(439)張瑄齡
(440)袁乃勤	(441)鄒榮錦	(442)王世章	(443)郭國憲	(444)楊積德
(445)莊培德	(446)王揖賢	(447)蘇射斗	(448)楊明輝	(449)沈保迪
(450)李顯祖	(451)羅　杰	(452)胡國碧	(453)蕭庭映	(454)老瑞森
(455)錢大鈞	(456)梁培信	(458)魏濟武	(459)徐立道	(460)楊開福
(461)周興國	(462)周學教	(463)李沁泉	(464)黃寶貢	(465)劉　彪
(466)邱作人	(468)白士鐫	(469)勞遠昌		

26788

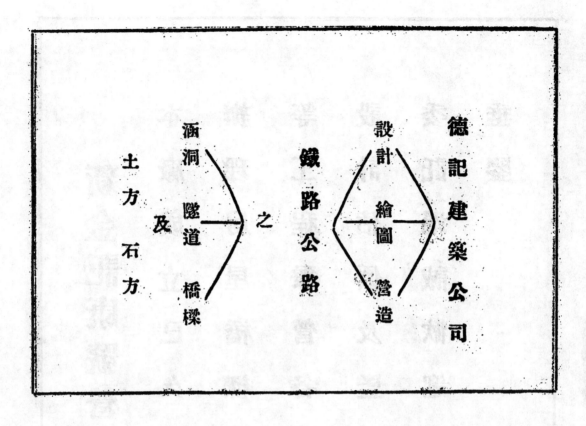

新金記康號營造廠廣告

本廠成立已久曾在全國各地辦理房屋橋樑鐵道涵洞碼頭等工程兼營各種土木工程之設計估價及監工等業務如蒙委託竭誠歡迎謹此露佈幸希垂鑒

26792

包工內容

公路鐵路大小工程
土方石方開山鑿峒
水閘水壩橋樑涵洞
樓房機場設計完成

總經理 周筱泉
副經理 李鶴鳴

辦事處
上海 南京
宣城 鷹潭 西安
柳州 桂林 宜山 貴陽

總辦事處
雲南昆明東寺街一三二號
廣西南丹民生路一五號
電報掛號九八八〇

26795

26797

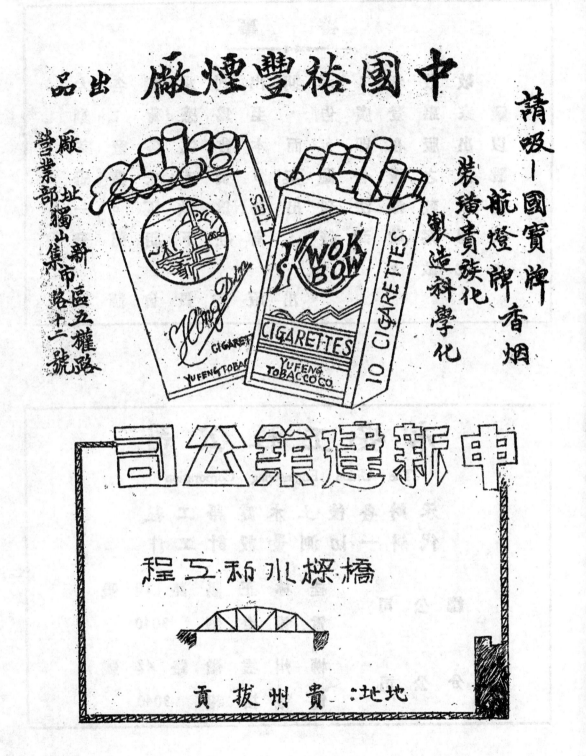

啓事

敬啟者：本期出刊承蒙各大廠家惠登廣告，至爲感荷；刻以出版在即，而本會代各廠家設計之廣告圖案，尚有未蒙寄回以致無法刊出甚爲歉仄。一俟圖案收到後，當在下期補登。此啟。

出版委員會謹啟

土木工程

中華郵政特准掛號認為新聞紙類

土木工程

人傑題

THE JOURNAL OF THE CIVIL ENGINEERING SOCIETY UNIVERSITY OF CHEKIANG

本期要目

第一卷　第一期　❋　民國十九年三月
Vol. 1.　No. 1.　March 1930

浙江大學土木工程學會發行

土木工程徵稿啓

結巢治水,工程昉自先民.平道開渠,福利遺于後世.前修回首,不盡低徊.繼武無踪,深可惋惜.近世文明丕曜,肴績工程.人事光華,奠基土木.道途修飭,不語行路之難;橋索行空,永絕渡河之嘆.西歐槼範,北美規模.功在于人,法足式效.惟是繼絕學于古人,驕齊驅于當世;非借他山之石,攻錯為難,不藉先進之思,突飛豈易.本誌秉此精神,藉為媒介.庶乎聚參攷之資,作印證之用.同人學殖淺薄,具宏願而怯汲深.諸君才識豐瞻,抽餘緒咸屬至論.所望不吝金玉,惠錫篇章.名山碩著,固當寶若連城;片羽吉光,亦屬珍同拱璧.為一步趨之致,約其指歸;幸加提挈之功,不我遐棄.

土木工程投稿簡章

(一) 本誌取公開研究態度.無論會員非會員,惠賜大作,一概歡迎.

(二) 本誌登載關于土木工程之文字.無論為撰著,或翻譯;文體不拘白話文言,均所歡迎.來稿有用外國文者,暫以英文為限.

(三) 投寄之稿,請依本誌行格謄寫並加標點符號.

(四) 惠寄翻譯稿件,請將原文題目,著者及其來源,詳細示明.

(五) 文中圖畫,除照相外,請用墨水繪製,務求清晰.

(六) 稿件揭載與否,不克預告.原稿亦不寄還.惟未登載之稿,因預先聲明,可以寄還.

(七) 稿件一經本誌登載後,版權卽屬本誌.如再由其他雜誌登載,請聲明由本雜誌轉載.

(八) 來稿揭載後,酌贈本誌若干册.

(九) 稿後請注姓名住址,以便通信.

(十) 稿件內容,本部有增删之處,希予原諒.有不願者,請先聲明.

(十一) 投稿請寄杭州國立浙江大學土木工程學會編輯部.

上海普華建築事務所

專辦下列各項事宜

計劃工程

公共建築，中西房屋，美術館，圖書館，公務房屋，銀行，公司，住宅，戲院，醫院，學校，商店；模範村，園圃，墳墓，工廠，堆棧，碼頭，橋梁，紀念建築；農事建築，及其他一切土木工程之設計。

測量繪圖

城市，田地，道路，河流，山林之測量及繪圖。

兼辦事務

各項建築工程之詳細設計，規定工程說明書招標規則，營造合同，領取工務機關營造執照，請示路綫，代邀各項專家工程之設計及營造者，發給營造付款證書，指導施工程序，督促進行工事，查驗工程材料，驗收完工，鑑定或估價或調查各項建築工程，以及與工務機關接洽：讓地，應得地價，升轉道契，催築馬路碼頭，並執行契約上之一切事務。

經理房屋

凡各地房屋地產有欲收取租金或出租或抵押買賣，本事務所負責經收經租及介紹事宜。

通信商榷

本事務所鑒於各地市政情形不同，非有準確之規劃，難求各種建築工程事業之進步與發展。爰特設通信商榷部，并指定顧問建築師工程師擔任指導一切建築工程事宜，如承詢及，即當詳細答覆。

總事務所．上海徐家匯東懷安里九號電話一四八〇九號

分事務所．南京漢西門螺螄灣四十七號

杭州通訊處．國立浙江大學工學院或豐禾巷當鋪衕十六號吳光漢君

普華建築事務所謹啓

土木工程第一卷第一期目錄

序一

凡百建設事業,皆以土木工程爲之先驅.工程之鉅者,歷數千年而不敝.如吾國之長城運河,歐美之蘇彝士,巴拿馬兩運河等,皆彰彰在人耳目.最近如英法海底隧道工程,則正在計劃進行之中;移山障海,雖謂世間無難事,殆無不可也.良以全世界土木工程,日益發達.一切艱難重要工作,皆由專門學者任之;而其研究設計,莫不賴有公開之學會,定期之雜誌,以互相交換智識,由理論以施之實際.凡漫游文明國境者,莫不驚其工程之偉大;而不知此皆爲專門學者研究之結晶物也.吾國建設伊始,土木工程人才之需要,尤爲迫切.無論依　總理建國方略,築港,濬河,造路,開鑛,蓄水,儲電,一切重大實業,皆非人才莫舉.即目前新都市之經營,已有盡材之歎.浙江大學工學院,規模美備,實爲本省建設人才之外府.茲者土木科諸君,課餘攻錯,有刊物之組織;可見其在學問上,已有自動研究之興趣.使理論實際互爲表裏,吾知本刊之發行,且將爲工程界之良助,本省建設前途之福音矣.用誌數言,以代馨祝.

程振鈞

26807

序　二

國家與民族的文化,約以二種標準,就能夠測定程度的高下:第一種標準,就是國家與民族間的文字詩歌,風俗禮制,與思想:若希臘的哲學,印度的佛教,中國的四書五經,百家之言,都可代表那時候各個民族的文化.第二種標準,就是國家與民族間的藝術與建築物:如埃及的金字塔,羅馬的古宮,都永遠爲歷史家紀述頌揚,騷人遊客,時時去憑吊瞻仰.吾中國的建築品,在各民族中從古代到現在,也是極有價値底;若秦代的長城,隋朝的運河,到現在還是稱爲世界偉大的工程建築物;就是夏禹治水,他的工程事業,雖沒有詳詳細細紀載下來,但是中國洪水的禍患,就能消除,已足以證明禹的治水工程的成功.夏禹後數千年的現在中國,年年受黃河淮水的災害,日日說治河導淮,到現在尙未得到相當的效果,對夏禹應該是十分慚愧底.錢塘江海塘的工程,北平天壇的建築,以及中國到處能看得到的畫棟飛椽的寺觀,參雲齊天的古塔,那一件不是兼有藝術,可傳永久的建築品,那一件不是近代的所謂土木工程學術的表現.照這樣講起來,建築工程乃是吾中國一種固有的學術,在中國文化上爲極有價値的證據,吾中國民族因此也足以自豪.浙江大學工學院土木工程科同學,爲在課餘探討學問起見,有土木工程學會的組織.並延請名家講演,以補充課業上的缺乏,歷時已數月,近復彙集稿件,付之梨棗,定名爲土木工程,他們孜孜好學之精神,確是可以敬佩的.工學院土木科的課程,大都以近代科學學課爲根據,於古代工程建築未能列入日程,加以研究,確是一件可憾的事.但是眞理是沒有新舊底,科學學理既可以治近代的工程,那是一定也可用以爲攻治古代建築學的工具.土木科的同學,若以組織學會的精神,來繼續他們求學的志願,那不但近代土木工程學術能夠貫通,就是吾國舊有的建築藝術,一定也能發揚而光大的.若能達得這樣的目的,那就不祇是任何個人的成功,乃是民族文化史上的光榮,這就是我對土木科同學最大的希望.　李熙謀序

序三

自民國奠定,建設事業,月進而歲不同.而土木工程,實導其先路.于是治土木之學者,聞風興起.吾校應社會之需要,亦添設土木一科.迄今三年,學子之從習者,竟超越他科.時勢所趨,非偶然也.顧土木工程,實用之學也.無時無地,不與民生密切相關.故攻斯學者,不得偏注于學理.因理論當矣,或未合乎事實;理實皆當,或未適于國勢民情.自非詳察環境,因勢利導,恐難免于閉門造車之譏.吾科學子,知實用之非易,于是有土木工程學會之組織.思有溝通社會民情,以求適于實用,意至善也.而吾所望于學會者,且毋尙高論,而於當世之急,多加意焉.蓋吾國學術幼稚,固無可諱言.至若用吾所學,以求實施,未始不可收相當之功效.現今建設事業,既有各級賢政府提創督責于上,吾輩當從而討論之,明辨之.言之善也,則世我交受其利.言之非耶,則糾政與指導,有先進之專家在,而我益多師矣.吾慶斯會之有成,而欲廣其言論也,因有是說焉.

中華民國十八年十二月二十五日吳鍾偉序

國立浙江大學土木工程

學會成立典禮攝影

創刊詞

編者

在這裏,我們將竭其淺學和世人相見.

本來這一些瑣瑣的文字,是不想在野草一般底刊物裏,佔一席地,不過想到在寥落底工程,科學的出版界中,卽使是一二株野草,也還覺得青葱的可愛;何況在野草裏的葑菲,或者還有可采取的部份在,這是我們敢于自獻的一個原因.

文化的興衰,有關於民族的榮悴.歷史是曾經這樣昭示着.在大變動之後,因爲調和創作的結果,文化會特別矞皇些.這也是歷史曾經這樣昭示着.在現今的中國,文化的落後,尤其在物質一方,是無可諱飾.這是我們所引爲深懼的.不過對於西方文化,從明末徐光啓引端,直到如今,天天在孕育蛻變之中.最近革命的雰颷,又捲蕩過全國.這樣的變動,也不爲不大.文化的復興,是極有希冀.這是我們所引爲深喜的.有這樣的可懼可喜,如其不以爲夸大的話,這也是我們敢於自獻的一個原因.

今年某報,曾有一個關於科學刊物的統計.其中要是把醫學除外,眞是數來不上雙手.在這樣一個國家,學術如此落漠.卽使不算恥辱,也未免笑話.我們所以自忘譾陋,起來呼應,這也是一個原因.

至於在這裏,我們所想努力的方向:第一是搜究國內的實際建設情形.在中國,所學和所用,眞是山遙水遠.書本子上的學問,在外國雖然是些陳跡,在中國還要算高論.這樣學非所用,在國家和個人,都只有損失.我們所希望的,是要從外國的學理中,得些適合中國的方法來.這是搜究國內實際情形的根由.第二是要介紹些國外的新理法."迎頭學上去,"這是孫逸仙先生所召示我們的話.要這樣,對於所謂新,非得隨時知道不可.如此才能說是迎頭,至少也將易三步併做兩步走.所以新的介紹,也有他的需要在.

不過我們終竟是「毛羽未豐」，像這樣具有專門雜誌規模的刊物，也深知是「願宏力薄」。然而我們相信，相信當世熱情的專門學者，總不至於漠然而不加以深切的指示。所以在寒梅香裏，終於茁了這一枝怒芽。此後，朝培夕溉，固然是我們所想努力的，至於夏雨春風，則所望於大家的匡救了。

26814

河北治水方案

徐世大

徐先生久在浙江水利局爲總工程師.現膺華北水利會技術長之任.于水利一方學識宏富.近承惠以尺素,媵以此篇,博收約取,雖篇幅無多,而華北治水綱要畢羅于是.借椽前之箸指掌上之紋,明白如畫,殊足供世之留心水利者參鑑之資也.　編者識.

河北諸大河流:曰灤;曰薊運;獨流入海,曰北運;曰永定;曰大清;曰子牙;曰南運;則匯爲海河,以入海曰黃河,經流河北境內者範圍較小,姑置不論.若灤河等七大河流雖發源均不在河北,而受其害者河北爲甚.又性質亦均相似,故合併討論,以定河北治水方案.

治水無定法,必先明其河流之狀况與雨量之分佈.查河北諸河流具有共同之狀况:(一)上游山坡陡峻少含蓄迴旋之地.一遇霖雨,洪水暴發,一瀉無餘,(二)上游支流多作搯肩骨式.各流齊漲而到達下游之時間幾無先後.(三)下游河床平坦.奔騰之水忽而緩流,勢難通暢.(四)雨水分佈極不均勻,故洪水量與尋常水量相差甚鉅.一遇洪潦則有潰溢之虞;水勢稍殺則淤涉填積.(五)枯水之時,水量甚小.故河北不特苦水且亦病旱.

自民六大水,政府始對河北水利特別注意.設立順直水利委員會,專司調查測量計劃之責.於十四年,由該會發表其順直河道治本計劃報告書.除灤河外,大都均有所討論.而其計劃已成者則如左列:

一.箭桿河與薊運河——(甲)牛牧屯操縱機關.(乙)寶坻縣附近新開河.(丙)裁灣取直.共計預算七百餘萬元.

二北運河—疏濬青龍灣河,筐兒港河,金鐘河及鳳河,共計一千二百六十

26815

餘萬元.

三.永定河——(甲)官廳欄水壩.(乙)整理盧溝橋至雙營河道.(丙)新闢沙漲地.(丁)入海新河約共計三千二百八十萬元.

四.衛河與南運河——(一)疏濬捷地減河.(二)疏濬四女寺河共計一百另二萬元.

以上四項總計為五千三百五十餘萬元其計劃亦可謂周詳矣.然有可議者三點:(一)專顧洪水之防止未及旱災之救濟.(二)僅就下游謀通暢之方,不計上游減洪潦之法.(三)僅及十三年大水尚未能為根本計劃之根據.其第三點因觀測期間太暫不能為計劃者咎.其(一)(二)兩點實因目標之不同而有此結果.

今欲治理河北諸流使其水害除而水利興根據於河流之狀況與雨量之分佈參酌中外古今治水成法捨下列各辦法外,其道末由.

一.上游建築水庫

水庫防水之法,其原理乃以泛濫為害于平地之水攔蓄於山谷,使原在一二日內一瀉而下者,稜稜下流延期至七八日乃至半月或一月.蓋雨水之是否勻調,非人力所能變更,而洪流之減殺則以此法為最善.在各國之取法乎此,計歐洲四十五處,印度一,美洲十,以法國羅愛爾河二庫為最早,建築在二百年前,而以美國之米也米河所建築者為最大,共築五壩,水庫容量總計約一千兆立方公尺.蓋洪水位與尋常水位相差過鉅者,若全恃下游之疏濬或堤防以求消納洪流,不特經費浩大,創始不易,而洪潦一過,淤積隨至,經常所費,尤非鉅款不能濟事.與其毀下游沃壤,以納洪流,何如斥山谷廉價之地,以蓄潦水.且山谷坡勢陡峻,沉積較為不易.欄水壩高,用地更為節省.其挾沙較多之河流,如永定河,則應用防洪水庫,水道終年暢流,凡未發大水之年,原有土地仍可耕種;其來水較清之河則應用閘門以司啟閉,潦水既過,即當蓄積,以為冬春旱季,農田之用,一舉而數利備焉.

二.下游施行整理及疏濬

上游既築水庫,來水減小,復就下游河槽施以種種整理及疏濬,如堤防距離過寬者,束之使狹;河道彎曲太甚者,裁之使直;淺狹之處,濬之使深使寬,務使節制之水循槽而行,挾沙而下,直達於海,不復有沉積冲刷之患,雖舉辦不易,然較之未受節制之洪水,其難易不啻什百也.

三.施行圩田制

下游平坦之地,常有被水患之處者,應仿照江南圩田成法,分區挑圩,以免外來之水,圩內多闢溝洫,以洩雨水,而以涵洞溝通外渠,設閘門以時啓閉,若地勢較高,旱不能引水,或過於低窪,潦不能洩者,視地質之高下,設法以機器助天然力之不足,則河流兩旁溝渠縱橫,不特潦水得以迴旋停蓄,以減少一部分水旱之災,即或隄岸潰決,亦必限於一隅,而舟楫之利便,水產之滋生,又非盡置土地於無用.至於近海之地,得水爲難者,更當多闢引河,以施灌溉,使沙鹹之地,盡成沃壤,則其有益於國計民生者,豈淺鮮哉.

四.築閘以節流

圩田之制行,一部份之洪潦,因得迴旋停蓄之益,若通海之水道不加節制,則旱暵之害仍不能除,故當審擇適宜之地,就各河流建築節制水閘,洪潦將至則啓閘,以暢其流,洪潦一過,則閉閘以蓄其水.其地勢較陡之處,並宜節節建設閘壩,使水流不致一瀉無餘.其通航之河道,可并建船閘,以增進交通之便利,則春季需水之時,不虞匱乏,且因潴水之故,蒸發之量較多,雨水亦得間接調勻之益.

五.積極造林

水庫及圩田之建設,雖爲治水根本之方,然以河北諸河流挾沙量之鉅,罕有倫比,則潴水之量漸減,通水之渠日塞,數十年或數百年之後,仍歸於無用,除圩田溝渠可規定章程,責成各區民於農隙之暇,按段挑濬,以維永久,並於堤岸栽植草皮,以免冲刷外,當於上游積極造林,以減少冲刷.蓋河北諸水之上游,山多童濯,一遇雨水,冲刷隨之,造林之能否改善氣候調節雨量,雖尙非定論,而其防止冲刷,減少沙量,則其功自不可掩.必沙量減少河北諸流方得根本解決之一日.以上五項舉其犖犖大者,其舉辦之時應如何審度地勢,妥愼計劃,使款不虛糜,利有所出,則決非一二人之心智才力所能及,而經濟所從來,尤當視民衆之財力以爲衡,且當曉諭利害,使其樂於輸將,共謀奠安之大計,惟在計劃未定之先首應舉辦者如下列:

一.調査各河流上游形勢地質及水庫位置,以爲造林及建築水庫之需.

二.限期完成水庫之測量,與攔水壩基之研究及攔水壩之計劃.

三.推廣各河水文測量,及雨量觀測,洪水枯水,並應重視.

四.調查泛濫域之土質,及農作物種類,地價及民間富力.

五.賡續各流域之測量,限期完成,並於每隔若干年複測河道一次,,以觀察變遷之勢.

六.如設立大規模之水利試驗場,作種種治水試驗,使計劃得試驗之證明以減少其失敗之可能性.

關於工程之地質研究

劉俊傑

目 次

I. 採取石材之討論

II. 地面給水問題

III. 地下給水問題

I 採取石材之討論

世界古代偉大建築多用石,蓋以其壯麗,且能耐久.近世紀來,因研究混凝土鋼,鐵及其他材料性質之進步,精緻工業,益以發揚,而對於石工,反見落後.是以前者因得嚴密精準之標定(Specification)而致用,石則以研究者稀,其

26818

要質亦不爲時人所重.

邇來各國研究科學機關,均切實採集關於各種石質研究材料,其所得之記錄,散見於各種雜誌中,亦以累積可觀.此種記錄,多係集往昔研究者之結果,及建築師與工程師於長時間應用石工之實地經驗,而加以審核,故此後對於用石之標定,勢將漸臻嚴密矣.

石之用於建築者,必須賦有相當强度 (Strength), 足以承受各種加上之重壓,並須有相當持久性 (Durability), 以拒各種天然及人爲之腐蝕,夫石之堅韌度與持久性,實有賴於其礦物分子之特性,與礦物分子在石中之情形.然其石質與礦物組合及紋理之互相關係,迄無切實試驗.其持久性與組合及紋理之關係,亦鮮有相當確定.

數年前,英工程師馬吞(Morton)爲欲决定此種關係起見,曾一度從事於石之研究.渠將各種之石,經壓碎 (Crushing) 試驗,並佐以顯微鏡之審察,得下列結論:——

"石之堅韌度,係賴於其形態,密度,礦物分子之大小及天然性,及結合成石之黏體特性與分量".

彼更從事實方面,繼續研究,乃决定石之具有下列條件者,則其堅韌度,必大挫減.

(a)　爲水所浸透者

(b)　爲水所浸透且使屢冰屢解者

(c)　在交遞熱至高溫度,而使之驟冷者.

關於石之堅韌度,除上列所論者外,石之紋理,亦一影響之主要原因也.

從上述馬吞所得之結果,可知石對於冰凍及溫度變化之抗力頗弱,如將石常暴露於其中,則其堅韌度,當逐漸減小.他如橋樁船塢,碼頭護壁,及建築物下層基礎等近水處之石,其堅韌度,常較在適當環境之下者爲遜.故石之堅韌減小速度,實賴於自然界之力量,與其組合及紋理.

石之腐蝕速度及方式在外部者,賴於建築物之位置(在建築物上石所佔有之地位)建築物之式樣及所用灰泥之種類等在石之自身者則賴於其紋理結構及礦物組合等在普通觀察,凡用石之建築物上,經歷久遠後,其外面恆有特樣花紋發現,此種花紋,實為石本身腐蝕之表示.

石之腐蝕,與其吸收作用,亦有重大關係,第以石之吸收性,有吸收放出均緩滯者,有易於吸放者,故用以定石之腐蝕速度,頗為合宜.

綜上所述種種,可簡約之,而得下列結論:—

1. 關於石之研究,已得相當記錄,此種記錄,可作為選石時避免危險之信條,此種記錄之所自來.

(a) 自研究石之堅韌度,及持久性而得者.

(b) 從各種建築上觀察而得者.

(c) 從工程師與建築師於長時間用石之實地試驗而得者.

2. 控減石之堅韌與持久性之重要原因,可用下列方法考驗之.

(a) 用顯微鏡觀察

(b) 經壓碎試驗

(c) 決定其吸收量與吸收速度.

3. 石之用於建築者,須注意下列條件.

(a) 建築物之位置

(b) 建築物式樣

(c) 在建築物上所佔有之地位

4. 層石(Lamineted Stone)之用於建築者,須置於其天然基礎上,不可使之暴露.

5. 當石離礦後,其礦物分子須保持新穎及不解體之原態,反是,則易腐蝕.

III 地面給水問題

26820

石之用於建築也,已如前文所述,現當再論關於地質結構問題.

近一世紀來各國多因人口漸增,——尤以諸實業發達之區爲最——引起大部出水區域與公共給水設置之支配問題.出水區域既以人口增加而漸形不敷,故下列問題,遂因以產生.

1. 出水區域之產水量應如何決定?

2. 爲容納出水區域之供給與預防旱季起見,蓄水池之容量應如何估計?

五六十年前,霍克斯類(Howksley)曾得一計算出水區域之產水量公式:

$$Q = 62.15A(\frac{4}{5}R_{m} - E)$$

Q = 每日所出水量之加侖數(Gallon)

A = 出水區(Catchment)面積之畝數(acre)

R_{m} = 從三十五年或三十五年以上之常期雨量記錄所得每年之平均雨量

E = 因蒸發與植物吸收而假定之損失,每年雨量損失量,約自14吋至16吋(inch)

彼又作蓄水池若干,其總容量,足與連續三旱年之雨量相當.故根據前式得蓄水池之總量爲.

$$\frac{1000}{\sqrt{x_{3D}}} \cdot \frac{y_{3D}}{365} = 2.74\frac{y_{3D}}{\sqrt{x_{3D}}} \text{ 吋}$$

x_{3D} = 連續三旱年之雨量(Rain fall)

y_{3D} = 連續三旱年之流量(Run off)

但就事實言,從此公式所得之結果,難免無疵,後經 Rôfe 之改良得下式:

$$\text{容量} = \frac{500y_{3D}}{365\sqrt[3]{y_{3D}}} = 1.37y_{3D}^{0.67} \text{ 吋}$$

如在某一定面積上而有出水區多處,則此式仍需加以限制,即水池容量須增加百分之廿得

$$\text{容量} = 1.7\text{至}1.8y_{3D}^{0.67} \text{ 吋}$$

此等公式悉根據"降於出水區域之全部雨量,除爲蒸發及植物吸收損失約14吋至16吋外,一概流入河中"之假定,然此種假定,並未顧及地質結構之影響,不無缺憾.

在英國威爾士等多湖地帶,及蘇格蘭之高地,其石(of early PrimaryAge)因歷年久遠,屢遭變遷,乃堅合成一種不易浸透之質,是以流放之比例自大,除有限部分之雨水,爲罅隙(Fissure)及出泥炭之濕地(Peatbogs)所滯外,其水流,則隨降隨瀉,故平常晴日流出者,爲量頗微,可不計之.大凡在此種地帶,其山多峻峽峇然,故因蒸發而致損失,亦較前假定之年損14吋爲低.

在奔里牛斯(Pennines),則反是,蓋石(of Late Primrry age)含有錯參連片之砂石(Sand stone),石灰石(Lime stone),及不易浸透之片岩(Shalas).多數澤地(Moorland)之平滑面,概由砂石組成,而蓋以土煤(Peat),土煤能保留多量之雨水,而逐漸浸入下層之砂石中,再經地下泉(Spring and seepage)而及至地面,(見圖)

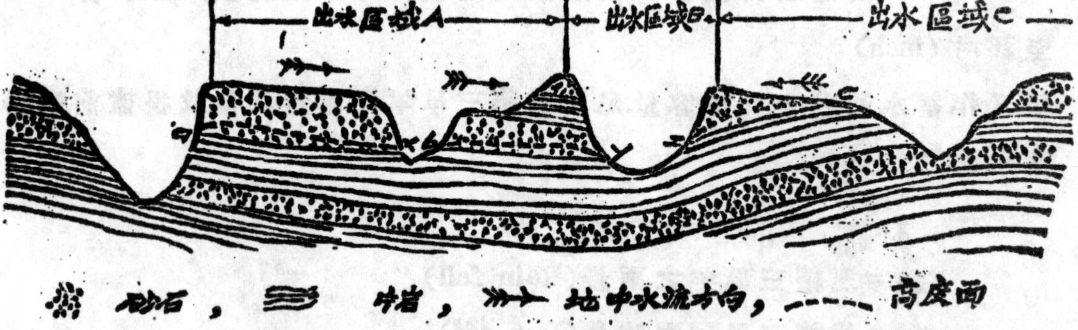

X.Y.3.永久泉(Permanent sgrings); a.b.c 間歇泉(intermittentsprings

注意:大部滲透于砂石中之水量,恆依傾下方向進行.

出水區域A—凡滲透於左邊者,恆能復流至此區中

凡滲透於右邊者,則流入出水區域B.

出水區域B—此區域恆承受滲透於鄰區A與C中之水量

此種透石之作用,頗類乎天然蓄水池,能調濟雨量,使之逐漸滲出,流入江河.是以在此種地帶,時有晴日流放者.如作蓄水池於此地,其容量,可較建築於不易滲透之地爲小.

在奔里牛斯之出水區域,因其地質結構關係,凡滲入砂土中之水量,大部皆可及諸水區所在之地面,或擴散於毘鄰水區中.換言之,凡出水區域,皆可自地下水流,承受鄰近出水區之水量擴佈.(見圖)

在每出水區域內,歷年雨量,因地中擴佈而致之損益,槪難從各統計上决定.惟英國工程師馬吞,曾决定如在適當情形之下,其損益在5吋至10吋之間.

决定出水區域之產水量,及估計蓄水池之容量,除上述種種方法外,倘可從雨量及流量之連合統計上得來,後法係根據於質量曲線 (Mass Curve diagram).欲應用此法,必須有長時間之流量記錄,此記錄須包括連續三旱年之流量,但流量統計,世界各國,鮮有完備者,故此種方法,倘難適用.

當選擇蓄水池與定壩之地位時,須注意於壩之穩固,及在壩下或沿端之罅隙,蓋此種罅隙,恆足致壩以莫大危險.

是以凡欲建築蓄水池者,須先施以地質測量,以便研究其地質結構.

III　地下給水問題

近來各國社會上之最要問題,厥爲確定地下水源之廣袤.欲解决次項問題,第一步須先確定各水源系統之大小.

在地質學演進程序中第二紀與第三紀(Secondary and Tertiary periods)二期,其地面水量,悉賴於地下之供給.

各水源系統之上下交錯,槪有一層不可浸透之粘土 (Clay) 或片岩 (Shale) 分開.是以在傾斜之地面,其水源系統,常有一部分暴露於地面,其地下廣袤部分,則恆隱藏於其他系統之下,故雨水之直接攢入露於地面之地層者,須藉地層之傾斜,始能流達其源.

26823

大凡有孔隙之水源系統經過地下,面積非頗大卽頗小,其厚則無一定,摺皺岩(Folds)與斷層(Faults),雖不現諸地面,但其影響於地層中水之迴流也亦頗烈.

從各種記錄,(如地下水源之大小,深度,厚度變化,及各水源系統概況等.)可定各水源系統之詳圖.此圖除表明上述各種現像外,並可作爲估計與分配地下水量供給之根據.

通常用滂浦(Pump)在地面上吸取地下水時,其總量當不能超過浸入該地中之雨量比例,否則此永久天然蓄水池,勢將漸致空竭.

水之浸透問題,通常因地形,氣象,地理,及地質之變易而漸趨複雜.故欲研究是項問題,須從下述之方針入手.

關於各水源之產水量,可從各公式中求得.惟此種公式,係應用有孔流動之數學理論(Mathematical Theories of interstial flow)根據石之紋理相同之假定得來,但事實上不然.

就地質上言,若從每排層石之側面,尋跡視察,或從地面直下,其紋理與結構之變化,頗爲顯著.如其空隙中黏結物之性質及分量變更,則其組織狀態及結合程度,亦隨之變易.組織狀態及結合程度之變易,常能影響於有孔水流之速度.

層面(Bedding planes),接面(Joint planes),及罅隙(Fissure)之屢次變遷,能影響於水源之輸出及供給量.

斷層(Fault)在相當地點時,可爲不易浸透並富於黏土性之物質填滿,此種物質,恆阻滯地下水源之流動,並使接壤之層岩孔隙減小.如斷層係折斷局部層岩時,則能使相鄰之流量增加,於是水源中之產水量當大激增.

地質之變遷,不僅能影響於水源之產量與輸出量,並能影響於滲透作用,故尋常之用公式決定滲透,及估計水源產水量與輸出量,而不顧及地質變遷者,實屬枉然.

如在一定情形之下,水源產量,輸出量,及停滯量等等記錄,俱已完備時,則每水源系統,可從地下分水界劃成若干地帶,於是在每地帶內地下水流與地面泉河之關係可定.

此種記錄,應參考可浸透之地層特性與結構,方可作爲估計某地帶內水量供給之根據,於是毗降水源紛擾之危險可免.

當實地選擇水源時,應注意下列兩項:

1. 須明瞭地下水流之循環情形,蓋地下水流之循環,恆因各可滲透之層岩而變遷.

2. 須詳細審量水源所包有面積之地質結構.

此兩種條件,實爲實地工作時之重要問題,凡一地帶,悉有其特別情形,惟不在是篇討論範圍之內.

道路工程概論

陸鳳書

吾國道路事業,在昔非不發達也.通商以前,閉關自守,普通人民,足鮮出戶.其有謀仕經商而有遠行者,則皆賴單騎以僕僕於大道之上.朝行夕宿,日僅百里.然當時士商,實亦不覺甚苦也.至若鄉野農工之輩,徒步往返於村間狹徑之中,風霜雨雪,習以為常.夫村鎮之間,既有小路聯絡;城市之內,復稍整齊;都邑之交通,又有康莊之大道;當時道路之需要.止於是耳.近自西俗東來,科學智識,漸灌輸於吾人腦中.習慣嗜好,亦因而稍異.繼人力車馬之後,又有電車汽車之發明.舊日運輸方法,遂愈覺其迂緩,不堪沿用.改良道路以適合時代之需要,遂為今日備受朝野注意之一事.所以然者,蓋因道路需要程度,有今昔之不同也.

道路工程,約略言之,可分為二.卽路基工程,路面工程是也.茲將兩種工程,應行注意之事,申述于下.

路基工程卽普通所論土方工程.土方工程,卽填土挖土工程.因多以立方體積計算,故謂之土方.大凡路綫經過之處,地面高低不同.為求一均一及緩和路面之坡度起見,須將高處挖之,(謂之挖土)低處填之.(謂之填土)無論填土挖土,其兩旁斜度,均應使土方在既填或既挖之後,無墜下傾塌之虞.故欲知應用何種斜度,必先研究各種土質在何種坡度上,能矗立不動.大抵就經驗所得,最能直立者,為堅石,軟石次之,堅土鬆土又次之.最宜平坦者為黃沙.通常表示兩旁斜度,均用橫直比例法.若一斜度,每橫隔一尺,直亦高一尺,謂之一比一斜度.如橫隔一尺半,直高一尺,謂之一比一五斜度.然同一土質,挖土與填土之斜度,應稍區別.因挖土恆在原有堅實地上,土較牢固.故能稍為竪立,填土則較鬆,易於滑落.茲將各種土質,應用斜度,開列如下.

填土

26826

普通土質	一比一.五	即直一橫一.五
黄沙	一比二	即直一橫二
碎石	一比一	即直一橫一

挖土

普通土質	一比一	即直一橫一
軟石	二比一	即直二橫一
堅石	四比一	即直四橫一

收用土地,貴求經濟.經濟之道,在使路綫經過地方之挖土與塡土,大約相等.此應于未施工前,詳爲研究.研究之法,祗須將路綫縱剖面圖內,坡綫上下移動,不難達其目的.然有時亦有因特殊情形,不得不變通辦理者.例如路綫經過之處,多係塡土;則卽介他處挖土,可以運來應用,然距離太遠,運費過多,不若就地借材,將路綫兩旁土地,就而挖之,借其土以塡路基之爲勝也.亦有因路經高地,挖土過多,而近處無須塡土;與其收用土地以堆積廢土,毋甯將就近塡成路基,略爲放寬,之爲愈也.凡此數端,均與土方之經濟,發生重大影響,不得不注意焉.

路基工程,最忌者爲水.水入土中,卽減少土之抵抗力,故欲使路基堅固,最要者爲排水.水分地面水與地下水兩種.排之之法,亦分兩種.欲排地面之水,可將路基土方,中間提高,兩旁望外傾斜,在坡脚處挖成水溝,以瀉水流.溝宜有坡勢,使水得以速流.但亦不可過峻,恐土溝被水冲刷過深也.塡土之處,若兩旁均有借土坑,則可以滞水,無庸再設水溝.挖土之處,兩旁若俱係高地,則兩旁均宜設溝,使高地之水,無以達路基.若在山麓工程,則一旁設溝之外,恆於山之半腰另設一溝,以截止山水之下瀉,而侵及路基.地下水之排洩法,恆于路基兩旁,挖成深溝兩道.於其最低處,放置瓦管.此項瓦管,時或令其透水;或將每節啣接處,不予封滿,俾路基中餘水,均得覓孔而入管中排去.管之上面,可堆碎石,再上一層可蓋黄土.碎石所以防土質之充塞管中也.

26827

路面工程

(甲) 沙土路

土路在雨水繁多之區,雖不適用,然並不因是而減少其建築也.嘗考美國道路統計,在一九一四年,全國道路里數共二百五十萬英里.其中土路約占百分之八十九.吾國北方及西南各地,所有鄉村道路,皆係用土築成,并不另設其他路面.而大車往來如故.蓋土路之建築易,成本輕,實爲其他道路所不能及.在雨水稀少之地,路面乾燥,其堅實程度,亦不亞于其他道路.苟勤于修養,加以研究,即在雨天,亦可通行.值茲吾國財政困難之秋,公路之建設,既勢在必行,廣設土路,以減輕建築費,誠爲不可不注意之事也.

土路之病,即在易于吸收水量,而發生淖泥狀態.修治之法,第一須求路面排水之迅速,第二須減小土質之黏性.在前一法,則所有土路之面,均宜築成弧形.即路中向兩旁橫傾,使凡雨水之降,在路面者,皆從兩旁傾入溝中.在後一法,即係混合沙土,務使成份之分配,能成一堅結之路面,以供巨重之運輸.且在雨季期間,毫無淖泥狀態.

(乙) 卵石路

卵石足供路面用者,須富有堅性,韌性,及黏性,而黏性厥爲上要.何以言之,此種黏性之發生,全賴卵石中雜帶有紅土,黃土,或灰質,而同時兼含有大小不等形狀尖銳之小石子.凡在陸岸開採之卵石堆,皆具有此種良質.而在溪中所取之卵石,則所含各種土類既少,且卵石大小尺寸,又過于一律.若用以爲路面,不但空隙過多,勢須增加他種黏合材料.且所有卵石均甚圓滑,若大小一律,實甚不易滾壓.故卵石貴宜大小均有,小自極細石沙,大至二三寸之卵石,苟能多帶尖角,則更爲可貴.不過沙及土質,亦不宜雜帶太多耳.

在卵石未鋪設以前,路基必須預先滾壓堅實,且使有相當之橫傾度,然後鋪設卵石一層,在路之正中,鋪自八寸至十二寸,而在路旁,(路約一丈

26828

六尺）鋪自四寸至六寸.鋪設之後,以工具修成相當形式,再用滚路壓筒,滚壓路面.同時幷於滚筒前澆水於路面上,隨澆隨滚.壓成之後,須稍待數日,俟其乾結後,方可通行車輛.即在最初通行車輛數日中,仍須時時滚壓,至絲毫不變動,始告完成.

(丙) 碎石路

所謂碎石路者,卽於已成路基之上,鋪設大小碎石數層,經用壓路機器,或滚筒滚壓後,而成一不透水之路面也.凡在路上通行之車輛,其重量仍由碎石路面,傳遞於土中.故碎石路面之能耐用與否,應視路面基是否堅固,而欲求路基之堅固,宜使其永保乾燥狀態.因而碎石子路面之第一要務,卽爲不透水分.欲使路面不透水分,宜令石隙之中,皆充滿堅實材料,使水不得侵入.最善之法,卽將所用碎石,按其大小,分爲數種,尺寸自三四寸大石,以至石屑石末.築路之時,設法令小號石子,裝塞大號石子隙中,而令石屑石末,裝滿小號石子之隙中.加以壓力,使成光潤堅實路面,旣可承受車重,復能不透水分,此碎石路之原則也.

鋪設碎石路,係先將已成路基,挖成車道形狀,用路壓機或滚筒壓實後,鋪散三寸石子,厚約三寸,爲第一層.何謂三寸石子,卽普通經篩過後,約有十分之六七,均停留於三寸徑之篩孔上者也.第一層石子鋪設之後,卽宜將壓路機或滚筒,往復滚壓.其壓法,應自路旁先行壓起,逐漸移向路中.遇有下沉之處,隨時增加石料,以塡補之.直至滚壓堅實,如規定形式之後,再鋪第二層,厚約二寸至二寸半,三寸半.石子鋪畢之後,仍用壓路機及滚筒往復滚壓,如第一層然.此層鋪設之後,應視所用黏合材料爲何,而異其施工法.如用石屑石末爲黏合材料,則可鋪設石屑一層,厚約半寸至一寸,用竹箒掃入石隙之中.再用壓路機或滚筒滚壓.此時并須用澆水筒時常澆水,以冲洗石屑,使得深流入石子隙中.若用黃土爲黏合材料,則普通所用之法,先將黃泥傾入大桶中,與水調合,攪成黃泥漿,儘量灌入第二層石子隙中直至黃泥溢出爲止.然後舖散一層石屑或粗砂於黃泥上,用壓路機及滚筒再往復滚壓,至使成規定路面形式爲止.

碎石路面之横傾度,應爲若干,亦爲應行注意之事.蓋路中若較路旁稍高,則利於瀉水.在黄土碎石路面,尤爲必要.普通碎石路面,應用一比二十之横傾度.即在四十尺寛之路面,路中應較路旁高一尺也.横傾度之形式,並非兩直線相遇於路中而成尖形;其應有之形式,爲一抛物線,或其他弧形線.

(丁) 其他路面

石砌路面加石板　法於上述路面中,加舖單條或雙條石板,以爲單輪或雙輪車輛往來之用.此於改良舊有石板道路時,每可蒐集多數石板,以資利用.但若採購新板爲之,則殊不經濟也.

磚塊路面　法於路基之上,舖設洋灰或石灰三和土一層,以爲基礎.俟基礎堅結後,用磚塊立砌（不可平放）於基礎之上.磚塊完全舖砌之後,可撒黏土或黃沙一薄層於路面之上,以竹箒掃入磚縫之中.此種路面,價甚昂貴.但若基礎堅固,則甚耐久.且于汽車運輸,尤爲適宜也.

木塊路面　木塊宜用堅木,以經過沸質蒸煉,不虞朽腐者爲合格.木塊之砌法,與砌磚塊同.但基礎宜較優.此種路面價甚昂,祇可用於大城市中之上等道路.

柏油路面　此種路面有兩種:一係潑面法,即將柏油熱煎後,潑于已成碎石路之上,同時加薄舖石屑,以熱滚筒滚壓之.一係透底法,即於建築碎石路時,每層均澆灌柏油以黏合石料.後一法,用費太昂,非極上等路不用之.

26830

經緯儀及照距所測綱線之校準

(Adjustment of Transit and Stadia Traverses)

Howard S. Rappleye 著
顏　壽　曾　譯

建設方殷,測量事業,隨之發達,各項測量,以經緯儀及照距之法,沿用至廣,而綱線環接差之校準,尤推首要,校準之法,各書均有論及,公式繁複,應用困難,最近 Mr. Rappleye 在美國土木工程協會雜誌上,發表此文,所述之法,精切簡明,且運算捷便,故特譯述之,以供國內研究土木工程者之參考焉.

譯者識

引　言

以經緯儀及照距所測綱線之環接差,(Error of closure) 校準之法,各書已有論載,惟本文所貢獻者係根據最小二乘方法之原理,而祗須改正長距之部份耳,此法計算簡捷,能使一般熟習平面測量者,易於明解,善為應用也.

問　題

現今職土木工程業者,對於初測,地形測量,以至任何測量,咸用經緯儀及照距之法,以定綱線,平常之綱線,有通過相距遼闊之兩個三角點 (Control Point) 者,其終點站務必與起點站環接,此種三角點,均經精確測量而設立者也,免除綱線之環接差,可於原來之測量記錄,施以各項改正.

用羅盤儀 (Compass) 和鋼鏈 (Chain) 及經緯儀和鋼捲尺 (Tape) 進行之各項測量,其角度及長距之準確率,均不相上下,校準之時,往往採取角度及長距,兩者兼施之法,然對於經緯儀及照距所測之綱線,因量角較量距準確萬倍,以故,卽單獨改正其長距,已可得完善之結果矣.

26831

網線量角,如用新式能讀至一分或比一分更小之經緯儀,而施以相當之精密動作時,可使角度差,(Angle closure) 極爲微小,以其微小,與總結果無甚差別,故無改正之必要.惟兩短邊所夾之角,其差較大,當施以改正,測量所得各線之位置,恆計算其緯距 (Latitude) 及經距 (Departure) 以定之,環接差之校準,係先將長距,而後以其緯距及經距,重複計算之.

本文宗旨,在貢獻一最新校準法於讀者,此法原理及如何應用,將以下例題說明之.此係純粹之最小二乘方校準法,化繁爲簡而已.

校準法

將校準之網線,即第一圖.

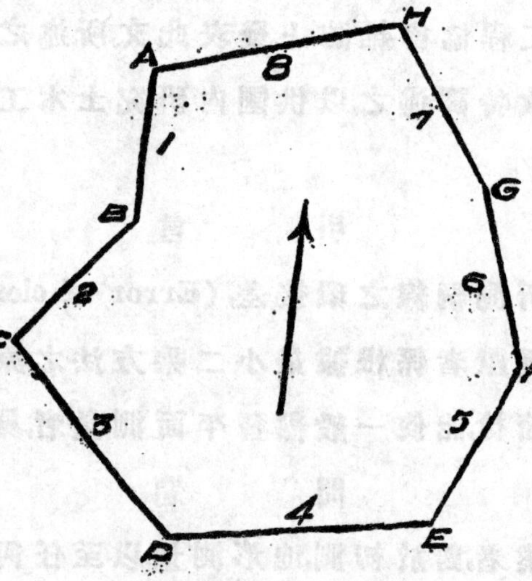

第一圖 八邊網線

表中第(1)(2)(3)項爲此網線之實測記錄,第(4)(5)兩項,即各線方位(Bearing)之餘弦,正弦依普通方法計算各線之緯距及經距,其結果置於第(6)(7)兩項,其總數項即此測量緯距之環接差.

因網線之校準,祇改正其長距,設第(1)線之改正數爲 V_1,第(2)線之改正數爲 V_2,其餘各線,依同例表之.

若各線之方位爲 a_1 a_2 a_3 等等於是 $V_1\cos a_1$ 即改正後,對於第一線緯距

26832

線環接之計算

cosa × sina (9)	siu a (10)	M_c cosa (11)	M_s sina (12)	M_c cosa + M_s sina (13)	實測長距之改正數(駅計) (14)	校準長距 (15)	校準之 緯距 (16)	經距 (17)
+0.300	+0,100	+1.031	−0.520	+0.511	+0.5	802.5	−761.3	−253.7
+0.500	+0.500	+0.769	−1.162	−0.393	−0.4	719.6	−508.8	−608.8
−0.490	+0.401	+0.841	+1.040	+1.881	+1.9	1203.9	−931.8	+762.3
+0.162	+0.973	−0.179	+1.621	+1.442	+1.4	1030.4	+169.5	+1016.4
+0.264	+0.076	−1.045	+0.452	−0.593	−0.6	614.4	+590.7	+168.8
+0.235	+0.059	−1.055	+0.398	−0.657	−0.7	700.3	+679.4	+169.8
−0.377	+0.171	−0.989	−0.680	−1.669	−1.7	1023.3	+931.5	−423.5
+0.176	+0.968	+0.194	−1.617	−1.423	−1.4	946.6	−169.2	−931.3
+0.770	+3.248	……	……	……	……	……	0.0	0.0

26833

第一表 八邊網

路線						緯距	經距	
號數	站至站	方位(a)	長距(呎計)	cosa	sina	N(+) S(−)	E(+) W(−)	$\cos^2 a$
(1)	(1a)	(2)	(3)	(4)	(5)	(6)	(7)	(8)
1	A−B	S.18°26'W.	802	−0.94869	−0.31620	−760.8	−253.6	+0.900
2	B−C	S.45°00'W.	720	−0.70711	−0.70711	−509.1	−509.1	+0.500
3	C−D	S.39°17'E.	1202	−0.77402	+0.63316	−930.4	+761.1	+0.599
4	D−E	N.80°32'E.	1029	+0.16447	+0.98638	+169.2	+1015.0	+0.027
5	E−F	N.15°57'E.	615	+0.96150	+0.27480	+591.3	+169.0	+0.924
6	F−G	N.14°02'E.	701	+0.97015	+0.24249	+680.1	+170.0	+0.941
7	G−H	N.24°27'W.	1025	+0.91032	−0.41390	+933.1	−424.2	+0.829
8	H−A	S.79°42'W.	948	−0.17880	−0.98389	−169.5	−932.7	+0.032
總數	......	......	......	......	......	+ 3.9	− 4,5	+4.752

26834

之效果(Effect)同樣 $V_1\sin a_1$ 卽改正後,對於第一線經距之效果.其餘各線,可依同理表之.

於是 $V_1\cos a_1+V_2\cos a_2+\cdots+V_n\cos a_n$ 卽長距改正後對於各線緯距和之總效果.

同樣 $V_1\sin a_1+V_2\sin a_2+\cdots+V_n\sin a_n$ 卽長距改正後對於各線經距和之總效果.

使緯距差及經距差,各等於緯距及經距總效果兩方程式例之如下.

$$0=F_L+V_1\cos a_1+V_2\cos a_2+\cdots+V_n\cos a_n \cdots(1)$$

及 $$0=F_D+V_1\sin a_1+V_2\sin a_2+\cdots+V_n\sin a_n \cdots(2)$$

方程式中 F_L 代表此測量之緯距環接差.

F_D 代表經距環接差.

應用 Legramgian 常數(Multiplier)法,根據數學學理展開,之以上兩方程式各綜合爲.

$$\sum\cos^2 a\, M_C+\sum\cos a\sin a\, M_S+F_L=0\cdots\cdots(3)$$

及 $$\sum\cos a\sin a M_C+\sum\sin^2 a M_S+F_D=0\cdots\cdots(4)$$

以上 M_C 及 M_S 爲兩常數.

使 $\sum\cos^2 a=A$

$\sum(\cos a\sin a)=B$

$\sum\sin^2 a=C$

解(3)(4)兩連立方程式,求 M_C 及 M_S

得 $$M_C=\frac{BF_D-CF_L}{AC-B^2}$$

$$M_S=\frac{BF_L-AF_D}{AC-B^2}$$

解決此問題,當以最小二乘方法之原理爲步驟,在本題解以上兩方程式及計算各實測長距之改正數,則可以簡便之機械式表格,代而進行之.如第一表,求 M_C 及 M_S 兩常數之數值,將(6)(7)(8)(9)(10)諸總數項內 F_L, F_D, A,B,C, 各值,代入(5)(6)兩式內,卽得各實測長距之改正值,以下各式求之.

$$\left.\begin{aligned} V_1 &= M_C\cos a_1 + M_S\sin a_1 \\ V_2 &= M_C\cos a_2 + M_S\sin a_2 \\ &\vdots \\ V_n &= M_C\cos a_n + M_S\sin a_n \end{aligned}\right\} \cdots\cdots\cdots\cdots\cdots (7)$$

其計算法,載於第一表之(11)(12)(13)諸項,各相當改正值,載於(14)項.其準確度,祗須至十分之一呎,將各改正值,校準各實測長距,所得之校準長距列於(15)項.各校準緯距及經距,依原來之計算法計算之,惟實測長距代以準確長距耳.若不以上法計算,則各校準緯距及經距,可將各長距改正值各乘以相當之餘弦及正弦,將此乘積,校準各實測緯距及經距.亦可得同樣之結果.

各項計算,代數記號,(Algebraic sign)務必十分留意.計算M_C及M_S時,於代數記號,尤須加以整個之察驗.

綱線須適合於兩三角點之時,則三角點間之一線,假定其爲環接線.(closing line) 此線無須施以改正.對於此線之第(8)至(15)諸項,不必填入其實測緯距及經距,即其校準者也.

此校準法,各項計算,絕對簡易,均可以計算尺求得,雖初習測量者,亦得絕免數學上之困難也.

26836

接縫於混凝土路面之用意

(Why Joints in Concrete Pavemenets?)

Clifford Older 著　　吳光漢譯

接縫(Joints)每用於整片之路面,如混凝土路面,其最大之用意有二:(1)避免分裂——分裂之原由爲溫度降低及載重.(2)防止拱凸——拱凸之原由爲溫度升高及水分漲力.

直接溫度應力

熱則漲,冷則縮,物體之通理也.由各方之經驗結果認定混凝土每增減華氏一度時,其四週之伸縮約爲 0.000006 乘其原有之長度.現舉一例,以明混凝土內於溫度升降時應力之變化.設有一圓柱形混凝土,四週緊圍,使其不得有絲毫之伸漲.增高溫度一度時,其作用等於外加壓力,使混凝土四週壓短原有長度之 0.000006 倍.以3,000,000 作爲混凝土之伸漲率(Modulus of elasticity), 則混凝土柱四週所受之單位壓力爲 3,000,000×0.000006 即18磅/平方吋.

設有一理想路牀對於路面毫無阻力,則上鋪之混凝土可以自由伸縮,决無破裂之患.但路牀對於路面之有阻力,勢所不免.于混凝土路面,因溫度降低而生之結果,不外二種:(1)凝土之極力(ultimate strength)大於路面與路牀(Subgrade)之阻力,則路面之四週隨溫度之變遷而伸縮.(2)凝土之極力小於路面與路牀之阻力,則破裂發生.由 Goldbeck 之經驗定普通厚薄之路面對於路牀之阻力系數(Coefficient of friction)爲1.5至2.0.爲便利計,以144磅爲混凝土每立方尺之重量,以 2 爲阻力系數,則路牀之阻力,當溫度變化時,使混凝土內發生應力.此應力(以磅/平方吋爲單位)之數值適等於路面之長或闊(以尺爲單位)之數值.此理甚爲簡單,玆證明於下:

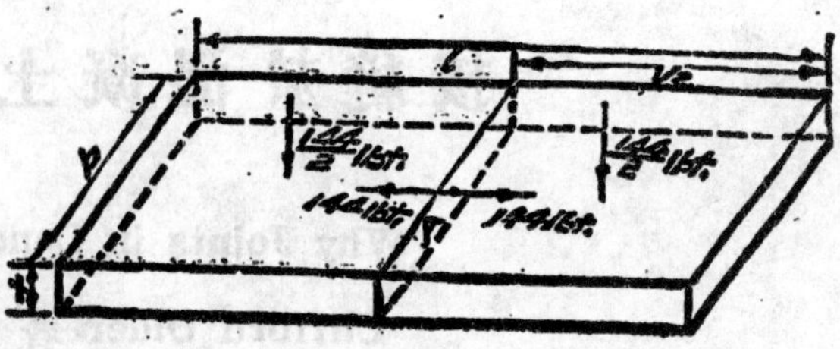

設路面之長爲l(以尺爲單位).

" " "闊" b(" " " " ").

" " "厚" t(" " " " ").

半段路面之重量 $=144\times\frac{1}{2}lbt$

半段路面與路牀間之阻力

$=144\times\frac{1}{2}lbt\times 2=144\,lbt$ (卽面積A上所受之應力)

∴ A面上之單位應力 $=\frac{144lbt}{bt}=144l$ 磅/平方呎 $=l$ 磅/平方吋

如上節所述,溫度一度之變化能發生18磅/平方吋之應力於混凝土中,因此增減 $\frac{1}{18}$ 華度時,所發之壓力或引力已能抵消一尺長或一尺寬之路面與路牀間之阻力.若定每日平均溫度之變更爲10華度,則於180呎長而未曾破碎之路面中,已能發生180磅/平方吋之壓力或引力.又自冬至夏溫度之變遷約120華度,則在2160呎之路面中所發生之應力已達2160磅/平方吋.

根據此理所得之溫度應力僅爲近似値,以混凝土上下層之溫度不能相等及路面與路床間之阻力不能準確決定,故無從得其準確之値,但此外並無他法能得較準確之結果.且此應力亦不求十分準確,故前理已足應用.

彎曲與溫度合幷之應力

當路面已負有重量,其中已發生彎曲應力(Bending stress),若適逢溫度降低,則溫度應力亦須加入.其總數苦易超過混凝土之極力,故裂縫易於發生.其發生之遲早依二應力總和之大小及次數之多少而易.因此常行載重車輛之路,於溫度降低時,橫向破裂時有發見.

不致破裂之完合應力

由上之陳述可知欲避免橫向破裂,則安全之活載重(Live load)所發生之應力不得超過混凝土之能受界(Endurance limit),此能受界約爲破裂率(Modulus of rupture)之半卽300磅/平方吋,減去兩接縫之距離以尺爲單位之數値,卽兩接縫之距離爲一呎時,減去之數爲一磅/平方吋,依此類

26838

推.所減去之數,僅等于溫度應力之數值,其他如路床之支持力不均或路床下陷等之安全系數 (Safty factor), 均不在內.故應用此理時,由各方之經驗,兩接縫之距離在十尺以上者,每十尺須遞加$\frac{1}{4}$吋於應有之厚度.最經濟之接縫距離自當比較加增接縫所需之價及加厚混凝土所值之價,二者之貴賤而決定之.平常所用之接縫距離約為25呎至30呎.據前理而設計之混凝土路面,則破裂一方已不成問題矣.

直接壓力

以前之討論,僅引力一端.但壓力亦有同等之重要.設有一無限長之混凝土路面,中無接縫,築於最冷之天氣,如此因溫度降低而發生之破裂已能免除,假定溫度於冬夏間最大之差為120華度,則混凝土路面中所受之最大壓力為2160磅/平方吋.雖混凝土之壓力強度能過於2160磅/平方吋驟視之似為不致發生拱凸及邊碎,但經驗結果,當路面無接縫時,此種損壞事所常有.其源由為水分之侵入混凝土中多少含有水分,當溫度增高能發生極大漲力,若再加以原有之壓力,已足超過其極力,則拱凸或邊碎可見矣.

水分之侵入混凝土中,如路床之能吸水,混凝土之多孔等,皆其根源.此種現象不易防止.故最妥之方法在計算溫度壓力時,再加以充分之水分漲力,作為壓力總數.普通以溫度壓力之二倍或三倍為水分之漲力.於是伸漲接縫之設置不能缺少.

論結

適當之接縫排列,為避免各種伸縮之困難問題,不宜單恃理論以決定之.經驗所得最適宜或最有効力之伸漲接縫,為每 100 呎內接縫地位之總數須一吋.混凝土內之水分澎漲及溫度增高,每於同時發生,但總數一吋之裂縫於百尺之路面中,已足抵禦兩力同時作用.故拱凸之弊已能免除.但若兩接縫間之距離過遠,或接縫已被泥土填實,則失去大部分之接縫效力.若以能伸縮之物質如地瀝青,乾柏油等為接縫之填入物(Joint filler),則既可使路面自由伸縮,又可防止雨水及泥土之侵入,故築接縫時每用之.

當溫度升高時,路面面層所受之壓力較他處為大,故接縫之邊角甚易破碎.其顯明而簡單之防止方法,即預先於築路時,將接縫之邊角做成弧形.又當載重車輛行走時,近接縫處所發生之剪力倍於他處,故混凝土片段(slab)兩端之厚度,每大於他處.但現在所通行之車輛盡為橡皮胎,剪力根本不能發生,故兩端亦可不必加厚.

混凝土路面之分裂果為引力所致,有置鋼筋或網絲網於混凝土中,使所有引力盡由鋼筋負擔,則混凝土不致分裂.此種結構,普通不常用,及因其價過昂.故分段建築現(即建築場社)為普遍之防禦方法.所謂分段建築,其長或闊不得超15至20呎.過闊之路面須加一直向接縫於路之中線,為預備橫向伸宿之用.建築接縫(Construction joint)與澎漲接縫(Expansjon jonit)間之根本區別,即建築接縫內不能充以填入物,但澎漲接縫內必須填以地瀝青或其他相當之填入物.

26840

基礎設計

The Design of Foundations Under Direct Load and Moment

Hy A. C. Hughes, B. S. C. Assoc. M. inst. C. E.

and Charles S. Gray A. S. C. Assoc. M. inst, C. E.

羅元謙譯

支柱(column)受直接載重時,必先定其基礎.基礎大都以混凝土爲之.若受離心載重(eccentric load)時,則應用鋼筋混凝土,藉以增柱之載重量.長方形或正方形柱脚(footing)受載重時,應假設爲一椀形.(見圖la)若根據理論上之分析,則此種假設,尚不能完全符合.意利諾大學研究院,經長時期之研究,對於正方形柱脚得下列公式:

$$M=(\frac{1}{2}AD^2+0.6D^3)W$$

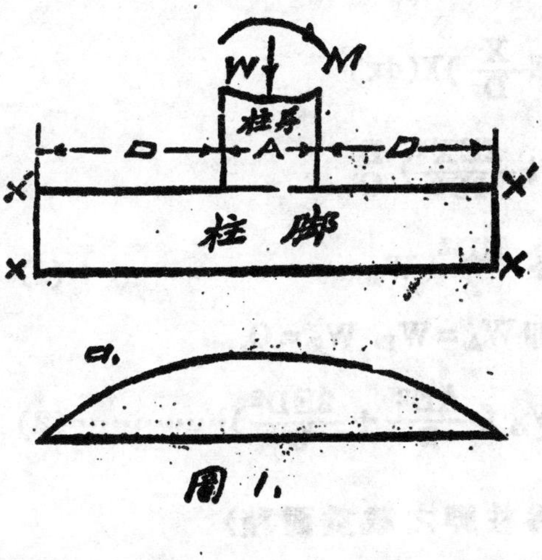

圖 1.

M爲柱所受之灣曲力距(bending moment.以下簡稱B.M.);A,D見圖1. W爲地面受柱脚面X X之平均載重

上式只用於受直接載重(Cirect load)之正方形柱脚.其B.M.之計算舉例於下.

從經驗得來,無論何種支柱,若受離心載重或B.M.時,其長邊應與B.M.同在一平面,如圖1.

B.M.之計算法甚多,其中最與上述試驗所得之結果相近者,乃係假設發

26841

生 B.M. 之總共載重,咸分配於圖之暗面,如圖 2 Yabx' 梯形

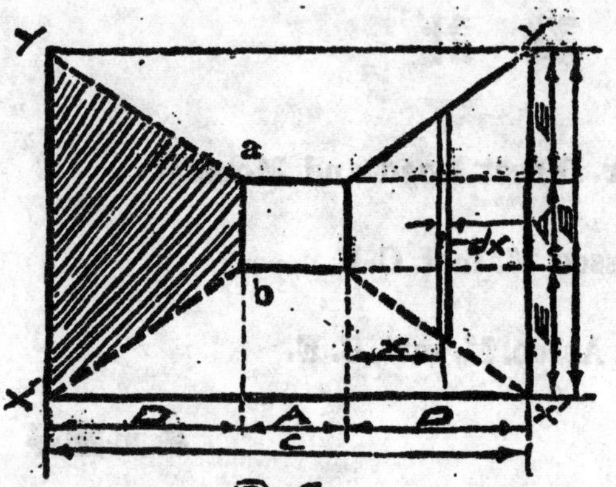

圖 2.

圖 3.

因載重或 B.M. 之有離心距離,故地基上壓力分配不均,如圖 3. 設 W_B 為 B 沿之單位壓力,W 爲柱沿 (cd) 之單位壓力

設 $W_B - W_A = W_D$. 取隔柱沿 (cd) 距離 X 之任一狹條闊(dx),則其單位壓力爲 $W_X = W_A + \frac{X}{D}W_D$, 狹條之長 ℓ 爲 $A+2E\frac{X}{D}$,

則狹片上載重發生之 B. M. $= W_X \ell X(dx)$.

即 $\delta M = W_X \ell x(dx) = (W_A + \frac{X}{D}W_D)(A+2E\frac{X}{D})X(dx)$

積分之

$$M = \int_0^D \delta M = \int_0^D (W_A + \frac{X}{D}W_D)(A+2E\frac{X}{D})X(dx)$$

$$= W_A\frac{AX^2}{2} + \frac{AX^3}{3D}W_D + \frac{2EX^2}{3D}W_A + \frac{2EX^4}{4D^2}\Big|_0^D$$

$$= W_A\frac{AD^2}{2} + \frac{AD^2}{3}W_D + \frac{2}{3}ED^2W_A + \frac{ED^2}{2}W_D \cdots\cdots(1)$$

若地基上所受之壓力係平均分配,即 $W_A = W_P$, $W_D = 0$.

則式(1)$= W_A\frac{AD^2}{2} + \frac{2}{3}ED2W_A = W_A(\frac{AD^2}{2} + \frac{2ED^2}{3}) \cdots\cdots(2)$

設 P 爲總合載重,則 $W_A = \frac{P}{CB}$(CB 爲柱脚之載重面積)

則式(2)$= \frac{P}{CB}(\frac{AD^2}{2} + \frac{2ED^2}{3}) \cdots\cdots(3)$

若柱脚爲正方形,即E=D

則式(3)$=\frac{P}{CB}\left(\frac{AB^2}{2}+\frac{2D^3}{3}\right)$ ……………………………………(4)

式(4)與意利諾大學研究院所得之公式W $\left(\frac{1}{2}AD^2+0.6D^3\right)$相似.

設有一載重爲噸35噸(包括柱脚重量) B. M. 爲15呎噸 (ft. tons) 之柱脚（設計之結果高闊(5'×3'9")見圖4)

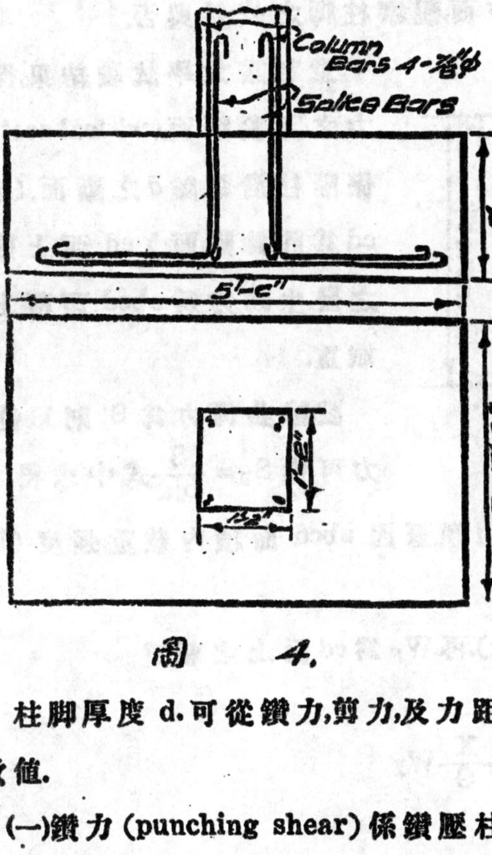

圖 4.

今設計一鋼筋混凝土柱,其長闊當視柱高而定,設柱闊 14" 見方鋼筋爲 $4-\frac{7}{8}$" ϕ

地面所受之壓力爲P

則 $P=\frac{WL\pm 6M}{BL^2}$

W=35噸 M=15呎噸,

L=5', B=3.75'.

得 極大$P=\frac{WL+6M}{BL^2}=\frac{265}{93.75}=2.83$噸

極小$P=\frac{WL-6M}{BL^2}=\frac{85}{92.75}=0.91$噸

($=\frac{35\times5\pm6\times15}{3.75\times52}=\frac{175\pm90}{93.75}=\frac{265}{93.75}$ 與 $\frac{85}{93.75}$ 二數)

P之分配如圖3.$W_B=2.83$,$W_A=0.93$

柱脚厚度 d.可從鑽力,剪力,及力距三者,依次序求得,而揀選一最安全之數值.

(一)鑽力 (punching shear) 係鑽壓柱脚一方孔之力,載重爲35噸,則地之總共反應力亦爲35噸.柱之闊度,假設如上,則柱脚抵抗此反應力之面積,爲闊×厚=4×14×d.

於此發生一種困難,蓋柱脚所受之壓力,並非平均分配.(如圖3)在實際上,設 P之極大及極小之差,不甚大時,可用其平均數值.

鑽力之數値可從V=pdv式中求得.

26843

P 爲柱圍(perimeter),d 爲柱脚厚度,（從鋼筋至柱脚表面之距離見圖4)

V 爲總合載重, v 爲柱脚之單位鑽力

設柱脚爲1：2：4混凝土,則 v=120 磅 方平吋.

代入：得 $d=\frac{V}{pdv}=\frac{35\times2240}{(4\times14)120}=11\frac{1}{2}$ 吋(1噸=2240磅)

鋼筋下須加二吋以上之混凝土,以資蓋護則柱脚總厚 D=14吋.

(二)由尋常剪力 (ordinary shear) 方面,觀察柱脚之安妥與否.

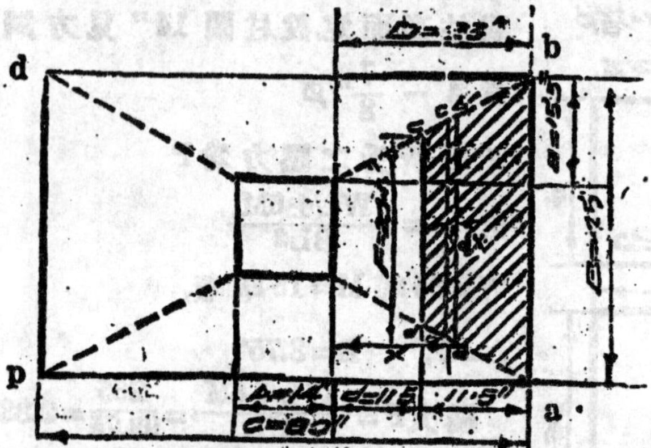

圖 5.

意利諾大學試驗結果,得剪力之評論斷面(critical section)係隔柱沿距離 d 之斷面.（圖5 cd 爲評論斷面）cd 面上剪力之發生動力爲 abcd 面積上之載重.

設總共剪力爲 S,則單位剪力可從 $S_U=\frac{S}{bjd}$ 式中求得,

式中 b 爲 cd 之長等於 F.此處又發生問題,蓋因 abcd 面積內載重强度 (intensity)不屬相同也.

設隔 cd 距離 X 之狹條 a'b'c'd' 闊 (dx),再 W_S 爲 cd 面上之載重

$W_Y=W_A-W_B$ 假設與圖2圖3相同,

則得 a'b'c'd' 上之單位載重 $W_X=W_S+\frac{X}{G}W_Y$

a'b'c'd' 長 $\ell=F+2\frac{EX}{G}$

則狹條 a'b'c'd' 上之總合載重爲 $W_X\,\ell(dx)=(W_S+\frac{X}{G}W_Y)(F+\frac{2EX}{G})dx.$

由此得 abcd 面上之總合載重 S 等于 $\int_O^G W_X\,\ell(dx)$

積分之 得 $S=\int_O^G(W_S+\frac{X}{G}W_Y)(F+\frac{2EX}{G})dx$

26844

$$=\left[W_SFX+W_S\frac{EX^2}{G}+\frac{FX^2}{2G}W_Y+\frac{2E}{3G}X^3W_Y\right]_O^G$$

$$=W_SFG+W_S\ EG+\frac{FG}{2}W_Y+\frac{2}{3}EG^2W_Y\cdots\cdots\cdots\cdots(5)$$

柱之大小假設如上(見圖5)則S可從公式(5)中求得.

$F=14+(2)\frac{(15.5)(11.5)}{23}=14+15.5=29\frac{1}{2}$ 吋, $E=15\frac{1}{2}$ 吋, $G=23-11\frac{1}{2}=11\frac{1}{2}$ 吋.

$$W=\frac{\left[\frac{(60-11.5)}{60}(2.83-0.91)+0.91\right]}{144}=\frac{1.55+0.91}{144}=\frac{2.46}{144}\text{ 噸/平方吋.}$$

$$W_Y=\frac{2.83-2.46}{144}=\frac{0.37}{144}\text{ 噸/平方吋.}$$

代入公式(5)

$$S=\frac{11.5}{144}(2.46\times29.5+2.46\times15.5+\frac{29.5}{2}\times0.37+\frac{2}{3}\times15.5\times0.37)$$

$$=\frac{11.5}{144}(45\times2.46+25.08\times0.37)=\frac{11.5}{144}(110.5+9.3)=9.55\text{ 噸或 }21,400\text{ 磅}$$

$$S_U=\frac{S}{bjd}=\frac{S}{Fjd}\qquad d=\frac{S}{S_UFj}$$

S=21,400磅　1:2:4 混凝土之單位剪力 $S_U=60$ 磅/平方吋, $F=29\frac{1}{2}''$

故 $d=\frac{21,400}{60\times29.5\times\frac{7}{8}}=13\frac{3}{4}$ 吋

d 之數值從鑽力方面計算則得 $11\frac{1}{2}$ 吋.

兩數相比,則 $11\frac{1}{2}$ 吋一數顯係過小,

為柱脚安全起見,普通都是(a)增加厚度(b)增坡度(c)加鋼筋

(三) 由彎曲力距(bending moment-B.M.)方面觀察之一柱脚受地面反應力,故發生R.M.

從公式(1)中得極大力距 $M=W_A\frac{AD^2}{2}+\frac{AD^3}{3}W_B+\frac{2}{3}ED^2W_A+\frac{ED^2}{2}W_B$

26845

$$W_A=0.91+[2.83-0.91]\frac{37}{60}=0.91+\frac{1.92\times37}{60}=0.91+1.18=\frac{2.09}{144}\text{噸}/\text{平方吋}$$

$$W_Z=W_A-W_B=2.83-2.09=\frac{0.74}{144}\text{噸}/\text{平方吋}$$

$A=14$ 吋, $D=23$ 吋, $E=\frac{B-A}{2}=\frac{45-14}{2}=15\frac{1}{2}$ 吋

$$M=\frac{\overline{23}^2}{144}[2.09\times\frac{14}{2}\times\frac{14}{3}\times0.8+\frac{2}{3}\times15.5\times2.09+\frac{15.5}{2}\times0.8]$$

$$=\frac{\overline{23}^2}{144}[14.35+3.73+21.10+6.20]=\frac{23^2\times45.38}{144}\text{吋噸}=372,000\text{ 吋磅}$$

再進而討論底板(base slab)之闊,從上述各種試驗之結果得一假設即"若平面上兩方向都備鋼筋,其鋼筋位置距離相等,則受B.M.之柱脚闊度應為柱闊與柱脚至鋼筋中心深度兩倍之和"

即 $B\leqq b+2d$

$d=17$,則抵抗B.M.之柱脚闊度B為$14+2\times17=48$ 吋.

但較柱脚總闊為大,故應用45."

每一吋闊底板所受之M.B.為 $\frac{M}{B}=\frac{372,000}{45}=8,270$ 吋磅

設 $fc=600, f_s=16,000$ 為混凝土與鋼筋之單位應力(stress)

則 $d=\sqrt{\frac{6M}{SB}}=\sqrt{82.7}=9.07$ 或等於9吋

從上三法觀察結果得d之最大值為14吋,加3吋蓋護,得總厚 $D=17$ 吋.

為安全起見深度d應觀察粘力(bond stress)後再決定之闊尺柱脚所用之鋼筋為 $\frac{372,000\times12}{0.45\times0.8\times16,000}=0.46$ 平方吋.欲求粘力,應先求圖2之黑線面積內之載重,其計算如下;

設隔柱沿距離X闊dx之狹條,其單位載重為 $W_X=W_A+\frac{X}{D}W_Z\,dx$

狹條之長為 $A+2E\frac{X}{D}$.

故總共載重為 $P=\int_O^D W_X\,l\,dx=\int_O^D(W_A+\frac{X}{D}W_Z)(A+2E\frac{X}{D})dx$

$$=\int_O^D W_AA+2W_AE\frac{X}{D}+A\frac{X}{D}W_Z+2E\frac{X^2}{D^2}W_Zdx$$

26846

$$= \left[W_A AX + W_A E\frac{X^2}{D} + \frac{AX^2}{2D}W_B + \frac{2}{3}E\frac{X^3}{D^2}W_B\right]_O^D$$

$$= W_A AD + W_A ED + \frac{AD}{2}W_B + \frac{2}{3}EDW_B \cdots\cdots\cdots\cdots\cdots\cdots (6)$$

從上得　$W_A = \frac{2.03}{144}$ 噸/平方吋.　$W_B = \frac{0.80}{144}$ 噸/平方吋.

$A = 14$ 吋,　$D = 23$ 吋　$E = 15\frac{1}{2}$ 吋.

代入式(6),

P（發生粘力之總共載重）

$$= \frac{23}{144}\left[2.03\times14 + 2.03\times15.5 + \frac{14}{2}\times0.80 + \frac{2}{3}\times15.5\times0.80\right]$$

$$= \frac{23}{144}(28.42 + 31.47 + 5.60 + 8.27)$$

$$= \frac{23\times72.76}{144} \text{噸} = 26,400 \text{磅}$$

欲試粘力,則力距所需之柱脚闊度(卽 B = 45")須用於此處.

粘力可從 $V = \frac{P}{\sum ojd}$, 求得之.

$\sum 0$爲假設之柱脚闊度,B,內之鋼筋總共周距(perimeter)

則力距所需鋼筋應等於 $\frac{372,000}{0.8\times17\times16,000} = 1.7$ 平方吋

用十根$\frac{1}{2}$吋鋼筋$(10-\frac{1"}{2}\phi)$安置相等距離如圖6.

其供給面積(furnished area)爲1.964平方吋總共周距爲$15\frac{3}{4}$吋.

粘力V $= \frac{26,400}{15.35\times\frac{7}{8}\times17} = 100$ 磅/平方吋.

普通粘力之工作應力(working stress)爲100磅/平方吋,

故粘力已屬安妥,無需重行設計

26847

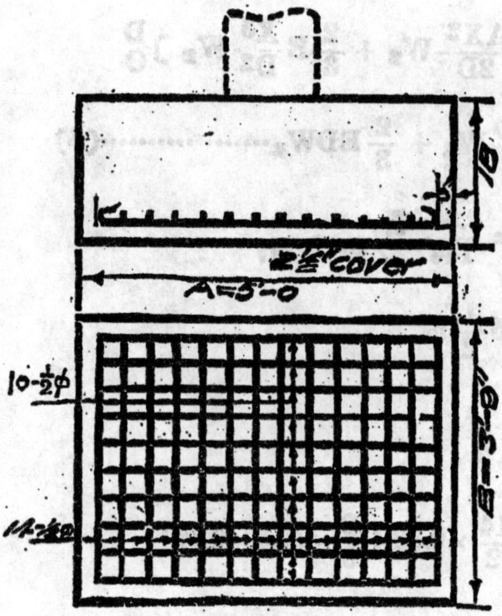

圖 6.

若求得之粘力數值大於工作應力,則須用下列三法之一

(一)增加柱脚厚度

(二)加筋應用多數直經較小之鋼筋(即增加∑0)

(三) (一)(二)兩法並用

柱脚之較長闊邊(即5'—0"之一邊)可如上法計算之,其結果則得14 — $\frac{1"}{2}$ φ 安置相等距離如圖6.

為求明瞭起見,將鋼筋混凝土柱設計之程序略述如下.

(一) 支柱所受之彎曲力距

$$M = {}_{A}W\frac{AD^2}{2} + \frac{AD^2}{3}W_Z + \frac{2}{3}ED^2W_A + \frac{ED^2}{2}W_Z \text{ ……………公式(1)}$$

(二) 已知(或假設)直接載重P(包括柱脚重量)及彎力距M之數值,求得柱脚兩邊闊度(B與L) 地面所受壓力 $P = \frac{WL \pm 6M}{BL^2}$

(三) 脚脚厚度d之計算,須用下列三法.

a. 鑽力計算一 $d = \frac{V}{pv.}$

V 即等於上式P. p = 柱之周圍, V = 120 磅/平方吋(1:2:4混凝土柱脚)外加蓋護,得柱脚總厚D.

b. 剪力計算一先求得柱脚受剪力之評論斷面(為隔柱沿距離d之斷面)再求該斷面上之總共載重S. 單位剪力 $S_U = \frac{S}{bjd}$ ……………公式(5)

故 $d = \frac{S}{S_U bj}$

c. 力距計算一用公式(1)求出M.

$d = \frac{6M}{Bf_c}$ B為柱脚闊度, f_c = 600 磅/平方吋為混凝土之單

26848

位工作應力(working stress)

從a,b,d三法中,揀出最大一數,稍增加之,用爲柱脚厚度,爲安全起見故也.

(四)從力距,計算所需要之鋼筋,即用$A_s=\frac{M}{f_s jd}$揀選鋼筋並安置相等距離.

(五)粘力決定d之數値適合與否,即從(三)法中求得之d用爲柱脚厚度其單位粘力不能超過標定數値(specified value)

26849

路　漿[1]

茅紹文譯

漿者,乃一種微細液體質點,散懸於他種液體內而不能溶解于其中,所成之混合液也.用路漿之用,乃使瀝青物質[2],洒于路面,易于透入路內.若欲得良好結果,必須地位適宜,時間的當,路面整潔,以及預備與使用路漿時之加意.在預備及使用路漿時應注意之特點如下:—

(1)瀝青物質之成份,須純粹,

(2)漿須能支持高溫度及低溫度,即經一二月之久,不至有多量之團結或沈澱,

(3)此液體應有適當之流動性,不能過薄而太易流動,亦不能太濃而不易流動,須適於普通使用之洒法.常用者以百分之40,爲最低水量.

(4)須能用於乾燥或潮濕之氣候,現在之路漿有適於needed雨時使用者,有適於霜雪時使用者,其不能完全適於各種天氣乃其弊也.

(5)漿透入路內後,須不透水而成一堅固之路面,其所需於穩固者,有二方面:第一,瀝青物質與漿分開後,在下雨時不至還原.第二,其所膠固之結合體,成堅固之大塊而不至互相轉動.

(6)須有堅牢之黏合.欲副此需求,則於使用漿時,路面必須清潔,而無灰塵及沙泥;否則近乎抹油,成無黏性之泥土而已.

漿之種類甚多,今姑舉其最合用之二種;一,爲地瀝青漿[3].二,爲柏油漿[4]

(一)地瀝青漿.　此種漿製造尙易,因其比重,與水相仿,故不至易於浮起或沈下,其質硬者製漿較難,故常用者,爲200刺入度[5]左右之地瀝青.凡路之築法不同,其所需之黏合力亦不同,故所用瀝青之硬度,亦隨之而異.例如熱和方法,用45—65刺入度;瀝青溶化後,即敷於石子上,與塡滿其孔隙.路面所受之壓力,分配於石子及瀝青而橫力則爲瀝青所支持,故此瀝青非有

強大之黏合力不可.

路漿方法. 石子既先置,且已壓緊,漿之功用,不過補滿石子間之孔隙而已,所需之黏合力,不如熱和法之大,故較軟之瀝青,亦能應用.用較軟者,亦有相當之利益;蓋於極冷或極熱之天氣,可保持所有之黏合力也.普通所用之漿,含有百分之 50—60 地瀝青,有時至百分之66者.

(二)柏油漿. 柏油之比重較高,表面漲力[5] 亦甚大,故製漿較難,但柏油中有幾種成份,極易製漿.此二種相反之趨向可相抵消.有一種柏油漿,含有百分之 90—95 柏油,冷時甚硬,當應用時熱至攝氏 60—80 度,可加水冲淡.(水在同溫度)以至百分之 30—75,此種漿在高溫度時,能吸收水份,溫度下降後,仍能放出.因有此特性可不為雨水所冲去.至於其黏合力,亦較地瀝青為大.

漿劑.[7] 漿劑之職務,在使兩種不溶解之液體分離.可為漿劑之物,不在少數;除鹻類外,大概屬於膠狀一類.鹻類加入水後,即成漿劑.凡膠質物與各種植物之膠水,大都屬於保護性之膠質物.

實用上,漿劑以少為妙.一部份因為避免車輛多走後,再變成漿.一部份因為免去石子與瀝青間,黏合力之減少.現在漿劑之科學發達甚速,故多取其能使漿優良者用之.

調和 調和之法,都用機器為之,常用者如慢轉機,其速度為每秒鐘一轉.快轉機,如潑里墨爾,[8] 及晞里爾[9] 製膠機等等.調和之程序,隨物質及和法之不同而異.其溫度以適能使物質溶解即可.

路之築法 築路可分二部,一為預備及安置路之材料.二為使用路漿.

預備路面之方法,與普通築路相同.毋須詳述.但應該注意者,路面上不能留有灰塵及沙泥,必使愈清潔愈妙,否則漿與路面,不能得有良好之黏合力.

路面使用路漿後其功用甚多,而使蔓克特姆[10]路,成為堅固之路面,此其功用之大者也.

26851

木塊路亦能賴之而延長其生命,一則,木塊之間膠合.二則,能防止路面之耗損.若路漿洒後再播以石屑,則石屑膠在木塊面上.如着外衣然.繼續爲之,二三年後成一柏油石屑路面,木塊不至損害則可經數十年之久.

石塊路洒漿後,可減少喧聲,及防止耗壞.但石與漿之黏合力甚弱,故須常加膠性物質,使其黏合.

路漿用於混凝土路面,尙未能得圓滿之結果.其間黏合力弱,故耗壞甚速,並常脫殼;若熱後使用,雖可較好,亦難免於脫殼之虞.

洒路漿之法,用各種洒水桶皆可若用汽車則更形捷便.其量之多少,視路和液之種類及路面之物質而異.漿洒後,經過相當時間,使漿與水分離,乃用壓路器滚過,使成一堅固之路面.

現在有一種路面和合物,爲瀝青混凝土.11此物卽屬水泥漿,其中所需之水,代以地瀝青,瀝青乃分散於混凝土內,能補滿其所有之孔隙,使路面不透水,而更爲堅固.雖其拉力弱於混凝土,而其堅,則二倍於地瀝青膠泥地.12此亦一可驚之成功也.

結論　路漿自1911年開始試驗後,漸漸發達,迄乎今日,在築路中已占有重要之地位.此種路適於快速度,輕載及較密車輛之處,而不宜於重載車輛之處,其能支持車輛之確數,因種種關係,尙未能決定.路漿除作路面外,且適於修理路面,及防止灰塵之用.近據歐美調查,地瀝青之用於製造路漿,每年需六萬噸之巨,此亦可見路漿發達之一般也.

物之爲用,有利有弊,未有能完全滿足人之慾望者,路漿亦然,今將其利弊分述如下:—

優點: 1. 無論天氣乾濕,皆可使用.

2. 使用簡便.

3. 建築及保養之費較廉.

4. 路面完成後,不透水,無灰塵.溫度雖有極冷極熱之變化,而路面

26852

不至發生高低不平,常保持其堅固狀態.

劣點: 1. 在大雨時,不能使用.

2. 有不少路漿,尚未證實其效用.

若製漿時,成份不適當,水不清潔,及悮用漿劑等等之故,將來即不能得良好之路面,故欲得良好之結果,於其製法亦不可不加以注意者也.

附註 1 Road Emulsion. 2 Bituminous material.

3 Asphaltic Bitumen emulsion.

4 Tar emulsion. 5 Penetration.

6 Surface tension. 7 Emulsifier

8 Premier 9 Hurrell

10 macadam Road

11 Bituminous Cement Concrete

12 Sheet asphalt

26853

鋼筋混凝土樑中剪力之研究

Studies of Shear in Reinforced Concrete Beam

By T. D. Mylrea M. Am. Soc. C. E

丁守常譯

序略

于今雖已有許多關于鋼筋混凝土剪力之論著,與實際設計之標準.而于鋼筋混凝土設計中,未曾處决之難題,尚屬不少.標準化雖有其利,而易流于板滯.多有爲建成結構起見,而將未决之點,棄而不顧者,『卽此已足』幾認爲滿意之答辭矣.最近始感建築鋼與鋼筋混凝土之效用太淺,而加以有力之校正.欲有此種校正,則重驗建築理論,以核對其所基之假定,及詳考實驗所得佐證之舉.十分重要.著者于鋼筋混凝土之剪力情形,曾努力于此方面.其所以如此,非敢以革新者自居,僅乃『述而不作』.蓋著者有信于精研所得,將顯示增加容許單位應力(Allowable Unit stress)之舉,並無何種可慮.而見此種擴增,非出偶然,乃有相當準備于其先也.其實多數建議,原不過將來可能性之揣測而已.欲爲詳細探討,先注意于普通公式之簡略逕演.

簡注

以下簡注常見于此篇中.

n	伸張率之比 E_s/E_c
E_s	鋼之伸張率
E_c	混凝土之伸張率
N	距離B中鋼筋之數

B　張力裂痕之寬闊(與彎折鋼條成直角假定裂痕延至壓力中心)

j　抵抗偶力之力臂與 d 之比

d　鋼筋混凝土樑之有効高

S　鋼鐙 Stirrup 或鋼筋之彎折點之距離

V'　鋼筋所受之外剪力(external Shear)

P　每鐙所受之平均拉力(pull)

a　彎折鋼筋之分間(Spdcing)

∝　彎折鋼筋之斜度

A　張力裂痕之長假定裂痕之方向爲45°且延至壓力之中心

v　單位剪力

b　樑之闊

V_a　平均單位剪力

Vm　最大單位剪力

C　對角壓力 Diagonal Compression

T　鋼筋張力

u　單位結合應力 Bond stress

ΣO　周長總和

C_h　c 之平面分力

C_v　c 之直面分力

W　均匀載重

K　中和軸 neutral axis 與有效高之比

抗剪鋼骨 Web Reinforcement 所生之應力

抗剪鋼骨之用,爲抵抗對角張力所發生之剪力與主要鋼骨(Longitudinal Reinforcement)之於縱張力,正同其功效張力曲線皆沿應力拋物線延續,二者固無甚差別也然此乃常蔽于紛淆,以之對角張力,遂被視爲奥秘,而有畏心.實則苟鋼筋之量而夠,且度置適當,以無滑動及壓碎混凝土之弊,則對角張力,正無殊于其他張力,亦不足爲慮.若及于鋼筋之置法,則或斜或直,或更加以特種計劃,皆屬可行.

在圖一(a)表示一梁,其抗剪鋼骨係屬鋼鐙,未裂時,鋼鐙之變動,僅爲梁之環曲而起.如圖　(b)于上端略擠,而下端略離.但于其全長,未嘗改變.因剪力而起之混凝土下落作用,予相降二鋼鐙,以垂直的相對移動.于其全長,亦無所改變.于此可知在未現裂痕時,環曲與剪力,皆未嘗使直豎鋼鐙,發生應力.美國土木工程學會前會長A. N. Talbot君之實驗,足爲明證.其中且有于初載輕負時,混凝土有微受壓力之顯示.惟在他人實驗中,亦有發現輕微張力者.

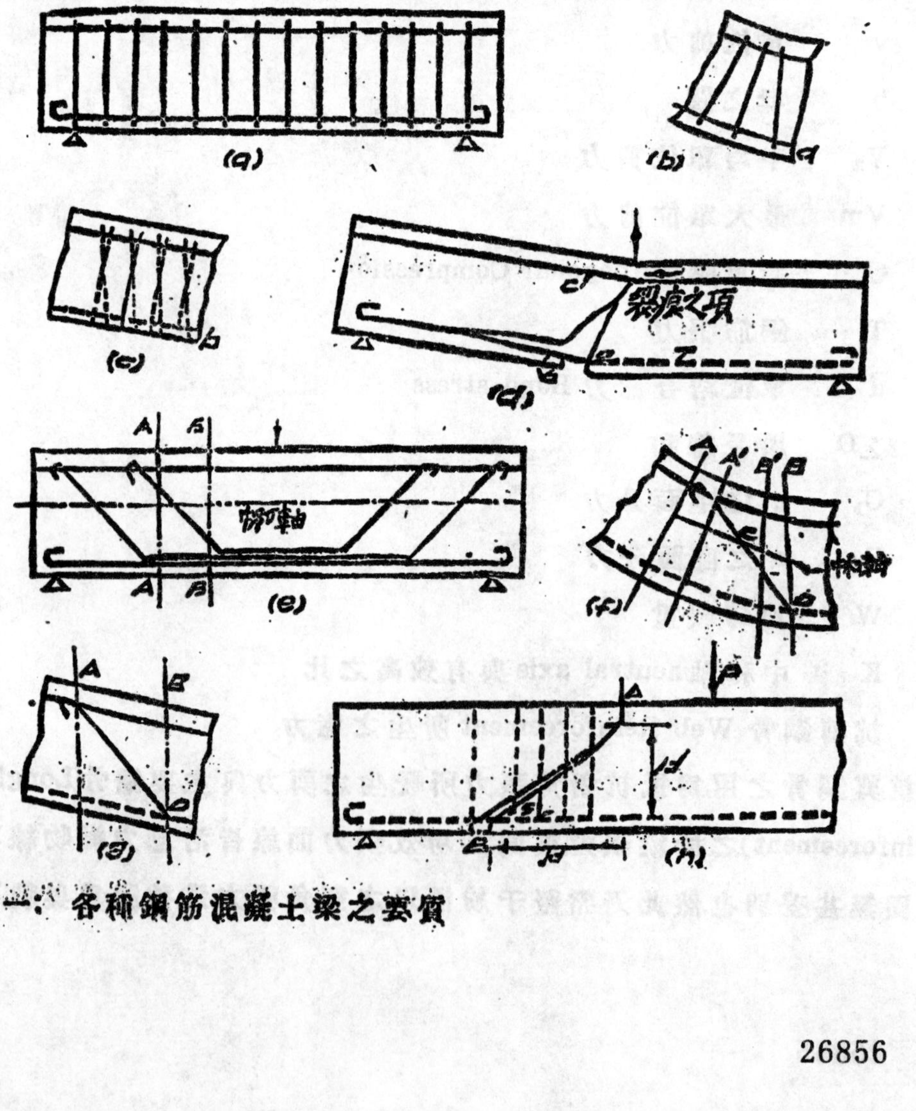

圖一: 各種鋼筋混凝土梁之要質

關于此點,曾有許多未得歸宿之論述.在破裂前,鋼筋混凝土梁之爲用,與勻成梁(homogeneous beam)相同.然以是梁中之剪力,未能自頂至底,均勻分配.故在中和軸以下,有垂直壓力(Vertical compression);以上有輕微張力之事,亦屬可能.因之在圍裏中之異體,如直置鋼鐙之類,依其測驗之處,在此軸之上或下,而見其輕微之張力或壓力焉.然此猶非所需之鵠,要旨乃在破裂後,將何所見也.

梁當分裂後,對角張力隨之而減.見圖一(d)然苟其下方突臂 a 與 b 處之鋼筋,而被固聯于 c,則此種摧毀,將大爲緩減.直置鋼鐙之函効,卽在于是焉.復次,觀抗剪鋼骨之爲用;在未裂時,先單就梁之環曲而論,則剖面 A 與 B 互起移動,如圖一 f 所示.中和軸以上之斜角鋼條 AC,因受抑而生壓力,以下之斜角鋼條 CD,受引而生張力.次單就剪力而論,則剖面 A 與 B 之間起垂直移動,AD 之長因之而增.如是以剪力及環曲二者混合作用之結果,斜角鋼條于梁之破裂前,至少在中和軸下方,有伸張應力存在.明乎此,而知此種鋼筋之有助于梁之韌性,較之直置鋼鐙,爲過之而無不及矣.蓋破裂以前,其粘合可視爲完善.而鋼之應力乃 n 倍于四圍混凝土之應力,$n=\frac{E_s}{E_c}$.破裂以後,斜經裂痕之鋼筋展延,其緩減毀破之涵效,又正與直置鋼鐙無所異也.

抗剪鋼骨之公式

圖一(h)表示一梁之半,承受混凝土所不足之有恆外剪力.(Constant external shear)假設裂痕發生爲45°角度,如所示.卽語其極.亦未有眞展至壓力中心者.以 AB 爲沿裂痕之剖面,于勻成,梁中,卽使鋼鐙竭其維護之職,亦不過懸其右方之梁于左方而已.其所負 V 分入于 N 鋼鐙中,而

$$N=\frac{jd}{s} \quad\cdots\cdots\cdots\cdots(1)$$

因此設 P 爲每鐙之平均拉力

$$P=\frac{V'}{N}=\frac{V'S}{jd} \quad\cdots\cdots\cdots\cdots(2)$$

于圖二(a)抗剪鋼骨中,有斜角鋼條此處 V' 爲 N 鋼條之直面分力所受,自圖

26857

三(a)

$$a = S\sin\alpha \quad\cdots\cdots\cdots\cdots(3)$$

$$A = \frac{jd}{\cos 45^\circ} \quad\cdots\cdots\cdots\cdots(4)$$

$$B = A\cos(45^\circ-\alpha) \quad\cdots\cdots\cdots\cdots(5)$$

而

$$N = \frac{B}{a} \quad\cdots\cdots\cdots\cdots(6)$$

每鋼條之直面分力 = $P\sin\alpha$ 故

$$V' = NP\sin\alpha \quad\cdots\cdots\cdots\cdots(7)$$

以N, A, 與B之數值(得自(3)(4)(5)(6)等式)代入(7)式而約之

得

$$V' = \frac{pjd(\cos\alpha+\sin\alpha)}{S} \quad\cdots\cdots\cdots\cdots(8)$$

(2)式與(8)式互可移替以應所求　因此得式(1)其垂直外剪力為梁之鋼筋所任　式(2)每鋼鐙或彎折鋼條之拉力　式(3)所需之分間　如鋼筋在45°之特種情形下(8)式變為

$$V' = 1.414\, Pj\frac{d}{S} \quad\cdots\cdots\cdots\cdots(9)$$

$$P = 0.707\,\frac{V's}{jd} \quad\cdots\cdots\cdots\cdots(10)$$

$$S = \frac{1.414\, Pjd}{V'} \quad\cdots\cdots\cdots\cdots(11)$$

自(11)式與(2)式中S之比較可見當種種情狀相符,鋼條之大小相同,分間之距離相同,則傾斜45°之鋼筋,較之直置者能抵抗1.4倍之剪力.換言之求載同樣之剪力于同樣剖面之梁,傾斜45°鋼筋之分間,較直置鋼筋可大1.4倍于此可知此種鋼條之距而1.4倍于直置者,則于其効用毫無裨益也

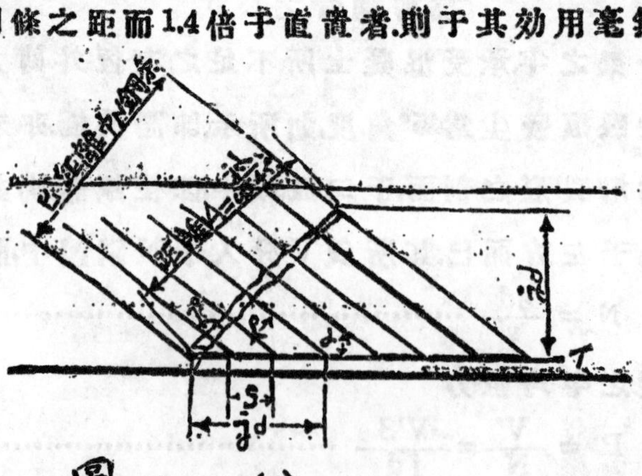

圖二 (a)

末完

公路工程

陳體誠先生演講　十八年十二月

劉俊傑 記錄

諸位同學:剛才蒙主席過獎,慚愧得很.至于演講,實不敢當.不過因為兄弟在浙江辦公路,所以就在公路方面隨便談談.

自從國民政府成立以後,亟謀建設.在建設中為什麽去偏重公路,似乎十分可怪.不過就經濟方面講,公路比較別種道路——鐵道,電車道,輕便鐵道——便宜,就在外國,也是如此.中國在民窮時代,不能造鐵道,只好辦公路.就交通方面講,近來因為汽車事業的發達,公路亦因之發達.雖則公路並非專為汽車而設,但現在多偏重汽車方面,實是時勢如此.這就是公路發展的原因.

浙江公路,在從前省道局時代,已略有根底,其他商辦的,也有不少.去年浙省發行五百萬公債,為造全省公路之用,到最近進步雖不算十分快,然已有一千多里的公路,將來發達,可希望展至二千餘里至萬餘里.現在甯杭公路,已經通車;到上海的一線,因為江蘇境內還沒有做,只能到乍浦為止;浙東一帶,已可渡過錢塘江,曹娥江,直達甯波;其餘杭皖,杭福,台溫諸線,都在進行中;杭江線,已托杭江鐵路局代辦,這就是浙省公路進程的現勢.

公路工程之步驟

I. 踏勘 Reconnoissance

建造公路,如何能便利民衆,如何能使建築經費減少,完全靠踏勘時所選的路線而定.在浙江踏勘,非常便利,因為陸軍測量局,已有 $\frac{1}{50,000}$ 的詳細地圖,牠的等高線(Counter),也很合用.所以要造一條路,就可從這種圖上,先定一 Most Possible line, 再進行工作.

II. 測量

測量隊 (Surveying party) 之組織:

1. 中線組(Traverse party):測量所選定路線的中線.
2. 水平組 (Level party) 在中線組測定中線後,去測沿線的高度差 (Difference of Elevation) 以便定路線的坡度 (Grade)
3. 地形組 (Topographical party):在水平組後,去測沿線的地形,並盡出等高線 (Counter line).

每隊人數原沒有一定,至少須有兩人.照以上的組織,範圍很大.爲節省起見,三組可拼成兩組或一組.在山地要定一好路線,非常困難.所以測量時,用照距法 (Stadia method) 較爲便利.公路局普通用的,多係此法.初次測量 (Preliminary Surveying), 用 Stadia 法,先得一粗圖 (Rough map),再仿鐵路上普通用的 Paper location 法把路線規定,然後 locating on ground.

在中國測量,非常舒服,因爲可用測夫.在外國生活程度很高,不能雇測夫,所以各種物件,總由測量員自己負荷.至于用測夫,也有好處,也有壞處.如果測夫是有經驗的,的確能幫助測量員不少.不過假是測量員喜歡躲懶,什麼東西,都交給測夫,儀器常易損壞.這種弊病,公路局亦時有發生.

III. 預算

從已定路線,估計 (Estimate) 最經濟的建造費用.預算如何做,頗爲困難,普通多把工價統計 (Cost Statistics) 做根據.工價的變更,本沒有一定,所以預算時,全憑工程師的經驗而定.

IV. 施工

V. 決算

工程做完後,應有決算.決算和預算,總不能符合.就是工程師有經驗,也不能使決算和預算完全一樣.普通工程師,往往有一種毛病,就是預算太小(Under-estimate)希望容易通過.但到末了,總是超過.所以工程師在預算的時候,應當從寬一點.公路局的預算,本擬從寬,但政府方面,常常隨意Cut, 辦工程的人,爲之束手.這也是一種困難問題.

IV. 驗收

在工程完成後,請主管機關派人驗收.這是工程最後的一步手續.

公路工程之分類

I. 路基工程 Earth-work

Earthwork 一字,還不能包括盡盡,因爲經過山地時開山,不能完全說是 Earth; 不過大部分却是Earth, 所以凡 Cut or fill of rocks, gravels, etc. 都叫做 Earth-work, 卽 Preparation of road bed 之意.

II. 排水工程

排水可用橋梁,和涵洞.排水工程完了後,路身已略有可觀.

III. 路面工程

視該路的運輸情形 (Traffic condition) 來決定用何種路面.

IV. 保護及修養工程Maintanence and Rapair

路面,橋梁,涵洞等,都應設法保護.普通所用的,有 Stone pitching, rock bedding or grossing, 或沿路旁種樹.

公路多不宜經過山洞,能夠避免最好.因爲開一山洞,所費很大,和鐵路上山洞差不多.但在公路上還要注意空氣和光線 (Ventilation andlight) 比鐵路山洞更費事.

公路施工時所用的器具有洋鍬 (Shovel) 洋鎬 (Pick), 前者用以 Recieve loose earth 後者用以 loosing earth.

在鐵路上計算土工 (Earth work) 時,多用 Mass diagram 使塡挖平均.就原理上講,公路也應如此.在中國,多不很注意,實一大謬事.不過要使 cut and fill balance, 第一步應先解決運輸問題.在我國因爲運輸問題不能解決,專恃人工,以致 Cost of haul 很大,所以工程師實在也不能注意到Cut and fill balance 上面去.

在外國運土有輕便鐵道,用運土車 (Tipping cars), 很容易推動和傾去;容量也大;並且不大費力.因此運輸問題,可以解决一部.然用Tipping cars 還要人力推運,如果要免用人力可辦小 Locomotive 拖帶.這兩種東西,我們都有了.現在的趨勢,覺得用輕便鐵道,還不十分合宜,因爲用費太大,且于遷移時不很便利.最近外國有用 Machine scraper. 力量很大.還有一種 Tractor 可在任何地上行動,並且能拖許多東西.照這樣看來,以後的輕便鐵道,或者還會淘汰. Scraper 及 Tractor, 因價值太貴,一時還沒有置備.

開山工程： 1. Drilling: 中國普通用人工打孔,進行很慢.要求工作快,消費小,最好用 Electric explosive. 最近有壓氣鑽(Pneumatic Drilling)即 air-compression machine. 此種壓氣鑽,公局路已有兩隻,在萬松嶺及湖州開山. 2. Ballasting 至于 ballasting 尚無適當改良方法,普通還用炸藥.但是在中國購買炸藥的手續,非常麻煩.不過將來如開大規模的山石,恐怕還是要用 Electric explosive.

排水工程： 過河或用橋或用船.但用船太費,所以在公路上多用橋.近來普通造橋的材料有木(Wooden truss) 石 (Stone arch)及混凝土(concrete). 本來 Stone arch 是中國的專長,不過因爲要造 arch, 石質必須很好,現在嫌其太貴,所以不大用.普通常用的是洋灰漿 (cement paste) 亂石砌 (Rubble masonry). 在內地因各種物質缺乏,此種砌法,也許很貴.混凝土是造橋最便利的材料,但是在中國洋灰價值太貴,所以混凝土橋,並不十分經濟.總之選擇材料,應視 Local condition 如何而定.

甯杭公路,在浙江方面,都是混凝土橋和鐵橋,江蘇方面,則全是木橋,中國北方,因雨量稀少,用木橋還沒有什麽,在南方則雨量很大,木橋容易腐蝕;所以木橋在南方,不很適宜,現在辦工程的爲永久計,應當選用較好的材料.

涵洞: 自九吋至三十吋,多用混凝土水管.如大于三十吋,則用Armco pipe. Armco pipe是用 corrugated iron 做成,而且是分兩片的,轉運很輕便;又富有彈性,所以比 concrete pipe 能耐久.這兩種價值的比較:三十吋至六十吋之間,兩者相差無幾.如至八十四吋以上,則價值都太貴.可用 Arch and box culvert.

路面工程: 在江浙兩省,雨量很多,土路 (Earth road) 不大合宜,甯杭路中有一段還沒有鋪石子,所以一經下雨,汽車行時,車輪很易陷入,致生危險.在北方,土路如保養適當,也頗合用所以江浙兩省的路,應當有一種hardsurface, 最好用石子.現在杭州的馬路,和公路一樣.諸位在Textbook 中都看到有 Water bound macadam road, 但杭州的路還不是waterbound macadam, 因爲他所用的結合物質,並不是水,實是黃泥漿.近來因爲汽車的發達,象皮輪 (Pneumatic Tie) 對于 waterbound macadam road的 sucking action很大,以致路面容易損壞.這種道路,已不適用.在外國多用 Brick, Concrete, Bituminous Macadam, Bituminous surfaceetc. 現在杭州有的是 Bituminous surface. 將來事業發達,土路當逐漸淘汰.好在石子洋灰,中國都有出產,不過于今洋灰事業,還不十分發達,價值很貴:將來洋灰事業,總有發達的一天,那時價值當然可以較廉,那末儘可多造些混凝土路.但還不希望造 Bituminous road, 因爲 Bitumem 是外國貨,免得利權外溢.

26863

關于公路工程的幾個問題

關于標準的

近來凡事都應有標準,國道省道縣道,也應有標準.

1. 路寬問題. 路寬實是一重要問題.單就汽車而論,將來車輛加增的預計,是應當顧及的.路的寬度至少要有兩車並行的空間.但公路並非專爲汽車,所以除汽車道外,還應加行人道.公路局的省道標準是路身十八呎或五米半,行人道每邊一米.最近鐵道部頒布的國道標準是路身六米,行人道每邊三米.這顯然與我們所定的標準不同.但現在浙省公路,並非國款所造,所以祇好照省定標準,至于將來應用的標準,還是一個問題.

2. 坡度問題.(Grade) 坡度與Traction power of road and capacity of load 有重大關係,普通所用的坡度,大概在 5% 左右.公路局所定的標準,最大可至 6%,但有例外.如甯杭路舉鄉嶺一段,在初通車的時候,坡度有 9%;後來逐漸修理,到現在還有 7%;仍舊不能適合標準,在萬松嶺的坡度,以前也有 9%,後來張主席爲要使拱三段通貨運,所以要把該地坡度減少至4.5% 單就這點,所費已達三萬餘元.將來如果經濟充足,還預備加一層 pavement 使 Tractive force 減少.

3. 弧線問題(Curve). 從前車行速度很慢,不大注意 curve, 近來因爲行車,漸傾向于Fast moving的關係,所以 curve 又成爲道路上一種重要問題.公路局在有弧線地方,都照鐵路辦法,用Superelevation.弧線的半徑,至少須五十米.如有Reverse curve, 在兩弧接連處,應有tangent distance 200呎.鐵道部所定的國道弧線標準,其半徑須有 100 米.在 Reverse curve 處, Tangent distance 須 100米.

4. 橋梁載重 橋梁的載重,在計劃時,就應詳細計算.普通如人極擁擠時,大概定100 lb./sq ft. 其他 heavy traffic 和 roller 等還要另加.鐵道部

26864

規定橋梁載重是平均載重(uniform load) 100 Ib./sq.Ft., 再加15噸的 concentrated load. 不過15噸的 heavy traffic, 在中國可算沒有,平常不過 3 噸而已.在京漢路上有一鐵橋,牠的載重標準是照 Cooper's E-50. 但不知道到那一天才有 Coopers E-50 的 Locomotive 去走.所以造橋梁,一方面固然要注意安全和永久,不過一方面也要看看別的情形,顧到 cost Equation. 近來的 Tendency, 多不很用heavy roller,而用 light roller. 公路局的橋梁載重標準,除照 uniform load 100 Ib./sq.cc. 計算外,遠加 8 噸的 coneentrated load.

關于工人的

這種問題很難解決,因爲制度非常複雜,公路局一向用包工制,工程師和工人沒有直接關係.這種制度,也不很好,因爲包工的多藉此賺錢,所以很想取消牠.江蘇省裏行徵工制,被徵而不去做的,就要出錢,叫做代金.弄得怨聲載道,成績也不好.結果比較起來,還是包工較妥.所以公路局仍用包工制.不過因爲包價太低經費又不能照時發給,包工的無利可圖,所以都不肯來.這也使工作上發生困難的.最近試行就地招工制,就是由縣政府做包工,再招工工作,給以工資,工程師只 Gaurd 工人而已.這種制度,有兩種好處: 1.經濟節省 2. 可免去工人與地方衝突.現在溫州因有災荒,就用這種制度,以工代賑.結果成績還算不錯.我們總希望將來能把這種制度,在別的路上施行,也沒有弊病.付給工資的方式,在溫州所行的是 Pay by workdone 而不用 Pay by day,所以來工作的人都非常踴躍.近來還有兵工制度,我以爲行這種制度,除非軍官來做工程師,總沒有方法來管理他們.但事實上要軍官來做工程師恐不會成功.所以這種制度,也不能用.拿這幾種制度比較起來,還是就地招工好得多.

關于材料,運輸,管理等等問題,因爲時間不夠,不能再講,將來如有機會,當再來和諸位談談.

PLANNING AHEAD

An Address to the ENGINEERING STUDENTS of CHEKIANG UNIVERSITY

Hangchow, January 4th, 1930

by

Arthur N. Shaw, Consulting Engineer,

National Construction Commission

& Chekiang Provincial Government

It is unfortunate that I am not able to speak to you in the Language with which you are the most familiar, as I realize that, no matter how thorough its training in a second Language may be, (even with the greatest care on the part of the speaker) an audience always is under a certain strain in the effort to get the full meaning of words with which it can not be entirely familiar. It is largely on account of this assumed difficulty, that I have written my talk out in full. Having it so written, I will experience no trouble in resuming in the event of an interruption by any one who might make a request that certain portions be repeated or explained. The necessity for such an interruption is most likely to occur as the result of my own inexperience in speaking before foreign audiences. I hope that you will feel free to interrupt at any time that the meaning has not been made clear.

If matters are suggested which you would like to discuss more in detail, I would suggest that you make a mental, or pencil, note of these and propose them for discussion after the reading of this address. It has been made short in order that we may have time for such discussions, and I hope that you will feel more free to get on your feet and talk than have the students of Nanyang University on the two occasions on which I have had the privilege of addressing them. I am not rash enough to promise to answer all questions that may be asked but I do promise to do my best.

In introducing the subject of "PLANNING AHEAD", I would like first to refer to it in language that was framed by another, a wording which impressed me so favorably that I had it placed over my desk in my New Orleans office. It reads as follows:-

"The successful man never is busy planning what
he will do today; that was decided yesterday".

For an older man, in speaking to a group of students, it is the easy, and natural thing to do, to start off by giving advice, and advice, given in proper quantities, at the proper time, may be most helpful. I have a feeling however that perhaps too much advice is given, or that it is given at inopportune times and that it would better if I confine myself to an effort that may lead toward thinking things out for yourselves. If I am successful in this, I shall feel that I have given you something of permanent value.

In the earlier part of your University training, you doubtless learned a number of formulae, some of which you already have forgotten, but if, in addition to learning a formula, you learned how it was derived, then you are safe. When the time comes, perhaps in one year after graduation, but more probably ten years after, when you need that formula, even the basis for its derivation may have been forgotton, but there is where your

University training will prove its usefulness. The habits of thought and mental discipline which have been acquired, and the confidence which comes from once having done a thing, will prevent you from giving up, just because you fail to remember the exact combination of figures and symbols. You probably will say to yourself:- "I figured that out once, when I was ten years younger and did not know nearly so much as I do now, and I can do it again".

In my own experience of nearly forty years, there have been two periods during which I have had no occasion to use logarithms for such a long time that I entirely forgot the method by which they were employed and, in each case, it became necessary for me to go back to the first principles. If I never had been trained in their use, I probably would not have felt it worth while to undertake the study necessary to employ them but, appreciating the great advantage that would result, I spent a few hours in refreshing my memory in studying how a table of logarithms is constructed and how it is used.

In coming to the Unive rsity, you have planned ahead - or perhaps your family has planned for you - but at any rate, a definite plan has been made, for a definite purpose. The arrangement of your studies, the schedules, and even the rules and regulations of the University are all the result of careful planning which has been done for you by others.

Nor does this planning for you by others stop with the completion of your collegiate course of study. The plans to which I now refer were not made so much for your particular benefit, rather, your training is largely planned for them. These are the great engineering programs for the future development of China, many of which were conceived by the Founder of the Republic and outlined by him during the latter years of his life. A few of these works already are under way and the groundwork for others is being carefully prepared. The greatest of these undertakings, whether judged from an engineering standpoint or that of the economist, are the systems of highways and railways. These will demand the services of an army of engineers for years to come. It was the feeling of certainty which I had, that these great works would be undertaken within the next very few years, that brought me to China, with the hope that I might take some part in providing some of those facilities which every nation has found essential to its progress.

The dawn of this new era may not come so soon as we wish, and I may not remain long enough to see it in full movement, but the younger men in the profession, and especially those who are now completing their technical training, will be able to share in the upbuilding of the country on a scale which never had been reamed of before. Given ten years of reasonable stability and freedom from outside interference, nothing can keep his country from forging ahead, and the engineers will be the greatest factor in this progress. In the past, the larger works have been handled by foreign engineers, some of them of the very best, and others not so good, but China now has a reasonably large number of engineers who have had excellent technical training, considerable construction experience and who will form the nucleus of the engineering organizations of the future. With the rapid development of facilities (especially those of transportation) the demand for engineers will be great, possibly too great for the supply, but the bulk of this work will be done by Chinese engineers. Just now, there appears to be more engineers in the country than there are jobs but only a moderate increase in new construction will absorb the surplus. The trained engineers of China are another example of wise planning, done in order that the development of the country might be carried out by its own people. Even the old Empire had occasional visions, an example being the sending of the 120 young men to the United States to secure a "Western" education. If the authorities then in power had been clear thinking enough to follow through with the experiment, much good would have resulted but, instead, these yo ng men were recalled before they had completed their training. Many of them however, by virtue of their special training, were found later among the leaders of their country. Of especial interest to engineers is the example of one of these, the late Mr. K. Y. Kwong, who was the Nestor of Chinese engineers. Mr. Kwong's life, and the part which he played in the development of engineering in China, might well be taken as a subject for discussion by your University Engineering Society.

To give you something of an idea of the man, he was the first Chinese engineer to be given employment by a Chinese Government railway; he built more miles of railway than any other man in China (either Chinese or foreign); he was the first Chinese to become a member of the American Society of Civil Engineers, a society which is most stringent in its requirements for membership. The following was written by an intimate friend, shortly after the death of Mr. Kwong on October 19th of last year:

"On October 19th, 1929, at Peiping, there passed to the beyond one of the truely great men of this country, K. Y. Kwong, affectionatly termed by his brother engineers "The Grand Old Man of the Engineering Profession in China". All who knew him intimatly dearly loved him, and everyone acquainted with him held him in high esteem, not only because of his genial, kindly nature, but also on account of his noble qualities and high ideals in relation to both professional and social life. He was a true friend, an engineer of wide renown, a man of unusual intelligence, broad vision, and sound judgement, a most interesting conversationalist, and a highly polished Chinese gentleman - than whom no finer type of man can be found anywhere on earth.

"His passing is a distinct loss to the Chinese Republic; for, although failing health for several years had interfered with his active usefulness, he was always ready to aid the younger men of the profession with sound and kindly advice and to give counsel to the country's rulers whenever requested"

"The record of his entire life should serve as a shining example for emulation by the youny men of China, and especially by her engineers." The foregoing is quoted from an appreciation written, not by one of Mr. Kwong's own countrymen, but by an engineer from the other side of the world, one who had known him intimatly and fully appreciated what the life and work of such a man could mean to the profession in China. The author was Dr. J. L. Waddell, who has just completed an engagement of one year as Consulting Engineer to the Ministry of Railways.

The employment of Doctor Waddell by the National Government is another example of planning for the future. While his activities in

China were most varied, the primary object of his engagement was in connection with his specialty, bridges. He personally examined the most of the major bridges of the Nationally controlled railways of the country, supervised inspections of the others, prepared plans for the re-location and construction of a new bridge at the Yellow River crossing of the Peiping-Hankow line and, what I consider to be his most important work, made a full study of the economics of the proposed crossing of the Yangtse Kiang at Hankow. The bridge at Hankow will form a most essential link in the railway system for China which has been the dream of her greatest men for a generation, a system which will bring together North and South China.

With the construction of this bridge, and the closing of the remaining and uncompleted section of the rail line to the south, amounting to about three hundred miles, through train service can be established from Canton to Mukden. These two construction projects undoubtedly will be among the very first which will be undertaken. Their completion is of the most vital importance to the country, whether judged from the viewpoint of the economist, the military strategist or those who are striving for the social welfare of the country.

It may be of interest to you for me to tell you something of what Doctor Waddell has done for the younger Chinese engineers. During the past several years, he has made a practice of taking into his New York office, for practical training in bridge designing, young men who have gone to technical schools in the United States for training. In some instances, he has been able to give them both office and field experience, which has been most valuable to them on their return to this country. On his return to China, he made a special effort to get in touch with these men and I have met many of them in Dr. Waddell's apartments in Shanghai, where we were entertained at a dinner or a luncheon.

There probably is no living engineer who has given as freely of his time and energy for the advancement of the profession than has Dr. Waddell who, at the age of 75 years, left a lucrative practice in New York City to spend a year in China. While here, in addition to the special work for which he was engaged, he assisted and advised in regard to the re-arrangement of the curriculum of at least two technical schools, gave numerous lectures and contributed in many other ways to the advance of the profession.

Fortunatly for the engineers in China (and that includes such foreign engineers as myself) the most of the reports, addreses and memoirs which were written while he was in China, are to be published in book form. The Ministry of Railways has agreed to have the book published and placed on sale at a price which will cover only the bare cost of paper and printing. The full collection includes 13 "Memoirs", 8 lectures and special articles, 5 technical papers, 64 reports to the Ministry of Railways and two special papers written for the World Engineering Congress which was held in Japan last October.

At the request of Dr. Waddll, whom I have known intimately for a number of years, and by the authority of the Ministry of Railways, I have undertaken the work of sorting these 87 documents, selecting those which are of permanent and general interest, and preparing them for publication. I estimate that about one half of them will appear in the forthcoming book.

Few of the papers are of a highly technical nature, they all will be of interest to engineers and the most of them should be read by every one who is interested in the progress and welfare of China.

In his opening address as Chairman of the conference of Engineers held in Shanghai on the 27th of last May; Dr. Waddell listed twenty two important lines in the future development of China in which engineers are destined to take a leading part. In another address, given at Nanyang University last September, he spoke on "The Part of Engineers in the Future Development of China" which furnishes another excellent example of "Planning Ahead". The following quotations from this last paper not only give us food for thought but they afford something of an idea of the author:

"The aim of pure Science is discovery, but the purpose of Engineering is usefulness".

"The engineer should be the leading man in the community where he dwells, acting as 'guide, philosopher and friend' to his neighbors because of his superior knowledge, due not only to his thorough education, but also to his habit of hard study and concentrated thought and to his being concerned constantly with subjects of magnitude and importance."

In the most of his writings, Dr. Waddell stresses the importance of ECONOMICS. The study of Economics may be described as the study of how to do a thing in the best way at the least cost. All engineers give some thought to this most important subject but few of them place it in its proper positson, at the very head of points to be considered. This lack of regard for the subject of Economics is most noticeable in the published works of engineers. In the various engineering reference libraries which I have had occasion to visit, and this, includes that of the United Engineering Societies in New York, probably the greatest in the world, I do not recall but two books dealing specifically with the subject of Engineering Economics. one of these is the monumental work on "The Economic Theory of Railway Location" by the late Arthur M. Wellington and the other was the "Economics of Bridge Work" by Dr. Waddell.

True to his ideas, the doctor closes the paper from which the above quotations were taken, with the following:-

> " - - - the great engineers of the future will be those who, in all their constructions, make a practice of studying and applying the principles of Engineering Economics".

The true principles of Economics can not be applied without careful planning, and planning includes both imagination and close study. Ingenuity, resourcefulness, and an ability to meet an unexpected emergency successfully, all are valuable qualities but they can not take the place of thoughtful planning. To illustrate; suppose that an engineer goes out into the field to make a survey and on his arrival, finds that he has failed to bring the plumbbob for the transit. If he is resourceful, and if the work does not require a high degree of accuracy, he may be able to make out by the use of a piece of string and a small rock, but how much better would it have been if he had planned ahead, and brought the complete equipment. Or, an electrical engineer is called to make a test of a distant plant. He takes along a number of delicate recording instruments but has failed to provide himself with fusible plugs required for proper protection of his instruments from accidental heavy-voltages. Under the emergency, he may bridge the gap by a piece of copper wire, but at the risk of both defeating the purpose of his trip and of ruining a valuable instrument. By careful planning, this danger could have been avoided.

It is not alone in these comparativly trivial matters that men who should know better sometimes are lead into blunders by their failure to plan ahead. Steam-Electric generating plants have been located where good water for steam purposes could not be secured, though an alternate site was available which would have overcome the difficulty; railway lines have been built at places where a more careful study would have shown that a cheaper and better line could have been secured. A number of years ago, a fairly large irrigation project was planned in the central part of Mexico. I was retained to examine the plans and report on their feasibility. Against the protest of the promoters, I insisted on a visit to the site, though this required three days of hard horseback riding to reach it. I came back with the report that the site chosen for the dam appeared to be excellent, the storage capacity was exceptionally good and conditions were favorable for economical construction. I added, however, that a trip down the valley indicated that the area of land which could be brought under successful irrigation would be negligible and hence advised against the construction of the dam. If the original report had been accepted, several hundred thousand dollars would have been spent for a dam, thousands of acres of good grazing land would hgve been flooded, and no useful purpose would have been served.

In the history of bridge engineering in the Western countries, we have numberless examples of careful planning ahead, not only in the details of construction but also in those of erection. Take for illustration, bridges across important navigable waterways. In the past, cantilever, or suspension spans have been employed to avoid the use of obstructing falsework, even though the economics, if the interests of navigation were ignored, would demand the use of an ordinary truss. Today, the ordinary truss is used, but instead of erecting it on falsework, in its final position, it is erected on barges, perhaps several miles from where it is to be placed. These barges may be moored to the shore, convenient to a switch track so that a crane may pick up each member as it is needed and place it in position for rivetting. When completed, only a few hours are required for towing the span to its position, and setting it on the bridge seats which already have been prepared. The operation sounds simple but imagine the planning which must be done in advance. The detailing of the span so that it will fit on the bridge seats; the arrangement for power tugs to do the towing at the proper time; the driving of anchor piles at the site so that the barges may be anchored properly, regardless of the direction of wind or tide; the proportioning of supporting barges to insure the right buoyancy; the special design, or special temporary supports, of the truss to permit placing it on barges, with the weight falling at intermediate points on the lower chord; and even possibly arrangements with the harbormaster to prevent passage, at the critical moment, of large, fast moving vessels which might create a dangerous waves wash. This is "Planning Ahead" of a high order.

Captain Eads Planned Ahead in building the great "Eads Bridge" across the Mississippi River at St. Louis. The final closure by placing the suspended span, was to be in the middle of summer. The heat had expanded the metal so that the opening was not sufficient to receive the closing span. But sacks of ice were procured which, when bound around the main members, lowered the temperature of the steel so that in a short time, the closure was made easily.

Few engineering problems are solved in so spectacular a manner but they all must be given careful thought and study in order that what, to the untrained observer might appear to be an unforseen emergency, to the engineer, will be a foreseen condition, for which preparations already have been made. Unless he can do this, and do it effectivly, he is not an engineer, in the best sense of the world.

Intelligent planning is based on vision - not the vision of an idle and untrainsd dreamer - but the vision of a trained mind, disciplined to correct lines of thought. Engineering is not a pure science, there is still much of the "cut and try" method which must be employed, but the best engineers do this "cutting and trying" by means of clear thinking, first as purely mental pictures (visions) followed by preliminary sketches, then to working drawings, drawn to scale, and finally to the fabrication and assembly of the actual materials of construction. By proper planning, the finished bridge, or ma chine, or system of wiring, or highway will serve efficiently, the purpose for which it was created.

One does not need to confine himself to the present day, or to the Western world, for examples of careful planning of works designed for the future. We have examples much closer home. The Hangchow Sea-Wall was first planned over two thousand years ago and it still is the longest continuous sea-wall in the world. The Great Wall of China, the largest single piece of construction ever built by human effort, was planned for a definite purpose, which it served for ages.

No construction of importance should be undertaken without first preparing a complete and logical plan. This usually will comprise, not only detail drawings, bills of material and estimates of cost, but it also should include construction methods (and frequently, possible alternate methods), schedules of progress, schedules for the delivery of material, and often most important of all, a schedule of financial requirements.

In order that you may make a practical application of the foregoing suggestions, while they are fresh in your minds, I would suggest that you try them out now, this week. You have an excellent opportunity for this, right here in your collegiate work. You might make a graph for the work of each day, or for a week, showing time as one element of the graph and the work to be done, the time to be spent at meals, for recreation and for sleeping as the other element. This need not be simply an experiment, or an exercise, but it may, if worked out intelligently and followed consistently, lead to a substantial benefit. You will find that such a method will actually result both in more effective work and a greater amount of liesure. Your first effort at constructing such a graph doubtless will not provide the best allotment of time but, after a few revisions, you will have a practical, working plan. After it has been properly worked out, whether it be a plan of study or one for the construction of a power house, it should be followed meticulously, unless there is some good, carefully considered reason for modification. Before making a change, it would be well if you were to ask yourself this question:- "Is this change necessary, or advisable, owing to some unforseen and suffcient cause; or is it just the result of a passing whim?"

Besides making a graph for your time, you might make up a budget of expenses. If ones finances are limited, he can get more satisfaction out of what he spends if he plans his expenditures carefully, instead of spending freely, and often foolishly, when he has money, with the result that he is forced to go without some things which he very much desires, after the money is gone.

In closing, I would like to repeat the quotation which, I gave in opening;-

"The successful man never is busy planning what he shall do today; that was decided yesterday",

測量學名詞之一部(初稿)

年來文化日興,關于科學工程之著亦日富,其相需於各種名詞之確定乃日殷,最近建設猛進,土木工程方面之名詞爲用尤亟,於今中國工程學會雖有一斑,尙非全豹.同學不揣謭陋,輒欲貢其一得之愚.明知搜採不周,擬議未當,意乃野人之獻云爾.當世名賢,幸辱匡敎.

研究部

A

原　　名	譯　　名
Accidental error	意外差
Accumulative error	累積差
Adit	坑　道
Adjusting screw	矯準螺旋
Adjustment of Level	水準儀之矯準
Adjustment of Bubble	水泡之矯準
Adjustment of crosshair	十字線之矯準
direct method,	直接矯準法
indirect method,	間接矯準法
of Wyes,	Y之矯準
of Transit,	經緯儀之矯準
of objective slide,	對物鏡之矯準
of Standards,	支桿之矯準
of Traverse,	導線之勻差
Agonic line	無傾線

Alignment	瞄 直
Altitude of sun	日之高度角
Apex of vein	頂
Areas by coordinates	坐標求積法
Areas by Double meridian Distance	倍子午距求積法
Areas by Double parallel Distance	倍縱距求積法
Area by Simpsons rule	辛佩生氏求積法
Area by Trapezoidal rule	梯形求積法
Astronomy observation	天文測量
Automatic tide gauge	自動測潮器
Averaging end area	端面積之均數
Azimuth	眞方位
Azimuth angle	方位角
Azimuth of Polaris	北極星之方位

B .

Back Bearing	後方向角
Back Sight	後 視
Ballast	鎮 石
Base board	護壁板
Base Line	基 線
Batter Board	標準板
Beam Compass	長臂圓規
Bearing	方向角
Bench Marks	水平標誌
Bisection Target	平分靶

26882

Border Line	邊　線
Borrow pits	借土坑
Boston rods	堡斯登標尺
Bound Stone	界　石
Bruton pocket Transit	不魯頓袖珍經緯儀

C

Calculated Bearing	算得之方向角
Capstan head Screw	絞盤式螺旋
Celestial Sphere	天　球
Chain Surveying	鏈測量
Chains	鏈
Chain, Engineers	工程師鏈
Chain, Gunters	測量師鏈或根透鏈
City Surveying	城市測量
Clamps	制動螺旋
Clinometer	袖珍水平準
Cloth tape	布捲尺
Coefficient of Expansion	伸漲係數
Co-latitude	餘高度角
Compass	羅盤儀
Bruton	不魯頓羅盤儀
Pocket	袖珍羅盤儀
Surveys	測量用羅盤儀
Compensating errors	互消差
Constellations	星座

Contour,	同高線,等高線
map	同高線圖,等高線圖
Conventional sign	簡易標記 圖例
Coordinates,	坐標
-system for cities	城市坐標制
Correction,	校正
for refraction	折光校正
in declination	傾欹角之校正編差之校正
on slope	坡度校正
Cross cuts	
Cross hairs	十字線
Cross section,	橫剖面
area of "	橫剖面積
for earth work	土工橫剖面
Crown, glass	冕鏡
of pavement	路冠
Culmination	過子午線
Cumulative errors	累積差
Curb	階石
Curve	弧
Cut	挖

D

Dark glass	深色玻璃
Datum, plane	水平基面
—line	水平基線

26884

Declination	傾歛角 偏差
of needle	磁針傾歛角
of sun	日傾角
Deflection angle	偏向角
Departure	經距 横距
Depth, cut or fill	挖或填之深度
Dial, miners	礦工用之羅盤儀
Difference in elevation	高度差
Difference leveling	分次水平測量 高度差之測量
Dip of needle	磁針之俯仰角
—of vein	礦層之俯仰角
Distant object	遠距目標
Divider, proportional	比例兩脚規
Double, rodded line	雙桿法
" vernier	雙奇零尺
Doubling angle	倍角法
Draft in shaft	坑井之通氣
Drainage	洩水
" area	洩水面積
Drift	隧道
Dumpy level	但貝水平(準)儀

E

Earth curvature	地面曲度
Earth work	土工
Earth computation	土工計算

26885

End Area Method	端面求積法
Prismoidal method	柱體求積法
Eccentricity	離心
Elevation	高度
Elongation	極星在東西位
Embankment	塡積
Ephemeris	星歷
Equator	赤道
Eye piece	接目鏡
Error of closure	圈接差誤率
Excavation	挖
Expansion	伸漲

F

Farm Survey	農田測量
Fence	籬
Flexible Rod	軟韌標尺
Float	浮標
Focus	焦點
Fore Sight	前視
French curve	7形屈綫

G

Gauge	測驗表
Tide Staff	測流桿
Geodetic Surveying	大地測量
Geographic Meridian	地理子午綫

Geological Survey	地質測量
Grade	坡度
Great Dipper	大熊星

H

Hand level	袖珍水準儀
Height of instrument	儀器高度
High water mark	高水標
Horizon	水平面
Horizontal angle	平面角,地平界,視平面.
Horizontal line	地平綫
Hour angle	時角
Hour circle	時圈

I

Inaccessible distance	不能達之距離
Initial point	始點
Interior angle	內角
Invar tape	鎳鋼捲尺
Inverting eyepiece	倒接目鏡
Isogonic chart	等傾圖
Isogonic line	等傾綫

L

Lamp targets	燈靶
Land surveying	陸地測量
Latitude	緯度或縱距
Level	水準儀

Leveling 水準測量

Limb 分度盤

Lining in 瞄直

Lining pole 瞄竿

Locating detail 定地址

longitude 經度或橫距

M

Magnet 磁體

bar 磁鐵棒

Magnetic 屬磁的

attraction 磁吸力

bearing 磁針方位角

declination 磁針之偏差

meridian 磁針子午線

needle 磁針

Magnetism 磁性

Magnifying glass 放大鏡

power 放大度

Maps 地圖

topographical 地形圖

Mean tide 平均潮

Meander lines 水道灣曲線

Meandering 水灣

Measurements 丈量

Meridians 子午線

26888

Meridian distance	子午距
True meridian	眞子午線
Metric chain	米制鏈尺
Micrometer screw	測微螺旋
Microscope	顯微鏡
Minus sight	負視卽前視

N

Nautical almanac	星歷
Needle, compass	羅盤針
New York rod	紐約標尺
Normal position of telescope	正置望遠鏡
Note-book	記錄簿
Note-keeping	記錄

O

Objectiveglass	對物鏡
Odometer	輪轉計數器
Offset	支距
Optical axis	光軸
Optical center	光心
Out crop	地層

P

Pacing	步量
Pantogragh	比例繪圖器
Parallax	視差
Parallel ruler	平行規

Pedometer	計步表
Peg adjustment	潑獬矯整法
Philadelphia rod	費立標尺
Plane surveying	平面測量
Planimeter	求積器
Plate of Transit	經緯儀之圓板盤
Ploting	繪圖
Plumb bob	懸錘
Plumb line	垂線
Plumbing	定垂直
Plus sight	後視
Plus station	零站
Pocket compass	袖珍羅盤儀
Precise level	精密水準儀
Precisc rod	精密標尺
Prismatic compass	棱鏡羅盤儀
Profile	
Profile paper	比例格紙
Proportional divider	比例兩脚規
Protractor	分度器

R

Railroad curve	鐵道弧線
Railroad Surveying	鐵道測量
Railroad track	鐵路軌道
Random line	助線

Range pole	標桿
Range line	標線
Reading glass	讀度鏡
Rear tape men	後量員
Records	記錄
Rectangular system	矩形制
Refraction	屈折
Repeating angles	複角
Re-running old surveys	重測原圖
Re-surveys	重測
Reverse bearing	反方向角
Reverse position of telescope	望遠鏡之倒置
Rod	標尺
Rod level	標尺之水平準
Rod men	持標尺者
Rod reading	標尺讀數
Rod, leveling	水準標尺
Rod, flexible	軟韌標尺

S

Sag	線之低陷
Scale of map	圖之大小
Screw, leveling	水準螺旋
Screw, micrometer	測微器螺旋
Secondary triangulation	亞三角測量
Section	區

Section Liner	繪剖面線器
Subdivision section	分 區
Self-reading rod	自讀標尺
Setting up transit	安置經緯儀
Sewer	陰 溝
Shafts	井 穴
Shore line	岸 線
Short rod	短標尺
Shrinkage of paper	紙之收縮
Side telescope	旁附望遠鏡
Length of sights	視線長度
Signal	信 號
Site plan	平面位置圖
Sketch	略 圖
Slope stakes	斜度樁
Solar observation	日之測量
Specimen notes	合式之記錄
Spherical triangle	弧三角形
Spider line	蜘 絲
Spindle	軸
Spirit level	水平準
Spring balance	簧 秤
Stadia	照 距
Stuff gauge	計測器
Staking out	定樁位

Standard length of tape	捲尺標準長度
Standard of Transit	經緯儀之支桿
Standard time	標準時間
Station	測 站
Steel tape	鋼捲尺
Stone bound	石 界
Stop screw	止動螺旋
Striding level	附著水平準
Strike	礦層之方向
Stull	楔 木
Sub- grade	基面坡度
Subway	地下道
Surveying	測量學
Plane,	平面測量學
Geodetic,	大地 „ „ „
Surveyors chain	測量師鏈
Swing offset	旋得之支距
T-square	丁字規
Tangent screw	微動螺旋
Tape rod	裝捲尺標桿
Target rod	有靶標桿
Telescope	望遠鏡
eccentric	偏心望遠鏡
Tensile handle	引力手柄
Three-armed protractor	三臂分度器

26893

Ties	繫 線
Top telescope	頂望遠鏡
Topographical surveying	地形測量
Tracing cloth	複繪布
„ paper	„ „ 紙
Traverse	導 線
Trench excavation	掘 壕
Triangulation scheme	三角網
„ station	三角站
Tripod	三足架
True bearing	眞方向角
Tube reflector	反照管
Turning points	轉 點
Underground surveying	地下測量
Vandyke paper	棕底白線複印紙 或文達克複印紙
Vernier	奇零尺
Vertical angle	直面角
„ circle	直面分度圈
„ curve	直面弧
Zenith	天 頂

26894

莫干山行營測量紀

丁守常

"足蒸暑土氣,背炙炎天光,"在今年的暑假中總算受盡了辛勞本來測量是艱苦的工作,能在這避暑聖地的莫干山舉行,總要算是幸運,雖然避暑還只是別墅裏貴人們的福分.當時在炎炎的赤日底下,鬱悶的山谷當中,也曾嘆著辛苦.不過到如今過後思量,又祇覺得那時的活躍了.在這一篇紀中,是把當時的工作和生活情形,拉雜寫些,藉以留一星兒影蹤.

出發.

七月的初頭來到.考的課程略略提早些,到此已經完畢.個個在籌備着行裝.我們的幹事胡鳴時君,徐邦甯君,也開始活動.起程的日子,已定在七月五號.天公眞不做美,恰恰在四號那天,下起雨來.灰色的雲,靜靜地漲了一天,晴在這幾天裏是絕望了.大家困在無可奈何裏.但是到了八號早晨,漫天的雲霧,早又躲閃得無影無蹤.這時全校所留下的我們幾個土木同志,都打起精神,在靜候辛鄭兩師的調度.到了下午,電話來了,說明晨八時動身.

九日,黎明即起.到七點鐘,大家已將行裝收拾舒齊.隨後鄭奇崖先生來了,先令貨車將一部份行李裝去.待到十點鐘,汽車也來了,一共五輛,銜尾向莫干山進發.杭莫路有幾段是泥路,在雨後陷有很深的泥槽,一路顛簸得很.將近山的時候,遙望久仰大名的莫干山,黑雲直籠到山腰,像有大雨光景.果然不多幾時,飛雲挾着雨點,箭也似的射了來.汽車在雨中的泥路上行走,十分滑塌.

到山下站休息一刻,把行李點交管理局挑伕之後,與辛師文錡鄭師奇崖一共十九人,步行上山.聽說從山下站到管理局,有五六里路.我們沿着武康

26895

路走,曲曲折折,頗有峯迴路轉之趣.兩旁有萬竿綠竹,森豎在陡削的坂谷裏.一路聽着泉聲,談着閒話,剛從城市裏放出來的人,到此再也不覺厭倦.不過午餐延期,多少有的枵腹之感.那時天雖在下着微雨絲絲,而汗流浹背的一行人,都感得要一個息蔭之地.好在于路的折處,發見了有亭翼然.在那裏,先有一個人在.問起訊來,纔知道正是管理局的第一科長俞君,剛從山頂上下來.他告訴我們說:"從山下到比,只走了三分之一,而且是最容易走的路."他說:"山頂上的氣候,比這裏涼得多,今天早晨是要穿袷衫的."他說:局裏是託應秘書招待,諸位要鼓腹,到可以捷足先得."諸如此類的話,說得大家興起,即行前進.一路都是石級,步步高陞,眞是不容易的事.一直到管理局,就是這山的頂點了,據說在這裏造一座炮台,就可攔絕進山的路,所以叫做炮台山.管理局的房子,原是英人梅籐更的住宅,革命後纔收回的.坐了一忽,覺得這裏的氣候確乎涼,我穿着兩襲單衣,還是不勝寒.管理局指定南向的兩間房,作我們的宿舍,床舖多是竹做的.四點多鐘,開出飯來,菜蔬是兩葷兩素一湯.這樣還是十元一月,山上的生活程度,可想而知了.

將黑的時候,得着校中電話,說:"第二次行李車在上柏遇險,車覆人傷.行李今天不能到山."這個不幸的消息,大家都怔住了.因為這次行李,完全是舖蓋.在這滿含秋意的山上,沒有被當然睡不來的.後來只好去住鐵路飯店一宵,在黑夜裏還盤山越嶺,眞是想不到的事.

三角站的工作

十號早晨,從旅館回來;蓊蓊的雲氣,迷塞四邊,是人在霧中行,不是人在雲中了.起初以為今天是休息,大家都在賞鑒那上不見天,下不見底的半空景色.有時風動樹梢,白雲開闔,對面嶺山上幾幢別墅,忽隱忽現,大有蓬萊宮闕之思.涼風一陣陣吹來,滿山流動着冷翠.眞的這裏是「瓊樓玉宇,高處不勝寒.」那裏還記得正是「赤日炎炎如火燒」的大伏中呢.

佈告出了,要我們分為三組,今日下午一同前往察勘.於是只好把遊息的

心收拾起,

第一組: 徐邦寧(組長)吳光漢,葉澤深,陳允明,高順德.

第二組: 劉俊傑(組長)茅紹文,丁守常,羅元謙,湯武鉞.

第三組: 胡鳴時(組長)顏壽曾,孫經楞,翁天麟,曹振藻.

隨着辛鄭二師,攜帶簡圖,還要了一個巡警作嚮導,向這裏的最高峯中華山前進.無盡頭的石梯,給我們的只是喘氣,我幾乎懷疑着昨天是不是已經上了山.

長長的長與路,總算到了頭;六百零一號的房子,矗立在面前.這就是中華山頂了.那時風狂雲驟,弄得太陽光也搖搖不定.低頭看管理局,正同在管理局看山下一様.經過了一番視察,决定了六百零一,五百念四,二百念三,三重房屋附近做三角站.便道到金家山五百念四號一看,方行回局.恰好第二批行李運到,於是就舖床偃息.

十一日晨光尚在熹微裏,同學早已忙着起來.一看佈告,知道今天是定三角站和基線.餐後,鄭師率領第一組望崗頭墩二百念三號去,辛師率領二三兩組,向金家山去.各帶着經緯儀,木樁,和工人.三組一同走到百步嶺纔分道.百步嶺是六十多度,四百多級的一條嶺.稱牠百步,未免克己之至.我們後來所以不曾遊覽名勝,一半固然爲工作忙,一半也爲了這重天壘.各自訂好站樁以後,就向中華山取齊,同定一站點.在這裏要找一條略爲平坦的路,來做基線,竟不可能.於是只好沿着山坡,去披荊斬棘.午飯從局裏挑來,揀了一處短草如茵的地方,舖開了粗缽大碗的席面,大家亂紛紛地吃着.狼吞虎嚥的一羣人,都覺有點行軍意味.飯後就來開山,鐮刀板斧,三組並進,開了一條沿着斜坡的直道.因爲限於地形,也不十分長.隨着在每一百呎的距離,訂基線樁一個.用經緯儀使牠都在一直線上.

26897

三角站位置圖

陰沉沉的天氣,告了一段落.金色的光波,今天浸沒了全山.一組是量基線.帶着磅秤和溫度計,拉力與卷尺的平均溫度,都記下來.(在離卷尺每端一呎的地方,同時各取溫度,再平均.)再用水準儀,定各基線樁頂的水平差.二組定水平差,先假定山麓的節孝坊址,爲1175°呎.從此點起,向崗頭墩之三角站進行.每隔一程,在路旁牢固岩石上,訂基標一個.三組監建站標,站標式樣如下:

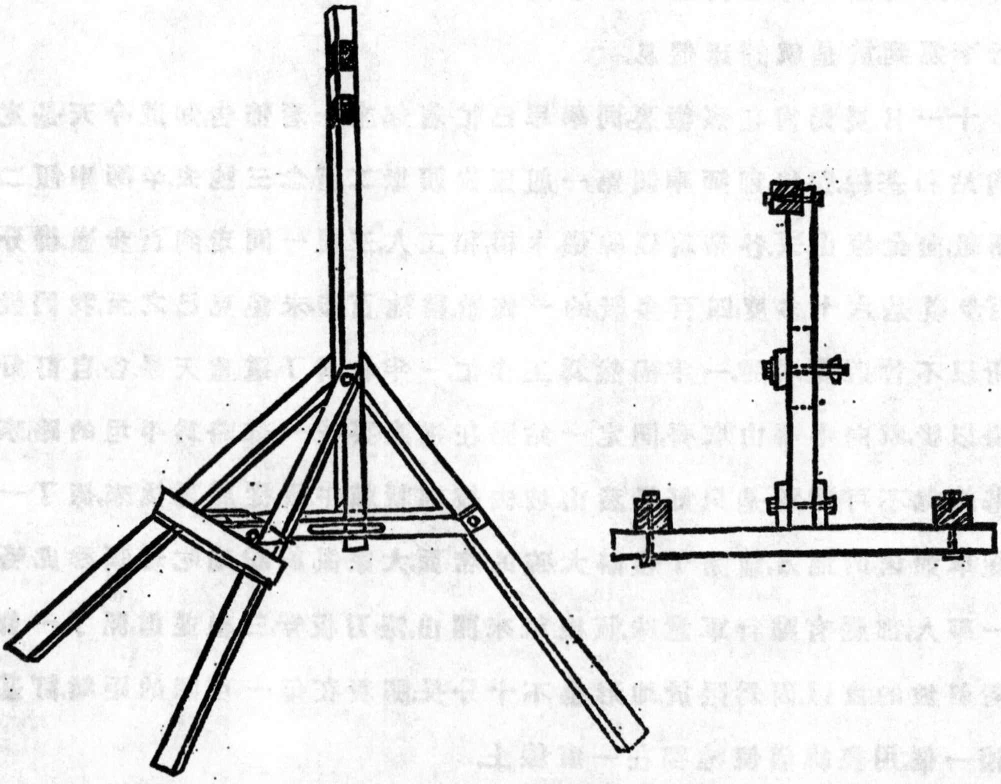

26898

帶隨來的木匠,同去豎立.因為桅桿只能在一個方向上移動,要拖垂懸在已建的水泥站標上,頗非易易.所以後來就先樹桅桿,再在其下築水泥站標,比較容易一點.

在杲杲的太陽底下,工作一天.回局以後,辛師説起在建三角站時,發生了一點交涉.事情是這樣:在中華山我們建站標的中國地方,六〇一號裏的西人,説是他的私產,他嫌這高高的木架,有礙他別墅的雅觀;而況我們沒有先求他的同意,竟要我們遷地為良.後來辛師表示不能容許,終於悻悻然走了.當辛師無限惘然地陳説,同學都憤恨得什麼似的.然而在這樣的國家,到頭還只是悶喝一杯,不然又好怎麼樣呢!

十三日這天,第一組監建三角站,量三角站的平面角,及中華崗頭兩站間的直面角;以便計算中華站的高度.第二組量基線,並用經緯儀測定基線,對於三角站所乘之角.第三組,續做水平差.因為明天是星期,工作十分起勁,回來近乎天黑了.夜裏把各校正法複習一遍.

星期日上午算基綫,辛師有一張佈告如下:

Suggestions to Computers

Do not crowd your work; paper is comparatively cheap.

Do your work in a systematic manner. If it permits tabular arrangement, always use the forms approved by other computers unless you can convince them that yours are better

A computer who is inexperienced or out of practice should check his work in every way possible.

As the algebraic signs of sines and cosines are so frequently required, the computer should take great care so as not to get mixed up,

When the function of an angle over 90° desired, instead of subtracting 90° or 270° from the angle to find the argument add the figures in the tens and hundreds of degrees places to-gether and prefix the sum to the unit degree figure, dropping the sum if it is 9.

Check the copying angles, distances, etc, taken from adjusted results for use in new computations. Also check figures carried from page to page.

Placing the decimal point in the wrong place is a common mistake.

When computers are duplicating work and a difference is found each should recompute the result before correcting either, as errors have frepuently been made by changing the correct figures.

When two persons are comparing a copy with tbe original if the reader occafionally call out a wrong figure or word intensionally and notes whether the error is caught up, it tends to keep the listener more intent on the word.

午餐後,約伴去尋瀑布.高高低低,沿石級儘走.遠遠聽得水聲,但是不見其處.後來無意中走入瀑布路,沿路而下,纔見了三丈高二尺闊的一條瀑布.雖沒有什麼大觀然而「一痕界破青山碧」,倒也使人心曠神怡,在那裏攝了幾張影,纔慢慢地踱回來.

次日工作又開始.一組接做水平差,三組量基線.二組和辛師到崗頭站,量三角站的平面角,及中華山金家山兩站的直面角.用的儀器是德國式的Theodolite.不知在什麼地方壞了,矯鑿至一個多鐘頭,還不能準.後來雖然做了五個set(先望遠鏡在正位置,自左至右,量角六次.次轉望遠鏡成反位置,自右至左,量六次.算一個set.)每次,都有五分以上的差誤,大家在懷疑着所得的結果.直到下一天,第一組帶了到中華山去做,又發見同樣的缺點,方纔決定這是儀器的結構壞了.隨後改用經緯儀去做這樣工作.為要工作得快些,分原來的二三兩組為四部.一半去量三角站的平面角,和桅標離站標的高度.一半同第一組,分段各自去覆核水平差.B. M.也由茅君和我,監鑿好了.所以在十七日的下午,關於設置三角站的野外工作,完全結束.

十八日,天氣變動了.被狠奔豕突的風,驚醒了起來之後,四圍只是烟水茫茫,像在一個孤另另的荒島上了.原定察勘炮台山和定綱綫的計劃,只好停頓.一連兩天,漫山漫谷都是風.松梢竹梢,儘在那裏呵腰曲背地招呼奔馳着的白雲.她們有時圈圈圍住了青山,有時又放幾縷陽光到山下.變幻百出的樣子記得從前讀過一篇新英格蘭的氣候,有點彷彿.

詳測地形的辛勤

二十這一天,太陽又光臨大地.我們跟着辛鄭二師,每人隨帶木樁與標桿,預備訂炮台山周遭的綱線樁.到節孝坊視察,知道這山有幾處是陡峭的岩,不容易使綱線環接.於是暫且沿路訂樁,在 Sta. 22sta. 24 得和三角站聯絡.下午正要出發,雷雨又來,直到三點多鐘,才雲收雨止.因為明天星期,辛師鼓勵我們去繼續努力.於是又做得暮色蒼茫,纔回轉.

星期日,留局休息.上午為水的問題,鬧了小小亂子.水在這裏,確乎寶貴一點.下午假鐵路飯店茶敘,忻忻的神情,在衆人間流動着.到三點鐘,一聲動員,都衣冠濟濟,向鐵路飯店進行.在那裏,談,笑,吃,猜謎,末了還泥辛先生跳舞,終于教了一回 Fox dancing 纔罷.久在炎天毒日底下工作,得此一刻,眞不異秋霖後的夕照,大家都十二分鼓舞歡忻.

二十二日,各組分頭去做綱線,和訂副樁.在熱風如燄裏,因為要使綱線環接,常在豐草長林裏穿來穿去.午後躲過一陣大雨,已在四點鐘了,仍舊出發去做.我們這一組,找着一條瀉水澗,從那裏可以繞到第一組的綱線.於是沿澗一路打樁過去.流沙浮滑,一瀉要直到山脚,「履高臨深」,我們都十分謹愼地走着.霞彩擁着太陽,漸漸退去,蒼靄崇上了山頭.我們想從這裏一直回局,可是沒人的荒草,終於使我們失了道.一行五人,儘在叢條密箐中攀援.後來雖然走到,各人已弄得衣衫盡溼,而且鄭師和羅君,都為杉針刺破了皮.

各組的網線,俱已完工,兩旁的副樁,也都訂好.所留下的工作,就只是Contour 了.於是先將網線的經距緯距算好,用經緯律校正.

General Process to be Followed in preparing the Map.

(Plotting of Traverse Station)

1. Plot on preliminary sheet all traverse polygons by their magnetic bearings.
2. Figure Latitude and Departure for each course of the traverse polygons.
3. Find the total error of closure for each polygon.
4. Balancing the survey by Transit Rule
5. Plotting on final plan.

三組輪流着用經緯儀,平板儀去做 Contour. 每天總要上山下山幾次,烈火一團的夏日,絲毫不肯放鬆.遇到灼熱岩石兩旁,眞要炙得你焦頭爛額.幾天工作,弄得力盡筋疲,大家有點疾首蹙額了.不過在一天中,也有一個快樂的時期;每當夕陽西下,大家就聚攏來,自已做些冰奇冷吃吃,談些天南地北,詼諧四出,把日中的辛苦完全忘了.三十號,李院長來山,說起八月初可以停止.我們原也想把炮台山測完就走,現在離成功不遠,興會又鼓動起來,三組都爭競着開快車.

七月的終期,正是我們汗血功勞完成的一日.

離　山

八月一日起,畫全山的Contour line 圖.用的是25' Contour. 這幾天裏,總是苦盡甘來,生活也像避暑一樣.除輪流着畫畫圖,就是拍網球.夜裏揀風涼的林下,去踞石談天.歸期已定在八月五號.在山合攝了幾張影,五號早晨,大家起身比太陽還早一點.都圍了毯子,凭欄看日出.八點鐘方纔辭別了管理局下山.在嗚嗚的汽汽笛聲中,漸行漸遠,印遍了足跡的崔巍的莫干山,終於沒在遙天淡碧裏.

見聞隨掇　徐邦寧

閑閱雜誌,於 EngineeringContracting, Volume LXVIII 中見Economics of the Slab, Beam and colume一篇,以其意績密,覽之過半;然竊覺有未愜于懷者.

篇中論 Slab 之經濟一段,其根據之公式,似屬 $As=\frac{M}{f_s jd}$,其中 M, f_s, j, 俱爲常數,則 $As=K\frac{1}{d}$;因此得結論「混凝土板較薄而用鐵較多者,價值較爲低廉.」如此論固當,則 d 愈小, As 愈大,其所費亦愈廉,若是漫無限制,則 d 小至一二吋,此式亦可成立,然此於實際上未能圓滿.

余意此式乃當 Slab 在 under reinforce(即 $p<0,0107$)時,方能應用,但篇中所舉之例,(如 5 吋厚 6 吋厚之混凝土板)多屬 over reinforce,于此惟 Mc(concrete resisting moment) $=\frac{1}{2}f_c kjbd^2$ 可用,篇中仍用 $As=\frac{Mb}{jf_s d}$ 似屬誤會.

我國舊式屋架結構中,有因他種原由而須加高者,多有用接柱法;在涼亭戲台中石柱與木材相接之處,亦多用之.其接法大都將斷面拴合,使無移動.余嘗見一種接合法,驟視之頗難索解,殊見巧思,茲將其接法圖示於下.

圖 1

圖 2

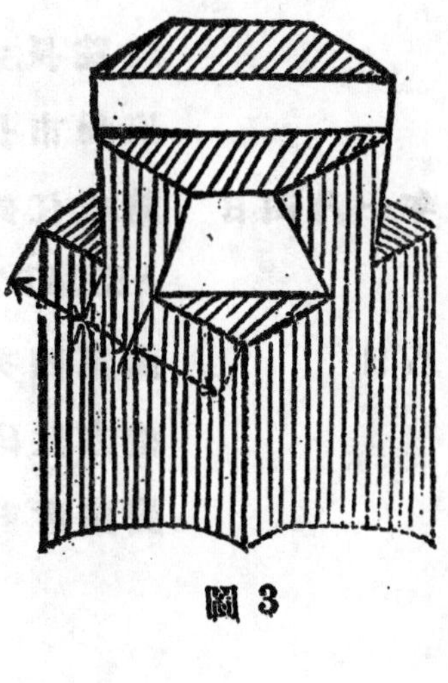
圖 3

26903

會務

九月十日 三年級發起組織土木工程學會各級推代表三人組織籌備會

十月三日 開籌備會通過草章

十月十五日 開第一次全體大會通過會章選舉理事十一人候補五人

十月十七日 開第一次理事會議決本會成立典禮擬定敦請工程界名人觀禮推定典禮主席招待及佈置議決本會鈐記及本學期工作方針暫定學術演講出版參觀調查等事宜

十月二十五日 開第二次理事會通過各部辦事細則及各部聘請部員章程

十一月二十一日 請公路局總工程師陳體誠先生演講題為"公路工程"

十一月二十五日 開第三次理事會因院長等赴日參加萬國工程會議重定成立典禮日期及大會地點. 編輯股報告籌備刊物經過並議決刊物名曰"土木工程"

十二月十日 舉行成立大會典禮,出席者除本會全體會員,暨校長代表,院長,主任,教授等外,有來賓杭江鐵路局杜局長,市政府周市長,公路局程局長,建設廳代表等等.

十九年一月四日 請杭江鐵路局ARTHUR M. SHAW演講題為"PLANING AHEAD"

一月八日 開第四次理事會議決出版刊物"土木工程"經費之籌措方法議決本會會員常年會費由開學時隨同入學各費請會計處帶收又議決"土木工程"須于年假內付印

(吳錦安)

成立典禮

本會自成立後,卽籌備舉行成立典禮,嗣以事故,乃有先行開始工作之議.十二月十日,始舉行成立典禮于工學院大禮堂.先期柬請土木工程界名人及諸教授參預.是日天色微翳,全科停課半日,來賓到者;有杭州市市長周象賢,杭江鐵路局局長杜鎭遠,浙江省公路局局長程文勳,本校陳伯君沈肅文顧毓琇王均豪李壽恆諸先生.九時開會如儀.首由主席胡鳴時報告本會宗旨;次校長訓辭;來賓中周市長,杜程二局長暨教授胡仁源吳馥初均相繼演說.情辭懇摯,屬望甚殷.至十二時,始攝影散會.　　　　（元謙）

主席致辭

物質建設,在目前的中國,是最重要的事,這是誰都不能否認的了;現在——或者可以說從國府奠都南京以後,——各省都急急在進行建設,這又是顯然的.事可是建設,是抽象的名詞.沒有學有專長的人負責,雖然終日高呼,也無補于事的.吾校成立已有三年,土木工程科,也跟着有了三年的歷史,雖則設備上,因爲經濟的關係,不能規模宏大,僅僅是具體而微,然而同學們的努力,已經到關不住的時候了.

同學們因爲對於學業,沒有聯絡和共同切磋的機會,大家感覺到非有一個組織,不能滿足我們的期望,這是土木工程學會發起的第一點.我們土木工程科是新辦,一切尙在幼稚時代,同學們爲着愛科心切,想集衆意來貢獻於學校,企圖土木科的發展.這是土木工程學會發起的第二點.國內的建設是在開始了,一切當然有專門學者在負責,不過我們想把平日研究所得來的隨時報告社會,雖不敢言有大補,要亦能協助于無形.這是土木工程學會發起的第三點.不約而同的同學們,都有這三種需要和期望,於是我們土木工程學會,在短時間內集合全科同學而成立了.

今後實際的工作,實是本會所負的最大的使命.我們認定了我們的目標,努力地去幹本會應做的事;我們決不願意任何人借了本會的名義,去幹那

26905

與本會不相關的勾當.我們應當盡力地想法提起各個會員研究的興趣,介紹新異的學識,我們時時把意見集合起來貢獻於學校,使我們浙江大學土木科成爲國內外最完善的一個.我們更當公開研究所得來造福於社會,造福於國家,這樣祇要各個分子能切實的努力,我相信決計可以達到我們研究土木工程,促進浙大土木工程科之發展,及協助社會建設的宗旨!

最後,我極誠地祈望着我們土木工程學會日漸的發達,我們土木工程學會會員,個個能負建設新中國的使命.

節校長訓辭（院長代表）

諸位來賓諸位同學

今天是本校土木工程學會成立的一天,校長因爲在京,所以不能到會,鄙人代表來說幾句話.本校土木科在設備上較爲簡陋,因電機化學兩科都有相當歷史.土木科尙屬創辦,經濟方面,開辦費尙未領到,所以設備上祇能一年一年的擴充,在現在當然還不能夠同其他大學土木科比較.

但是鄙人以爲人才的培植對於經濟缺乏,設備不完全,雖則有點關係,然而並不十分重要.我記得在出席日本萬國工程會議時候,遇到 Professer Richle 說起在六十年前,美國麻省理工大學（M. I. T.）的情形,正和現在的本校差不多,但是現在 M. I. T. 已成了一個著名的大學,所以一個學校並非在短期間所能辦好的.希望諸位同學不要失望祇要努力做去,前途正有無窮的希望在.

近年國內常常有天災發生,經濟方面所受的打擊,非常重大.這種預防的責任,學土木工程的人,所應當負擔的.希望諸同學.對于學業方面實習方面,都要十分注意.諸位的學問,還很有限,在書本上用功之外,應當多得些名人的指敎,好在現在有土木工程學會成立,而且在杭州對於土木工程深有研究的人很多,名人演講,總可以辦得到.希望諸位對于此會,能將今天的精神永久繼續下去.

來賓演說

節周市長象賢演講

那天李院長說起貴校有土木工程學會成立,兄弟十分高興.記得在有土木科之前,兄弟同李院長講起土木科的重要,尤其是在浙江.現在全國各大學除唐山北洋中央南洋以外,都沒有土木科.國內的各種建設事業,剛在起始,土木工程人才的需要,十分急迫.因此工學院卽設立土木科,今年已經在第三年了.

無論何種事業, Efficiency 是很重要,尤其在工程方面.外國工人和中國工人做工的 Efficiency 差得很遠.所以在工程界服務先當訓練工人,這是一樁很難而很重要的事.

今天是貴校土木工程學會成立,就是設備方面,多了一種.此後諸位同學,可以在這個會裏共同研究學理以外的,並且可以時常請名人演講,和參觀外界的建設.如此那末對于學問上很有進步,這是兄弟對于諸位很恭賀的!

節杜局長演講

今天是浙大土木工程學會成立,說到學會,各種學術都應當有這種組織.貴會的宗旨,主席已經說過.兄弟以為在學校以外,也應當有這種組織因此可以知道國內工程方面,已經到了什麼程度.兄弟曾經到歐美去攷察鐵路事業,覺得他們發達的原因,是因為有許多工程人才,作有組織研究的結果.單就鐵路又分 Rails, Ballast 等等.我們如果有種種學會去分別研究我想結果定得益不少.

還有一點是値得貢獻給諸位的,就是「大處着眼小處着手」所謂小處着手,就是各人盡各人當前的責任,不要好高騖遠.記得我在外國實習和小工一樣工作,起初也覺得不樂意,後來知道在鐵路上換枕木鋼軌的人,都是在 Summer Camp 中的大學敎授和學生,因之也覺得學土木工程的人,應當用他的手和脚,經歷過初步工作,才能得所謂經驗.

中國工廠機關和學校十分隔閡這是一種錯誤,現在杭江鐵路的本身,正預備開工牠的全部計劃,都可供諸同學參考,諸位有意見,也可同我們說說,我們要這樣是兩有裨益的.

國立浙江大學土木工程學會總章

第一章 總綱

第一條 本會定名爲國立浙江大學土木工程學會.

第二條 本會以研究土木工程,促進本大學土木工程科之發展,並協助社會建設爲宗旨.

第三條 會址暫設國立浙江大學工學院內.

第二章 組織

第四條 凡本大學土木工程科同學皆爲本會當然會員,土木工程科教授爲本會特別會員,他科師生之對土木工程學有興趣者,得會員三人以上之介紹,經理事會通過亦得加入.

第五條 本會組織系統如下

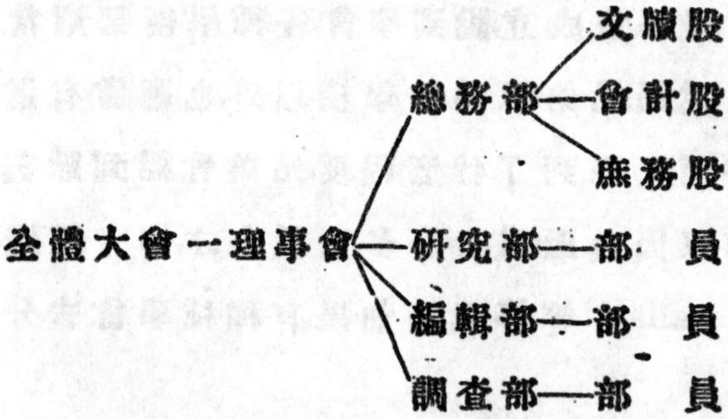

第六條 理事會設理事十一人,主席由總務部長專任,記錄由文牘任之.總務部長缺席時,由文牘召集,主席臨時推舉之.

第七條 理事會各部股各設長一人,由理事互選之,各部部員,由各該部部長負責聘請,交理事會通過之.

第三章 職權

第八條　全體大會爲本會最高機關,有解決一切事務之權.

第九條　全體大會閉會後,以理事會爲本會最高機關.理事會有議決會務方針之權,並執行大會議決案.

第四章　選舉

第十條　理事會改選,在每學期常會時舉行之.

第五章　開會

第十一條　常會每學期舉行一次.由理事會定期召集之.有特別事故,得由理事會召集臨時大會.

第十二條　全體大會須有在校會員五分之三以上出席,方能成會.

第十三條　理事會議由該會自行酌定之.

第十四條　大會主席及記錄臨時推定之.

第六章　任期

第十五條　任期爲一學期,連舉得連任之,但不得過二次.

第七章　經費

第十六條　每學期當然會員及特別會員皆應各納會費一元.

第十七條　臨時費由理事會決定,臨時徵收及募集之.

第八章　附則

第十八條　各部辦事細則由各該部自行議定,交理事會通過之.

第十九條　本章程有不妥處,經十人以上提議,由大會出席會員過半數通過得修改之.

第二十條　本章程自經第一次全體大會議決,公布後施行之.

第一任　理事

胡鳴時　徐邦甯　李恆元　洪西青

吳錦安　劉俊傑　徐學嘉（辭職由張德錩遞補）

李兆槐　丁守常　徐世齊（辭職由戴頤遞補）

金學洪

第一屆 職員

總務部長 胡鳴時

文牘 吳錦安

會計 洪西青

庶務 李兆槐

研究部長 劉俊傑

譯述主任 羅元謙

實習主任 茅紹文

參觀主任 孫經楞

講演主任 胡鳴時

調查部長 李恆元

主任 胡鳴時

徐邦寧

宋夢漁

編輯部長 丁守常

編輯主任 丁守常

事務主任 徐邦寧

編　後

我們是十分欣幸和感謝.在編這樣一本小小的雜誌,竟承大家不棄,惠予許多精宏的著作因此我們知道這一點小小工作,還不是什麼贅疣.

徐世大先生的一篇,在去年十二月裏,就從華北寄來,同時還有一封信,十分鼓勵我們.先生"獎掖後進"的情懷,躍然紙上,眞是不僅在遠了.陸鳳書先生,在建設廳任事,公忙得很,還在百忙中抽出工夫來替我們做一篇.兩位先生的熱忱,都使我們十分感佩.

一樁使我們十分不過意的事,就是本刊限于經濟,不能增加篇幅,致使後來的幾篇,如孫君經楞關于道路一篇,曹君振藻關于測量一篇,和材料試驗報告,都只好躭擱.

雖然得到這許助力但是草創到底還是草創,更以同人才力棉薄,在編的一方,有許多欠缺是不免的.所望大家加以原諒,加以指正,使本刊得以逐漸改進,則幸甚幸甚.

中華郵政特准掛號認爲新聞紙類

土木工程

人傑題

THE OCIETY

UNIVERSI CHEKIANG

本期要目

第一卷 第二期 ❋ 民國二十一年三月

Vol. 1. No. 11 March 1932

浙江大學土木工程學會發行

土木工程徵稿啓

結巢治水,工程昉自先民.平道開渠,福利遺于後世.前修回首,不盡低徊;繼武無蹤,深可惋惜.近世文明丕曜,着績工程.人事光華,奠基土木.道途修飭,不歌行路之難;橋索行空,永絕渡河之嘆.西歐渠範,北美規模.功在于人,法足式效.惟是繼絕學于古人,騁齊驅于當世;非借他山之石,攻錯爲難,不藉先進之思,突飛豈易.本誌基此精神,藉爲媒介.庶乎聚參攷之資,作印證之用.同人學殖淺薄,具宏願而怯汲深.諸君才識豐贍,抽餘緒咸屬至論.所望不吝金玉,惠錫篇章.名山碩著,固當寶若連城;片羽吉光,亦屬珍同拱璧.爲一步趨之致,約其指歸;幸加提挈之功,不我遐棄.

土木工程投稿簡章

(一) 本誌取公開研究態度,無論會員非會員,惠賜大作,一概歡迎.

(二) 本誌登載關于土木工程之文字.無論爲撰著,或翻譯;文體不拘白話文言,均所歡迎.來稿有用外國文者,暫以英文爲限.

(三) 投寄之稿,請依本誌行格,謄寫並加標點符號.

(四) 惠寄翻譯稿件,請將原文題目,著者及其來源,詳細示明.

(五) 文中圖畫,除照相外,請用墨水繪製,務求清晰.

(六) 稿件揭載預否,不克預告.原稿亦不寄還.惟未登載之稿,因預先聲明,可以寄還.

(七) 稿件一經本誌登載後,版權即屬本誌.如再由其他雜誌登載,請聲明由本雜誌轉載.

(八) 來稿揭載後,酌增本誌若干册.

(九) 稿後請注姓名住址,以便通信.

(十) 稿件內容,本部有增删之處,希予原諒.有不願者,請先聲明.

(十一) 投稿請寄杭州國立浙江大學土木工程學會編輯部.

土木工程第一卷第二期目錄

MODERN WATER WORKS FOR CHINA

H. A. Petterson

China has gone ahead rapidly with the construction of electric plants, but relative slow progress has been made in the development of modern water works. While hundreds of cities and towns have electric lighting, only a comparatively few cities have public water systems. Most of the electric plants have been started as private enterprises. In many cities, both an electric plant and a water works were originally contemplated, but the latter was eventually abandoned because of the large capital outlay. Electric lighting has seemed a much more tempting field in offering larger returns on capital invested.

It is doubtless true that the electric lighting and power business is more profitable than the business of supplying water to a city, but there is no question but that a modern water system can also be made to yield an adequate return on the capital invested if properly designed and managed. This paper will not go into management but will discuss two questions of policy and a number of design problems, in which, the writer's experience indicates, serious mistakes are made.

The questions of policy to be discussed are:—

1) The preparation of plans, or design of the works.

2) Number of contracts to be awarded.

THE PREPARATION OF PLANS

Not so many years ago, it seemed to be the vogue in China to award a single contract to a foreign business concern, who made the design and supplied the materials. This method was followed by the promoters of many electric light plants and often with quite satisfactory results. However, I do not believe it can be applied successfully to water works. The design of water works is a special problem for each city. The choice of best source is often a problem that demands intensive study of local condi tions and collection of data, which the engineer of the foreign importing house has not time to do.

I believe best results will always be obtained by employing a competent and experienced professional engineer. He and his staff make surveys, collect essential data and prepare contract drawings and specifications.

After the drawings and specifications are prepared, invitations for tenders or bids should be advertised in newspapers so as to reach as many bidders as possible. Bids should be publicly opened and read so there will be no chance for favoritism or suspicion of unfairness about awarding of contracts.

NUMBER OF CONTRACTS TO BE AWARDED

There has also been a tendency in China to award a single contract for all materials and labor. Some of the arguments in favor of the single contract are:—

1) Less work and trouble for engineers and promoters as there is only one contractor to hold responsible.

2) More likelihood of a big contractor being trustworthy and of getting good work done. ......

3) Possibility of getting better terms for payment; that is of extending payments over a number of years.

The chief argument against a single contract is that of high cost, There is no question but that the total cost of the entire work will be much less (20 to 30 per cent) if a number of contracts be awarded.

Suggested contracts for a water works are as follows:—

A) Imported Materials

1) Pipe, Fittings, Valves, Hydrants and Meters.

2) Pumping Plants.

3) Purification Equipment for applying chemicals and for filters.

B) Construction Contracts and Local Materials

1) Pipe Laying.

2) Construction of Pumping Stations. Erection of machinery usually done by the firm who supplies the machinery.

3) Reinforced Concrete Structures, as sedimentation basins, filters, clear water reservoirs, etc.

4) Office Building, Laboratory and other buildings and structures.

The above list shows only seven contracts, but sometimes a number of subdivisions may profitably be made. As an example, take contract A-1. It is possible that a considerable saving would result by buying the pipe and fittings from one firm, valves and hydrants from a second firm who specializes in these products, but who cannot quote as cheaply on pipe as firm No. 1, and meters from a third firm. There are many other minor contracts not listed above, such as

1) Pipe Tools

2) Machine Tools for a Repair Shop

3) Meter Testing Equipment

4) Laboratory Equipment

5) Sand and Gravel for Filters.

These contracts will of course not all be awarded at the same time. The pipe laying, for instance, cannot be started until the materials have arrived, so the contract for materials must be awarded a number of months before that for pipe laying. A schedule showing sequence of operations and time of completion should be prepared, and plans completed and contracts awarded somewhat in the order called for by this schedule.

Three important points in design which will be taken up are:—

1) Capacity of Works for Initial Installation

2) Master Plan for Future Development

3) Type of Filter.

CAPACITY OF WORKS FOR INITIAL INSTALLATION

A most expensive error may be made by designing a water system with too large an initial capacity. The usual procedure of the inexperienced engineer is to follow text book practice. This is to estimate the total daily consumption as the product of total population by an assumed per capita rate.

Using algebraic symbols, let

P = totat population

C = estimated or assumed consumption per person

Q = total daily consumption

Q = PC

There are two sources of error in this procedure, one in determining the magnitude of C, but the most serious error is in the value of P.

Let U = kP = actual number of people who will use the public supply,

then Q = UC = CkP.

As a concrete example, take Hangchow,

P = 500,000 for the city and suburbs,

C = 10 is quite a conservative estimate,

then Q = PC = 5,000,000 gallons daily

The works have been designed for a capacity of 1,375,000 gallons per day, but is not expected that the actual daily consumption will be as much as 200,000 gallons when first operate, nor over 500,000 gallons at the end of first year of operation. The inhabitants of Hangchow, as of most other old Chinese cities, have been obtaining water for centuries from various sources. Many of them will continue to use the old sources after the modern water works is built.

The safest guide to the probable consumption during the first year of operation is data from water works in other Chinese cities. The record of the Tientsin Water Works may be seen on the accompanying chart.

Too large an initial capacity means high construction cost and corresponding high interest charges. The interest charges alone may be greater than the gross income from the sale of water. Then bankruptcy is bound to follow,

A concrete example is given for the Hangchow Water Works:—

	Construction Cost	Annual Interest	Interest for 5 years
Approximate Cost as Actually Built	$ 1,250,000	$100,000	$ 500,000
Estimated Cost of Works for 5,000,000 gallons daily capacity	4,000,000	320,000	1,600,000

Supposs that the annual net income, after deducting operating costs, is $600,000 for the first five years of operation. Then the works will show a profit of $100,000 after paying of interest charges. If the more expensive system had been constructed, the interest will be greater than net income by $1,000,000. Obviously the works could not be operated very many years at an annual loss of $200,000.

MASTER PLAN FOR FUTURE DEVELOPMENT

As shown in the preceding article, it is wise to keep initial costs down, so that the plant may operate at a profit at the very start. It is also wise to plan the entire works, so that additions can be made to any part when needed. Master Plans should be made to control future developments. Then new work can be carried out according to a prearranged plan. Without a Master Plan, the final costs are apt to be much greater and results accomplished not nearly so good. An entire water works may be divided into three parts:—

1) Collection System, including Delivery Mains

2) Purification System

3) Distribution System, including Pumping Plants.

Master Plans are especially important for the Purification System and for the Pumping Plants of the Distribution System. If additional sources of supply may be needed, an outline should be prepared of surveys and studies to be made in connection with the compilation of essential data for proper development of the source or sources.

TYPE OF FILTER FOR CHINA

In view of the fact that returned students, and especially those who have studied in the United States, seem to advocate the use of *rapid filters* in preference to *slow filters*, a comparison of the merits of the two types of filters is advisable:—

The chief differences of the two types of filters are:—

1) Rate of Filtration.
2) Manner of washing the sand: Entire sand bed of rapid; top skimmed off of slow.
3) Use of coagulant practically compulsory with a rapid filter, optional with a slow filter.
4) Friction Head; 10 to 12 ft. with rapid, 3 to 4 ft. with slow.
5) Control of Rate; Automatic for rapid, hand operated for slow.
7) Nearly all of the slow filter, including valves and control apparatus, can be made locally, the only imported material being reinforcing steel. The biggest part of the cost of rapid filler is for imported materials and devices.

The two filters differ markedly in the quantity of water required for sand washing. The quantity required for the rapid filter varies from 1-1/2 to 4-1/2 per cent of the amount filtered. An average amount of

2-1/2 per cent may be used for estimates.

Only an upper layer from 1/2" to 1" thick is removed from the sand bed of the slow filter and washed. The amount required for washing should not exceed 50 gallons per cubic foot of sand washed.

In the following tabulation of cost of water for washing, the thickness of the layer is taken as 3/4". Also an average of 1,500 gallons per square foot is assumed to be filtered between cleanings. The cost for stripping, washing and replacing the sand is taken at $2.00 per cubic fong, or $0.02 per cubic foot. The lador cost of washing the radid filter is neglected, only the cost of water is included at $0.30 per 1,000 gallons.

Cost of Sand Washing per 1,000,000 Gallons of Water Filtered

	Slow Filter	Rapid Filter
Cubic Feet of Sand to be Washed	41.7	....
Gallons of Water Required for Washing	2,085	25,000
Cost of Washing Water @ $0.30 per 1,000 gallons	$0.636	$7.50
Labor Costs of Stripping, Washing and Replacing	$0.834	....
Total Cost for Water and Labor	$1.470	$7.50

Another basis of comparison is for annual interest and depreciation. This may be called 'fixed charges'. In view of present unfavorable exchange, the estimate given below for the rapid filter is believed to be very reasonable. That is rapid filter equipped with good control apparatu, will cost at least three times as much as a slow filter in China today.

Fixed Charges

	Slow Filter	Rapid Filter
First Cost per M. G. D. Capacity	$25,000	$75,000
Rate for Interest and Depreciation	8%	10%
Annual Cost for Interest Cost & Depreciation	$2,000	$7,500
Millions of Gallons Filtered in the year *Net*	330	350
Cost per Million Gallons Filtered	$6.07	$21.42

Fixed Charges and Cost of Sand Washing

	Slow Filter	Papid Filter
Sand Washing	1.47	7.50
Fixed Charges	6.07	21.42
Total per 1,000,000 Gallons Filtered	$7.540	$28.920
„ „ 1,000 Gallons Filtered	$0.754	2.892

Another item of expense not included is for coagulant which mnst be used with a rapid filter even in waters of low turbidity, while a slow sand filter can successfully handle water with a turbidity up to 100 p.p.m. without the aid of a coagulant.

A disadvantage of the slow filter is the larger area required for land. This is not a serious objection for most Chinese cities where land for the purification plant can be purchased quite cheaply.

Also a considerable area is required in any event for clear water

26925

reservoirs to regulate between filters and high lift pumps. A saving in land area may be obtained by building the regulating reservoirs under the filters.

A distinct advantage of the slow filters for small plants is that they can be run by comparatively unskilled men, while the proper operation of a rapid filter demands considerable technical knowledge and supervision by a competent chemist and bacteriologist.

PROFITS FROM WATER WORKS

Three benefits from a public water system in which all inhabitants share are:—

1) Better health

2) Lesser fire bazard

3) Lower insurancerates.

The losses and suffering from an epidemic of cholera or typhoid fever are incalculable in terms of money. The loss from a single large fire, such as that experienced by Hangchow two years ago, is enough to build several water works.

In addition to the three benefits enumerated, which may be a called 'INDIRECT PROFITS', another benefit that should result from a public water supply is 'LOWER COST' per unit volume of water. That is a modern water system can actually supply a clear potable water at a cheaper price than is now being paid for an impure, dirty water delivered by water carriers.

A Water works should be built by the municipality. It should be operated for the benefit of the citizens, not as a money-making private enterprise. Rates charged should be sufficient to pay interest on capital invested and to provide a sinking fund for amortization of bonds. If it can do this, the water works is really a very profitable enterprise in view of the benefits mentioned.

All of the larger cities of China are contemplating the construction of water works. This is very commendable. However, there is no reason why the construction of modern water systms should be limited to the larger cities. Every village or town with a population of 1,000 or more should have a public water supply. If such works are properly designed and operated, even the smallest can be made to pay a return on the capital invested. Works for a small town can be made very simple, so that no skill is required to operate.Also the number of people employed can be in proportion to the size of the works and of the town. The minimum operating staff is one man who could be trained in his duties by the engineer who built the plant.

Skilled supervision could be obtained by occasional visits of a water works specialist, who could be in responsible charge of some 30 or 40 small plants.

To aid the smaller towns in getting water works at low cost, the National Government could employ the skilled water works specialists, who would furnish designs and advice to the smaller towns without charge.

道路上特別危險處之防止法
(Protection of Special Danger Points)

原著 C. S. Mullen

譯者 吳光漢

在近來道路之勘定及設計,舉凡一切能致危險之情形,概應先知,並使之盡量免除.美國現有公路約 3,000,000 哩,其屬新近計劃者爲數頗微,但車輛之行駛,並不專限于新式道路,故在昔日所築之道路,應特別研究以資補救.凡在能使車輛發生危險之處,悉當加以令人注意之標記.

凡能發生危險之情形,是篇將詳爲論及,並舉明各種保護車輛之實用方法.

在弧綫上之特別危險

每一弧綫因須變更開車情形;及車輛行駛于弧綫處,有趨向內邊之自然傾向,皆有使車輛發生危險之可能性.如司機者依規定行車于弧綫之內邊,同時又有來車不循規則行駛,則在弧綫處危險可立即發生.欲防止此種危險,其普通應用之方法爲在有弧綫路面之中綫,誌以白色綫紋,則車輛應行之途,自易顯定.

若弧綫過少,亦足以增加車輛發生危險之可能性.蓋在多山之地道路上弧綫常有繼續不斷者,司機者時時自警,反不致遭禍而平坦之地其弧之切綫往往甚長,俾車輛行駛時得增加速率.連于此種切綫間之弧綫,實係道路上最危險者,應妥爲標記.如弧度頗小,則弧綫標記應置于切綫上,並遠離弧綫之始點,俾司機者有充分時間減低速度,庶車行于弧綫時易于控制,同時其中綫之白綫紋亦應延長至相當程度.

上述情形,如在夜間,更爲危險.蓋司機者若非預事警戒,則行至弧綫時,恆爲來車燈光所擾亂,不及警備因是爲夜間保護起見,遂應用發光標記.此種反射式之發光標記,在遠距離已能顯見,卽有來車之燈相擾,亦無妨礙.

如連接兩切綫之弧度頗銳,除應用前述之標記外,須加一矩形標記.此種標記,漆以對角線紋,黃黑相間,其中央部份用一矢頭.此種標記所置之地位,須在弧綫外切線之延長線上,此種標記,亦應使之能夜間發光.

如弧綫過長,亦易發生危險.蓋司機者之普通慣例,在初入弧線時,減低速率,此後則逐漸增加.此種性質,在較短之弧線上,並不發生危險;但在長弧線上,則車輛常因速率之增加而增加離心力,遂使控制困難而發生危險,此種危險雖有標記,亦難避免.

凡新式道路,其弧線有超越高度 (Superelevation) 時,則行車速率,毋須減低,亦不致發生危險;但在舊式道路,鮮有此種超越高度者,故凡在新舊式道路相啣接處,應安置一種標記,俾司機者得變更其開車情形.

在頂點上之危險

凡路線上傾過高者,欲在其交接處得一適當之遠視 (Sight distance),實屬難能,故在此處常易發生莫大危險.

此種危險之釀成,多由於司機者在近山巔處避讓他車而發生.蓋不依規則之行車,不易立卽恢復其應有之地位而避免與來車之衝突.此種危險,亦可用適當標記使之減少.如在路中誌以線紋,及在線紋兩旁另加闊度,設若山地路面不及18呎者,則沿山巔約 200 長之路面,須放闊至18呎或20呎

過斜坡度上之危險

在高山區域建設道路,往往爲減少開挖而用極高坡度至8%,有時或且過之.當行車下傾時,除非富有司機經驗者,恆易發生危險.普通司機者行車于略高坡度時,恆用煞車 (Brake), 以減少速率成爲習慣.如一旦行車于長距離之高坡度時,往往亦應用此種慣法,而致焚燬煞車或車身全部.欲防止此種危險,其最適用之方法,則爲特豎一標記於高坡度之頂點,寫明「下山用第二齒輪」.

氣候上之危險

雨:在大雨時期,因路面上之灰塵油點已由雨水冲淨,遂不致因溜滑而生危險;但在小雨或濃霧時,路面上之灰塵油點不易冲刷,而成爲極滑溜之物質,行車不愼,危險殊多.對於此種危險如用標記,則用不勝用,除非有一部份之路面,天雨時特別溜滑,則在此處特置標記,警告司機者如「雨天危險」及「須用煞車」.

冰及雹:冰雹不克預告,司機者當各自留意,但如有一段路面冰已溶解.一段路面冰尙凝固時,則行車最易發生危險.爲安全計,路局應設立暫時標記,與其他標記相異,係豎於路中者,日間懸紅旗夜間懸紅燈,以示重要.

除設立標記外,冰凍之路面上,並須洒以泥沙或煤屑,以減少溜滑之危險.

霧:行車遇霧,最爲危險,但除留心駕駛及用車頭電燈外,別無他法可以預防危險.

鬆虛路肩之危險

泥土路肩係支持及保護路面之用,並非增加路闊,如車輛行駛肩上,設或路肩鬆虛,則往往發生極大危險.路肩鬆虛之原因,大半經冰凍修理或種草等.其防止之方法,可豎立暫時標記於路肩鬆虛處,待結實後方始移去.

瓶頸式路上之危險

闊狹兩路或路橋相接之處,乃成瓶頸式路(Bottle neck).此處車輛擁擠,危險亦多.欲避免此種危險,須持管理方法之妥善,而以標記輔之.

交义點之危險

避免交义路危險之原則有二:一,在設計時須有相當之闊度及視遠(Sight distance).二,良好之車務管理.

當在兩主要路相交而視遠甚短時,最易發生危險;故建築時所有障碍物,務須除去,如有不能者,則須用第二原則以資補救.

適當之標記上繪交叉符號,離交叉數百尺前,設置路旁,並注明速率限制,以警告司機,預爲變更其行駛方法,以免至交叉處發生危險.至支路與幹路相交,則在支路上之行車,在穿過幹路之前,須有完全停止之可能,即使不用停止記號,于此等地點,行車之速率亦應減至每小時五哩.

如上述標記,尚不克保持安全時,則用自動行車號誌.此種號誌,常作綠光,賴電流之連接,凡他路有車駛近時,即變作紅光,車過仍作綠光.

路面凹陷之危險

路面之凹陷 (Dip) 其最初目的,在利於瀉水;但行車危險,亦易發生,最新道路中,此種式樣,已不存在;惟美國舊省道尚有此型.其防止方法,厥惟標記,其標記應立于離凹陷兩端各三百尺地方爲妥.

結論

1. 道路上之危險,多在未及料之轉變處,此種危險,可用適宜之標誌以減少之.

2. 應留意于不需要,及易于誤會之標誌.

3. 在重要之路線,所有標誌,宜日夜均能明顯.

4. 市中之車務管理者,應與公路局合作,以執行行車規則,及解釋此種安全標誌之功用及其利益.

飛機測量於我國之需要

周 倘

邇來我國努力建設,於交通水利等重要工作,均設專局負責進行;祗以缺乏準確圖表,其初步工作均側重於測務.過去成績,固已斐然可觀,測量人才,亦不能謂少;惟其測量方法,由各地各別進行,且限於陸地測量,既甚遲鈍,復不經濟.以如斯廣大之中國,欲謀建設,測量一方,誠應切實研究,統盤籌劃,以最經濟方法,迅速製成準確圖表,方足以供新建設之需求,所謂最經濟之測量方法無他,即飛機測量是也.考歐美各國,對於攝影測量一道,異常進步,因其合於上述原則,近來一切建設事業,幾已一致採用.吾國全部面積約有一千萬平方公里,與德國比,彼之面積不過三十萬平方公里,曾費六十餘年之大地測量,年耗經費二百萬馬克而始告成.方諸我國,如亦沿用舊法測量,計非一二百年不辦,所需經費實難預計.如吾國之財力,斷難辦到,且須經過如許之長時間,亦覺斷難久待.改良之法似非採用飛機測量不爲功.特飛機測量開辦費亦頗大,若各機關獨自進行,則一機關之能力有限,飛機之效能不能完全利用,仍復不甚經濟.據倘個人意見,及經驗所得,應由中央舉辦,併須與各省測量機關有直接之連絡,互相利用,方克收經濟而又迅速之效果.舉其測量重要目的,約有下列三種:

一,關於國防及軍用地圖;

二,關於建設工程之應用圖;

三,關於田產地籍圖.

上述三項測量,如用以飛機攝影方法,不特出圖迅速,且可節省經費,而其準確精詳亦合事實上之需要,人才亦不須如人工測量之多,測量方法及比例尺度各視其目的而定.

一,關於國防及軍用地理圖之測製.

26932

此種地圖,係供普通查察地勢如何,幅圓若干之用。為經濟計,可用一萬五千分一至二萬五千分一之比尺,測得後乃可湊集各片轉製為五萬分一及二十萬分一等比尺之地圖。未施測前,預備工作則不能免,如設立標點及一二等三角測量,并測水準,定各點之高度,以便轉製等高綫。

二,建設工程應用圖之測製。

對於此項用途,測製二萬分一,或二萬五千分一之一覽圖,已足應普通之需求。在該圖上選定建築地段,再將需要部份轉製五千分一或較大比尺之圖,稍用地面測量以補充之。一覽圖測成後,為普通大概計劃,暫可不必施以精密校準,以節經費。雖其尺度不如經精密校準之圖之確,但地面形勢景象以盡數攝出,儘足應用。此種辦法,尤適宜於未施三角測量而須于事後補測之處。惟飛測前,須先設定標點,置以相當標識,以資日後施測三角時有所根據,而便于影圖上檢覓。若繪製河流水道地圖,用以籌擬整理計劃,凡未施校準之影圖,亦足需用。他如繪製城市地圖,則此項五千分一至一萬分一比例之一覽地圖,又為有價值之輔助物,吾人可藉之以定界限。

三,田產地籍圖之測製。

中國幅員廣大,建設上各種輔助物,需要甚切,而田產地籍圖尤為重要。蓋目下各業主之田畝山場,究有若干,雖政府亦不得而知,故確實整理田賦,使人民納應納之稅,為事實所難能。此項地圖宜於最短期內促其實現,以增國庫之收入。專為整理田產之圖,應先製五千分一或四千分一之一覽圖。人烟稠密之處,則製二千五百分一或二千分一之圖。是項測量,若於適當良好之時期內施行,其田地區分及農植物種類均能明晰顯別,而各業主應納之稅額亦可各按土地之價值而定適當之標準。故用飛機測製田產地籍圖,於國家目下之經濟關係甚大。測圖之重要目的,在求所有地產之正確總數額,予政府當局以整理之標準及方法;至精密求得各個業戶所屬之面積,尚在其次。用飛機測得之地圖,與用普通測量方法所測之結果相較,其精確至少相等,但飛機測量所需時間,祇及人工測量之一小部分。此項地圖亦須有三四等三角點爲之根據,而其三角點則祇須以導線測量補充之。

按上述各項目的,均以陸地測量(三角及水準測量)爲飛機測量不可少之預備工作者,因用飛機所測之圖,初係一影片,不能確知其比例尺度,必須先於地上設立標點,計其縱橫座位及高度,並將各點連接繪於紙上,(即所謂三角網是也),乃能利用此已測標點之縱橫座位及高度,而以校準儀精確校準,飛機所測之影圖,蓋依幾何學原理,三點成一平面。飛機施測時每一照片上至少攝有三角點三點。製圖者,將照片置於校準儀,漸漸旋動,使照片上之三角點與三角網上之三角點符合,即能繪製精確之地圖。其施行預備工作之方法,隨測量目的及地面情形而異。爲顧全經濟及各地互相利用起見,須將進行方法作整個統一計劃,幷及時預備飛測地段,俾于天氣及水位並時季合宜或必要時,即可飛測,不致因他種工作而礙及飛機之進行。是以須由中央機關爲之策畫處理,會核各處需要情形,編造各項工作程序;如事實上有變更預定工作方法或程序之必要時,中央亦有隨時變更之權,不須經許多轉呈機關,空費時日,以誤不多得之飛測時季。其組織及規程,應仿照歐洲之私營空中攝影公司之性質,力求其經濟便利。現有國內各測量機關,對於辦理飛機測量預備工作,均應互相合作利用,如測製河流水道地圖,則須有各流域水利委員會及各省水利局之協助,先作三角水準等預備及補充工作,以便測就後即行製圖,及計劃整理。查浙江省水利局業已採用飛機攝影方法,實行測製河流水道地圖。該局備有聯片攝影鏡及飛機一架,校準尺度印製圖件器二副,本年內約可製就五千平方公尺之校準地圖。若天氣良好,經費充裕,則測量工作效力,尚可增加,或尚有爲省外施測之可能。飛機攝影甚速,大部分之時間,則在精密校準及製圖,故欲迅速,須多備校準製圖儀。現浙江省水利局在本局範圍內工作甚多,外省擬托代辦者亦屬不少,因限于經費無法添購高價之校準儀,因之而外省托辦之工作,不能盡量接受。如中央有一統一之機關，則經費較裕，儀器自可多備，且指導統一，效能大可增加；而南京總部已備之校準儀及飛機，亦皆可利用：此所以飛機測量有歸中央統一辦理之必要也。如欲繪印等高線地圖，祇須另備自動繪畫之等線儀一具，即可由已攝之影片中，製出等高線，無須另測，甚為便利。不過此項儀器價甚高，約須馬克六七萬枚，普通機關非易辦到。若測務統一，總部自能置辦；加之各測量機關一致合作，不難于短時期內，製出可以應用於中國目前需要與革事業之圖，其正確之田產地籍圖，尤為國家之唯一財源，故此種新方法，甚值得吾國辦理測務當局之研究。

麥卡達路冬季舖瀝青法
Winter Paving With Asphaltic Concrete on Macadam Base

Walter H. Flood
陳允明

舖瀝青地面,每不適于天氣太冷之冬季,以其易于凝固也。惟在一九二九年,美國支加哥地方,曾于甚寒之冬季舖成二吋厚之瀝青地面 67,000 方碼。其成功之原因 1.爲過熱之瀝青混合物,舖時工作敏捷. 2.即刻加以甚厚重之壓力.詳細之工作情形,頗堪注意,茲述之如次:—

混合物與混合程序

此次所用者,爲墨西哥瀝青.其滲透度(Penetration)爲54混合物中石灰佔48%,沙佔30%,塡入物(Filler)佔15%,瀝青佔7%.混合物之粗細及瀝青之成份,平日常作二三次之試驗,所得平均結果如下:—

瀝青			6.9%
經過	200	號篩箕	12.7 „
„	80	„	10.2 „
„	40	„	13.2 „
„	10	„	6.7 „
„	4	„	20.8 „
„	2	„	29.5 „

上述之瀝青混凝土,含石灰約有50%,在美國常用于舖設汽車公路成効頗著。

施工時常備二處混和工場(Mixing plant),其一約離工作地十三四哩,另一工場約離五六哩.混和程序一如平常,惟加以寒天應有之注意而已.混合物因天寒凝結甚固,不易從車上傾出,故車箱必須加熱始能溶散,其加熱方法,係用蒸汽管圍繞車身,另以數小管通達車底,車上覆油布以護熱,如此

26936

數車之貨可同時溶散,以利卸下,施用時愈速愈妙,以免再行凍結。

混合物混和後以舖軌道之車輛輸至施工地點,每車可裝十一噸,因在寒時混合物離工場時溫度約需 375°F 搬運時熱度散失約 15° 度故達施工地點當在 360 度左右。

舖面工作于八天內完成,每日溫度由氣候局測定如下:

日期	最高度數	最低度數
Nov. 28	20	15
„ 29	8	1
„ 30	17	1
Dec. 1	29	20
„ 2	16	8
„ 3	17	1
„ 4	28	12
„ 5	45	28

如上述之低溫已足為工作之累,但有極凜冽之風,使混合物易于凝結,抑且令人畏縮不前,當夜間壓路機亦須停置汽車間內,庶不致將機件凝結。

舖置與滾壓之程序

在未加瀝青混合物以前,路基上之散石等宜先掃除,然後用工人二組,每組十四人,六人持耙,八人持鏟,以舖瀝青混合物。如路邊無階石,則以Berm 為擱瀝青混合物,以舖至 Berm 為止,通常以四十四噸瀝青混合物,同時傾于路上可舖 400 方碼。

重八噸至十噸之壓路機六輛,同時運用,且以天氣寒冷如此,毫無障蔽之路面易于凍結,故此六壓路機須隨時開動各無阻滯,以便路面在熱時即得充份壓力。所舖路面在壓路機緊壓後,僅有髮細之裂痕,與蜂房式之小隙,困難之處在使路面平勻,蓋因天寒瀝青易于凝凍不易耙平也。最須注意者乃在維持混合物一定高溫與急速輸送。

在此嚴寒之氣候，面層之工作不能用人工方法，蓋低溫度不能使瀝青擠成薄層，同時更須施工迅速，因此須用壓力分佈機以其工作極快不待瀝青混合物之凝固，卽以重壓加之。

面層所用之瀝青性質與舖面者同，惟滲透度爲 120 而巳。在面層完成以後，以 $\frac{1}{4}$—$\frac{1}{2}$ 吋之石屑散播其上，再壓以壓路機。石屑須先加熱以利與路面黏合，大約一方碼需15磅。

結　論

此路工作進行之速度，開寒天舖瀝青路之新紀錄，不過在如是寒冷時溫度降至 1°F，其路面所受之壓力，是否足夠，常屬問題。卽在其餘數天，其溫度亦遠在平常造瀝青路面之下。依每日所取之路面小樣，得知其密度爲 2.371 至 2.408 約爲由計算所得之密度之97％至98.5％

實際上瀝青路面殊不宜于在酷寒之天氣舖設，其不良之結果顯示于人者雖多，而此次計劃之成功，則足以證明有舖設之可能性矣。在隆多時無論何種所謂永久路面咸不能舖設成功，而瀝青路面惟有雨雪能阻滯其進行耳。

欲使嚴寒時瀝青路面能舖成者，首須注意爲工作進行之迅速，以免混合物之凍合與多數接縫之需要，故不但使混和工場之容量加大，而運輸之時間亦務求短促。

GENERAL PRINCIPLE OF WATER POWER DEVELOPMENT

by 丁人鯤

Within the last four decades, one of the most wonderful and romantis engineering achievemant that had amazed the whole world is the water power development. Although the Utilization of water energy for power purposes is quite an ancient practice, but the great objection of limited use locally had preocuted from its power extensively utilized, until the introduction of electricity for long distance transmission.

Water power is better than any kind of power derived from fuel, oil and petroleum for many reasons; but the most important two are: (1) inexhaustible and self-renewing character, and (2) its ability to furnish much cheaper power. Other advantages are better hygienic conditions; better speed control; reduction in maintenance cost, depreciation and accidents; increase in production, and efficient management of machines, tools etc.

By water power or so called hydro-electric power engineering is meant the kind of science that can transfer water energy into electric power, one wants to develop water power, two kinds of knowledge are essential, these are the hydraulic engineering on the one part; and the electrical engineering on the other part.

By admitting the water flowing from a high level to a low level into a water turbine, turbine tends to rotate due to the potential and kinetic energy of falling water, whish strikes the buckets or vanes of the turbine.

The methed of obtaining this falling water is either from a natural water fall or to build a dam for a certain head, and then to construct open channel or closed penstock for the convegence of this falling water from the site of fall or dam to the power house. By connecting the electric generator to the shaft of the turbine either direct or indirect, either vertical or horizontal, electrical power is then produced from the hydraulic energy. This electrical power can be utilized either in local region or to distant cities by transmission lines and intermediate distributing stations.

Water power is chiefly dependent on two factors: namely, the Head and the Discharge: The head is the total height of the fall (or it is the difference of elevation between the head race and the tail race) the discharge is the total flow of water passed in a specified time. Both can be obtained by measurement. Then the theoretical horse power of the river can be calculated by the formula.

$$\text{Theoretical H. P.} = \frac{\text{Discharge} \times \text{Head}}{8.8} = \frac{QH}{8.8}$$

From this formula we can see that either a fall of one foot with a discharge of 8.8 cu. ft per second or one cu. ft per second dischargs with 8.8 feet fall will produce one theoretical horse-power.

In obtaining actual horse power, we must consider different losses of power occured from friction and shock in guides and passages of the wheel; the friction and leakage of shaft; the eddy in the draft tube; the friction in the penstock, etc. These losses ranges from 10% to 30% consequently, the range of efficiency is from 70% to 90%; 80% is generally taken for estimation. Therefore the formula for estimating actual horse power will be

$$\text{Actual H. P.} = \frac{Q \times H}{8.8} \times 80\% = \frac{QH}{11}.$$

While the actual electrical energy developed (expressed in kilo-watt,) should consider the combined efficiency of generator, transformer, etc, 90% being generally assumed as the average value. Therefore the formula for estimating actual electrical power delivered from the power house will be

$$\text{actual K. W. utilized} = \frac{Q \times H}{11} \times \frac{.90}{1.34} = \frac{QH}{16.4}$$

For the purpose of illustration, the world famous Niagara falls will be taken. The vast amount of water flows through this fall to Lake Ontario at an average discharge of 210,000 cu. ft. per second; while the drop of this fall is about 300 ft. So, by the application of the formulae just mentioned, we have

$$\text{Theoretical H. P.} = \frac{210{,}000 \times 300}{8.8} = 7{,}160{,}000.$$

$$\text{Actual H. P.} = \frac{210{,}000 \times 300}{11} = 5{,}730{,}000. \text{ (based on 80\% Eff.)}$$

$$\text{Actual K. W. utilized} = \frac{210{,}000 \times 300}{16.4} = 3{,}840{,}000. \text{ (based on 90\% Eff.)}$$

In the design and construction of any water power plant, three things are of vital importance on the hydraulic side, namely, the dam; the head race and penstock; and the turbine. Other three things are essential on the electrical side, these are the generator, the transformer and the distributing line. The construction of building for the power house is also important. Other minor things, such as auxiliary steam engine, pumping machinery, and various other details are also needed. Due to limited space, only these three important things on the hydraulic side will be disscused briefly as follows. Dam: The principle of a dam for water power is practically the same as those for water-supply, irrigation and river improvement purposes.

The main object is to concentrate the fall of the river at one point, so as to convey the water economically to the turtine, and to store the water so as to act as impounding reservoirs. The dam should be built to required height, of proper material, of water-proof surface, of enough strength to resist sliding, and overturning during great flood on storm. Flood gates should be used to control the extreme floor heights near the dam site; spillways should be built in the dam as a passage to permit the escape of flooded water. There is a close relation betwecn the location of power house and that of dam; because good location of both will afford great economy in developing maximum head and give more safety protection of powerhouse. The head-race and the penstock: The purpose of the head-race is to convey water at the dam site to the wheel-pit or penstock; and the purpose of penstock is to direct the water from the pipe line to the turbine or wheel. Both have the function as an intake for the water power plant. Head race may be built either of open-channel or of pipe line. Penstocks are of two kinds, namely, the closed and the opened. Closed penstocks should be used for heads higher than 20 feet, while for head below this value, open penstocks are generally preferred. Penstocks may be built of stone metal, concrete in modern power plants; while wooden penstocks are commonly used for small plants. Each individual penstock used to supply each one turbine is the general practice; but sometimes, a number of turbine can be set in the same penstock for the sake of economy. Both pipe line and penstock should be designed for least frictional resistance to the flow of water, otherwise, the loss of power will be considerable great.

The turebine: There are two kinds of turbine in general use, namely, (1) The Tangential turbine or impulse water wheel and (2) The Reaction turebine; the former is suitable for high head and high speed, and its action is based upon the impulse when the water jet strikes buckets or vanes fixed around the wheel; while the latter is good for great dircharge and medium head and its action is based upon the reaction, where water passes through closed passages formed by curved vanes and completely fills these passages. The essential parts of a reaction turbine are the runner, the gate or passage mechanism and the draft tube, while that of the impulse wheel are the wheel disk, bucket or vanes and nozzle. These things are not intended to be described here. The design and selection of turbines is very intricately related to the design and lay-out of the power plant, because turbines are the prime movers of the plant, or the controlling factor of whole project, which is just as important as the steam engines in steam power plant. Therefore, in order to get good result, the general layout should be the joint conception of plant designer and the turbine designer.

Electrical machineries: Now, having briefly stated the important things on the hydraulic side, it is not necessary to state the essential things on the electrical side, such as generators, transformers, switch-boards, distributing towers and transmission lines, because those are more or less the works of electrical engineers. Although when the horse power capacity of the turbine is known, one can figure out the corresponding capacity of generators, transformers, ets, then, select and order those equipments for installation. But the advice and service of electrical engineers are always

needed before and during the installation of electrical machineries; otherwise, a complete success of the whole plant cannot be secured.

材料試驗結果

陳仲和

材料試驗之結果,乃在多種境况下所產生之結果也。而造成此境况之要素,殆難以一一數,例如木材之產地儲藏法年齡等,鋼鐵之成分製造法含炭量等等,皆與其强度有密切之關係。實驗者未能遍訪詳察之,無已則取市上所常用者擇要試驗之。玆章所記,卽根據一年來各級同學試驗之結果,集集成篇。然人非一人,時非同時,其間手術氣候濕度等之差別,所影響於强度者仍巨,閱者祇作含有微差之近似值觀可也。

I 木材　本室所試驗之木材,爲木禾麻栗本松洋松杉木五種,皆取給于學校附近萬安橋脚協興木行。其產地除洋松外,浙江境內多有產之者。杉木則以徽產爲多,下列價値卽據該行所報告,至杉木則以根數大小論,不可以體積計,大約介于本松與洋松之間耳。各種木料,又以質地之不同,價値仍有高低,下表乃爲平均値。

杭州市四種木材之時價

	麻栗	本松	洋松	木禾
魯班尺每立方尺	$ 1.25	$ 0.80		$ 1.20
英呎每立方呎	$ 1.625	$ 1.04	$ 1.44	$ 1.56

壓力試驗　本室所用之試驗機爲安斯裴混合試驗機,該機能力50000磅,爲瑞士產,可用以定各種材料之張力壓力曲率力剪力等,其力之大小,可由自旋轉針自動指示,不必如美製烈赫來試驗機之定須手搖也。

木材壓力試驗之樣子,爲(1)2吋見方2吋高之立方體,(2)2吋見方8吋高之短柱,(3)2吋見方16吋高之短柱,三種。茲爲表示各樣材料之個性差異起見,將各組結果之平均值悉數列表于後。

木材沿木紋方向每平方吋之最大抗壓能力

	木禾			麻栗			本松			洋松			杉木		
	1	2	3	1	2	3	1	2	3	1	2	3	1	2	3
	5790	5480	—	6610	5960	6920	4618	5880	5486	5950	6370	6060	—	4087	4087
	6170	5330	5590	6710	5510	6790	4670	4930	5300	5610	5770	5810	4420	4190	4850
	4750	5475	5300	5475	5600	5225	5450	5100	4750	5350	3725	4686	3850	3875	3850
	5450	6125	6400	4176	4625	4275	5475	5350	4500	3950	3425	5125	3525	3415	3525
	4950	5750	4950	6250	4500	4275	5250	4275	5375	3625	3600	3925	3850	3500	3375
	5500	5600	5600	6700	4375	5844	5158	5656	3750	6075	4375	4393	3925	3150	3338
	5243	5142	5578	7920	6773	—	5165	5362	—	5412	5400	—	3925	4655	4150
	5237	5142	5550	7860	6550	—	5133	5317	—	5574	5420	—	—	4683	—
平均值	5386	5505	5568	6438	5450	5555	5239	5234	5032	5181	4773	4999	3915	3988	3882

觀以上各項之平均値,可知柱長與最短邊之比,若小于十倍時(在本試驗$\frac{l}{r}=8$)影響於各種木材之强度。尙無顯著之差異,故爲便利實用計,可令五種材料之每平方吋之最大抗壓能力如下。

26946

木禾	麻栗	本松	洋松	杉木
5500	5800	5170	5000	3900

引伸力試驗 所用樣子爲斷面 2"×½" 之扁平板,兩端較厚約半吋許,試驗機同前,表內所列數值,爲每組之平均值,卽每兩根之平均值,故總平均值乃每樣二十根所得之平均值也。

五種木料每平方吋之最大引伸力表

	木禾	麻栗	本松	洋松	杉木
	10970	12450	9530	7230	5250
	17100	11480	10625	11600	
	12675	16050	11600	13100	
	14100	22000	11000	12420	
	15380	12785	7900	7495	
	14365	14900	9200	14200	
	9000	17900	9200	10750	
	10794	9675	6750	10500	
	13800	15400	11800	7312	
	16586	10336	11510	15020	
平均值	14300	13500	9910	10960	5250

彎曲力試驗

26947

五種木材之最大單位彎曲力 磅/平方吋

	木禾	麻栗	本松	洋松	杉木
	9500	8900	5800	5250	4600
	10600	10000	5250	4840	4350
	10290	9170	6950	5420	6640
	10500	9450	8300	6090	4250
	10600	10680	8760	5480	4380
	8900	8340	5850	5030	4780
	9350	6200	7020	5900	5300
	9320	8770	7260	4620	3710
	10794	9675	6750	7312	5260
	10238	10125	6188	6800	
	9112	7540	6750	7300	
	10555	9675	6566	7472	
平均值	9050	9940	6620	5920	4810

剪力試驗 剪力試驗分為兩種,(1)沿木紋方向(2)垂直木紋方向,茲將兩種每六樣之平均值列表于後。

四種木材之最大單位剪力 磅/平方吋

	麻栗	本松	洋松	杉木
沿木紋方向	1000	344	260	137
垂直木紋方向	2055	1241	1222	566

26948

綜觀上述價值表,及各種應力表,可知洋松與本松價值之比爲10:6.9,而各種應力,除引伸力外,洋松皆不及本松,然國中較大建築,鐵路枕木橋梁等,皆採用洋松,鮮有用本松者,推原其故,當不外下列數種,(1)對于本松强度之懷疑,計劃者無所根據,不如用洋松便,(2)本松無一定之尺寸,購採非易,(3)對於本松耐久性之懷疑,如腐朽開裂等,綜是三因,本松遂不能與洋松競。現近金價日貴,洋松價值,飛漲無已,倡言抵制而漏卮不塞,殊可惜也。惟不可變者本質,今本松强度,既不亞于洋松,是本質可恃也。無尺寸則吾尺寸之,塗注防腐劑,改良乾燥法,一轉移間,本松卽洋松矣。何必以國中建築供他人市場乎,甚願國人注意及之也。

II 金屬　試驗用之金屬爲鋼,熟鐵,生鉄,銅四種,生鐵塊爲校工所翻製,非臻上乘,餘均購自杭市五金店,爲一吋或半吋徑之圓桿,茲將各種市價表示于下。

	每磅價值	出品處	牌名
熟鐵	$ 0.16		
黃銅	$ 0.50		
鋼	$ 0.30		黃牌

引伸力試驗　每桿直徑約半吋,其應力變形圖,由試驗機附件自動畫出,下列所列之弛點 (Yield point),卽根據應力變形圖中所指示,惟鋼與熟鉄之弛點極爲顯明,故差別常微,銅與生鉄無顯明之弛點,故各人之觀察點不同,差別頗大,茲將各組結果列後。

26949

四種金屬之引伸力 磅/平方吋

	鋼		熟鐵		銅		生鐵	
	弛點	極力	弛點	極力	弛點	極力	弛點	極力
	63400	104000	55400	66000	46650	73200	—	17100
	64200	99000	49000	51800	49300	65000		
	62000	101100	48300	62000	42040	65500		
	55900	73900	46900	52000	47400	67800		
	61500	115800	50700	60500	52500	63250		
	65200	106900	47300	60700	48400	64300		
	62000	104200	51000	62000	38700	67700		
	64500	110000	50800	65100	38200	66600		
	63492	100530	44651	65116	34741	57746		
平均值	62465	101803	49340	60357	44200	65788		

三種金屬之極力 磅/平方吋

	鋼	熟鐵	銅
壓力	115850	81050	83050
剪力	77300	50250	36250
彎曲力	180000	82300	95000

上述數值係六根樣子所得之平均值。

III 泥磚　此間所用泥磚，都購自杭市源茂磚瓦廠，多係嘉興出產，市上通稱大紅磚，小紅磚，大青磚，小青磚。茲將四種磚塊尺寸價值列表于後。

26950

磚名	尺寸	每萬塊之價值
大青磚	$1\frac{15}{16}'' \times 4\frac{1}{2}'' \times 10''$	約100元
小青磚	$1\frac{3}{8}'' \times 4'' \times 8''$	約60餘元
大紅磚	$1\frac{15}{16}'' \times 5'' \times 10''$	約100元
小紅磚	$1\frac{1}{2}'' \times 4\frac{1}{4}'' \times 8\frac{5}{8}''$	約60餘元

泥磚應力之差異甚大,良由于製造之不均匀,茲將十五塊之平均結果暨其中之最大值最小值分列于後。

四種泥磚之抗壓力表

磚名	最大值	最小值	平均值
大青磚	995 #/□"	500 #/□"	801 #/□"
小青磚	396 "	533 "	912 "
大紅磚	1395 "	476 "	1049 "
小紅磚	1316 "	486 "	817 "

四種泥磚之彎曲力表 磅/平方吋

磚名	最大值	最小值	平均值
大青磚	394	191	284
小青磚	410	191	366
大紅磚	730	302	441
小紅磚	533	187	281

上列彎曲試驗時樣子,係平放,卽加力於厚之方向也。

VI 混凝土 本室所用之水泥,爲馬牌,唐山啓新公司出品及泰山牌,龍潭中國水泥廠出品,兩種。但因個人手術之不同,影響于强度甚鉅。故祇舉其近似值不復類別焉,所用碎石(沙石)爲徑 $1\frac{1}{4}$ 吋以下之沙石,沙之均勻係數爲 3。分子容積比例爲1:2:4,

加水量試驗 定加水量之法有三(1)沉陷試驗 Slump Test (2) 羅馬圓墩試驗, (3) 流桌試驗 Flow Table Test 本室所採用爲第一種,法將各分子調和均勻,加入所估計之水量,乃將調和之混凝土漿放入高十二吋直徑六吋之電鍍鐵筒,分二次裝入,每次用徑約 $\frac{5}{8}$ 吋鋼桿,搗四十次,乃將鐵筒正直提起,離開混凝土,然後量混凝土之沉陷幾何,如沉陷爲半吋至1吋,是爲正當加水量,由上法試驗之結果, 1:2:4 混凝土所需正當加水量,水與水泥之容積比例爲1:1。

壓力及彎曲力試驗 壓力試驗所用樣子爲高10吋徑5吋之圓柱, 彎曲力試驗所用樣子爲 4"×6"×40" 之短樑。水泥比爲 1:1 所列數目,爲24塊樣子平均値。

1:2:4 混凝土壓力及彎曲試驗表

每平方吋之抗壓力		每平方吋之彎曲力
七日	二十八日	二十八日
661	1432	347

鋼桿與混凝土黏結力試驗(拉出試驗 Pull-out Test)

水泥比	混凝土成分比	日期	每平方吋之黏結力(磅)
1:1	1:2:4	28	456

V 水泥與膠泥 因各人手術及天氣變異之影響過鉅,暫從略。

26952

利用水泥舖路之成績暨其建築及修養之方法

劉俊傑譯

國際道路協會鑑于今日道路問題之重要,故于1930年舉行第六次會議,曾將舖路材料暨建築及修養等問題,詳爲討論,水泥爲舖路之良好材料,其益處甚多。此次會議中提出研究是項報告者,凡十三國,茲擇其要者譯以介紹于國人,俾供留心道路問題者之參考焉。

水泥之規定

是篇所論及之水泥,係指標準水泥 (Standard portland cement) 及新近發明之快結水泥 (Special or high eqrly strength cement) 而言,至于瀝青水泥 (Bituminous cement) 則未論及。

水泥之普通用途

利用水泥以舖築道路,有下列三法:

(1) 造水泥混凝土路基,上舖以他種路面,如地瀝青,磚,及塊石等。

(2) 造水泥混凝土路面,此種路面可用單純混凝土或鋼筋混凝土。

(3) 造水泥粘結之碎石路,此種道路之建築可用下列三法:

(a) 將乾燥水泥與砂之混合物,舖于已做好之碎石路上,用壓路機滾壓後,加水使路面潮濕,再壓之,直至灰漿擠出路面爲止,待凝結後卽可行車。

(b) 將一層水泥與砂之膠漿,夾于兩層碎石間而滾壓之,使膠漿儘量掺入兩層碎石內,滾壓之力,務使膠漿擠出路面爲宜,俾得適當之平滑路面。

(c) 在已做好之碎石路上,澆以薄層之水泥與砂之膠漿,全部滾壓後,再用人工括平。

水泥混凝土路適用于繁重之運輸

26953

前節 (1) 及 (2) 所述之混凝土路基及路面,已爲各國所採用,舉凡城市街道及普通道路之運輸繁重者,均用此種建築。

水泥粘結之碎石路供作輕簡之運輸

前節 (3) 所述之洋灰粘結之碎石路,供作輕簡之運輸,頗見成效,蓋在普通之碎石路中,加水泥粘結,則所能負之載重當較普通碎石路爲大,且此種道路之建築費,較水泥混凝土路爲廉,故在公路建築中頗爲重視。

負載鐵輪車輛路面須用特別計劃

在若干城市中,其道路運輸包括多數重載之鐵輪車輛,水泥混凝土路面所含之普通石料,常易侵蝕,在此種情形之下,水泥混凝土路面宜分爲兩層建築,其上層混凝土所含之石料須異常堅固,否則不足以增加道路之載重量,當建築時,其上層混凝土須在底層未凝結之前,卽行舖設。此種建築,非特能解决侵蝕問題,而其建築費用亦較用他種路面爲省

單層水泥混凝土路適用于繁重橡皮輪車輛之運輸

單層水泥混凝土路中所含之石料,並不須前節所述者之過分堅硬,此種路面如建築留心,厚薄適當,儘足以供繁重橡皮輪車輛之行駛,因橡皮輪對于路面之侵蝕極微,故負載雖重,亦無傷也。

水泥混凝土路面之優點

各種路面之載重,普通以受力層之強度而定。舖面中如瀝青,磚,塊石之用瀝青或砂填縫者,其載重強度甚微,採用之時,恆取其能抵抗侵蝕,減低衝激,使路面平滑,增加觀瞻。但減低衝激,必需相當之水泥混凝土路基以資載重而保存舖面陷裂。故凡取用上述各種路面時,相當之水泥混凝土路基,係必不可少者,且其建造費用亦較他種材料爲省。

路面之選擇,多以使用價值 (Cost of Service) 互相比較而定,其使用價值包含甚多,如建築費及其利息,修養費,路面之生命等,水泥混凝土路建築費少,利息亦少,修養費輕,且生命久遠,故在 1928 年終,美國已有 59,000 哩之

26954

水泥混凝土路,在是年內築成者凡 8756 哩.

工程上之監督

水泥混凝土路面及路基之能著成效者,悉恃建築及修養得宜,故工程上之監督,實爲重要。當準備路面時,須明示坡度弧度洩水系統等,對於施工應嚴格及詳細規定,對于材料應有精密之審查。

近來應用水泥混凝土舖路之實施概況

I. 路基——路基之主要條件,厥爲均勻,泥土之鬆者須雜以他種堅土,使能受力,路基上之排水,應求完美,俾避免路面積水,及從地下水源之溢出,凡普通路面得能保持平滑者,悉賴于路基之適宜,在水泥混凝土路面未舖之前,路基應常保持潮濕,則水泥混凝土舖後,凝結時得避免水分之排出。

II. 段面之計劃(路面之厚度)——路面厚度,最少約 6 吋,依理論而言,其厚度應能將所載重量,從路面上分佈于路基,使其總壓力不致超過路基材料之安全載重,昔日築路有用均勻厚度者,有用路之中間較兩旁爲厚者,但近今試驗結果,認爲兩旁較中間加厚之法,最爲經濟,蓋如厚度均勻,則兩旁及露出角等,當較中央部分爲弱,易于侵蝕,路面最適宜之厚度爲中央部分之厚爲兩旁之$\frac{5}{6}$,如是則路面各部份之力量可以一律,至兩旁之厚度,可用下式得之:

$$t = \sqrt{\frac{3\,W}{0.5\,M}}$$

此式中　t = 兩旁厚度,　W = 最大載重,　M = 混凝土之破壞係數

III. 鋼筋及縫——鋼筋之設計,應依車輛之載重而定,若路基穩固,鋼筋儘可不用,否則須用適量之鋼筋,以增加路面之載重力,普通築路,亦有用鋼筋以防止路面因氣候而伸縮所發生之裂紋者。

路面之有縱縫,蓋所以減少不規則裂紋。但普通路面所發現之裂紋,鮮有闊至10呎者;故縱縫之相距當以10呎左右爲宜,沿此縱縫,在相當距離之處,另置短橫鐵條。

IV. 混合及材料之設計——因混凝土建築方面技術進步之故,對于

材料及混合法亦研究愈深切.依近今科學方法,設計混凝土之混合材料時,其比例悉以重量爲標準.標準之限制頗嚴,但以適合地方情形爲原則.至通常所應注意者則爲清潔,硬度,抵抗,氣候之變化及有機物質之附着等.

V. 建築及應用器具——築路之主要條件爲路面平滑,路面之厚度適當,及混凝土之品質等.如欲得良好之結果,則標準及監察務必嚴厲精細,路面之平否,用10呎長之直板試之,其低陷處不得超過$\frac{1}{4}$吋爲限.築路所用材料,均須經過壓力及彈力等之試驗,路面築成後,應行探鑽工作,以定路面之厚度及混凝土之品質.

路面築成後通用之蓋護方法,有下列數種:

(1) 使路面完全沒于水中.

(2) 蓋以潮濕之土,稻草,或粗麻包.

(3) 面上加氯化鈣.

(4) 面上加矽化鈉.

(5) 面上加地瀝青.

上述種種蓋護方法之利弊,常因情形不同而各異,普通公認之最佳方法爲用水.

至于應用器具,舉凡一切舖路手續,悉用機器施行,以求工作之優良及人工之節省.

VI. 修養——混凝土路面如建築得宜,其修養事簡而費廉,如伸縮縫隙及裂紋發生,應即灌以瀝青等物料,如路面發生解體現象,則須加蓋石料與瀝青之混合物.

26956

IMPROVEMENT OF WEST LAKE

at

HANGCHOW

by

Arthur M. Shaw, Consulting Engineer.

In the absence of written instructions, stating in detail the results which are desired, certain assumptions have been made for the purpose of this report which are based on various conversations and which I believe represent the ideas which have been given. As the entire report is based on these assumptions however, it has been considered desirable that these be stated at the outset, in order that, if the assumptions are in error, the deductions may be corrected accordingly.

ASSUMPTIONS.

1. Outside of the commercial interests of the city, the tourist business (both Chinese and foreign) is of the most importance to the city of Hangchow, not only because of the direct benefits derived but because it is through the arousal of interest of tourists that new business may be brought to this section.

2. West Lake, with its surrounding mountain scenery and points of historic interest, is an absolute essential as a "drawing card" for tourists, and a serious impairment of the lake, by filling, will destroy this most valuable asset.

3. The shallowing process, which has been going on since the lake was created, has now reached a point requiring a general cleaning out if the

characteristics of the lake are to be preserved.

4. It is realized that this general cleaning out of the lake will require the excavation and removal of many millions of cubic yards of material and that the cost of transportation will prohibit the use of any method of disposal involving its removal to points very far from the lake border, thus necessitating the use of some of the excavated material for the creation of new land, within the present boundary lines of the lake.

5. It is desired that, in doing such filling, the present beauty of the lake be enhanced, rather than decreased, the idea being that unsightly angles in the present shore lies will be rounded out but that curved lines will be employed and that straight lines, with sharp angles, will be avoided.

6. The usefulness, as well as the beauty of the lake is to be preserved, due provision being made to continue in service, the openings which provide for furnishing water to the canal system of the city.

HISTORY.

In the study of a project of this nature, it is both interesting and useful to examine its history and the origin of present conditions. There has been no opportunity to examine the written history to any extent though it is recalled that in one historical works, written nearly 700 years ago, reference is made to the intricate network of canals of the city of Hangchow, and that these were supplied with water, through gates, from the lake at the west of the city. From a practical standpoint, the geological history, as evidenced by the soil formations, is of more value than written history could be, for our purpose. From this, it is apparent that the entire flat in the vicinity of Hangchow was, at one time, an arm of the sea which has been gradually filled up by sediment brought down by the Chien Tang River. Some of this filling has been done during historic times. The original bar, on which Hangchow now is situated, apparently shut off a small area of water, which now forms West Lake. There probably was left a narrow connection with the main river, which has been straightened out later to form one of the principal canals.

Considerable dredging from the lake bottom has been done in the past, both by hand and by machinery, but in spite of this, there has been a continuing decrease in the depth of the lake. It is safe to assume that this shoaling has been caused partially by the usual process, the accumulation of sediment brought down from the higher lands by the streams which enter the lake from the west, but it also is certain that in the case of West Lake, there is another important source, one which apparently is contributing more material than the tributary streams. This other material is the product of decaying vegetation, probably principally aquatic plants. A physical examination of the deposits found in the northern portions of the lake indicate a preponderance of this class of material. It is recommended that studies of this vegetable matter be studied further, by microscopic examinations, with a view to determining its origin, and the species of plants from which it is formed, in order that the trouble may be lessened, if not entirely controlled.

CHARACTER OF MATERIAL IN LAKE BED.

As would be expected, the sub-soil of the lake bed, the material which formed the bottom of the lake when it was first shut off from the river and the sea, is an alluvial clay. This is similar to the "sharkey clay" which is found in the delta of the Mississippi river and is the same as the sub-soil under the city of Hangchow. Above this clay, is a layer, several feet in thickness of soft material, commonly classed as "muck", which, as already stated in principally made up of vegetable matter, partially or wholly decayed. It is extremely soft, only slightly heavier than water, and when stirred up, it remains in suspension in the water for a considerable length of time. Material of such a nature is easy to excavate, by the use of proper machinery, but most difficult to handle and to convert into good land.

There has been no opportunity for making a study of the material found in other portions of the lake, as was done a few weeks ago of that portion in the vicinity of Pei's Causeway, though it would be reasonable to expect that in the western portion, especially at the rear of Su's Causeway, there would be a greater proportion of silt, and perhaps some sand, To get something of an idea of conditions in that area, I made a trip on foot on Saturday, February lst, around the southern and western boundary of the lake, noting particularly the characteristics of the tributary streams. With one exception, none of the streams entering the lake gave any evidence of scouring their beds or of bringing in course material from the hills. The exception referred to is King Sha Kang, which enters North Lake near Tung's Villa. The deposits in the bed of this small stream indicate that in times of flood, it brings down sand (as its name would indicate) and even small gravel. I doubt however, if much of this coarser material is carried very far out into the lake. The above stream apparently is the most important tributary to the lake. It rises in the mountains to the west of Ling Yin Temple.

While a careful study should be made of the material to be found in all parts of the lake, in order that the work of dredging may be directed intelligently, I am certain that there will be found no variations in material which would dictate a modification of the general type of equipment as herein recommended.

While it is reasonably certain that some silt, and possibly sand and gravel, are brought down to the lake by the King Sha Kang, it is doubtful if this is a very important factor in the filling of the lake as the methods of agriculture, in the matter of prevention of soil erosion, are far in advance of those of the Western countries and it is not probable that any considerable amount of material is brought in from the cultivated areas. If it is found that soils are being washed from the mountain sides, and being carried to the lake, this would be an additional argument in favor of immediate efforts toward re-forestation of these steep slopes for the various reasons of prevention of erosion, and consequent filling of the lake, restoration of timbered lands, for the use of the next generation, and a beautifying of the mountain sides.

A special effort should be made to determine the origin of the muck upper layer, as an aid in lessening, or eliminating this cause of deterioration of the lake. In this study, a microscopic-botanical examination should be of value. Some acquatic plants can be held in control by annual sprinkling of chemicals on the surface of the water, in quantities not injurious to fish life, while others will not thrive in any but shallow waters. By securing a knowledge of the type of plants supplying the material, a method of combatting them can doubtless be devised.

QUANTITY OF MATERIAL TO BE EXCAVATED.

As the most of the records which have been consulted in connection with the preparation of this report have used English measures, these will be employed in the following, though in all important matters, these will also be expressed in the old Chinese measures, for convenient reference, and in metric measure, to conform to present official standards.

From available maps, which apparently are sufficiently accurate for preparing preliminary estimates, I find that the lake has an area of 1,400 Acres = 9,300 Mow = 567 Hectares.

The lake ordinarily is held at an elevation of about 3 ft. 10 in. below the general level of the boulevard skirting the eastern shore which lake elevation will be referred to as the "normal" lake level. The following estimates are based on securing a normal, average depth of lake of six ft. = 5.7 chih = 1.8 meters. This will require the removal of the equivalent of 3.7 ft. of material from the bed of the entire lake. The present depth is not uniform though there are no places where the depth is much in excess of three feet. This material amounts to 7,200,000 cubic yards = 1,800,000 fang = 5,500,000 cu. meter.

METHODS OF DISPOSAL.

Owing to the economics controlling the methods of disposal, as already mentioned, it will be necessary to discharge the material at points within a few thouand feet from the point of excavation, I have assumed this economic limit at approximately four thousand feet (about 1,200 meters) though this limit is not absolute. The relative amount of material which may be disposed of by pumping onto low lands bordering the lake can be determined only by a careful topographic survey, though these are indicated, in ageneral way, on the accompanying map. On this plan, I have indicated more defintely, the areas which it is proposed to fill within the present borders of the lake. These are indicated by letters A to M inclusive and will be of approximately the following area:

Tract	Areas of tracts in:		
	Acres	Mow	Hectares
A	17.3	114	7.0
B	23.0	151	9.3
C	0.9	6	0.4
D	13.6	90	5.5
E	27.4	180	11.1
F	14.3	94	5.8
G	17.5	116	7.1
H	19.5	128	7.9
I	7.4	49	3.0
J	10.6	70	4.3
K	6.9	46	2.8
L	14.6	96	5.9
M	7.7	50	3.1
Total areas to be filled ...	180.3	1,190	73.2

As it will be impossible to predict the amount of shrinkage which will take place when the soft material from the lake bed is placed so that it will dry out and become compact, there can be no advantage, at this time, in attempting to make an exact estimate of the filling which can be done from the excavated material though it is reasonably certain that there will be a considerable amount of material available for the filling of low lands in the vicinity of the lake, after the areas marked to be filled within the present borders, have been brought up to the required height. For the preliminary estimates of this work, I have assumed that it will require from two and one half, to three cubic yards of excavated material to make one net cubic yard of filling, after shrinkage and subsidence have taken place. This is based on the behavior of similar materials in the lower delta country of the Mississippi river, where, as already stated, conditions are quite similar. After filling operations have proceeded for a few months, observations of shrinkage can be taken which will make it possible to determine conditions with more accuracy, thougn some shrinkage will take place for several months after the filling has been completed and this must be compensated for by placing all material sufficiently above final established grade.

EFFECT OF FILLING ON STORAGE CAPACITY.

In addition to the necessity for preserving the scenic beauty of the lake, as already mentioned, there should be no encroachment on its storage capacity which might result in its reaching a dangerous stage as a result of excessive storms, or which would lessen the amount of water available for use in the city canals during long periods of drouth. Through the assistance rendered by Rev. E. Cherzi, S. J., Director of the Observatory at Siccawei, and of the Municipal Engineering Department of Hangchow, I have been able to investigate this phase of the subject satisfactorily. Studies have been made of the maximum rainfalls for periods of one day, one week and one month, it being apparent that the one week records place the greatest demand on the storage capacity and on the discharge outlets. Some changes in the outlets have been made during the past year, but an analysis of the situation shows that there still is an ample margin of safety in these to guard against a dangerous stage of water in the lake, following excessive rainfalls. The small reduction in total area of the lake which is proposed, would have some minor effect on its storage capacity, were it not for the fact that the extra depth which is to be provided will more than offset this. With a depth of six feet at normal stage, it will be possible to draw the water down to a considerably lower stage than has been possible in the past, to provide against extremes of drouth such as was experienced during the autumn of 1929.

CONSTRUCTION METHODS.

Ordinary methods of the control of materials discharged by a hydraulic dredge can not be employed in this case, owing to the very soft nature of the material and its tendeney to remain in suspension for an extremely long time. On the other hand, the hydraulic method of excavation will prove to be much more economical than auy other method which can be employed for doing such work on the scale that is proposed. For this reason, the hydraulic dredging plan is recommended, making special provision for the control of the discharged material. For this purpose, I have planned on the construction of a light, sheet pile retaining wall to be built along the proposed boundary of the tracts to be filled. For the purpose of a preliminary estimate, I have figured on constructing the sheet pile structure by the use of twenty four foot cedar piling, such as can be secured locally, placing these at three foot intervals and filling in the intervening space with light poles. During the early progress of the work, considerable experimenting with this structure should be carried on to secure the cheapest design which will serve the purpose. It is probable that a considerable saving can be effected over the proposed type by a wider spacing of piles, use of brush and grass in place of some of the poles, and by other expedients. With this pole and brush structure as a core, a mud levee will be constructed which will serve to retain the material which is to be pumped in by the hydraulic dredge, this levee being built up by the use of a grab-bucket dredge described below. Owing to the nature of material encountered, it will be impossible to construct a satisfactory levee without the use of some such a temporary retaining device as has been described.

After this retaining levee has been built up to a height of perhaps two feet above water level, and has become sufficiently compact to withstand hydrostatic pressure, the filling of the area behind it, by hydraulic dredging, will be started.

If working in sand, or other heavy material, the ordinary process would be to pump into this artificial basin, at one end, and permit the surplus water to escape at the farther end. With the material with which we will be dealing, this method can not be employed, as the mud would remain in suspension so long that the most of it would escape back into the lake. To prevent this, it will be necessary to entirely enclose each basin so that precipitation can take place in quiet water. In order that dredging may proceed without interruption, two basins will be prepared so that as one is filled with mud and water, the discharge may be diverted to the second basin, giving the first one time for sedimentation. When the mud has precipitated, the surplus water will be drained off and the basin again filled.

For cleaning out the Inner Lake, west of Su's Causeway, it will be necessary to make temporary out throngh this causeway to permit the passage of the hydraulic dredge. As this dredging will require several months for its completion, it probably will be found adviseable to construct a temporary wooden bridge across this opening, so as to avoid interference with traffic. In the case of the smaller Inner Lake, back of Pei's Causeway, consideration should be given to the use of the grab-bucket dredge for this purpose, planning its construction to permit its passage under one of the existing bridges, if this is found to be feasible. The grab-bucket dredge will not do this work so economically as the hydraulic but the smaller unit will not be required all the time in the construction of retaining walls and the cleaning out of this smaller lake might well be reserved so that the small dredge can be employed usefully when not required for other work.

CONSTRUCTION EQUIPMENT.

Following are the principal items of equipment which will be required for doing the work as above recommended:

1. Hydraulic dredge with the main pump having a suction and discharge diameter of either I2 or 10 inches (preferably the larger).

1. Grab-bucket dredge with ½ cubic yard "clam-shell" bucket and fifty foot boom.

1. Hand operated pile driver,

A number of mud barges for transporting filling material which will be leaded by the grab-bucket dredge. (These will not be required until the work has been in progress for some time, when it will be possible to determine what type will be best suited to the purpose).

Each of the dredges should be monnted on a steel barge of approximately 24 ft. in width by 50 ft. in length. Exact dimensions can not be determined until an estimate can be secured of tho weight of machinery. The above stated dimensions probably are conservative.

As there are no local concerns equipped for the construction of the dredges, it is recommended that these be furnished complete, by some shipbuilding concern which can furnish a proper guarantee of completion and satisfactory performance.

The small pile driver will be the first piece of equipment required. It should be mounted on a small wooden barge, or on two large sampans, lashed together and decked over by planks. I would furnish complete plans for this so that it can be constructed locally. It would be used not only for the construction of the sheet pile retaining walls but also would be used for setting the poles, out in the lake, for the electric transmission lines and for the construction of trestles to carry the discharge pipe of the hydraulic dredge. It will be engaged almost continuously, on one class of work or another.

CONSTRUCTION PROGRAM.

In any large construction project, it is essential to satisfactory progress and economy of prosecution, that a schedule of procedure be prepared at as early a date as practicable, modifying this as the work progresses, only to meet unforseen conditions or to improve on methods as planned. A schedule of this nature is especially important in a venture such as this, where the economical and continuous operation of the main unit (the hydraulic dredge) will be entirely dependent on the preparatory work, such as construction of retaining levees, erection of electric transmission lines, placing of discharge pipe lines, etc. All this will require planning of a high order and prompt execution. Unnecessary delays to the dredge will be reflected both in the totsl cost of work and in its rate of progress.

The managers of the shipyards in Shanghai, whom I have interviewed in the matter, estimate that it will require from four to five months to complete the small dredge, ready for operation, and perhaps twice that long for the completion of the hydraulic dredge. This delay in receipt of the main unit will not be serious for the reason, as above indicated, that considerable preparatory work must be completed, and the mud levees permitted to settle, before hydraulic filling is under-taken.

As a preliminary outline, I would suggest the following tentative working schedule:

1. As soon as it is reasonably certain that the work will be authorized, s field party of engineers should be organized for the purpose of:

a.—Securing samples of material from all portions of the lake bed, as I already have done at the northerly end.

b.—Make an instrumental survey of the borders of the lake, iocation of islands and all other features which might have a bearing on the work.

c.—As other work may permit, make a complete topographic survey of all low lands bordering the lake which may be considered for imp-

rovement by filling.

d.—Take a complete set of soundings of the bed of the lake. (The soundings which I have been using were made with sufficient accuracy for preliminary estimates but will not be satisfactory for construction purposes).

2. When it is definitely decided to proceed with the work, and provisions have been made for financing it, tenders to be called for the construction of the two dredges and for supplying all auxilliary equipment, such as cables, discharge pipe, pontoons, etc. "Preliminary Specifications" were furnished to possible bidders early in January and they now are in correspondence with manufacturers of equipment. I should have sufficient data at hand to enable me to prepare final specifications not later than the middle of March.

3. In the interim, between the calling for tenders, and before my time would be fully taken up in the inspection of progress of construction of the dredges, I should prepare a construction plan, based on this report as approved, or modified, by the Construction Division, but in exact detail as to location of areas to be filled, the order in which the work is to be undertaken, and other details which must be determined before actual construction can start.

4. Also, during the interim mentioned, I would prepare plans for, and superintend the construction of, the small, floating pile driver.

5. Following approval of the construction program, the field survey party would stake out the first of the retaining levees and the construction of the pile retaining wall would be started.

6. As soon as the small dredge is ready for operation, it would start

construction of the earth levee, along the line of sheet piling. On account of the soft nature of the material, this will have to be done in several repeated operations, permitting the first layer to settle before adding more.

7. By the time that the hydraulic dredge is ready for operation, levees should have been completed sufficiently in advance to permit filling with safety, pipe lines should have been placed and the electric transmission line completed so as to serve the dredge with current.

It is contemplated that the hydraulic dredge will be fully lighted so as to permit night operation but that all other work will be planned only for daylight operation. In an emergency however, any of the work can be carried on at night, to prevent delay to the main unit.

COSTS.

It has not been possible to get an estimate of even the approximate cost of the complete equipment from the Shanghai interests, though they have given me some preliminary figures on some of the elements of the plant. From these data, I am convinced that if any error was made in my original estimate of Mex. $ 200,000.00, it is on the safe side. I would recommend however that financial plans be based on this estimate in order that we may be fully protected, though every effort will be made to hold down the cost of equipment where this can be done without impairing the efficiency of the plant. The above figure is estimated to cover the entire plant cost, including the hydraulic dredge with all necessary piping, the smaller dredge. fully equipped, the small pile driver etc.

The cost per cubic yard of material excavated, will depend, in a large measure, on the ability and the energy displayed by the Superintendent. With proper supervision, the hydraulic dredge should average twenty hours per day of actual pumping, some time being unavoidably lost in changing pipes, adjusting machinery, making minor repairs and adjustments. While, as noted, the material to be handled will be especially difficult to control as it comes from the discharge pipe, these qualities which have been mentioned will assist in economical excaxation. In ordinary material, such a dredge as has been recommended seldom averages more than about 2,500 cubic yards per day of solid material but, when working in the soft muck, which will form the principal work done by this outfit, I shall expect a daily average of better than 3,000 cubic yards, probably a monthly average somewhat in excess of 100,000 cubic yards. Based on this estimated output, I would estimate the cost of dredging to be kept under five cents per cubic yard, or say $ 5,000.00 per month for all field construction costs, including the cost of operating the grab-bucket dredge, pile driver etc. This figure does not include interest, general supervision and such other items as generally are classed as "General Overhead". It contemplates that a competent Superintendent will be employed, at whatever salary may be necessary to get the best man obtainable, and that he will so organize the work that there will be no avoidable delays to the operation of the main dredge, and that, at the same time, there will be no men employed on the job who are not needed. The Superintendent should be a man of experience in selecting men, in working them to advantage, and in discharging them promptly if they prove to be unfit. Unless this principle is followed, the cost of work will increase and the amount of work done will decrease.

ADDITIONAL WORKS REQUIRED.

In addition to the actual dredging, and the construction of retaining levees (which are an essential part of the dredging program) there will be some additional items which have not been included in the foregoing estimate as they belong, more properly, to what might be termed the "Land Development and Sales" part of the project. These will consist of snch items as shore protection and beautification by the construction of stone or concrete walls, extensions of existing intakes of conduits leading to the city canals, finishing off of the filled areas with a suitable top-dressing of soil from the adjoining hills (or from other sources) and the disposal, by sale or otherwise, of the newly-made lands. All of these items, with the exception of provision for extension of canal intakes, may well bc postponed until after filling operations are well under way.

ADMINISTRATION.

Mention already has been made of the qualities considered necessary in the man who is to be placed in charge of the works. It has been my experience that the best man for such a position can be secured by selecting one who has the proper mental and moral qualifications, plus a good general experience, even if he has not had much experience in the particular work to be undertaken. If it is desired that I should assume the responsibility of designing the plant to be purchased, and assist in getting it started properly, I would recommend that an effort be made to find a man of the type described, preferably with an engineering education, but one who is not afraid to get out into the mud occasionally, as I shall exspect to do; one who is sufficiently mature to command respect; and one who has not stopped studying just because he left school a number of years ago. It would be my idea that this man be employed at the start, placing him in charge of field surveys at first, but with instructions to "break in" his assistant as promptly as possible so that this second man can take full charge of the surveys at as early a date as this may be required. There should be an unvarying policy of training each man so that he can immediately step into the position next above, on a minute notice, in the event of a vacancy. Following this policy, I would expect the man selected to serve later as Superintendent, would work with me in planning the equipment and in superintending its installation. If he is of the type specified, he would be fully qualified to assume full, responsible control by the time that the plant has been in operation a few months, requiring my services later, in a consulting capacity only. and to an extent which would not interfere with any other work on which I might be engaged.

While the Superintendent should be essentially an "out-door" man, he should have charge of an office in which all engineering data are kept and should have a secretary who is competent to keep all records in proper order. It is assumed that all major purchases, payment of men employed on the job, etc. will be handled through the regularly established agencies of the Province but all such expenditures should be approved first by the Superintendent, and duly recorded by his secretary. Unless this is done, it will be impossible for the man in responsible charge to keep proper supervision of expenditures and, unless these are kept in shape for frequent and convenient examination, it will not be possible for him to correct errors of operation before serious injury to the prosecution of the work may result.

I have devoted considerable space to this matter of administration for the reason that I consider it one of the most vital matters connected with the project. Next to the proper planning of the equipment, it is the most important.

If it is expected that my services will be employed in the preparation of plans and to assist in supervising the work during its initial stages, it would be very desirable that the Superintendent and, if practicable, his secretary, have a reasonably good knowledge of English. It also would be necessary that I be furnished with an assistant who could do typing and other secretarial work and who would have a good knowledge of English. A knowledge of stenography would not be necessary.

SUMMARY.

For convenience in considering the foregoing report, it may be condensed as follows:

It is recommended that the lake be dredged to as great a depth as is economically practicable (assumed to be six feet), this being done to improve it as a pleasure report; to postpone so far as possible, the necessity of another cleaning out; and to serve as an aid in preventing the further growth of aquatic plants.

A study of the origin of present accumulations to be made, with a view to their future elimination. or at least, to reduce the rate of accumulation.

The amount of material to be excavated is estimated to be approximately 7,200,000 cubic yards.

The new lands to be created, within the present boundaries of the lake will be about 1,200 mow. Additional lands, the area of which can not be estimated at this time, will be improved, these lands now being partially used but not suitable for general purpose on account of their being too low for either general agriculture or for the building of homes.

The total cost of construction equipment (liberal estimate) will be about Mex. $ 200,000.00.

The cost of field operations will be about Mex. $ 5,000.00 per month, or five cents per cubic yard of material excavated.

Arrangements to be made to give the job the very best, most efficient and most intelligent supervision possible.

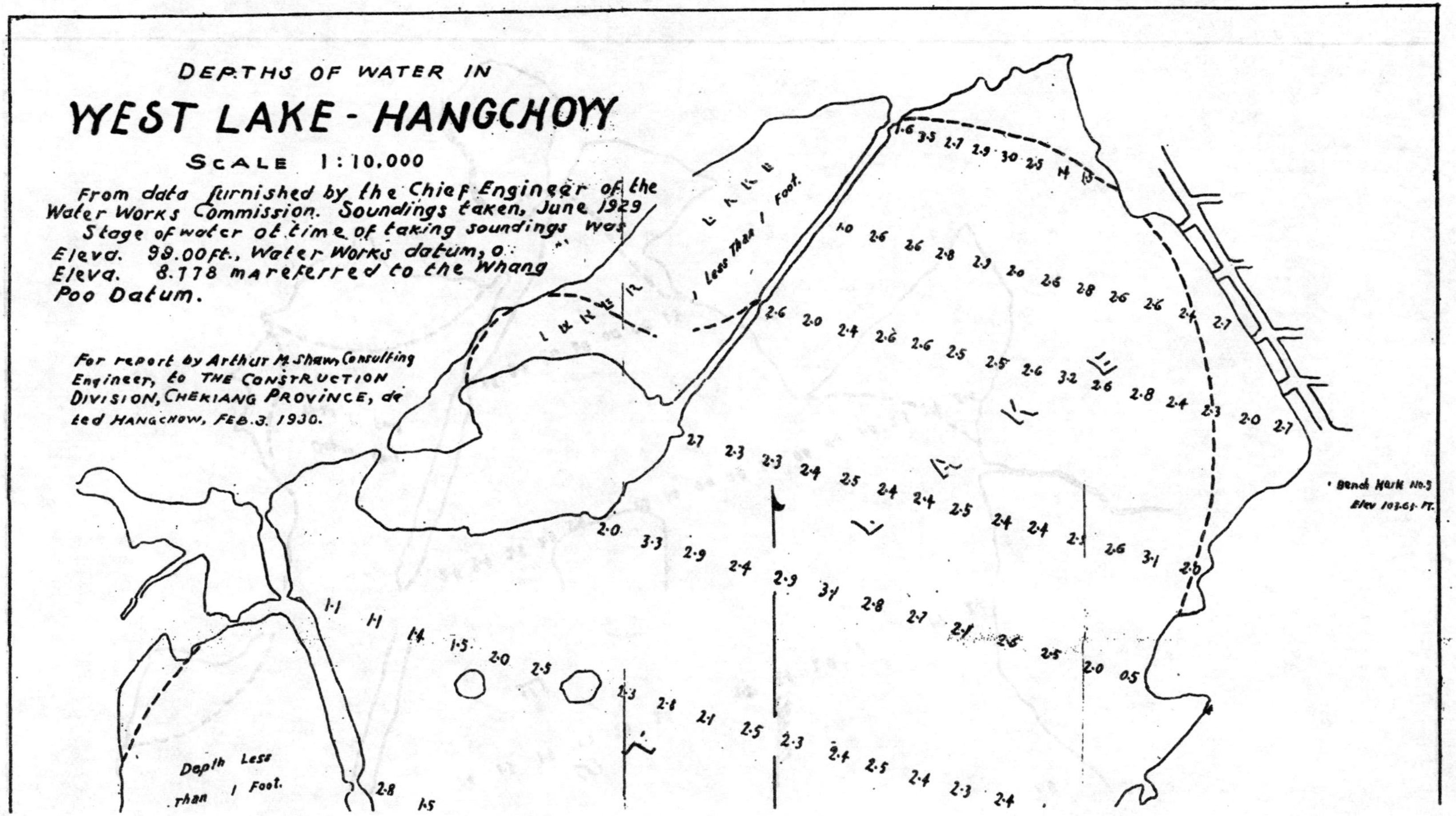
DEPTHS OF WATER IN
WEST LAKE - HANGCHOW
SCALE 1:10,000
From data furnished by the Chief Engineer of the Water Works Commission. Soundings taken, June 1929
Stage of water at time of taking soundings was Eleva. 99.00 ft., Water Works datum, or Eleva. 8.778 m are referred to the Whang Poo Datum.
For report by Arthur M. Shaw Consulting Engineer, to THE CONSTRUCTION DIVISION, CHEKIANG PROVINCE, dated HANGCHOW, FEB. 3. 1930.
INNER LAKE
Less Than 1 Foot.
Depth Less than 1 Foot.
Bench Mark No. 3 Elev 103.61 FT.

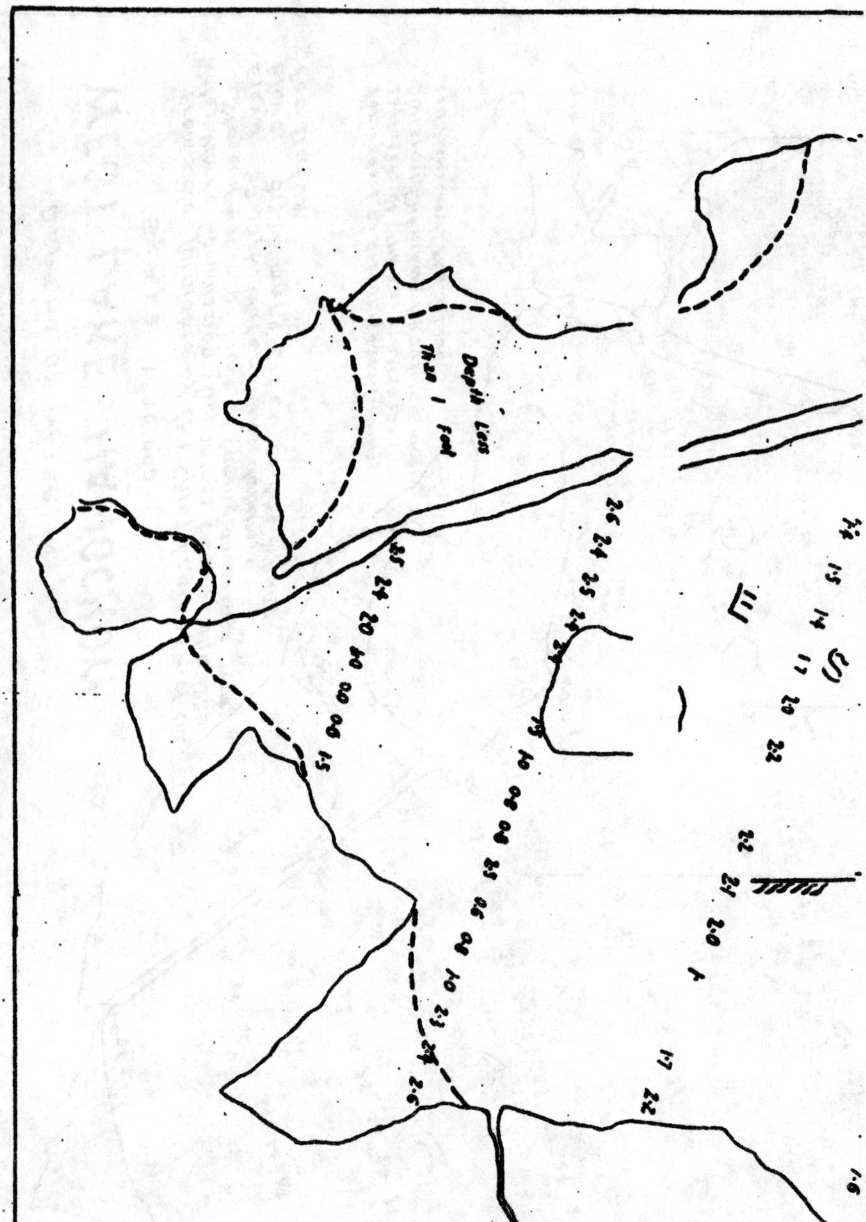
Depth Less Than 1 foot

測量學名詞之一部（續）

研究部
戴　頤　沈衍基
許陶培　許壽崧

A

原名	譯名
Aberration	行光差
Aerial Surveying	飛機測量
Annual fluctuation	年差
Apex	頂點
Apparent time	眞時
Aqueduct	水道
Astronomical	
A—time	天文時
A—triangle	天體三角形
Astronomy	天文學

B

原名	譯名
Barometer	氣壓計
Aneroid—B.	氣壓測高計
mercurial—B.	水銀測高計
Base net	基綫網
Bed of stream	河床
Bolt	桿

anchor—B.	錨桿
Signal—B,	標桿
Broken base line	折向基綫
Borrow pit	土坑
Buoy	浮標

C

Camera	照相機
Chart	圖
hydrographic—C.	河海圖
Chronometer	時辰儀
Civil time	常用時
Contour	等高綫
Culmination	子午綫經過
Current meter	流速計
Curvature	曲率
C. and refraction	曲率和折光
Correction	曲率改正

D

Dial, of Aneroid	氣壓測高計之面板
Direction instrument	平角儀
Discharge	流量

E

Earth,	地球
figure of	地殼外形
radius of	地球半徑

Eccentric station	偏站
Ecliptic	黃道
Equal altitude	
circle of	等高角圈
equation of	等高角公式
method of	等高角法
Equation of time	時差
Equator	赤道
Equinox	赤黃交點
Expression map	略圖

F

Fixed stadia hair	固定視距絲
Float	
gauge—F.	浮表
F.—rod	浮桿
surface—F.	浮標
F.—tube	(浮筒),浮管
Focal length	焦點距

G

Gauge	
Automatic—g.	水位自記表?
Hool—g.	鉤尺

H

Hand level	袖珍水準儀
Heliotrope	回光鏡

Hydrographic	
H.—maps	河海圖
H.—surveying	河海測量

I

Indeterminate position	未定地點
Index	
arm—I.	指臂
I.—correction	矯準數

J

Jupiter	木星

L

Lake surveying	湖泊測量
Least squares	最小二乘方
Leus	透鏡

M

Mean	
M.—sea level	平均海平面
M.—solar day	平均太陽日
M.—sun	平均太陽

N

Normal tension	正規拉力

O

Observation	觀察
Observing tower	觀察台
Ocean shore line	海岸綫

26982

P

Perimeter	周
Perspective	透視
Photographic surveying	攝影測量
Pivot	旋樞
Plane table	平板
Pocket compass	袖珍羅盤儀
Polaris	北極星
Primary triangulation	一等三角圖根

Q

Quadrant	象限

R

Reconnoissance	踏勘
Repeating instrument	複角儀
Resection	切點法

S

Sea level reduction	海平矯準
Secondary triangulation	二等三角圖根
Sextant	六分儀
Sidereal time	(星時)
Sounding	水深測量;
Spherical excess	球面餘角
Stake	木樁

T

Tertiary triangulution	三等三角圖根

Three-point problem	**三點法**
Tide gauge	**水位表**
Topographical signal	**地形符號**
Transit	**經緯儀**

26984

混凝土樑中腹鋼筋排列之圖解法

戴　凱

腹鋼筋 (Web reinforcement) 之作用,即增高樑之單位剪力;故多利用之以增加樑之負重。其在樑中之位置及數目之多少,隨剪力圖之面積大小形狀而異。剪力圖面積之形狀,分三角形及梯形二種。今茲將二者之圖解法分述于下。

本篇所舉各種作法,皆係參考而得,述者不過加以證明而已。

三角形之圖解法

作法（一）

如圖一,三角形 ABC, 即剪力之面積,假定分為五個相等之面積,其法分 AC 線為五等分,于等分點 $a_1a_2a_3a_4$ 作垂線,相交于以 AC 為直徑之半圓周上之 $b_1b_2b_3b_4$; 然後以 C 為中心,Cb_4, Cb_3…為半徑作弧,與 AC 線相交,得 c_1c_2…乃于 c_1c_2…各點作垂線,即得所求之各等分面積。

證明

設 $a=\triangle Cc_4d$ (面積), $A=\triangle ABC$ (面積)

$AC=D$　　$c_4d=v_1$　　$AB=v_2$　　$Cc_4=x$

解　$a=\frac{v_1x}{2}$　　$A=\frac{v_2D}{2}$

$$\frac{a}{A}=\frac{v_1x}{v_2D}$$

但　$$\frac{v_1}{v_2}=\frac{x}{D}$$

∴　$$\frac{a}{A}=\frac{x^2}{D^2}$$

從△Cb_4a_4, Cb_4A　$$\frac{Cb_4}{AC}=\frac{Ca_4}{Cb_4}$$

$$\overline{Cb_4}^2=Ca_4\cdot AC$$

26985

即 $\overline{Cc_4}^2=Ca_4\cdot AC$

∴ $x^2=\frac{D}{5}\cdot D=\frac{D^2}{5}$

∴ $\frac{a}{A}=\frac{\frac{D^2}{5}}{D^2}=\frac{1}{5}$

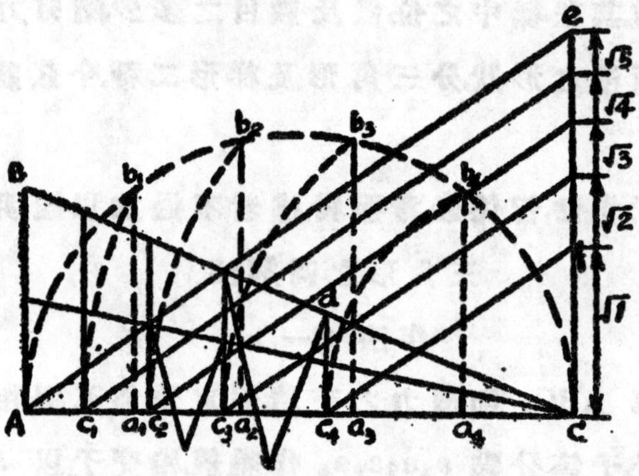

圖一

作法（二）

於 C 點作 AC 之垂線,且以$\sqrt{1},\sqrt{2},\sqrt{3},\cdots\sqrt{5}$之比例分之;連接 eA 線並作平行于 eA 之平行線與 AC 線相交,得 $c_1c_2\cdots c_4$，再于 $c_1c_2\cdots c_4$ 各點上作垂線,便得所求之等分面積。

證明

由作法(一)已知

$$\frac{a}{A}=\frac{x^2}{D^2}$$

從△c_4fC,CeA $\frac{x}{\sqrt{1}}=\frac{D}{\sqrt{5}}$　　$x=\frac{D}{\sqrt{5}}$

$$\frac{a}{A}=\frac{\frac{D^2}{5}}{D^2}=\frac{1}{5}$$

梯形之圖解法

作法（一）

26986

如圖二梯形 ABED 卽剪力之面積,假定分爲 4 個相等之面積,其法延長 BD 成三角形 ABC, 以 AC 爲直徑作半圓,乃以 CE 爲半徑作弧,與半圓相交于 b_4點,同時自 b_4點作垂線 b_4a_4,分 a_4A 線爲 4 等分,然後依照三角形解法卽得所求之各等分面積(證明仝前)

作法(二)

自 C 點作 AC 之垂線 Ce, 且以 $\sqrt{y}$, $\sqrt{y-1}$, $\sqrt{y-2}$…,之比例分之,若設 v_1 v_2, 爲梯形左右之剪力, n 爲等分之數,則

$$y=\frac{n}{1-\left(\frac{v_1}{v_2}\right)^2}\cdots\cdots\cdots\cdots\cdots\cdots\cdots\cdots(1)$$

然後連接 eA 及其平行線得 $c_1c_2\cdots c_4$, 其最後之平行線 fc_4, 必交于E點,可用以校對,再于 $c_1c_2\cdots c_4$ 上作垂線卽得所求之各等積梯形

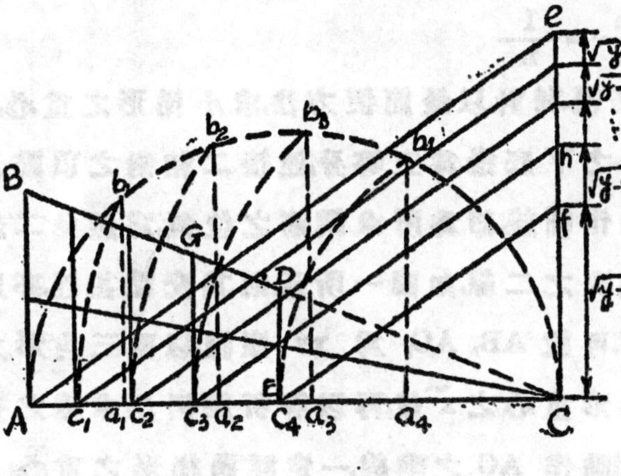

圖二

證明

設 $a=c_3c_4DG$ 之面積; A=ABDE 之面積; n=等分之數

$C_3=x$　　AC=D　　DE=v_1　　AB=v_2

解　以比例法求得　　$CE=\frac{v_1 \cdot D}{v_2}$　　$c_3G=\frac{v_2 \cdot x}{D}$

$$a=\triangle CGc_3-\triangle CDE=\frac{\frac{v_2\cdot x}{D}\cdot x}{2}-\frac{v_1{}^2\cdot D}{2v_2}=\frac{v_2{}^2x^2-v_1{}^2D^2}{2v_2\cdot D}$$

$$A=\triangle ABC-\triangle CDE=\frac{v_2\cdot D}{2}-\frac{v_1{}^2D}{2v_2}=\frac{(v_2{}^2-v_1{}^2)D}{2v_2}$$

$$\frac{a}{A}=\frac{v_2{}^2x^2-v_1{}^2D^2}{D^2(v_2{}^2-v_1{}^2)}\cdots\cdots\cdots\cdots(2)$$

從△Cc_3h,CeA

$$\frac{x}{\sqrt{y-n+1}}=\frac{D}{\sqrt{y}}$$

$$x=\frac{D\sqrt{y-n+1}}{\sqrt{y}}$$

$$x=\frac{D\sqrt{\frac{n}{1-(\frac{v_1}{v_2})^2}-n+1}}{\sqrt{\frac{n}{1-(\frac{v_1}{v_2})^2}}}=\frac{D\sqrt{n(\frac{v_1}{v_2})^2-(\frac{v_1}{v_2})^2+1}}{\sqrt{n}}\cdots\cdots(3)$$

以(3)式代入(2)式簡單之卽得

$$\frac{a}{A}=\frac{1}{n}$$

爲排列腹鋼筋便利計,以最簡便方法,求小梯形之重心,以定鋼筋之位置.其法分每小梯形之下底邊爲三等分,連接二相對之頂點及等分點,延長相交于一點,由此點作鉛線,卽爲所求鋼筋之位置,爲避免二線之交點過遠,則可自中線上作相同之二線,如圖一所示,則其交點甚近,亦頗簡便也.

證明非常簡便,可設 AB, AC, 爲 xy 座標;以兩三角形力矩(Moment)之關係可求每小梯形重心之 $\bar{x}$ 值,再以解析幾何法求線之交點,此點之 x 值必等於 $\bar{x}$,故由此點作 AC 之垂線,一定經過梯形之重心.

應用於土木工程上的地質經濟學

Economics of Geology as apply to Engineering

原著 Ducley Yorke

譯者 蔣公會

引　言

地質學不是一般市政工程師(Municipal Engineers)所詳細研究的課程,而是工程師在實施工程時,因岩石的結構和組織的關係發生妨碍,用以處置的一種學識。這門課程,完全是許多土木工程試驗所得結果的結晶,非一般學生所能獲取,其和市政工程方面最有密切關係的論題,已不列入在內。這課程很易引起研究者興趣,學生研究時,可推廣其本有的智識,而得很大的利益。土木工程中,與這種學識最有關係的為(一)給水工程,(二)汚水整理工程,(三)道路工程及土工,(四)房屋和橋樑的基礎工程,(五)山洞工程等。下面敘述的,都是說明地質學對於以上所舉幾種工程的價值,雖則都是簡略而粗淺,但作者的意思,認為確有指出研究的價值。

(一) 給水工程

地質學與給水工程之關係,作者已在另一篇文字中貢獻過(看 The Surveyor, February 28. 1931)意見,故不再在此地詳述。

(二) 汚水整理工程

陰溝下面地土的組織,苟不預先詳細研究,則工程上面將發生極大影響,尤其是在土地布置預算方面。大概陰溝的設置不宜和日用的水源如泉水,井等相近,因汚水含有毒質,滲透之後,危險很大。故為避免泉水或井和其他用水與汚水混和起見,在未實施汚水工程以前,研究該地岩石的結構,遂為一件最重要的事。譬如有一塊差不多平坦的地方,其地層排列情形,如圖(一)所示:

圖 (一)

此地岩石是從工程處向外傾斜,工程處設在一天然小窪地上,在這窪地上,有幾層露出地面岩層橫過。P,P是浸透質或多孔岩,I,I是不浸透質的地層如黏韌性的黏土等。污水在多孔層上受重壓勢必填塞所有的孔,雖其地面向工程處傾斜而下,然亦能沿不浸透層I,I面上流去。如圖所示,其在上一層的可流入河B而成地面泉水,在下一層的可流入井內,所以這兩處受到影響很大。故對於安放工程處的位置,以在較低而平坦的黏土層上較好,惟在未決定以前,黏土須加以試驗,黏土須有輕鬆的組織,而地層又不宜過厚,如此則污水才得排洩而漸漸流至不浸透層。

有許多很適當的斜坡,為便於排洩污水起見,將污水集合低處,用抽水機運至較高的整理場所,採用這個方法時,須預防污水與日用水源相混合,設有一工程處在一矮山之巔,山的地層為凸斜,如圖(二)所示。設城市一旁

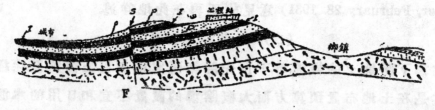

圖 (二)

的地層為一斷層所橫截,污水浸透多孔層P,P後,沿不浸透層I下流,與斷層F相遇。斷層綫上本有沿I,I層流到的地下淤積的水,此水受靜水壓力,就上升到地面,成為泉水,如上圖所示S處。現在污水亦被斷層所阻而沉積在一處,則泉水被其混濁,為勢所必至。至圖上所示鄉鎮處,則因地層傾斜的方向

26990

不同,沒有這種危險。

實際上各地的排水法,普通都順着地面上天然的坡度而設施,不過地層的組織每多不能和面層的形狀相同。除非陰溝做得十分緻密,污水總有漏出的可能,甚或漏出岩層而流到很遠的地方去,使他處的水源變濁。故建築陰溝時,對於陰溝的構造是否有適當的緻密,附近的井水有否受到不良的影響,應該十二分的留意。

(三) 道路工程及土工

當一道路工程或土工要進行時,研究該地的地質,是一件不可缺少的事,開鑿岩石所用的兩邊斜角,不必一定和工程書內所載的穩立角(Angle of Repose) 一樣。因這穩立角不過應用在理想上罷了。這種斜角和下列幾要點到很有關係:(一)地層傾斜角和所截割向方的關係,(二)所開鑿岩石的性質,(三)水和冰凍的作用。若岩石都是軟性而且結合不十分密的,則須開鑿到穩立角爲止;若岩石是厚而且堅的,則須開鑿到差不多垂直角。開鑿岩石最須防備的就是軟硬岩石對於風雨侵蝕的抵抗力不等,如遇這種情形時,應築土臺於硬岩石下面以撐支牠,免致下墜。最不好的情形是橫截傾斜地層的切割,如圖(三)所示,在這種情形之下,多孔層中所含地下的淤積水,

圖 (三)

沿岩石層流到開鑿處A,A等地方,結果使軟岩石漸漸的刮落,而留不浸透層岩於單獨不穩定的狀態。這樣以後,軟岩石更加比硬岩石刮落得快,而使岩石有下墜的危險。惟一防禦方法,卽用磚石或混凝土做土臺於硬岩石的下面,并留足夠的滲透地位。

在開鑿處的另一邊——圖上A,A的對過——,則除軟岩石外,不論其穩立角情形如何,風雨侵蝕的情形如何,仍能垂直豎立,故其滲透作用很少,或甚至沒有.若切割與地層斜坡同一方向,則滲透作用很少,可與水平面上的岩石同樣開鑿.葉形岩 (Schistone) 和火成岩 (Igneous) 每多裂縫和叠接(joint),且含多量水分,故易冰凍,而使岩石崩裂,致有大塊的下墜.建築路基,除黏土,砂等外,大多數岩石,都毋須另加特種工作;但如遇輕鬆或軟濕的黏土,尤其是地層薄而且傾斜的,則非設備排水的陰溝不可.如遇有流砂或軟炭等,亦須設備竹條或樹枝編成的基礎,另外再設地下排水制;以負載道路或鐵路的路牀.

(四) 房屋和橋樑的基礎

建築高大房屋基礎除地面測量和鑽孔試驗等外,對於地質情形,亦需加以精密的研究.假如建築地點是在沙灘上或冲積地上,而建築的底面又不能放到適當深度時,則應建築相當基礎,以分布重量;大概基礎之築在堅厚而傾斜度不甚大的岩石上者,總是十分安全的.韌性黏土,在基礎工程上可算是最好的材料;但須經過鑽孔試驗以觀察是否有砂石層相交疊,砂石層的性質,對於建築物是有莫大危險,因砂石層含水甚多,一經受壓,其中水份即被擠出地面,使黏土受損而下沉.

建築物的基礎如在多孔的岩石上,而岩石之下,如有傾斜的黏土層時,則地中之水必由上層而下,至浸透黏土為止.黏土便受水漸變為軟滑;且水的為害又能把軟岩石慢慢的風化,結果乃致不勝載重而發生溜滑和下墜的危險,故建築任何基礎時,對於此點,務使特別注意.

(五) 山洞

山洞工程中,對於地質學識亦甚重要,任何工程師在計劃山洞之前,必先從事於精密的測量及詳究地層組織和岩石性質,以免施工時發生困難,增大費用.在攷察地層對於山洞穿過的岩石,最為緊要.如地道沿岩石面的平向通過,則他的性質和排列次序,可在擬定山洞兩端,鑽孔觀察而知,大致不至發生任何困難.不過這種情形,不能常有的;故遇地層傾斜時,就非詳細加以研究不可.圖(四)圖(五)是表示山洞X—X橫穿凸斜地層和凹斜地層的情形(Antictinal Strata and Synctinal Strata):

圖 (四)

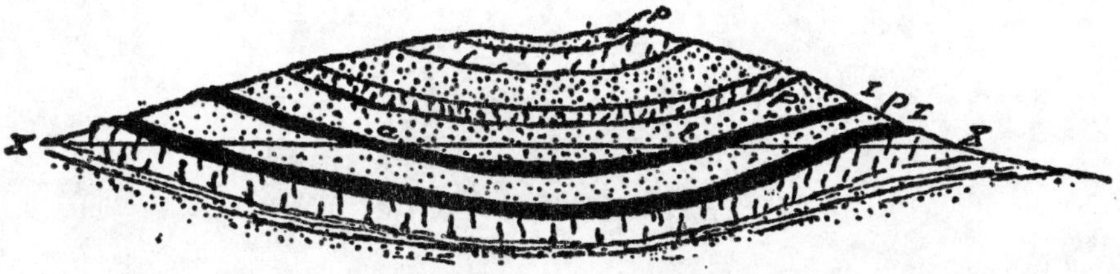

從這種情形中,可看出山洞兩端所開的鑽孔,都不能顯示岩石的真確情形,就是中間所開的鑽孔,也不能有多大的補助.所以要詳知山洞真確的地質斷面情形,必須依持岩石結果的學識了.在第四圖中.多孔岩石露出在山洞兩端的地面,牠的下面,排列着不浸透岩石,水沿聯接面a和b流來,浸透岩石漸至不固,當開鑿時,以多用撐柱爲妥.在近山坡的一段,則不浸透岩能自己支持,當然安全;至遇有酥鬆的頁岩時,對於支撐一事很是爲難.圖(五)是

圖 (五)

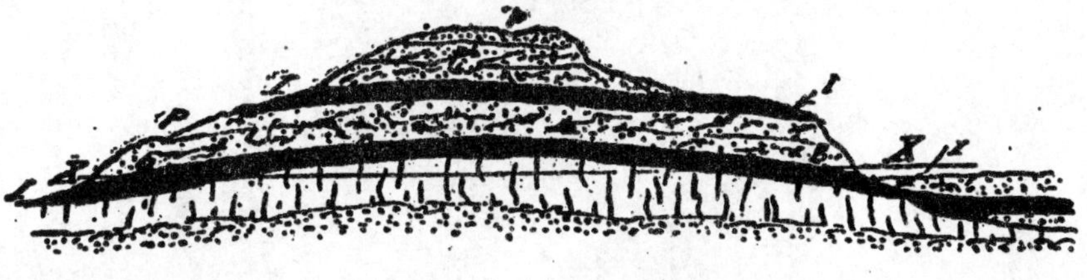

表示岩石結構最壞的一類,所有的水,完全集合凹斜處或水槽a,致滲透岩石的面積很大.故工作的困難及費用的多少,要看岩石中的含水量,性質及支撐量(Capacity of Support)而定,

26993

結論

以上敘述中所舉的例,全是很粗淺的,因為要使理想上的情形,不與基本原則相滲混,故不得不如此.作者已在開始時申述過,我的目的原在披露岩石和地質狀態對於工程設施的重要,使讀者有所明瞭和認識.

北寗路山海關工廠實習記

羅元謙

山海關居北甯路一北平至遼甯,即前京奉路一之中站,形勢險要,爲歷代軍事重鎭,距秦皇島約十七里,水陸交通極爲便利。北甯路于此設一橋樑工廠,修理或製造該路橋梁房架各種鋼鐵建築,及其他一切鐵路工程上需用物件。近以管理得法,兼與他路交易,營業甚爲發達,我國鐵路事業,極爲幼稺。各路雖有機廠之設,而各種設備,莫不限于經費,因陋就簡,以是鐵路上各重要修理,咸借手外人。即細瑣零件,亦需購自外商。時間上及經濟上之損失甚鉅,良可慨也。北甯路山海關工廠于一九二五年八月從英人管理之下,收回主權,以國人長之,大加整理。其設備之完善,規模之宏大,素稱翹楚。以是營業逐漸擴大,東北各鐵路託請定製橋梁者甚多,兼與外商競爭投標,大足爲我國鐵路事業生一光輝。謙去夏承某君介紹得入該廠實習數月,備蒙熱忱指導,爰將耳目所得,略而記之。唯缺乏系統,又少修辭,不文之譏,不免貽笑大方耳,

在報告實習情況前,請將山海關形勢疆界,作一簡記陳諸閱者。雖于正文無關,然作一地理上之介紹,然後知山海關形勢之險要也。關古稱渝關,今改臨楡縣。東西廣七十七里,南北袤二百十里。東至遼寧綏中縣界十里,遼寧省垣八百里。西至北平八百里,南至渤海十里,北至熱河建耳縣一百三十里關之東北,循海有道,狹處才數尺,亂山蠻嶺,高峻不可攀越。自關至居庸關,築邊墻二百七十餘處,敵臺三千,是城繞環,護燕蘇爲舊京屏翰,雄關虎踞,傍山海爲遼左咽喉。形勢險塞,稱最要焉。故歷代據爲軍事重鎭,屯兵扼守,今則雖有火車,蹤防固守,似無所用,然直奉兩戰,槪于此決勝負焉。關于遼時本稱遷民縣。因係晉朝中國流民聚集該處,逐漸成一城市而已。明代以降,知其形勢之重要,故建關設衛,稱重鎭焉。縣無出產,米食來自隣縣,街市全係砂礫,「無

26995

風三尺土,有雨一街泥,其汚穢不言而寓,店舖不多,布疋以日貨爲大宗,亦無戲場茶園正當娛樂處所之設,海邊于夏熱時,盡被外國軍營盤據,鵲巢鳩佔,漸成慣例,日商于車站附近設當舖一,妓館二,旅舍一,洋行二(明賣鴉片,白面,海洛英等毒品,當局漠然亦不取締)日人以卑賤手段,毒害我同胞,其處心積慮之險惡,于此可見,居民約十餘萬,駐兵甚多,以地無出產,供給靡費,以是生活程度,較杭城高多矣。

茲將此次實習所得分條如下:

A. 廠之全部觀——(1)名稱(2)位置(3)沿革(4)面積(5)性質及出品(6)組織(7)職員及工人數(8)經費(9)廠之分部(10)建築大概(11)設備大概(撤運,暖氣,通風,等)(12)動力大概。

B. 工作觀——(1)工人採用及取締(2)工作制度(3)工作時間(4)工作程序(5)工作稽核(6)工作記錄(7)材料之購領及收發(8)製品之檢驗及發送(9)機械之修理及檢查(10)工資

C. 廠之分部觀——各房之(1)面積(2)建築(3)工人數(4)工作範圍(5)機器及其他種種

D. 廠外設備——(1)醫院(2)工人夜校(3)輪扶學校(4)工人福利設施(5)員工住宅(6)衛生娛樂設備等

E. 附表

F. 附圖

A. 廠之全部觀

(一) 名稱——北甯路山海關工廠。

(二) 位置——河北省山海關車站北,距秦皇島約十七里。

(三) 沿革——遜清光緒二十年(卽西歷一八九四年)北甯路灤河橋施建完畢,收留歷年訓練之建橋工匠,成立山海關工廠,隸屬北甯路廠務處,屢有擴充;因該路借款英國,故歷屆廠長咸以英人充任,迨民十四年秋,我方

收回主權,始以國人任之;

（四）面積——全廠地基面積約八萬平方公尺,(square meter) 廠屋建築物面積,約一萬二千平方公尺。

（五）性質及出品——製造及修理各種橋梁,房架,及鐵路上需用物件。主要出品爲鈑梁橋 (Girder bridge), 桁架橋 (Truss bridge) 天橋 (ovethead bridge) 磅橋,轉盤, (Turntable), 房架無線電柱,鐵門,鐵窗,水櫃,水鶴,號誌 (Signal), 道岔 (Crossing), 鐵管,水門,汽門 (Sluice valve), 水泵 (抽水機) (water pump), 號燈,火爐,汽爐,樁架,樁鎚,行李車,軋車,平車, (trolley),道釘,螺絲及一切零件等。

（六）組織——如下表

廠長
- 總務系工程師
  - (1)文牘(2)人事(3)統計(4)賬務(5)工作單
  - (6)材料核計(7)材料收發
- 工作系工程師
  - 稽查査工
    - (1)橋梁房(2)機器房(3)配機房(4)鍋爐房(5)汽機房
    - (6)道岔房(7)鑄鉄房(8)鐵工房(9)木作房(10)油漆房
    - (11)模樣房(12)號燈房(13)號誌房(14)建橋隊
- 技術系工程師—(1)估計(2)設計(3)繪圖(4)材料試驗(5)化學化析

附註：總務系各股設司事各若干員,技術系各部設工程員及畫圖員若干人,工作系各房設正副監工,正副工目,工匠幇匠小工學徒若干人。

（七）職員及工人總數——約一千三百人。

（八）經費——職員及工人薪資每月約二萬三千元,燃料材料及其餘一切費用不在內。

（九）廠之分部——全廠分爲十三房一隊,計房分橋梁,機器,配機,鍋爐,汽機,道岔,鑄鉄,鉄工,木作,油漆,模樣,號燈,號誌等十三房,另有一建橋隊。

（十）建築大概——廠房建築大部爲平房三角式,磚墻,木架,白鉄板屋頂,亦有用鉄架者,各房須用動力傳動機器者,全相毘隣連接,油漆木作模樣三房,全用手工者,連合一處,翻沙房另居一處,該廠建築遠在四十年前,式樣材料自屬舊式,然外表較差,並無妨于工作效率也。

(十一) 設備大概——窗戶天蓬,均用玻璃,光綫適宜,天熱時,開壁窗以通冷風,屋架支持于成列之乘柱,柱之上部,又支持各軸系及滑輪,藉此以傳達汽機房內蒸汽機所發蒸汽于各房,以轉動各機器,廠房之柱,排成長列,每二列間,裝置機械亦爲二長列,而中留通路一條,其機械之分布,現各房工作之程序步驟而異,然皆有次序也。房架之下,則有無數引帶,(belt)傳動各機械。若翻沙,木作,油漆,模樣,號燈,鍋爐等房,則無此種軸系及引帶之設置,廠內軌道約有三公里,廠內運搬設備,則有天車(overhead crane)及手車之設備,廠外運搬,則有汽機車(locomotive crane)手絞車,橋車,打風車,大小平車(trolly)等,暖氣設備,則大半祗用火爐,防火設備,則各房俱有自來水管,並備有救火車若干架。

(十二) 動力大概——原動力以蒸汽爲主,亦兼用電力,壓縮空氣,水壓力等,橋梁道岔機器等房機械全用蒸汽力傳動,各房用之電燈,用發電機(D. C. 45 K. W.)供給。鉚釘則兼用壓縮空氣及水力,鉄爐翻沙橋梁三房之化銅鉄,用鼓風機(blower)打風。

B. 廠之工作觀

(一) 工人採用及取締——招募新工或添補缺額,應徵者均施以技能上之考驗,及體格上之檢查,合格者應具保人,塡志願書,入廠試用,再定工資,取締工人法則有五:(1)廠內吸烟者罰工資三日 (2)聚談者停工三日 (3)聚賭者開除並罰十日至一月工資 (4) 偷盜者開除並罰十日至一月工資 (5)互鬬者各開除

(二) 工作制度——廠中工作,計分包工制及例工制兩種,包工制卽施行獎金之制,例如一工作標準作量爲x,如能作x+y,則可得獎金,唯所加幾何,視工作而異,此外次要工作,則以例工計,卽做一日計一日工資之制,兩者

26998

各有所長,能並用之,則兼善矣。該廠對于各種工作之標準造出量,極力研究,增加工人工作效率不少,詳見標準造出量及獎金表。

(三) 工作時間——工人每日工作時間最長爲十小時半,最短爲九時半,一年凡變更三次,依季候寒暖而不同:

		三月一日至十月底	十一月一日至十一月底	十二月一日至一月底
上午	上工	六點半	六點半	六點半
	下工	十二點	十二點	十二點
下午	上工	一點半	一點半	一點半
	下工	六點	五點半	五點

上工及下工時,各鳴汽笛爲號,上午六時及下午一時鳴汽笛一次,任工人進廠至掛至號處取各人號牌,再進至各所屬房掛號,上午六時四十分及下午一時四十分,不得進廠,各房將號牌鎖上,工人遲到不及掛號者,由記工記下,以曠工論,曠工一日,作二日請假計,下工時鳴汽二次,相隔僅五分鐘,工人持各人號牌,掛于掛號處後出廠,每月休息二次,如仍照常工作,可得雙半。工目無號牌,唯須與工人同時進廠,至監工處簽名。監工及其餘員士,概于上午八時下午二時前進廠,出廠則與工人同時。

(四) 工作程序——該廠各種工作進行,皆有一定程序,以是能整條不紊,工作無論修理或製造,概分常造單及顧客造單兩種,前者限于本路或本廠,而後者爲他處顧客所請託者,常造單由廠長核簽後,交工作系工程師分派各房,承受工作,顧客造單如圖樣說明備具者,與前者手續同,若圖樣說明不備者,或不全者,由工作系作詳細圖樣說明,材料詳表,估計工料,承派工作之各工作房,應于各該工人處,書明何項工作單,開工日期等以便稽查,記工每日常川察究,列單呈報廠長,工作系,及帳房,以便核計工價,及完工日數。

(五) 工作稽核——我國工人,工作效率甚低,雖工作時間似嫌略久,然體格不健全,及怠慢特性,亦有以致之也,故工作之稽核,須極嚴密,賞罰並用,始能挽救此弊,該廠各種工作有急需者,限期竣工,工作進行時,每日由查工將各房工人工作種類實數詳載記工簿上,呈工作系工程師逐日考核,分別執行獎罰。

(六) 工作紀錄——工人有缺工曠工,工作不力或工作超過標準量者由查工逐日記載查工簿上,錄呈廠長核簽後,交帳房于月底發薪時照辦,員士請假日數,若在年例假(即除例假及紀念日外每年可給假十四日)以下者,並不扣薪,亦由帳房記錄之。

(七) 材料之購領及收發——工作系工程師接領工作造單後,令該管監工具立材料領單,送總務系工程師簽字,呈廠長核簽後,到檢關材料廠領取。若無是項材料存儲,應重新另具購料單,送交材料廠代購材料,如已領出或買就後,則由收發司事領取,檢驗質量,簽字于領料單,交材料廠,再將各項材料分發各領料工作房,由各該房首領簽領料單交收發室。

(八) 製品檢驗及發送——每一製品完工時,無論新製或修理,均須施以詳細檢驗,再由工作房,查工司事,及該管監工三面分別入帳後,將製品送交收發室發送。

(九) 機械之修理及檢查——橋梁房終年備有機匠三人,逐年檢查修理及製造備用機件,機器房則每二星期檢查一次,鍋爐房亦二週洗爐一次其他各房較少機件,由各工人留意檢查。

(十) 工資——工人工資以日計,每人每日所得自二角五分(學徒之類)至一元九角(工匠以下)不等。

C. 廠之分部觀

1. 橋梁房(Girder Shop)——該廠主要工作為修理及製造橋梁房架等,年來二三百尺以內之上桁下桁架橋(Deck and Through Truss Bridge)承造為數甚多,他如鈑橋(Plate Girder)及工字梁(I—beam bridge)之製造更屬易事,最近有全北甯路加强橋梁(Strengthening bridges)之計劃,(因舊有橋梁概用E—35設計者,今則都加强至E—50,將原有橋樑加强較諸重建經濟多矣)故該房工作爲最忙繁,工人數之多爲各房冠而其機械之完備,工作之效率,亦稱最著焉。

(1) 面積—橋梁房本身爲66.6×600約3,660平方公尺,放樣平版(Marking-off Floor)爲16×30約450平方公尺。

(2) 建築—平房三角式,磚墻,木架,白鉄瓦稜(corrugated iron)屋頂。

(3) 工人數—約245人。

(4) 工作—製造及修理各式橋梁,天橋,房架,鐵門,水櫃,鉄櫃,鍋爐煙筒及各種鉚釘事宜。

(5) 機器—:

機名	架數
旋機Lathe	1
旋轉鑽機Wall Radial drilling manine	36
風扇blower	3
鋸機Sawing machine	6
平板機plate edge-planning machine	3
直板機Straightening press	1
直板及彎板機Straightening of bending roll	1
衝剪及切角鉄機Punching and Shearing and angle-cutting machine	5
水壓鉚釘機Hydraulic riveter	7
天車(overhead crane)	10

天車計有三噸者五架,五噸者四架,及十噸者一架,其長度約爲30呎。

各機之工作及形狀略述之如下:

鑽機乃用以鑽鋼鐵件之孔者,置鋼件于機之一平面上,用螺旋夾緊之有兩鏇孔桿(sdindle)旋轉其上,桿之下端,各有鏇刀一,緩緩旋轉而下,雕鋼件不遠,對准孔眼後,始下端穿過鋼件,則得一整齊之孔矣。衝孔機用以衝孔之用者,機有一鋼製衝頭,(punch)上下升降,及其下降時,伸入其一鋼製衝模(die),凡欲衝孔時,須將鋼件上所定之孔眼,對準衝模,平置于衝模上,則一動掣柄,衝頭卽下衝穿過孔眼,而落圓片于衝模內,衝頭視孔眼之大小而更換之,凡衝出之孔,不及鑽穿者之整齊準確也。剪機與衝孔機相似,所不同者,在無衝頭,而有一鋼刃(blade)上下起落,落下與另一不動之鋼刃相切,與普通剪刀作用相同,鋸機爲圓形鋼輪,沿邊有齒,置鋼件其旁,鋼輪轉動,則鋼件鋸成二段矣。鋸機所切鋼件面,較剷切機所切者光滑,略加磨挫,卽可應用,而剷切者,須挫光磨平,費時甚鉅也。平鈑機者,用以修平鋼鈑之邊沿者。直鈑機者,用以平直鋼鈑之彎曲者。機有一鋼架,上有大滾筒(roll)一,置鈑于二者間,滾筒轉動時,同時推進鋼件,則彎曲部分平直矣。水力鉚釘機,具二指對立,鋼件孔眼內已放燒紅之鉚釘後,置此二指間,一開掣柄則水力推動二指,緊壓鉚釘,則無頭處成一半球式之釘頭矣。

(6) 其他種種:

放樣平鈑(Marking off Floor)在橋梁房外,有一用數鈑鉚接而成之大版,爲 30×16 長方形,用以照圖樣尺寸一樣大小繪粉綫于此版上者,無論何種鋼鐵建築,由技術系描繪工作詳圖(werking drawing)後須交此處,用實足尺寸畫出,所以如此不憚繁費者,因鉚釘關係于建築本身甚鉅,鋼件之連綴,全仗鉚釘作用,若釘孔稍有參差,卽不能拚合成形,全部卽成廢物,圖樣上之尺寸,縮尺不大,不易校驗,故爲安妥計,須先畫樣圖如本樣大小,將各釘孔一一列出,各部份可拚合較量,圖樣上之差誤,卽可察出改正,如此詳細繪出檢視後,再以之拚製,自可適合無差矣。　　　　(未完)

民二二級土木科暑期測量實習記

劉 楷

七月四日晨七時許,余儕偕吳沐之先生暨夫役等共四十餘人,攜儀器,行李及一切應用品,由汽車赴六和塔之江文理學院,開始暑期測量實習,之江離城僅二十餘里,未幾即達,各將寢處佈置就緒,午膳後,即行回城,蓋本級同科邵君本惇,適于是日與王女士于湖濱舉行婚禮,我儕均被邀,婚禮頗盛,至晚十時始返。

我級本科同學共三十三人,除女同學得校中許可免習,及邵君因新婚蜜月,未得參加,鄭君因故不習外,尚有民二一級補習者七人,共三十六人,計分六組如下:

第一組 許陶培,(組長)沈衍基,王文煒,金培才,徐益範,

第二組 蔣公魯,(組長)曹秉銓,杜鏡泉,葉震東,夏守正,譚慰岑。

第三組 劉 楷,(組長)惲新安,洪西青,吳錦安,徐仁鐸,梁冠軍。

第四組 李宗綱,(組長)戴 顗,潘圭綏,沈其湛,丁同義,王恩治。

第五組 陳允冲,(組長)趙祖康,張農祥,王之炘,許壽崧,宋雲盛。

第六組 潘碧年,(組長)錢元爵,李恆元,陳乙彝,任彭齡,湯辰壽,張德錩。

五日晨,教授李紹悳先生由城中來,將所有工作規定如下:

Important Topics on Topographic and Hydrographic Surveying of camp

1. Test instrument assigned.
2. Selecting and Marking triangulation stations and B. M. S.
3. Base line measurement and corrections.
4. Measurement of angles (Horizontal and Vertical).
5. Establishing B. M. S. (precise and ordinary leveling)

6. Astronomical determination of base line between triangular stations.
7. Connecting traverse with triangulation.
8. Adjustment of triangulation.
9. Plotting triangulations.
10. Filling in topographic details.
11. Hydrophic surveying.
12. Mapping (Topographic and Hydrographic).
13. Testing instrument to be handed in.

約分五步:

I. 踏勘及定三角站及水準標誌。

II. 測定基線,三角網及水準。

III. 測定導線及水文測量。

IV. 測定詳細地形。

V. 繪圖。

晨七時,各組長分配儀器後,即分別檢驗,有錯誤者設法較準,九時許,出發踏勘,每組各派二人參加,由李吳二先生領導,至預定之測地大慈山與玉皇山等處,距之江約二里許,地形複雜,山巒重疊,溪澗映帶,爲一良好之實習場所,時烈日懸空,炎熱異常,攀山越嶺,汗流浹背,加之野草高可沒人,舉步爲難,幸各同學俱勇往直前,不畏艱苦,但進行遲緩,日已晌午,所勘定之三角站及水準標誌僅各六,而飢腸轆轆,不得不暫告段落,歸而進餐,迨紅日稍下,卽架三角架(Tripod signal)。

跋涉終日,過于勞頓,至晚均感疲乏,希早得安息,但天氣炎熱,不能入睡,同儕三五,蹀躞江頭,藉消溽暑,錢江風光清麗,遠勝西湖,胸襟甚爽,時過午夜,方相偕歸寢,酣然一覺,醒來已六時矣,是日天忽雨,工作遂停。

七日,雨雖停,而陰沉未減,然我儕不之顧,毅然出發,未幾,一輪紅日,透出雲隙,光芒萬丈,與浪濤澎湃相掩映,美趣天然,衆皆喜出望外,工作益力,今日第一與第二兩組量基線並測子午線,第三組測精密水準,第四五六三組測普通水準,每組除上述工作外,另分派一人,由李先生領導,繼五日之踏勘工作,連上次共設三角站八,水準標誌八,至此第一步之踏勘,定三角站及水準標誌始畢。

第一水準標誌與第二水準標誌在第一三角站與第二三角站附近,(水準高度依浙江省水利局之金童橋水準標誌爲準),用精密水準測之,因三角網之基線,卽用第一與第二三角站之距離,其錯誤關係全部測量甚大,故須格外準確,余等依次自金童橋沿杭富公路前進,路面平坦,測量極易,但工作時雖爲謹愼,在儀器轉換點之前後視距,亦未超出規定之三百呎以外,然結果所得之連合差 (Error of closure) 竟達 0.10 ft 之巨,照連合差公式 ($0.017\sqrt{\text{miles}}$ ft.) 我等所測之距離,僅四千呎,則所應有之最大連合差,當小于 0.013 ft., 其相差所以如是之大者,蓋是日西南風甚急,以致使用長自讀標尺 (Long self-reading rod) 時,每不易穩定,取讀呎時,甚爲困難,故有如許之錯誤也。

八日,第一組在三角站讀平面角及直面角,第二組測精密水準,第三組測子午線及量基線,第四五六三組仍繼續昨日之水準工作,出發時天氣晴朗,至九時前後,四面浮雲,卽層層推上,將日光遮蔽,于是欲測子午線者,祗能停止,蓋欲得比較準確之子午線,必候太陽升高至其直面角大于十度時方可,因在十度以下,大氣之折光縱正數 (Atmospheric refraction correction) 無定,所得結果,殊難準確,午前午後,則直面角過大,爲儀器所限制,故以上午九時附近,最爲適宜,今日機會不佳,祗能留待他日補測。

基線卽用三角站 T_1 與 T_2 之距離,測量時依尋常量基線法量之,惟第一次所得結果,均較其他五次爲長,此因鋼尺受拉力及溫度之影響,而伸長所致,下午作計算及校正基線之長度。

我儕至之江已四日,在校時所欲藉暑期而練習之游泳,此數日中,因氣候不佳,未能如願,今日雖不過熱,但已有數人入水,余因不諳水性,又因勞倦,未敢一試。

九日,第一二三三組,測普通水準,第四五二組,量基線及測子午線,第六組,測精密水準,凡測普通水準者,其標誌有在山巔,有在山麓,地形變化甚大,測時費時亦多,今日天氣殊熱,山谷中草長風寂,氣悶非常,忽然黑雲重重,自西南漸來,繼而日色無光,狂風驟至,知將大雨,有議歸計者,猶預不決,遠望錢江,雨如瀑下,隱約可聞,未幾,大雨果至,遂作臨時標記,以便次日續測之用,冒雨而返衣履盡濕。

十日,第一二三三組,仍續測水準,第四組測三角網之平面角與直面角,第五組測精密水準,第六組量基線,夏雨初晴,天氣開朗,精神殊爽,預計今日工作,必不能于午前完畢,遂預購乾糧,以備充飢,但未及响午,而所備乾糧已罄,工作進行特別迅速,本預定至少三時許方可完畢者,二時已全部竣事矣。

十四日,天始晴,有未測三角網之直面角與平面角及補測複測水準者,定近數日內結束。

十五日,天陰,未能出發,八時李先生召集同學,假之江教室,將各組所測得之結果彙齊,備作校正三角網之用,並詳細說明,校正三角網之方法,我等,

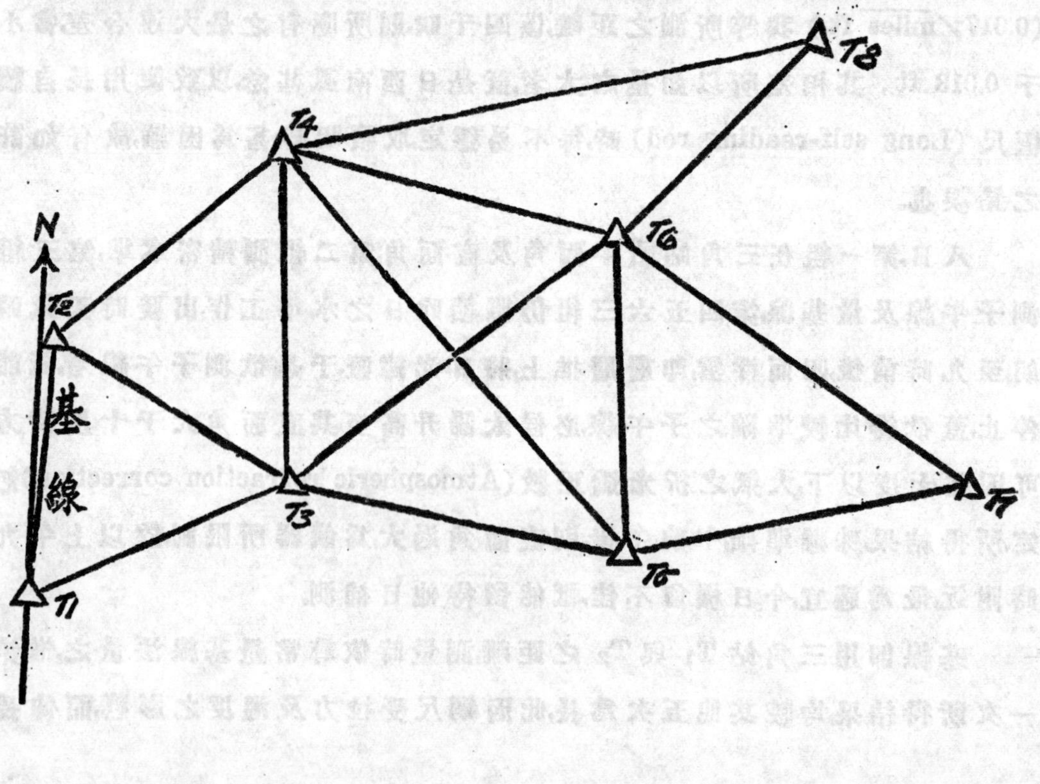

所測地形之內,共有三角站八,計有平面角二十八個(如上圖)校正時每一次分兩種:一為測點校正,(Station adjustment)即每站所有之角之和,必須等于三百六十度,一為圖形校正(Figure adjustment),即在三角網中,每三角形三角之和,須等于一百八十度,此二種皆用平均分配法校正之,一次校正,所得結果,决不能完全適合此二種條件,必須作多次之校正,使其差數愈小愈好,我等所得結果,至六次校正後,已無大誤。

四邊形之校正亦分二部,一部用角校正(Angle adjustment),一部用邊校正(Side adjustment),經此二法互相校正多次,使其適合所要求之準確數為度。

十六日,兩組測導線,兩組水文測量,其餘兩組留舍校正三角網及計算三角網內各三角形之邊長,並將各該組地形測量時分配地帶之必要線網,用坐標(即用縱距Latitude及橫距Departure)畫于紙上,以備將來製圖之用。

在測導線時,每導線站(Traverse station)之位置應極為審慎選擇,一方須顧及地形之變化,一方須顧及儀器之能力,以能將附近地勢及房屋等之完全測得者為適宜,如面積太大,可預定副樁(Sub-station)之位置,以便測地形時之用。

導線每邊之長短,用照距法(Stadia method)讀出,每導線站之高度,從相連之兩導線站,以水平線所成之直面角算出,在工作時同時須將導線之真方角(Azimuth)讀出,用以計算導線各邊之縱橫距,因地形測量區域太大,一導線不能包括者,可將測區分為兩部,每部各定一導線,余組今日祇完成一導線。

下午室內工作,為計算導線之縱橫距。

二十一日,在前數日中,有測水文者,有測導線者,有在室內計算及繪圖者,水文測量祗需二日,由兩組同時工作,一組在船上,一組在岸上,所欲測量者為岸線,河深河牀之形狀及水流速度等,在岸上之一組,用經緯儀二,在三角站上定船之位置,並同時記標記(旗色)及時間,以便校對,在船上之一組,使船行駛在所定之標準直線上(Range line)在相等定距內,測河深一次,同時揮旗鳴笛示標記,並將時間記下,岸上組即可于此時讀船位角,如此往返凡兩次,晨七時許,正潮水高漲後,水流不急,故船能在所定直線內行駛至十時前後,潮退水急,舟易歪斜,且近望日潮汎更大,更為困難,及測抵彼岸去原定標桿,可百餘呎,繼測水流之速度,係用柏拉斯流速計(Price current meter)採一點測流速法,(Single point method)因水流急,工作甚為費力。

二十二日,因天雨,改作室內工作,繪錢塘江之岸線及斷面圖,及計算流速。

二十三日,重測或補測導線,或計算導線之縱橫距。第三部工作,今日始畢,近日天氣高佳,作水文測量時不覺炎熱,惟測河深時,鉛錘起放頗勞,且衣履盡濡,殊覺不適。

二十四日起,各隊均作地形測量,預定四日內完畢,凡地形複雜,山嶺重疊之處,用經緯儀及照距標尺測之,在較小之山丘或平原,則用平板儀及照距尺測之,較為省便,但費時較多,于天氣不佳時,工作甚為困難,故此次用平板儀之兩組,較用經緯儀者稍遲。

所繪之圖共二,即錢塘江底平面圖與大慈山之地形圖,前圖已于水文測量後繪竣,故祇餘大慈山地形圖,所用比例為一千二百分之一,並十呎等高線,所有大部時間,均費于連結等高線,因地形頗複雜也,鉛筆底圖既竣,凡山水樹木房屋等用顏色不同之墨水區別之,然後匯合各組繪于複印紙上(Tracing paper),至此全部工作,乃告完成,一月辛勤,祇此二圖,彌可貴也,特附載于後。

全體同學教師及夫役等,均于七月一日返校,此一月中之生活雖甚勞苦,但經驗上得益非淺,因草是編,以留鴻爪。

錢塘江江底平面圖

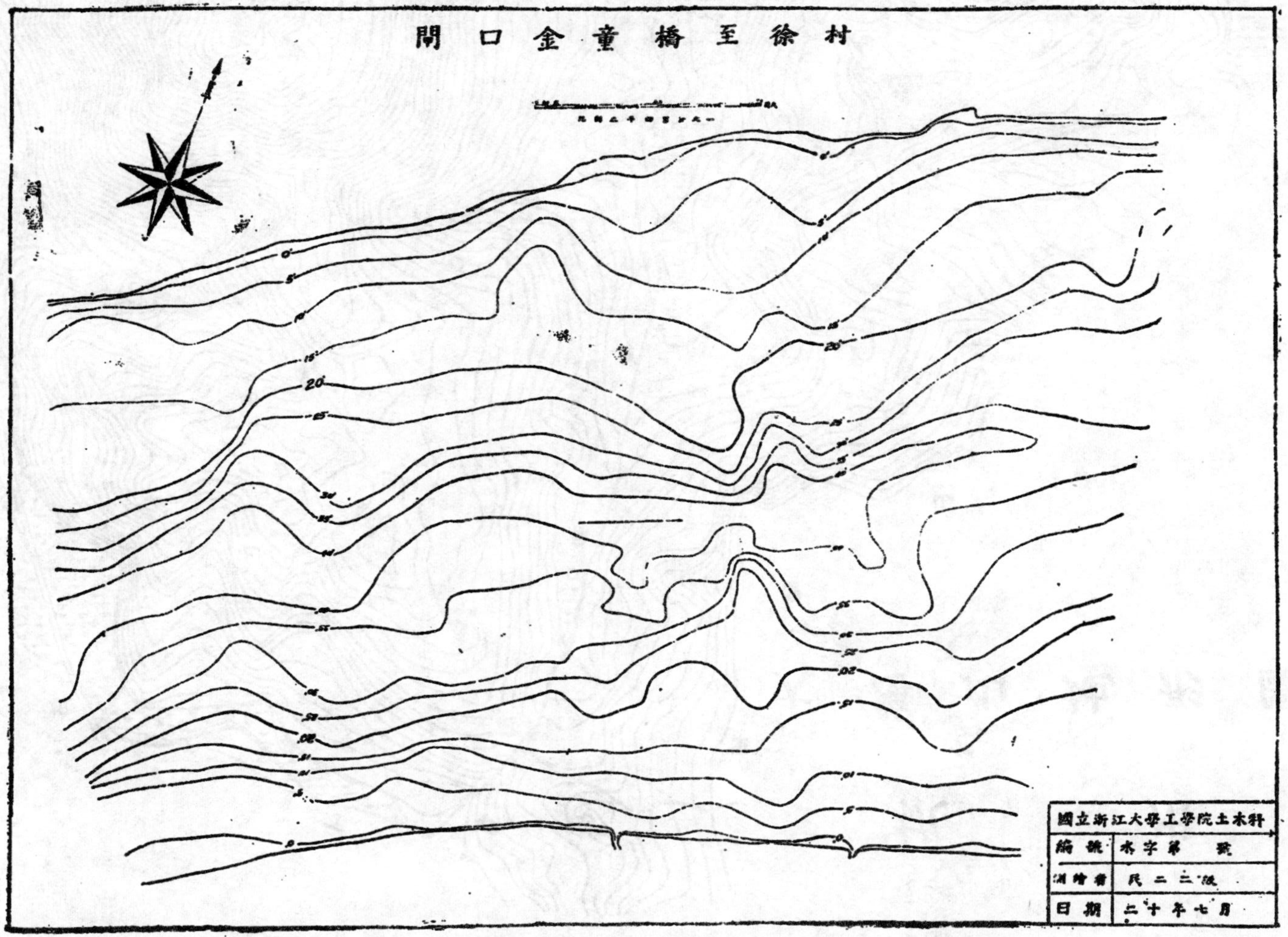

杭州大慈山地形圖

27010

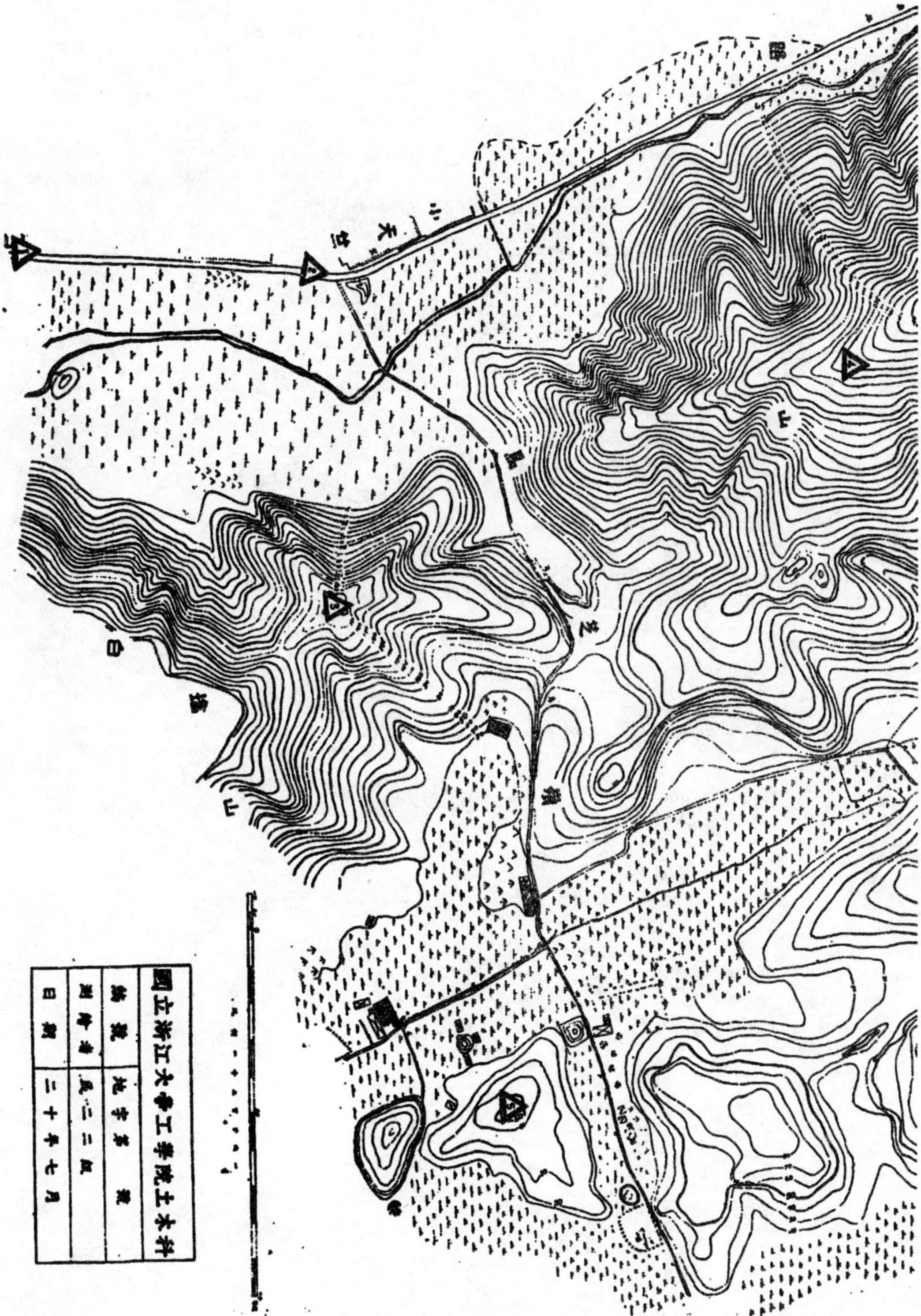
國立浙江大學工學院土木科
編製 地字第 號
日期 二十年七月

本會近狀

本校自民國十六年秋開辦土木工程科,至今將五載,本會于十八年秋成立,至今亦將三載,本科同學(卽本會會員),至今共一百三十一人,在校者九十八人,已畢業者十四人,中途離校接十九人,玆將調查所得,畢業會員之服務狀況錄後:

姓名	服務狀況
吳光漢	上海濬浦工程局
劉俊傑	天津華北水利委員會
茅紹文	上海市土地局
徐邦甯	浙江省公路局
丁守常	浙江省公路局
羅元謙	本院助敎(現任江西省公路局未詳)
顏壽曾	上海市土地局
陳允明	山東小淸河工程局
翁天麟	上海市工務局
高順德	杭州市自來水廠
葉澤深	福州理工中學
湯武鉞	蘇州太湖水利局望亭流量隊
胡鳴時	上海愼昌洋行建築部
孫經楞	江蘇導淮委員會

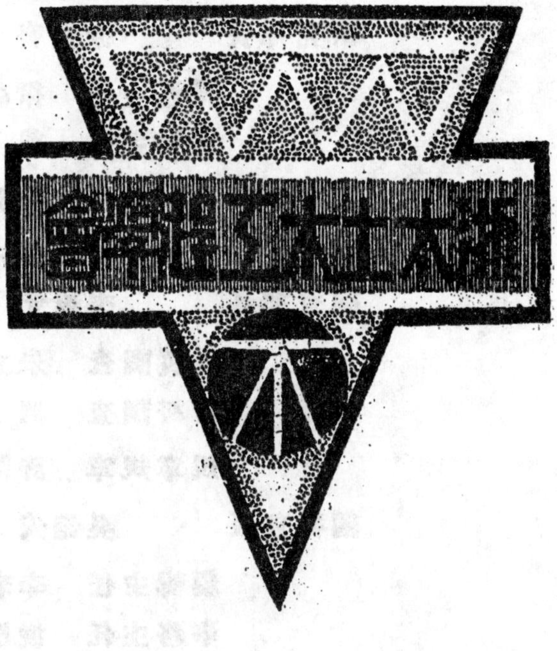

本會會徽,已于本年四月十五日常年大會通過其式樣如右。

上圖係將徽章放大三倍,四邊爲銀質之底板,上端三角架,示鋼架橋樑,爲青灰色,以示鋼鐵之意也,鋼架四周爲深藍色,下端示一測量儀器,本身爲橘黃色,四周圓形,內爲銀質白色,圓形外爲青灰色與深藍色。中部爲鋼軌,亦青灰色,會名以黑色刊于其間,四周以黃色。

會徽式樣之徵求,曆半載餘,採用者爲國立藝術專門學校,邱璽君所設計。

本屆理事

洪西青　吳錦安　李恆元　李兆槐　淩熙賡　戴　顗　金學洪

徐世齊　姚寶仁　馬梓南　栗宗嵩

本屆職員

總務部長　洪西青

文牘　馬梓南

會計　姚寶仁

庶務　栗宗嵩

研究部長　徐世齊

譯述主任　徐學嘉

實習主任　戴　顗

參觀主任　李兆槐

講演主任　淩熙賡

調查部長　李恆元

地質調查　朱立剛

材料調查　劉　楷

規章規章　許陶培

編輯部長　吳錦安

編輯主任　李春松

事務主任　淩熙賡

編 後

我們非常慶幸,在國難期中,本刊二期居然出版了。這固然是本會同仁努力的結果,但非得贊助各位先生的輔導並惠賜宏著,恐怕現在還不能出版,所以在這裏致無限的謝意。

本刊雖非定期刊物,可是希望牠進步得和定期的一樣。——每學期出版一次。不過爲着經濟和其他種種關係,致第一期和第二期相隔了兩年,有幾位先生的大作,也給我們躭擱得快兩年才和大家見面,非常的抱歉,只好請那幾位先生分外原諒。

同人才力菲薄,在這裏,難免有許多欠缺,甚至謬誤的地方,所以希望大家加以原諒和指正,使本刊得逐漸改進的機會,那是非常感激的。

27015

勘 誤 表

頁 數	行 數	字 數	誤 字	正 字
7	22		filler	filter
8	9		lador	labor
8	9		radid	rapid
8	22		apparatu	apparatus
10	12		bazovd	hazard
10	13		insurancerates	insurance rates
11	7		systms	systems
20	10	8	Safety	Safe
23	20	5	whish	which
24	3	7	Convegence	Convergence
26	2	8	turtine	turbine
30	24	3	$\frac{1}{r}$	$\frac{1}{r}$
35	表二		小青磚 | 396 #/□"	小青磚 | 1896 #/□"
37	7	12	eqrly	early
89	23	2	闘	相 隔
48	13	5	thougn	though
49	16	5	tendeney	tendency
49	18	8	auy	any
51	6	6	throngh	through
52	7	3	tho	the
53	8	7	totsl	total
53	19	1	s	
53	22	12	iocation	location

27017

頁數	行數	字數	誤字	正字
53	23	7	whieh	which
56	7	6	excaxation	excavation
57	25	2	exspect	expect
60	5	8	purpose	purposes
64	14	1	u	n
69	13	2	8	C_s
78	1	16	寓	諭
80	6	26	現	視
81	6	26	號	牌
81	9	10	號	牌
81	12	6,7	至號	牌
83	25	6	Sdindle	Spindle
85	2	9	由	乘
85	15	8	悳	惠
86	7	1	Hydrophic	Hydrographic
86	19	16	汁	汗
87	12	6,7,26,27,	連合	閉塞
87	13	26, 27,	連合	閉塞
87	24	29	仲	伸
90	19	13	結	接
91	4	17	接	者
92	23		規章規章	規章調査

27018

土木工程

THE JOURNAL OF THE CIVIL ENGINEERING SOCIETY UNIVERSITY OF CHEKIANG

廣告價目

地位	全面每期	半面每期
封面之內面 封面內外面	十五元	八元
普通	九元	五元

如欲用彩紙及有刻畫價目另議

總發行者

浙江大學土木工程學會

地址

浙江杭州大學路

本刊定價

每期定價大洋二角

浙江省立圖書館印行所承印

27019

27020